ELECTRIC MACHINERY

탄탄한 기초를 위한

전기기기

이현옥 · 고재홍 저

CHAPTER 01 직류기 | CHAPTER 02 동기기 | CHAPTER 03 변압기
CHAPTER 04 유도기 | CHAPTER 05 전력변환기기

머리말

PREFACE

인공지능, 사물인터넷, 빅데이터, 모바일 등 첨단 정보통신기술이 경제 · 사회 전반에 융합되어 혁신적인 변화가 나타나는 제 4차 산업혁명 시대에 맞춰 전기 관련 기술도 첨단화, 융합화, 고도화 되어가고 있다. 이에 따라 전기에너지를 발생시키고, 우리가 사용하기 편리하도록 동력에너지로 변환하는 전기기기도 성능이나 구조면에서 눈부신 발전이 이루어지고 있으며, 전기기기 제어의 기술 또한 고속 및 정밀제어가 가능하게 되었다.

이에 전기관련 업무에 종사하는 기술자가 실무에서 발생하는 여러 가지 현상을 능동적으로 해결하기 위해서는 산업현장에서 큰 비중을 차지하고 있는 직류기, 동기기, 유도기, 전력변환장치 등을 배우고 익혀 자신의 것으로 만드는 것이 중요하다.

본 교재는 전기분야 입문 단계에서 전기기기의 기본적인 원리와 관련 지식을 학생들이 쉽게 이해할 수 있도록 그림을 통해 간결하게 기술하였고, 대학에서 1학기 또는 1년의 과정으로 학습할 수 있도록 하였다. 또한, 전기관련 실무자와 자격시험을 준비하는 사람들도 활용이 가능하도록 다음과 같이 구성하였다.

- 1장은 전기기기를 학습하기 위한 전자기 현상을 배우고, 직류기의 구조, 원리, 특성, 용도 등을 살펴본다.
- 2장은 동기기의 종류, 구조, 특성을 알아보고, 전기자 권선법과 전기자 반작용을 살펴본다. 또한, 동기발전기의 병렬운전조건과 동기 조상기를 알아본다.
- 3장은 변압기의 원리, 구조, 특성을 살펴보고, 변압기를 등가회로로 나타내는 방법을 배운다. 또한, 변압기의 3상 결선 방법, 변압기의 병렬운전 조건 등에 대해 알아본다.
- 4장은 단상과 3상 유도전동기의 구조, 원리, 특성, 기동 및 운전 방법 등을 살펴본다.
- 5장은 전력 변환을 위한 정류회로, 교류 전력 제어회로, 초퍼 회로, 인버터 회로 등을 간단히 살펴본다.

끝으로 이 교재가 전기기기를 공부하는 학생들의 실무능력향상에 밑거름이 되길 바라며, 유능한 전기기술자로서 미래 전력산업의 주인공으로 거듭나기를 바란다.

그리고 부족한 점에 대해서는 계속 수정 · 보완하여 좋은 교재가 될 수 있도록 노력할 것이다.

저자 이현옥

이 책의 차례

CHAPTER 01 직류기

이 책의 차례

CHAPTER 02 동기기

CHAPTER 03 변압기

이 책의 **차례**

CHAPTER 04 유도기

이 책의 차례

CHAPTER 05 전력변환기기

1장 직류기

1.1 직류발전기의 구조 및 원리

1.1.1 직류발전기의 구조

직류발전기의 주요 부분은 다음 3가지로 구성된다.

① **계자** : 자속을 만들어주는 부분

② **전기자** : 자속을 끊어 기전력을 유기시키는 부분

③ **정류자** : 전기자에서 발생한 교류를 직류로 바꾸어주는 부분

이들 요소를 직류기의 3대 요소라 칭하며, 이 외에도 축, 베어링, 브러시, 브러시 홀더 등이 있다. [그림 1-1]은 직류발전기의 구조를 나타낸 것이다.

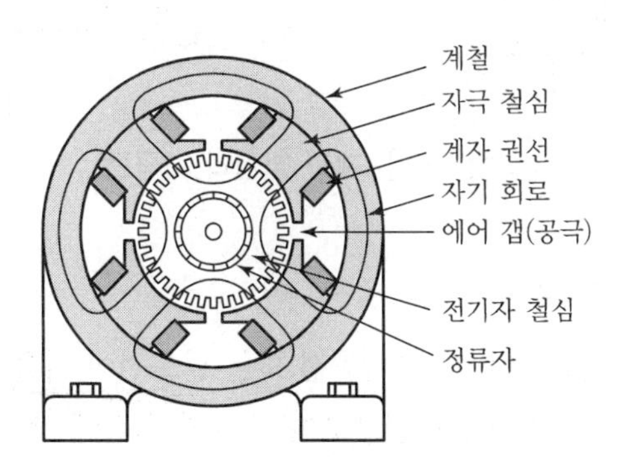

[그림 1-1] 직류발전기의 구조

(1) 계자(field magnet)

계자(field magnet)는 자속을 발생하는 부분으로 영구 자석이나 전자석을 사용할 수 있으나 특수 소형을 제외하고는 대부분 전자석을 사용하므로 계철, 계자 권선, 계자 철심 및 자극편으로 되어 있다. 계철, 계자 철심, 자극편, 공극, 전기자 철심은 직류기의 자기 회로를 형성한다.

(가) 계철(yoke)

계철은 발전기의 외형을 만듦과 동시에 계자 코일이 감겨 있는 자극 철심을 지지하고 베어링 브래킷을 지지하기도 하므로 기계적으로 튼튼해야 한다. 주로 주철제, 주강제 또는 연강판을 구부려 용접하여 만든다. 연강판은 주철보다 가볍고 비투자율이 높으며 기계적 강도가 커서 비교적 대형에 많이 사용된다.

(나) 계자 철심(field core)

계자 철심은 자속분포의 변동이 없으므로 성층 철심으로 할 필요는 없으나 제작의 편의상 [그림 1-2]와 같이 자극편과 함께 강판을 찍어서 만드는 것이 보통이다. 여기서 자극편은 계자 철심에서 나온 자속을 전기자 표면에 적당히 분포시키는 역할을 한다. 그리고 자극편과 전기자 표면 사이의 간격을 공극(air gap)이라 하는데 일반적으로 소형기는 3[mm], 대형기는 6~8[mm] 정도로 한다.

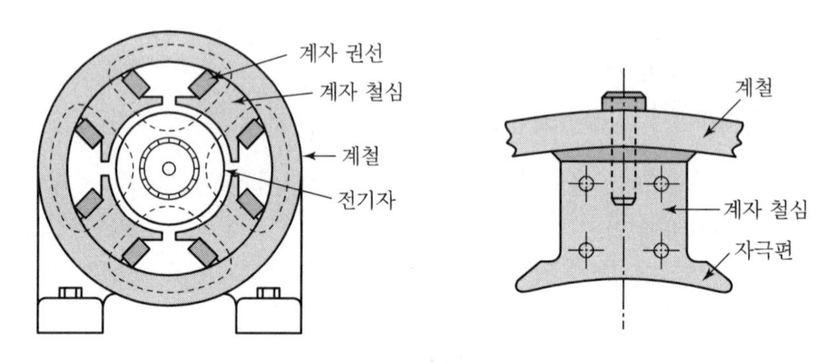

[그림 1-2] 계자 철심과 자극편

(다) 계자 권선(field winding)

계자 권선은 그 전류의 대소에 따라 평각동선 또는 환동선이 사용되고 권선의 절연피복은 주로 이중 면권으로 하여 절연한 동선을 형권으로 해서 계자 철심에 삽입한 다음, 절연 니스에 함침한 후 건조시켜 내습성을 갖도록 한다.

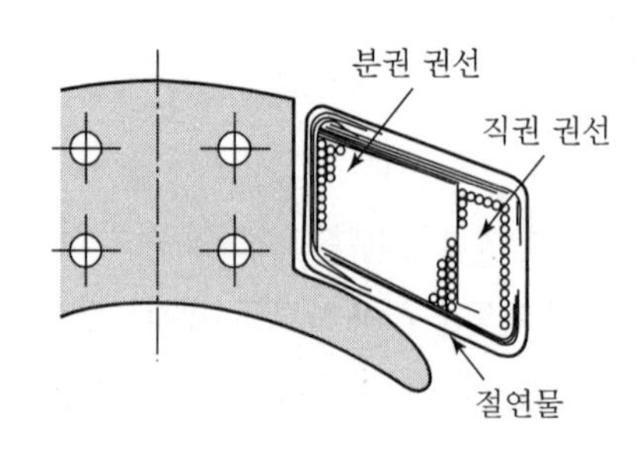

[그림 1-3] 계자 권선

(2) 전기자(armature)

전기자는 원동기로 회전되며 자속을 끊어 기전력을 발생하는 부분으로 전기자 철심과 전기자 권선이 있다.

(가) 전기자 철심(armature core)

전기자 철심은 계자와 함께 자기회로를 만드는 부분으로써 전기자가 회전함에 따라 자속의 방향이 수시로 변화하므로 이로 인하여 철심에는 와전류(eddy current)나 히스테리시스(hysteresis) 현상에 의한 철손이 생기게 된다. 따라서 전기자 철심은 이 철손을 줄이기 위해서 두께 0.35[mm] 또는 0.5[mm] 정도의 얇은 규소강판을 성층해서 만든다. 일반적으로 직류기에 사용되는 규소강판(silicon steel)은 규소의 함유량이 많아지면 자기적인 성질은 좋아지나 기계적인 강도가 약해지므로 보통 규소함유량이 1~1.4[%] 정도의 저규소강이 사용된다.

[그림 1-4]는 여러 형태의 전기자 철심으로 그림 (a)는 소형기의 철심으로 권선을 넣을 홈(slot)이나 축이 들어갈 구멍을 뚫은 원형 모양의 것을 직접 축에 삽입한다. 중 · 대형기의 철심은 그림 (b)와 같이 철심과 축 사이에 스파이더(spider)가 있어 규소 강판이 적게 사용되며 통풍구의 역할을 하여 냉각에 도움을 준다. 대형기에서 제작을 쉽게 하기 위해서 부채꼴의 강판을 스파이더의 주위에 조립하며 스파이더를 붙이는 부분은 그림과 같은 도브 테일(dove tail)로 할 때가 많다.(그림 (c))

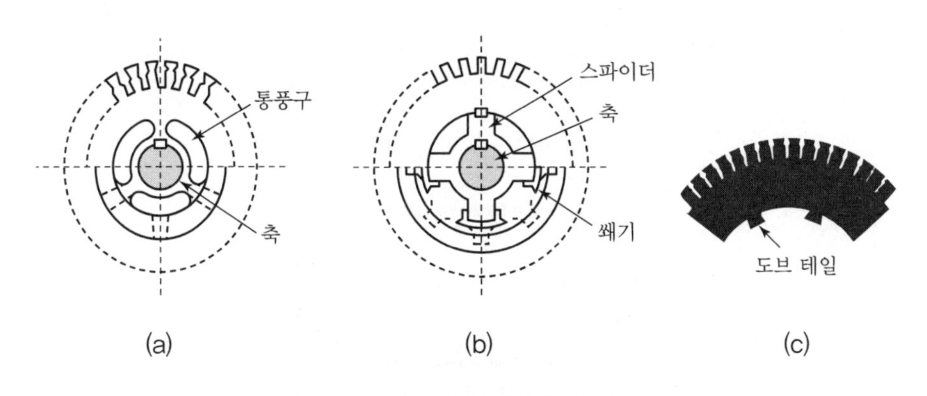

[그림 1-4] 전기자 철심의 모양

전기자 철심을 냉각하기 위하여 철심 길이 10[cm] 이상일 경우는 8~10[cm]마다 폭이 3~8[mm]의 통풍구를 [그림 1-5]의 (a)와 같이 설치하며 중형 이상은 축 방향에도 통풍구를 설치할 경우가 있다.

전기자 철심에 권선을 넣기 위하여 설치한 홈은 [그림 1-5]의 (b)와 같이 여러 종류의 개구(open slot)와 반폐구(semi enclosed slot)가 있다. 일반적으로 소형기는 반폐구가 사용되고 중 · 대형기는 형권 권선이 사용되므로 개구가 많이 사용되나 고속도의 기계는 원심력에 의한 권선의 이탈을 막기 위하여 반폐구가 사용된다.

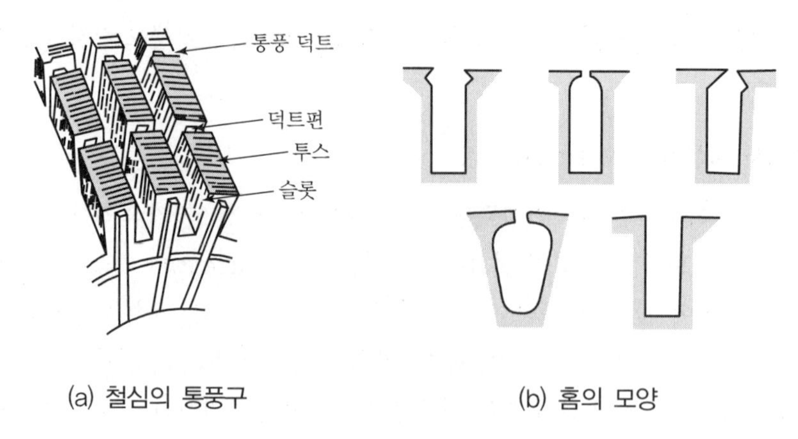

(a) 철심의 통풍구

(b) 홈의 모양

[그림 1-5] 통풍구와 홈의 모양

(나) 전기자 권선(armature winding)

전기자 권선에 사용되는 도체는 소전류는 연동환선을 사용하고 전류가 커지면 평각동선을 사용한다.

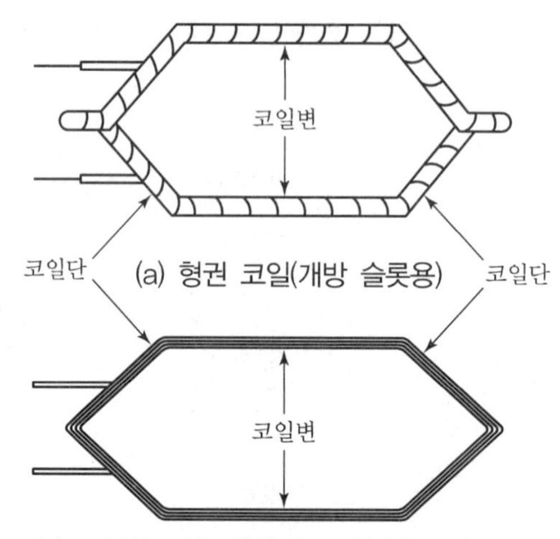

(a) 형권 코일(개방 슬롯용)

(b) 도선을 감은 상태의 코일(반폐 슬롯용)

[그림 1-6] 전기자 권선

열린 홈에 사용되는 권선은 [그림 1-6]의 (a)와 같이 권선한 후 니스클로오드, 석면지, 면 테이프 등으로 절연한 다음 니스로 함침하여 규정의 치수로 성형한 형권 권선(formed coil)을 사용한다.

[그림 1-6]의 (b)는 소형기의 반 닫힌 홈에 쓰는 권선으로 절연지를 홈에 넣은 후 권선변의 도체를 하나씩 홈에 넣고 권선 끝에는 니스클로오드, 면테이프 등으로 절연한다.

(3) 정류자(commutator)

정류자는 브러시와 접촉하여 전기자에서 유기된 교류기전력을 정류하여 직류로 변환하는 부분으로 운전 중 항상 브러시와 접촉하여 마찰이 생길 뿐만 아니라 불꽃 등에 의하여 고온도로 되므로 전기적으로나 기계적으로 튼튼하게 만들어야 한다.

정류자는 [그림 1-7]과 같은 모양의 경동으로 된 정류자편 상호 간을 마이카 판으로 절연하여 원통형으로 조립한 것이다. 정류자와 전기자 코일의 접속은 [그림 1-7]과 같이 라이저(riser)를 사이에 두고 접속하는 것이 보통이다. 라이저는 정류자편에 리벳팅(riveting)되어 있고 전기자 코일은 납땜으로 되어 있다.

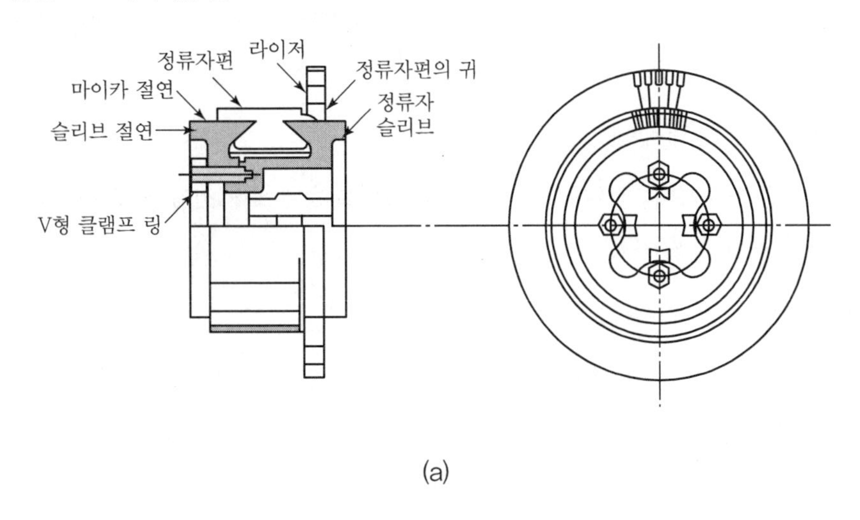

(a)

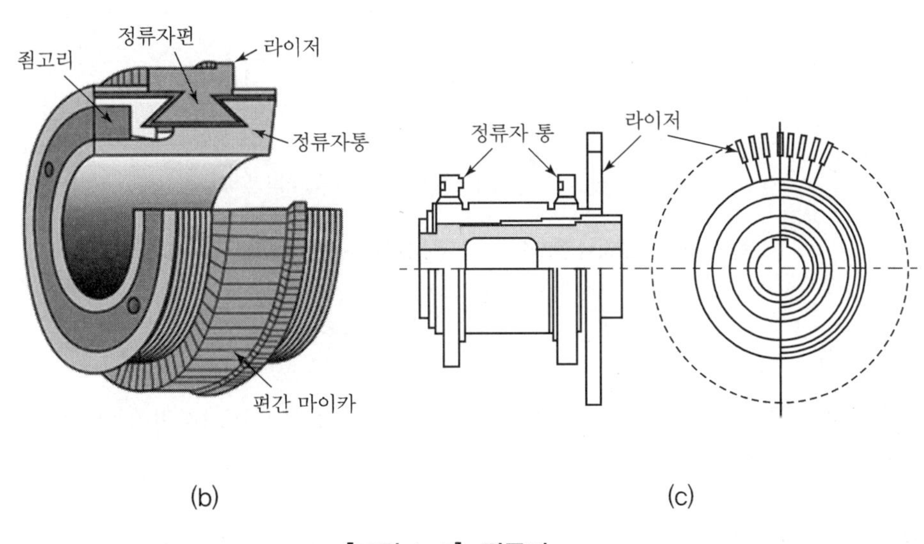

(b) (c)

[그림 1-7] 정류자

(4) 브러시(brush) 및 브러시 홀더(brush holder)

브러시는 정류자면과 접촉하여 전기자 권선과 외부 회로를 연결하는 것으로서 적당한 접촉저항을 갖게 하여 정류자면의 손상을 적게 하고 기계적인 강도나 내열성이 커야 한다. 그리고 브러시 홀더는 브러시를 바른 위치에 유지하고 스프링에 의하여 0.15~0.25[kg/cm^2] 정도의 적절한 압력으로 정류자면에 접촉시키는 장치이다.

브러시는 일반적으로 탄소질 또는 흑연질의 것이 사용되며 다음과 같은 종류가 있다.

(가) 탄소 브러시(carbon brush)

불순물이 적은 탄소 분말을 원료로 하여 성형소결한 것으로 전류 용량이 작은 소형기에 주로 사용된다.

(나) 전기 흑연 브러시(electro graphite brush)

불순물이 적은 탄소를 전기로에서 열처리하고 흑연화하여 성형 소결한 것으로서 가장 우수하며 각종 기계에 널리 사용된다.

(다) 금속 흑연 브러시(metallic carbon brush)

미세한 동(銅)의 분말과 흑연분말을 혼합해서 소결한 것으로 전류용량이 큰 저전압, 대전류의 기계에 사용된다.

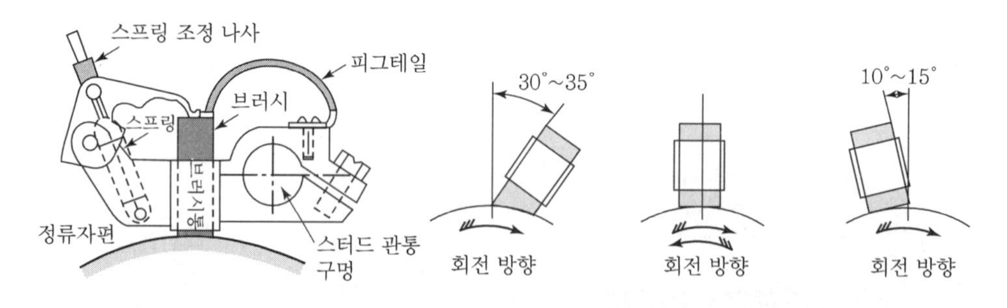

[그림 1-8] 브러시 홀더 [그림 1-9] 브러시의 경사각도

(5) 공극

공극은 자극편과 전기자 사이의 간격으로 좁을수록 계자 권선의 기자력이 적어도 되지만 너무 좁으면 특성도 나쁘고 고장 나기 쉬워 일반적으로 3~8[mm]로 한다.

(6) 축과 베어링

전기자의 축은 양질의 연강으로 만들며 축의 지름은 출력과 회전 속도에 의하여 정해진다. 베어링은 대형일 경우 별도로 베어링 대(bearing stand)를 설치하나 보통은 브래킷 베어링(bracket bearing)이 사용된다. 베어링 메탈(bearing metal)은 직접 축과 접하는 부분으로 내마모성의 금속으로 만든 원통형의 것이 사용되고, 보통 배빗 메탈(babbitt metal)을 안쪽에 주입시킨 주철제의 원통으로 되어 있다. 소형은 볼 베어링, 대형은 롤러 베어링을 사용하는 경우도 있다.

1.1.2 직류발전기의 원리

(1) 전자유도(electromagnetic induction)

1820년 Oersted에 의하여 전류에 의한 자기작용이 발견된 후, Faraday는 자기가 전류를 일으킬 수 있을 것이라는 데 착안하여 10년 동안의 연구결과 1831년에 이 문제의 해결에 성공하였다. [그림 1-10]과 같이 권선을 지나가는 자속이 변화할 때, 또는 권선과 자속의 상호 운동으로 권선에 자속이 지나갈 때 권선에 기전력이 발생되는 현상을 **전자유도 작용**이라 하며 이때의 기전력을 **유도 기전력** 또는 **유기 기전력**이라 한다.

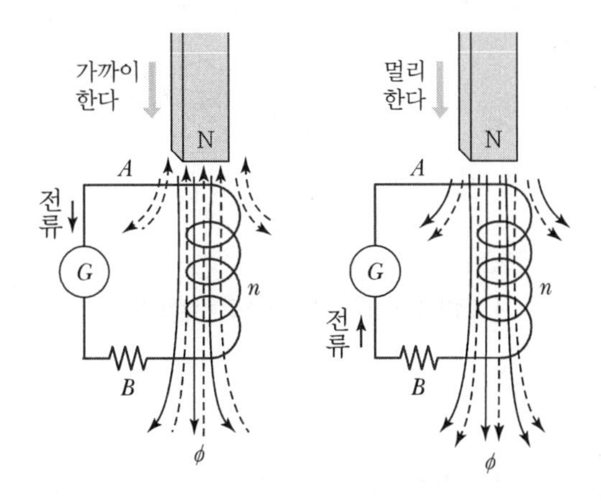

[그림 1-10] 패러데이의 전자유도법칙

권수 n 인 권선에 직각으로 지나가는 자속 ϕ 가 시간적으로 변화하면 권선을 쇄교하는 총 쇄교자속은 $n\phi$ 이며 권선에는

$$e = -n\frac{d\phi}{dt}\,[\mathrm{V}] \qquad (1\text{-}1)$$

인 기전력이 발생한다. 이것을 **패러데이의 법칙**이라 하고 자속을 방해하는 방향으로 기전력이 생기므로 −부호를 붙인다.

(2) 플레밍(fleming)의 법칙

(가) 플레밍의 왼손법칙

[그림 1-11]과 같이 전류가 흐르고 있는 도체를 자계 안에 놓으면 이 도체에는 전자력이 작용한다. 즉, 자속밀도 B[Wb/m^2]의 자계에 직교하는 길이 l[m]의 도체에 i[A]의 전류가 흐를 때 도체에 작용하는 힘 F[N]는

$$F = Bil\,[\mathrm{N}] \quad \cdots\cdots (1\text{-}2)$$

으로 왼손의 엄지, 검지, 중지를 서로 직각으로 폈을 때 검지를 자계의 방향, 중지를 전류의 방향으로 하였을 때 엄지의 방향이 도체에 작용하는 힘의 방향이 되는 것을 **플레밍의 왼손법칙**이라 한다. 이 법칙은 전동기의 회전 방향을 결정하는 데 쓰인다.

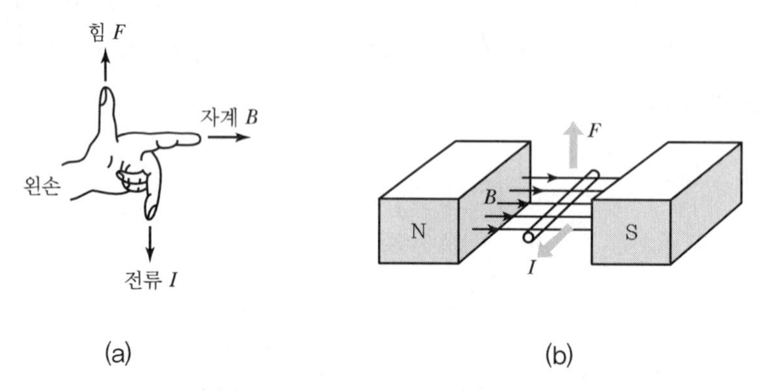

[그림 1-11] 플레밍의 왼손법칙

(나) 플레밍의 오른손법칙

[그림 1-12]와 같이 자속밀도 B[Wb/m^2]의 자계 안에 길이 l[m]인 도체가 v[m/s]의 속도로 자계와 직각인 방향으로 움직였을 때 도체에 유기되는 기전력 e는

$$e = Blv\,[\mathrm{V}] \quad \cdots\cdots (1\text{-}3)$$

으로 오른손의 엄지, 검지, 중지를 서로 직각으로 폈을 때 검지를 자계의 방향, 엄지를 도체의 운동 방향으로 하였을 때 중지의 방향이 기전력의 방향이 되는 것을 **플레밍의 오른손법칙**이라 한다. 이 법칙으로 발전기의 유도 기전력 방향을 결정한다.

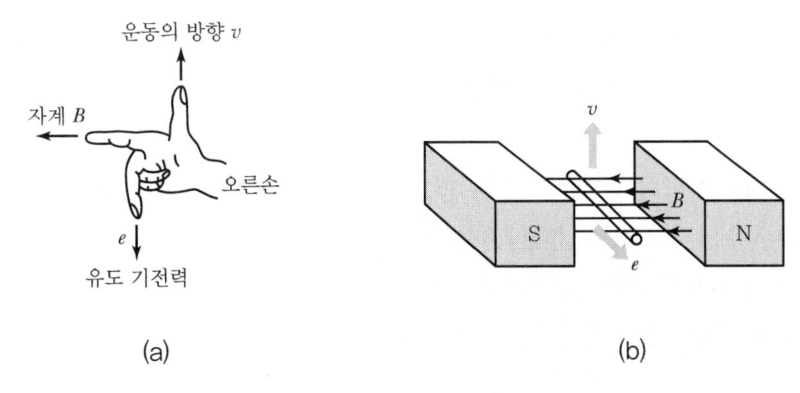

[그림 1-12] 플레밍의 오른손법칙

(3) 발전기의 원리

모든 발전기의 기본원리는 전자유도현상을 이용하여 기계에너지를 전기에너지로 변환하는 전기적, 기계적 장치를 말한다. [그림 1-13]과 같이 도체 a, b를 자극 N극과 S극에 의하여 만들어지는 자계 안에서 일정속도로 돌리면 도체에는 플레밍(Fleming)의 오른손법칙에 따라 화살표 방향의 기전력이 유기된다.

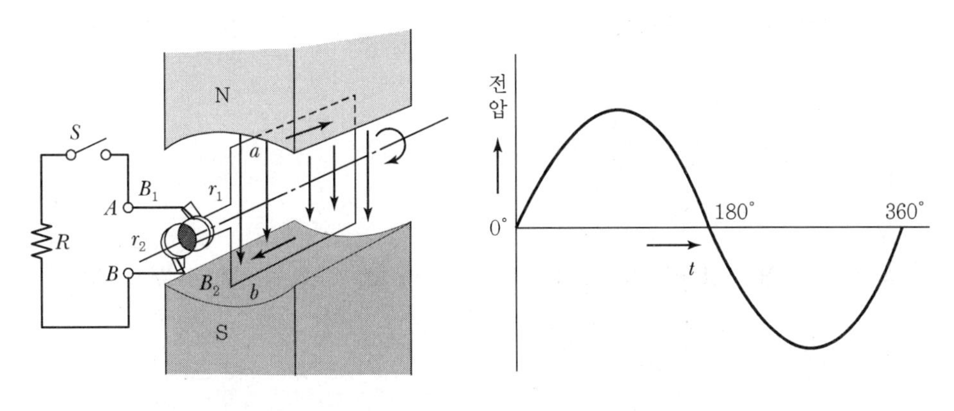

[그림 1-13] 발전기의 원리 **[그림 1-14] 유도 기전력의 파형**

코일이 [그림 1-13]의 위치에서 180° 회전하면 단자 A, B에 발생하는 전압의 극성은 반대가 되어 360° 회전, 즉 1회전하였을 때 [그림 1-14]와 같이 1[Hz]의 교번 기전력이 발생한다.

다음에 [그림 1-13]의 슬립링(slip ring) r_1, r_2 대신에 [그림 1-15]와 같이 서로 절연한 2개의 금속편 C_1, C_2로 된 1개의 원통환 C를 붙이고 이들 C_1, C_2 각 금속편에 코일의 양단을 연결하고 브러시 B_1은 항상 N극 밑에 오는 도체에, 브러시 B_2는 항상 S극 밑에 오는 도체에 연결되도록 하면 언제나 B_1, B_2의 극성은 일정하게 되어 단자 A, B 사이에는 [그림 1-16]과 같은 일정 방향의 전압, 즉 직류전압이 발생한다. 따라서 A, B 사이에 접속된 저항 R에는 방향이 바뀌지 않는 직류가 흐른다. 이것이 직류발전기이며 2개의 금속편 C_1, C_2를 **정류자편**(commutator segment), C_1, C_2로 된 원통환 C를 **정류자**(commutator)라 한다. 즉, 슬립링은 교류, 정류자는 직류가 발생한다.

[그림 1-15]는 하나의 코일에 정류자 편수가 2개로 구성되어 있어 그 파형은 [그림 1-16]과 같이 되어 최대 전압과 최소 전압과의 차가 심한 맥동전압이 되어 실용상 지장이 많은 직류전압이 된다. 따라서 실제의 직류발전기에서는 철심원통 위에 많은 코일을 배치하여 정류자 편수를 많게 하여 맥동이 거의 없는 직류전압을 얻는다.

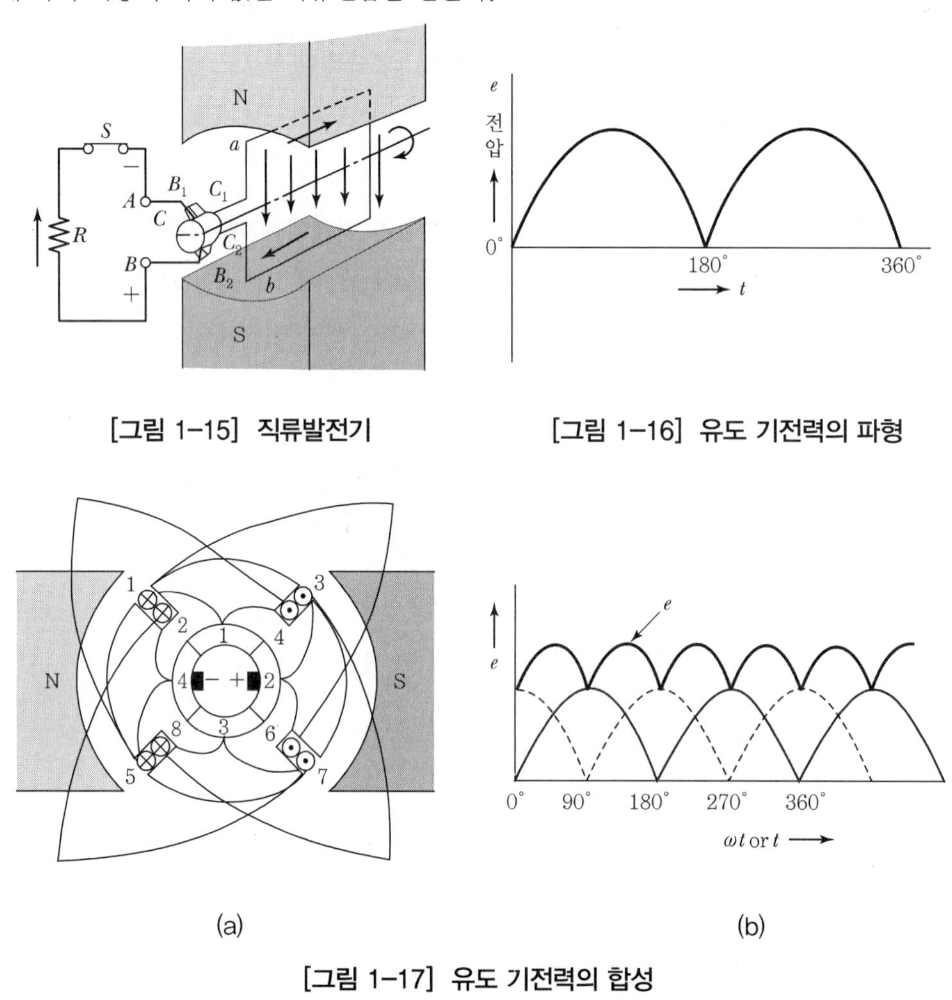

[그림 1-15] 직류발전기

[그림 1-16] 유도 기전력의 파형

(a)

(b)

[그림 1-17] 유도 기전력의 합성

[그림 1-17]은 2개의 코일에 정류자 편수가 4인 경우의 합성 기전력을 나타내었다.

1.2 전기자 권선법

전기자 권선의 각 도체에는 시간과 위상에 따라서 서로 다른 방향의 기전력이 유기되고 있다. 따라서 이들 서로 다른 기전력이 상쇄됨이 없이 유효하게 합하여지도록 권선 도체를 접속하는 것을 **전기자 권선법**이라 하며 이것은 또한 정류작용에 지장을 주어서도 안 된다.

(1) 환상권과 고상권

[그림 1-18] (a), (c)와 같이 환상철심에 안팎으로 코일을 감은 것을 **환상권**(ring winding)이라 하며 이것은 철심 표면에 있는 도체만이 자속을 끊어 기전력을 유기하고 철심 안쪽의 도체는 기전력을 유기할 수 없어 비경제일 뿐만 아니라 권선을 감기도 불편하므로 거의 사용하지 않는다.

그림 (b), (d)와 같이 전기자 철심 표면에만 코일을 감은 것을 **고상권**(drum winding)이라 하며 현재 사용되고 있는 권선은 거의 고상권이다.

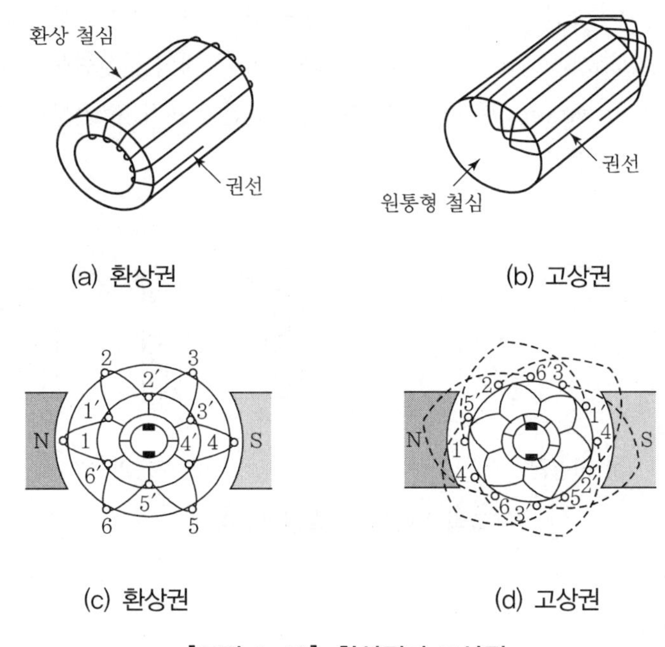

[그림 1-18] 환상권과 고상권

(2) 폐로권과 개로권

고상권은 폐로권과 개로권으로 분류되며 [그림 1-19] (a)는 폐로권으로 권선의 시작과 끝이 없는 폐회로를 이루고 있지만 그림 (b)는 개로권으로 몇 개의 독립 권선이 정류자에 접속되어 있으므로 각 독립 권선은 브러시를 통하여 외부 회로와 연결되었을 때만 폐회로가 된다. 따라서 개로권은 외부 회로와 연결된 권선에 발생된 기전력만이 이용되지만 폐로권은 모든 권선에서 발생된 기전력을 이용할 수 있어 개로권은 사용되지 않고 폐로권만 사용된다.

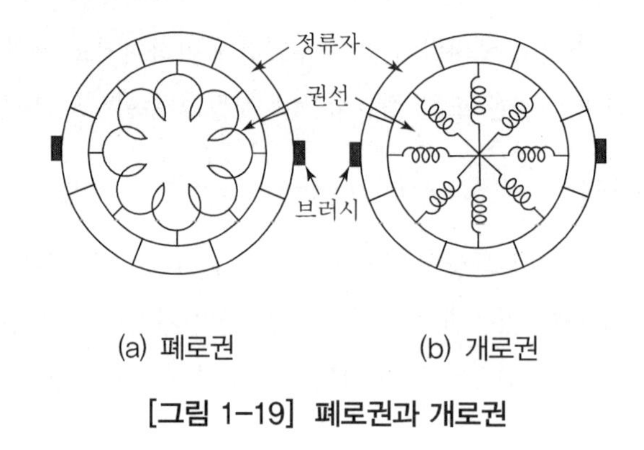

(a) 폐로권 (b) 개로권

[그림 1-19] 폐로권과 개로권

(3) 단층권과 2층권

폐로권은 단층권과 2층권으로 분류되며 [그림 1-20] (a)와 같이 한 개의 홈에 한 개의 권선변을 넣는 것을 **단층권**(single layer winding), (b)와 같이 두 개의 권선변을 상하 2층으로 넣는 것을 **2층권**(double layer winding)이라 한다. 2층권은 권선의 제작 및 권선 작업이 간단하므로 거의 대부분 2층권을 사용한다.

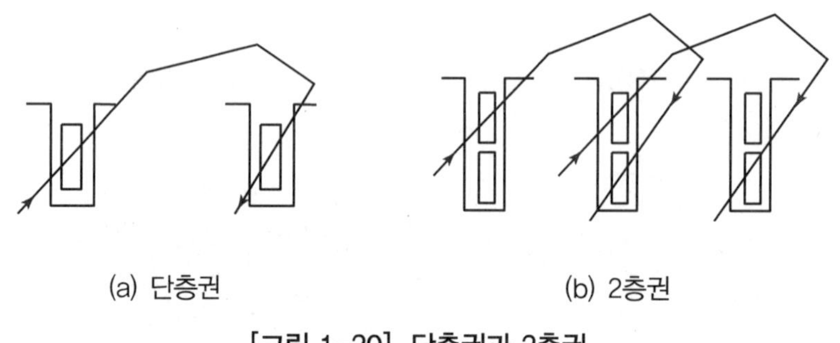

(a) 단층권 (b) 2층권

[그림 1-20] 단층권과 2층권

(4) 중권과 파권

코일변을 서로 연결하는 방법은 [그림 1-21] (a)와 같이 코일이 서로 겹쳐서 이어져 나아가는 중권(lap winding)과 (b)와 같이 파도모양으로 이어져 나아가는 파권(wave winding), 이 두 가지가 있다.

그림에서 y_b를 뒤 간격(back pitch), y_f를 앞 간격(front pitch), y를 합성 간격(resultant pitch)이라 하고 코일변수로 표시한다. 또 y_c를 정류자 간격(commutator pitch)이라 하고 정류자 편수로 표시한다.

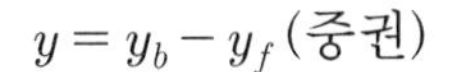

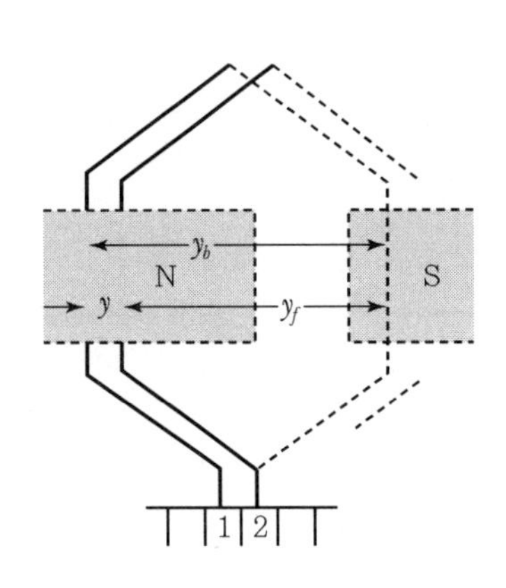

실선 : 슬롯 상층의 코일변

(a) 중권

$y = y_b + y_f$ (파권)

N S N S
슬롯 상층
슬롯 하층
전기자 1주째의 도체
y_b
y_f
y
Y=약 2자극 피치
y_c

파선 : 슬롯 하층의 코일변

(b) 파권

[그림 1-21] 권선 pitch

(5) 균압선 접속

중권의 전개도에서 알 수 있는 바와 같이 병렬 회로의 모든 권선은 두 인접한 자극 아래에 있다. 따라서 공극의 자속 분포가 일정하지 않으면 각각의 병렬 회로에 발생하는 기전력도 같지 않으므로 브러시를 통하여 병렬 회로 사이에 순환 전류가 흘러 브러시에 불꽃이 발생하는 원인이 되고 정류가 나빠진다.

공극의 자속 분포가 일정하지 않은 것은 자기 회로의 불균일, 공극의 불균일 등으로, 이러한 것을 완전히 없애는 것은 불가능하므로 [그림 1-22]와 같이 정류자의 반대쪽에 여러 개의 저저항의 링을 두어 극성이 같은 자극 아래, 같은 위치에 있는 정류자편이나 도체(등전위점)들을 접속하여 순환 전류를 이 링에 흘리고 브러시에는 흘리지 않도록 한다. 이 링을 **균압환**이라 하며 권선의 등전위가 되는 정류자편이나 권선을 저저항의 도선으로 접속하는 것을 **균압선 접속**이라 한다.

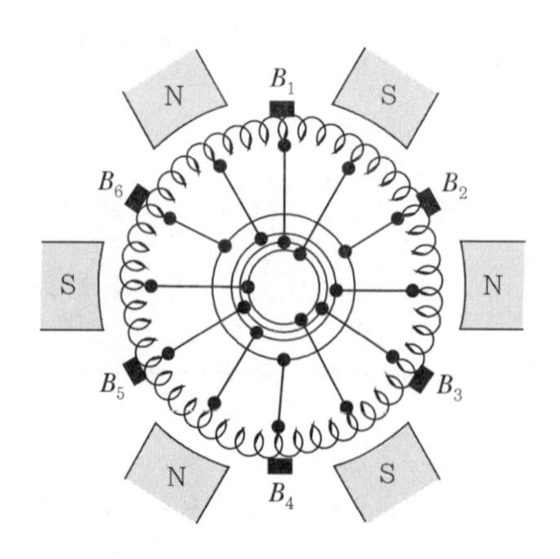

[그림 1-22] 균압선 접속

(6) 중권과 파권의 비교

직류기에서 중권과 파권의 차이점은 [표 1-1]과 같다.

[표 1-1] 중권 및 파권의 비교

비교 항목	단중 중권	단중 파권
전기자 병렬회로수	극수 P와 같다.	항상 2이다.
브러시수	극수와 같다.	2개로 좋으나, 극수만큼 두어도 좋다.
전기자 도체의 굵기, 권수, 극수가 모두 같을 때	저압이 되나 대전류가 이루어진다.	전류는 적으나 고전압이 이루어진다.
유도 기전력의 불균일	전기자 병렬회로수가 많고, 각 병렬회로 사이에 기전력의 불균일이 생기기 쉬우며, 브러시를 통하여 국부전류가 흘러서 정류를 해칠 염려가 있다. 따라서 균압결선이 필요하다.	전기자 병렬회로수는 2이며, 각 병렬회로의 도체는 각각 모든 자극 밑을 통하여, 그 영향을 동시에 받기 때문에 병렬회로 사이에 기전력의 불균일이 생기는 일이 적다. 따라서 균압결선을 할 필요가 없다.

1.3 직류발전기의 이론

1.3.1 유도 기전력

P극 직류발전기에 있어서 전기자 권선의 주변 속도를 v[m/s], 공극의 평균자속밀도를 B[Wb/m^2], 도체의 유효길이를 l[m]라 하면, 한 개의 전기자 도체에 유기되는 기전력의 평균값은 식 (1-3)에서

$$e = Blv\,[\mathrm{V}] \quad \cdots\cdots (1\text{-}4)$$

전기자의 직경을 D[m], 회전수를 n[rps]라 할 때 $v = \pi Dn$[m/s]로 표시되기 때문에 이를 식 (1-4)에 대입하면

$$e = Bl\pi Dn\,[\mathrm{V}] \quad \cdots\cdots (1\text{-}5)$$

식 (1-5)의 πDl은 전기자 주변의 전면적이므로 이것에 평균자속밀도 B[Wb/m^2]를 곱한 것이 전기자 표면에서의 총 자속 $P\phi$[Wb]이다. 즉

$$B\pi Dl = P\phi$$

$$\therefore\ e = P\phi n \quad \cdots\cdots (1\text{-}6)$$

그런데 브러시 사이의 직렬 도체수는 $\dfrac{Z}{a}$이므로 브러시 사이의 유도 기전력 E[V]는

$$E = \frac{Z}{a}e = \frac{P}{a} \cdot Zn\phi\,[\mathrm{V}] \quad \cdots\cdots (1\text{-}7)$$

이다. 이것이 직류기의 유도 기전력의 식이다.

+ 예제 1-1 매극 유효 자속 0.035[Wb], 전기자 총 도체수 152인 4극 중권 발전기를 매분 1,200회의 속도로 회전할 때의 기전력[V]을 구하면?

풀이 중권이므로 $a=p=4$

$$E=\frac{pZ}{a}\phi n=\frac{pZ}{a}\phi\frac{N}{60}=\frac{4\times152}{4}\times0.035\times\frac{1,200}{60}\fallingdotseq106.4[\mathrm{V}]$$

[답] 106.4[V]

+ 예제 1-2 직류발전기의 극수가 10이고, 전기자 도체수가 500이며, 단중 파권일 때 매극의 자속수가 0.01[Wb]이면 600[rpm]일 때의 기전력[V]은?

풀이 파권이므로 $a=2$이다.

$$\therefore E=\frac{pZ}{a}\phi\frac{N}{60}=\frac{10\times500}{2}\times0.01\times\frac{600}{60}=250[\mathrm{V}]$$

[답] 250[V]

1.3.2 전기자 반작용

발전기에 부하가 걸리고 전기자 권선에 전류가 흐르면 이 전류의 기자력이 계자 기자력에 영향을 미치고 자속의 분포가 찌그러진다. 이와 같이 전기자 전류에 의한 자속이 계자 자속에 영향을 미치는 것을 **전기자 반작용**(armature reaction)이라 하며, 이 전기자 반작용에 따르는 현상에는 다음과 같은 세 가지가 있다.

첫째 : 전기적인 중성점이 이동한다.

둘째 : 주자속이 감소된다.

셋째 : 국부적으로 전압이 불균일하게 되어 브러시에 불꽃이 발생한다.

(1) 무부하 시의 주자속

[그림 1-23] (a)는 무부하일 때 주자속의 분포를 나타낸 것이다. 그림 (b)는 이 경우의 공극에 따른 자속분포를 전개하여 표시한 것이다. 이 그림에서 자극과 자극 중간에서는 점차 자속이 감소하여 양극의 중간에서는 0이 된다. 이 자속 0이 되는 위치 n을 **중성점**(neutral point), a, b를 **중성축** 또는 **정류축**(axis of commutation)이라 한다.

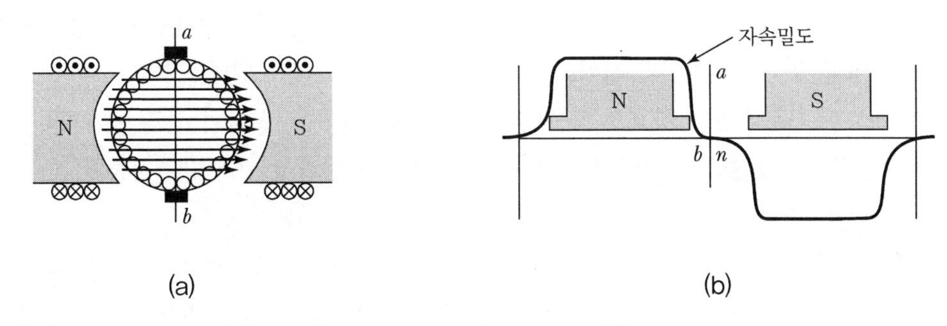

[그림 1-23] 주계자 자속분포

(2) 교차 자화작용

계자기전력을 0으로 하고 전기자에만 전류가 흘렀을 경우의 자속분포는 [그림 1-24]의 (a)와 같다. 이때 공극의 자속밀도에 대한 분포곡선은 (b)와 같다. 전기자의 자속은 주자속을 만드는 계자 기자력에 대하여 직각으로 발생하기 때문에 **교차 자화작용**(cross magnetizing action)이라 한다. 그림 (b)에서 알 수 있는 바와 같이 기자력 분포는 직선이 되고 자극 중심에서 방향이 달라지고 자극 중간에서 최대가 된다. 그러나 자극 중간에는 공극이 넓고 자기저항이 크므로 자속의 분포는 그림 (b)와 같다.

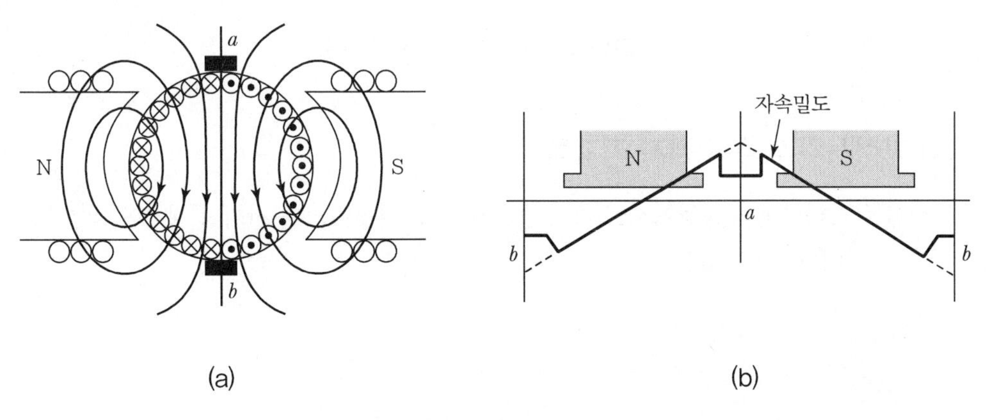

[그림 1-24] 전기자 전류에 의한 자속분포

(3) 편자작용

실제의 발전기에서는 계자 전류와 전기자 전류가 동시에 흐르므로 부하 시 공극의 자속 분포는 [그림 1-23]과 [그림 1-24]를 겹쳐놓은 것이 된다.

[그림 1-25]에서 회전 방향에 대하여 자극의 앞쪽 끝에서는 계자 자속과 전기자 자속의 방향이 서로 반대 방향으로 작용하여 자속을 감소시키고, 뒤쪽 끝에서는 양자속이 서로 합하여져 증

가하므로 전체적으로 자속의 분포는 찌그러지게 된다. 이와 같은 현상을 **편자작용**이라 하며, 이로 인해 전체의 자속량은 철심의 자기포화현상으로 인해 감소하게 된다.

또한 합성 자속은 회전 방향으로 기울어지는 결과 중성점도 이동하여 n'로 옮겨진다. 따라서 브러시를 원위치 n에 놓으면 브러시로 단락되는 코일에 기전력이 생겨 단락전류가 흐르고 불꽃의 원인이 된다. 따라서 브러시는 새로운 중성점 $a'b'$로 이동시켜야 한다.

n점을 기하학적 중성점(geometrical neutral point), n'를 전기적 중성점(electrical neutral point)이라 하며 n, n'간의 이동각은 부하전류의 크기에 따라 변한다.

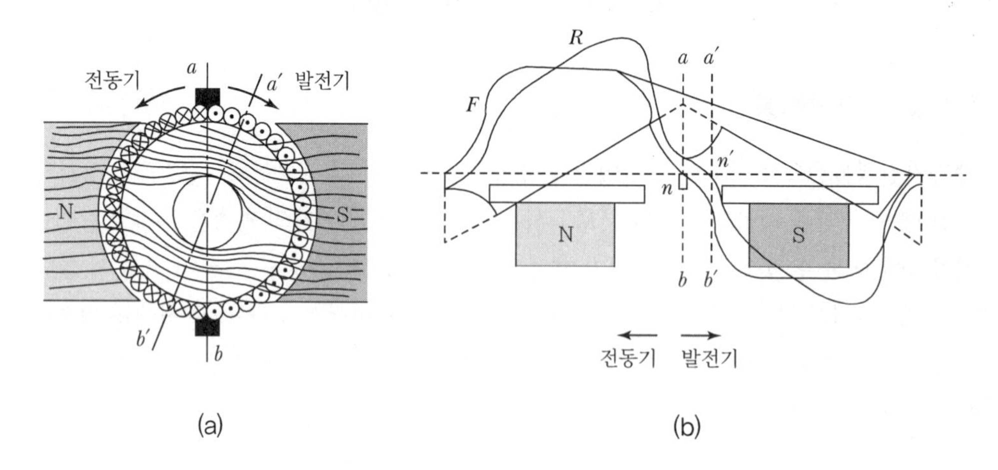

[그림 1-25] 합성 자속의 분포

(4) 브러시의 이동과 감자 기자력

브러시를 기하학적 중성점에서 전기적 중성점 n'로 이동시키면 전기자 전류에 의한 자속 분포는 [그림 1-26]과 같이 된다.

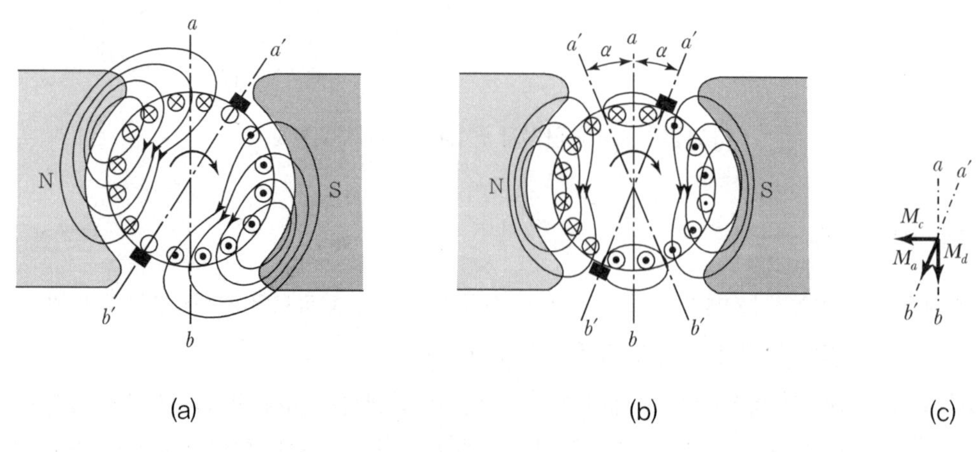

[그림 1-26] 감자 기자력

브러시를 기하학적 중성점에서 회전 방향으로 옮긴 각 α 를 브러시의 진각이라 하며 기하학적 중성축을 중심으로 2α 의 범위에 있는 전기자 권선의 기자력은 계자 기자력의 방향과 반대 방향의 기자력으로 **감자 기자력**이라 한다.

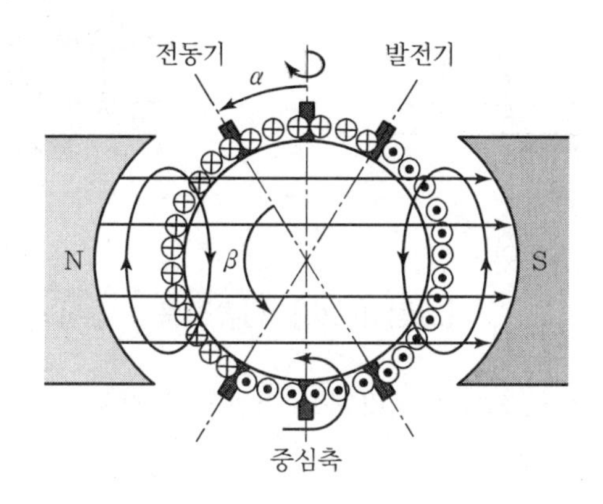

[그림 1-27] 감자작용

1.3.3 정류

(1) 정류작용

전기자 코일에 흐르는 전류의 방향은 이 코일이 브러시를 지날 때 마다 반대가 된다. 이것을 **정류작용**(commutation action)이라 한다.

[그림 1-28] (b)에서 브러시는 정류자편 5에만 접촉되고 있으므로 코일 $4-7'$ 에는 오른쪽 방향으로 전류 I_c 가 흐른다. 전기자가 회전해서 그림 (c)의 위치에 오면, 즉 브러시가 정류자편 4, 5와 동시에 접촉하게 되면 코일 $4-7'$ 는 브러시로 단락되고 단락전류 i 가 흐른다. 전기자가 더 회전해서 그림 (c)의 위치에 오면 브러시는 정류자편 4에만 접촉하게 되어 코일 $4-7'$ 는 화살표에 표시된 것과 같이 왼쪽으로 흐르는 전류, 즉 그림 (b)와는 반대 방향의 전류가 흐른다. 그러므로 그림 (b)에서 코일 $4-7'$ 의 전류를 I_c 라 하면 그림 (d)의 전류는 $-I_c$ 라 할 수 있다.

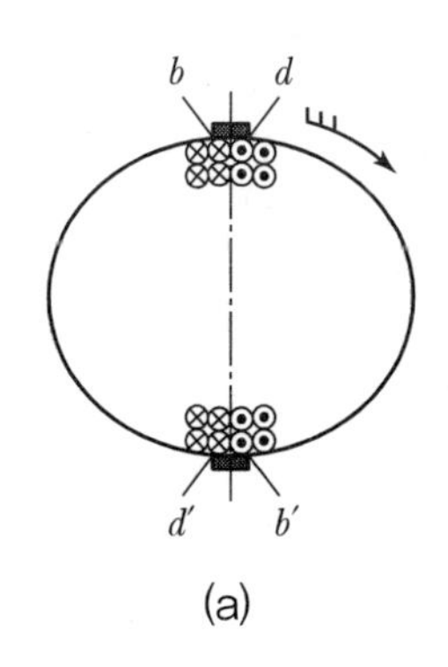

(a)

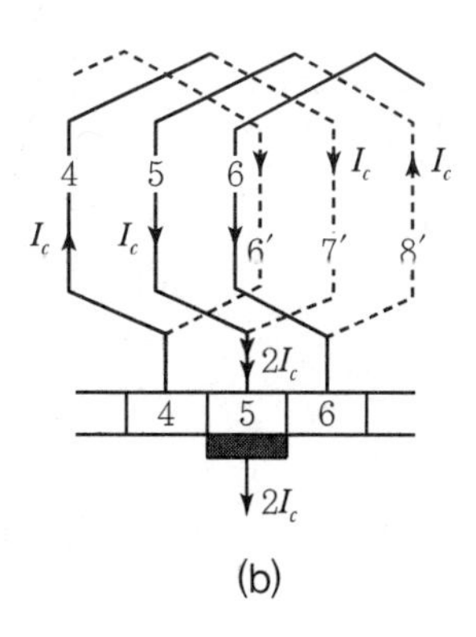

(b)

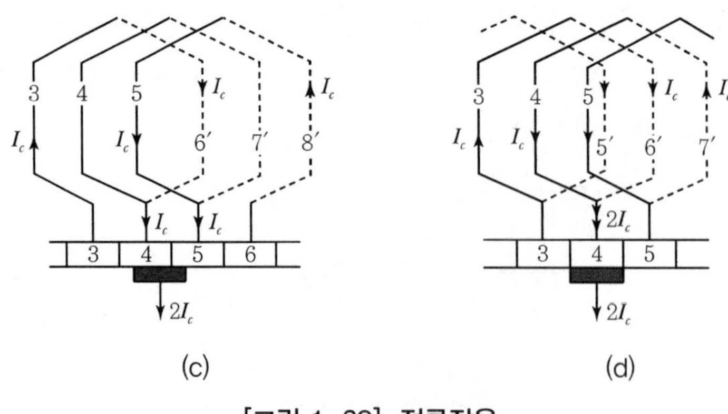

[그림 1-28] 정류작용

이와 같이 코일 $4-7'$ 는 브러시로 단락되는 순간부터 정류가 시작되어 단락이 풀린 순간에 정류가 끝나는데 이 기간은 매우 짧은 시간이다. 이 시간 T_c 를 **정류주기**(commutation period)라 한다.

(2) 정류곡선

[그림 1-29]는 정류시간 중에서 단락코일 안의 전류변화를 나타낸 것으로 정류곡선이라고 한다. 곡선 a 는 **직선정류**(linear commutation)이며 불꽃이 나지 않는 가장 이상적인 정류가 된다. 곡선 b 는 정현파 정류라 하며, 정류를 시작할 때와 끝날 때에 전류의 변화가 없으므로 불꽃이 없는 정류이다. 곡선 c 와 e 는 전류 변화가 너무 늦어져 정류가 끝나는 순간에 강제로 $-I_c$ 가 되기 때문에 이 순간의 전류 변화가 과격하게 되어 불꽃이 발생한다. 이것을 **과정류**(over commutation)라 한다. 곡선 d 와 f 는 전류변화가 지나치게 빨라서 정류가 끝나는 순간에 무리하게 $-I_c$ 가 되므로 브러시 전단 접촉 장소에서 불꽃이 발생한다. 이와 같은 정류를 **부족정류**(under commutation)라 한다.

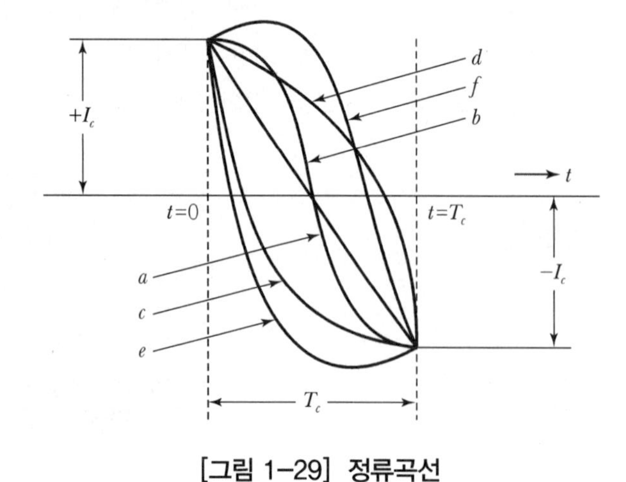

[그림 1-29] 정류곡선

(3) 리액턴스 전압

코일에는 반드시 인덕턴스 L이 있으므로 전류의 값이 변화하면 렌츠의 법칙에 의하여 전류의 변화를 방해하는 자기유도기전력이 발생한다. 이것을 **리액턴스 전압**(reactance voltage)이라 한다. 따라서 [그림 1-29]의 곡선 c, e와 같이 전류변화가 늦어져 정류가 끝나는 순간에 가서 전류변화가 과격하게 되어 높은 전압이 단락코일에 유기되고 브러시 끝부분에서 불꽃이 발생한다.

정류되고 있는 코일의 전류는 정류기간 T_c 사이에 I_c에서 $-I_c$로 변화하므로 코일의 평균자기유도 기전력 e_{mean}은

$$e_{mean} = \left(-L\frac{di}{dt}\right)_{mean} = L\frac{I_c-(-I_c)}{T_c} = L\frac{2I_c}{T_c} \quad \cdots\cdots (1\text{-}8)$$

이다.

(4) 정류 전압

리액턴스 전압이 생기면 브러시가 전기적 중성점에 있어도 불꽃이 발생한다. 이러한 결점을 없애기 위하여 정류 중에 있는 코일에 리액턴스 전압과 크기가 같고 방향이 반대인 기전력을 유도시키는 자속을 주면 된다. 이 자속을 **정류자속**(commutating flux)이라 하며 이 자속으로 유도되는 기전력을 **정류전압**이라 한다. 그리고 정류전압에 의하여 리액턴스 전압을 없애고 정류작용을 하는 것을 **전압정류**(voltage commutation)라 하고, 이것을 위해 주 자극 사이에 보극을 설치한다.

(5) 보극

정류 중인 코일에 정류전압을 유기시키기 위해서 사용하는 작은 자극을 **보극**(inter pole, commutating pole)이라 한다. 보극은 자극과 자극의 중간에 두며 정류를 하고 있는 코일의 바로 위에 둔다. 보극을 여자하는 권선에는 전기자 전류가 흐르며 부하전류에 비례하는 정류자속을 준다. 보극의 작용은 인덕턴스 L로 인한 전류의 변화가 늦어지는 것을 방지하는 것이다. 발전기에서는 전기자의 유도 기전력과 전류가 같은 방향이므로 전류의 변화를 촉진시키기 위해서 [그림 1-30]과 같이 보극의 극성을 다음에 오는 주자극과 같은 극성으로 하고, 전동기에서는 전기자의 유도 기전력과 전류의 방향이 반대이기 때문에 보극의 극성도 반대로 한다.

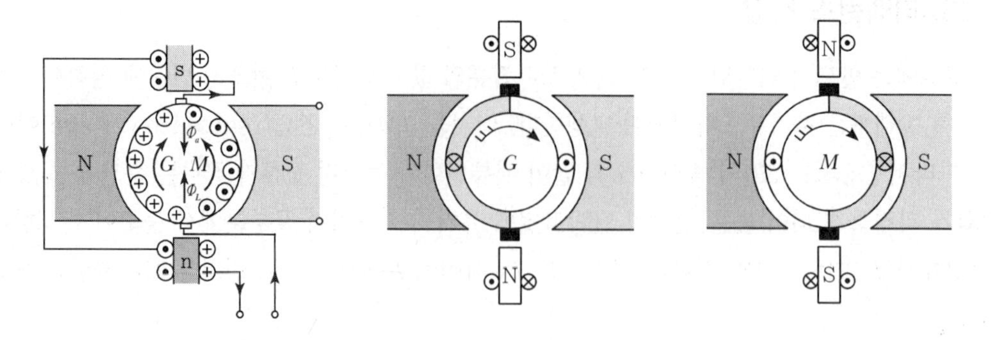

[그림 1-30] 보극의 극성

(6) 보상 권선

중성점 부근의 전기자 반작용은 보극에 의해서 상쇄되지만 이 외의 장소의 전기자 반작용은 남는다. 이와 같은 경우 [그림 1-31]과 같이 자극편에 홈을 파고 여기에 권선을 감고 이 권선과 전기자 권선을 직렬로 연결하여 전기자 전류를 반대 방향으로 흘리면 전기자 반작용을 상쇄하게 된다. 이와 같은 권선을 **보상 권선**(compensating winding)이라 한다.

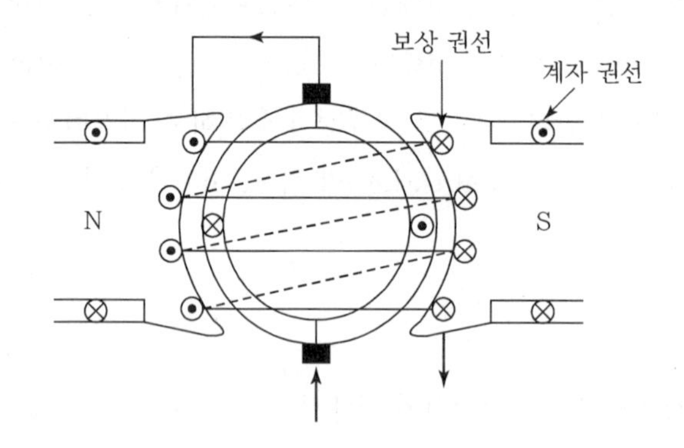

[그림 1-31] 보상 권선

1.4 직류발전기의 종류와 특성

1.4.1 직류발전기의 종류

발전기와 전동기에 있어, 직류기에서는 계자자속을 만들기 위하여 영구자석이나 전자석을 쓰는데 현재의 직류기는 대부분 전자석을 쓴다. 전자석을 만들기 위해 권선에 전류를 흘리는 것을 여자(excitation)라 하며, 직류발전기를 여자방식에 따라 분류하면 다음과 같다.

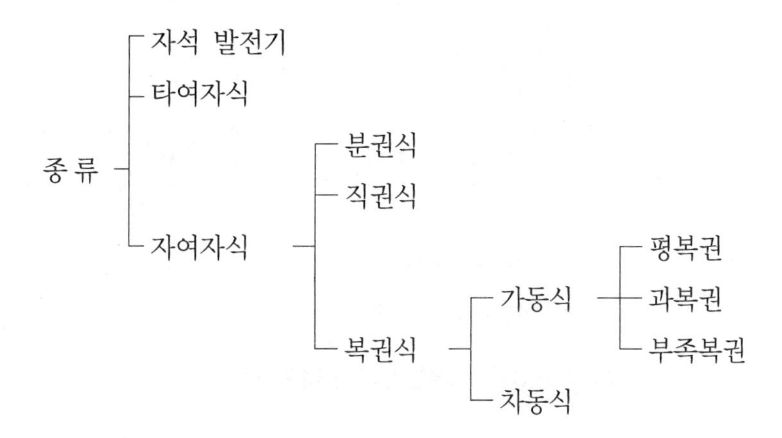

① 자석 발전기(magneto generator) : [그림 1-32] (a)와 같이 영구 자석을 계자 자속으로 사용한 것이며 특수한 소형 발전기(자전거 발전기 등)에 사용한다.

② 타여자식(separate excitation method) : [그림 1-32] (b)와 같이 계자전류 I_f 를 전기자 전류 I와 전혀 다른 직류전원(축전지 또는 다른 직류전원)에서 취하는 것으로 계자회로와 전기자회로가 전기적으로 절연되어 있다.

③ 자기여자식(self-excitation method) : 전기자에서 발생한 기전력이 계자전류를 흘리게 하는 것으로 전기자 권선과 계자 권선의 접속방법에 따라 다음 세 가지로 분류된다.

㉠ 분권식(shunt excitation method) : [그림 1-32] (c)와 같이 전기자 권선과 계자 권선이 병렬로 되어 있다.

㉡ 직권식(series excitation method) : [그림 1-32] (d)와 같이 계자 권선과 전기자 권선이 직렬로 접속되어 있고 부하전류에 의해서 여자된다.

㉢ 복권식(compound excitation method) : [그림 1-32] (e), (f)와 같이 분권과 식권식을 병용한 것으로 분권계자 기자력(F)과 직권계자 기자력(F_s)이 같은 방향인 경우가 가동복권(cumulative compound)이며 반대 방향일 때가 차동복권(differential)이다. 또 분권 계자의 결선에 따라 내분권(short shunt compound)과 외분권(long shunt compound)으로 나뉜다.

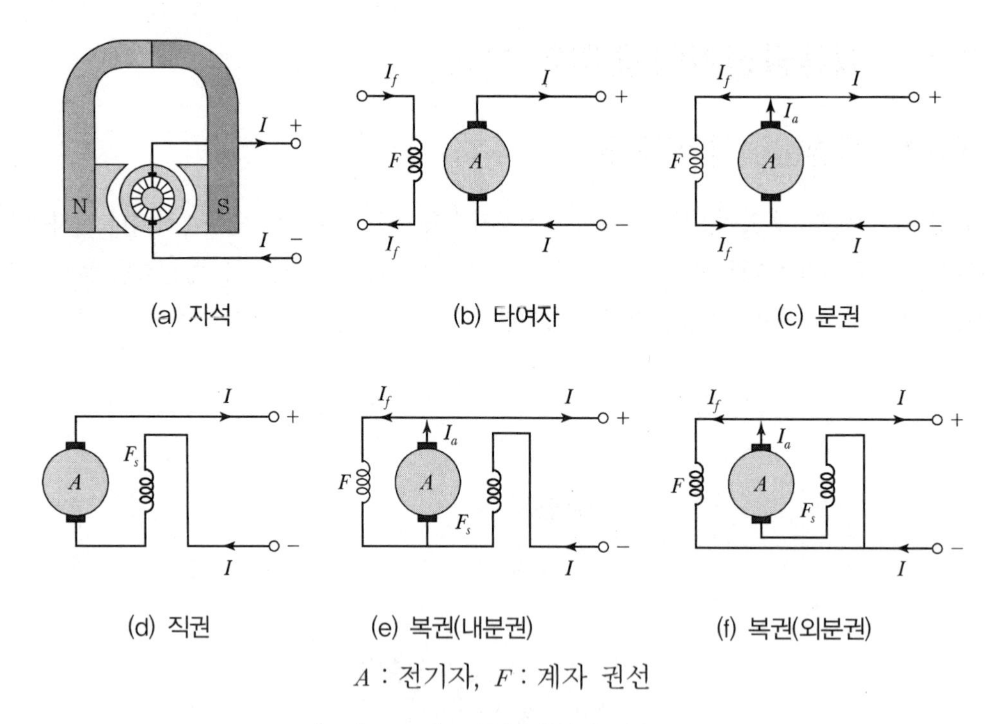

A : 전기자, F : 계자 권선

[그림 1-32] 직류발전기의 접속방식

1.4.2 직류발전기의 특성

직류발전기에서 유도 기전력(E), 부하전류(I), 계자전류(I_f), 계자저항(F_f), 회전수(n) 등이 중요한 변수이며 이들 중 2개의 양(量)사이의 관계를 그린 여러 가지의 특성이 있는데 이 중에서 많이 사용되는 것은 다음과 같다.

① **무부하포화곡선**(no load saturation curve) : n은 일정, $I=0$의 경우 I_f와 E의 관계를 그린 것이며 모든 특성곡선의 기초가 되는 중요한 특성곡선이다.

② **부하포화곡선**(load saturation curve) : n은 일정, I도 일정한 경우 I_f와 V 사이의 관계를 표시한다.

③ **외부특성곡선**(external characteristic curve) : 회전수 n과 계자저항 R_f를 일정하게 하고 부하전류 I를 변화시킬 때 이에 대한 단자전압 V의 변화를 표시하는 곡선이며 실용상 가장 중요하다.

(1) 타여자발전기

① **무부하포화곡선** : [그림 1-32] (b)는 타여자발전기의 접속도이고, 유도 기전력 E[V]는 식 (1-7)에 의하여

$$E = \frac{P}{a} Z\phi n = K\phi n[\mathrm{V}] \quad \cdots\cdots (1\text{-}9)$$

가 된다. 위 식에서 회전속도 n이 일정할 때 유도 기전력은 자속에 비례한다. 그런데 전기자 전류는 0이므로 유기전압은 단자전압과 같고 또 ϕ는 계자전류 I_f만으로 정해진다. 따라서 무부하포화곡선은 I_f와 ϕ 사이의 관계를 그린 곡선으로 [그림 1-33]과 같다.

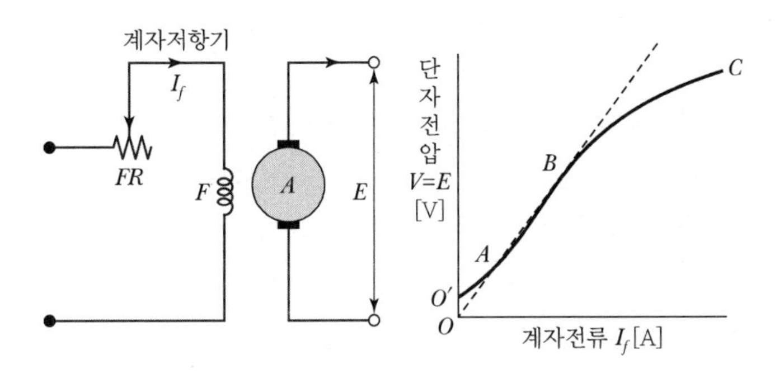

[그림 1-33] 무부하포화곡선

I_f가 증가하면 ϕ, 즉 E가 증가하지만 어느 정도 ϕ가 증가하면 그다음부터는 I_f를 증가시켜도 ϕ는 그다지 증가하지 않는다. 이것은 자기회로의 철이 자기적으로 포화하기 때문이다. 다음에 I_f를 최댓값으로 부터 감소해 나가면 E는 곡선 OC의 위치에서 CO'의 곡선에 따라 감소한다. 이것은 철의 히스테리시스현상에 의한 것이다. 또 I_f가 0이 되어도 E는 0이 되지 않고 OO'만큼의 전압이 존재한다. 이것을 **잔류전압**(residual voltage)이라 하고, 이것은 주 자극에 남는 잔류자기(residual magnetism)에 의한 것이다. 회전수 n이 변화하면 [그림 1-33]과 같이 이것에 비례해서 유도 기전력도 변화하고 무부하특성도 변화한다.

② **부하특성곡선** : 일정한 I를 흘렸을 때 계자전류에 대한 단자전압의 관계곡선은 무부하특성곡선을 IR_a만큼 밑으로 옮기고 또 반작용의 감자분을 보상해 주는 데 필요한 계자전류만큼 오른쪽으로 이동시킨 것이 된다.

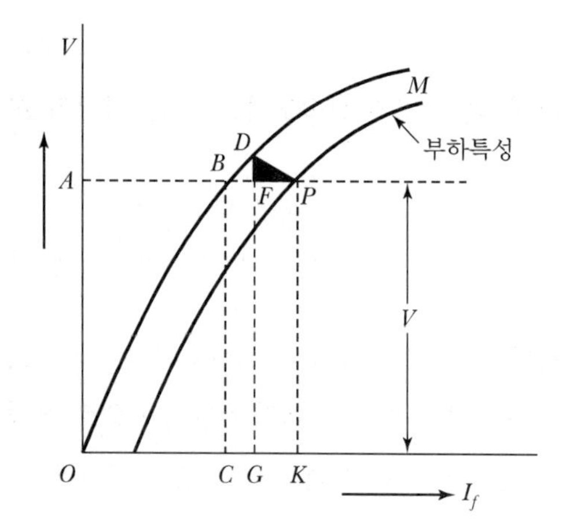

OM : 무부하특성곡선
DF : 전기자 저항 전압강하
FP : 전기자 반작용을 보상해 주는 계자전류
OC : 무부하 시 계자전류
OK : 부하 시 계자전류

[그림 1-34] 부하특성곡선

[그림 1-34]에서 OM을 무부하포화곡선이라 하면 DF는 전기자 저항강하, FP는 감자작용을 보상해 주는 계자전류이다. 이 그림에서 무부하의 경우는 OC에 의한 계자전류가 흐르면 CB의 단자전압이 발생하지만 부하가 걸리면 계자전류를 OK로 증가시켜야만 같은 전압이 얻어짐을 알 수 있다.

③ **외부특성곡선** : [그림 1-35]와 같이 부하를 걸었을 경우의 전압강하는 R_a 때문에 IR_a의 저항 전압강하, 브러시와 접촉저항에 의한 전압강하 e_b, 더욱이 전기자 반작용 때문에 e_a 만큼의 전압강하가 일어난다. 그러므로 단자전압은

$$V = E - IR_a - e_b - e_a [\mathrm{V}] \quad \cdots\cdots (1\text{-}10)$$

가 되어 I_f와 n이 일정하고 E가 일정하다고 하여도 부하전류 I가 증가하면 IR_a가 증가하여 V는 감소하여 외부특성곡선은 [그림 1-36]의 곡선 (a)와 같이 된다. 그런데 이것은 I가 변화해도 E가 변화하지 않는다고 생각한 경우이지만 전기자 반작용으로 말미암아 자속이 감소하는 것과 브러시의 접촉저항을 고려하면 곡선 (b)와 같이 곡선은 밑으로 더 기울게 된다.

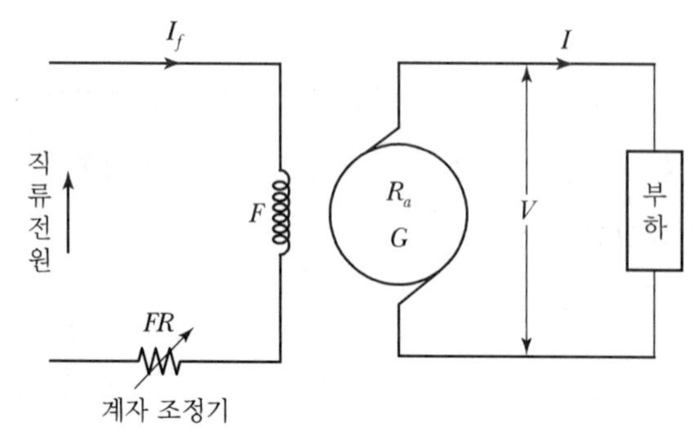

[그림 1-35] 타여자발전기의 회로도

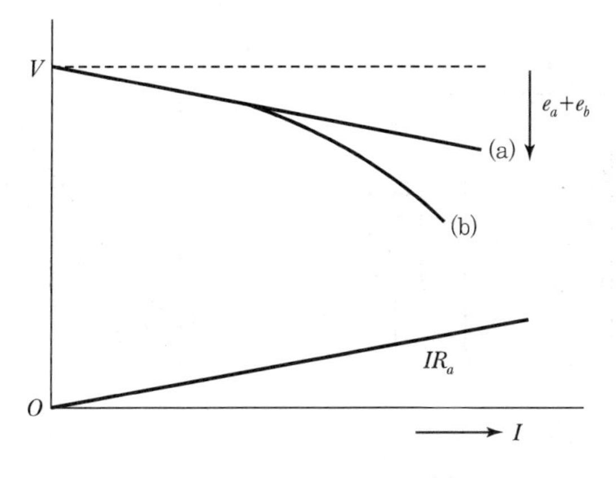

[그림 1-36] 외부특성곡선

④ **용도** : 타여자발전기의 계자전류는 다른 직류발전기, 축전지 등에서 취하므로 전원전압 또는 계자권선에 직렬로 저항을 넣고 이것을 가감함으로써 넓은 범위에 걸쳐 가변전압이 얻어진다. 그래서 여러 가지 값의 일정한 전압이 필요한 경우, 예컨대 시험 또는 실험설비용의 직류전원, 직류전동기, 속도조절용, 전원발전기, 대형 교류발전기의 주여자기 등으로 사용한다.

(2) 분권발전기

① **전압의 확립** : 분권발전기는 [그림 1-37] (a)와 같은 접속으로 사용되고, 잔류자기로 인한 낮은 전압이 전기자에 유기되어 이것이 전기자 저항과 계자 저항을 통해서 계자에 전류를 흘린다. [그림 1-37] (b)의 곡선 aS는 분권발전기의 무부하포화곡선으로 직선 OF는 계자 저항선으로 I_f와 V_f의 관계를 나타낸 것이다.

저항선의 기울기를 θ라 하고 계자 저항 조정기의 저항을 R_f라 하면

$$\tan\theta = \frac{V_f}{I_f} = R_f \quad \cdots\cdots (1\text{-}11)$$

이 되어, 저항이 증가하면 θ는 커진다. 곡선 aS와 직선 OF의 교점을 P라고 하면, 무부하로 운전할 때 잔류자기에 의해서 Oa로 표시되는 기전력이 발생하여 계자전류 ab가 흘러서 잔류자속을 증가시키는 방향으로 흐르면 유도 기전력은 점차로 증가하고 다시 계자전류는 증가된다. 이렇게 전압이 차츰 상승해 가는 현상을 **자여자발전기의 전압확립**(build-up of voltage)이라고 한다.

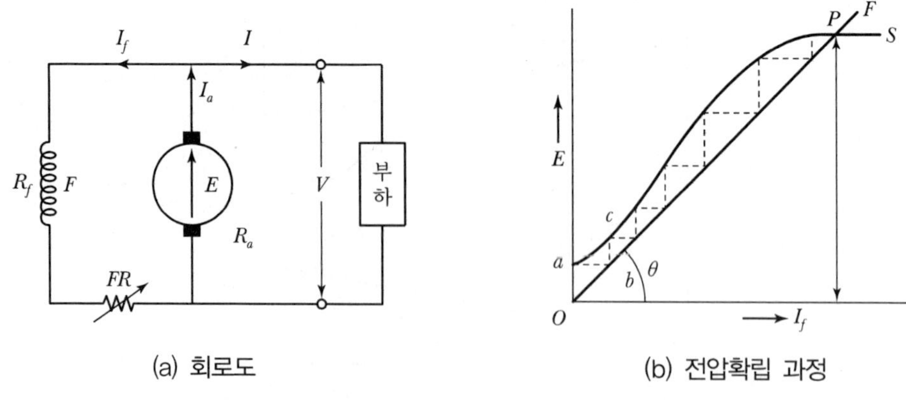

(a) 회로도 (b) 전압확립 과정

[그림 1-37] 분권발전기 회로도 및 전압확립

자여자발전기의 전압확립 필요조건은

㉠ 잔류자기가 존재할 것

㉡ 무부하특성곡선은 자기포화를 가질 것

㉢ 계자저항이 임계저항 이하일 것

㉣ 회전 방향이 바르며, 그 값이 어느 값 이상일 것

[그림 1-38]에서 R_f가 작으면 계자저항선은 OF_1과 같이 되고 무부하포화곡선과의 교점 P에 상당한 높은 전압이 발생한다. R_f가 크게 되어서 계자저항선이 OF_2와 같이 무부하포화곡선과 거의 접하도록 하면 교점 P_2는 불명확하게 되어 단자전압은 약간의 변동에서 대폭적으로 변한다. R_f가 더 크게 되면 계자저항선은 OF_3로 되고, $O'M$과 낮은 점에서 교차하고, 발전기 전압은 이상으로 증가하지 않는다. OF_2에 상당한 계자회로의 저항을 임계저항(critical resistance)이라 한다.

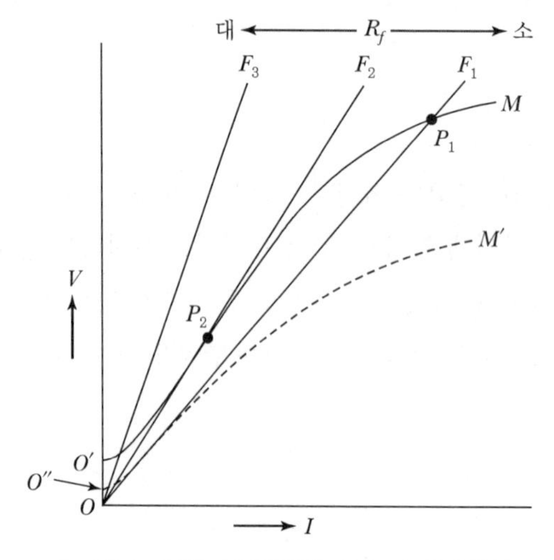

[그림 1-38] 분권발전기의 계자저항선

분권발전기에서 계자회로의 저항으로 전압이 안정하게 조정되는 것은 임계저항 이하의 범위뿐이다. 또한 회전속도가 변하면 무부하포화곡선이 그림의 $O''M'$과 같이 변하므로 임계저항의 값도 변한다.

② **외부특성곡선** : 분권발전기의 외부특성곡선은 [그림 1-39]와 같이 된다. 이 경우의 전압강하는 전기자 저항에 의한 전압강하, 전기자 반작용에 의한 전압강하 이외에 단자전압이 강하하면 계자전류가 감소하여 전압이 더욱 떨어지므로 타여자발전기에 비해서 전압강하는 크게 된다.

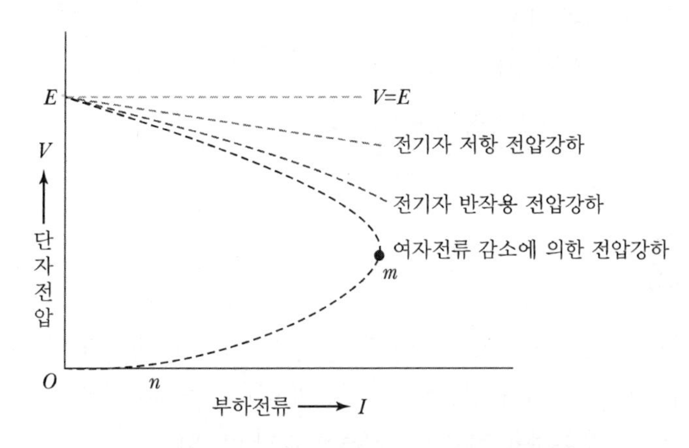

[그림 1-39] 분권발전기의 외부특성곡선

부하가 서서히 증가하면 부하전류는 점 m까지 증가한 후 mn곡선에 따라 점차 줄어든다. 단락전류 On은 잔류자기에 의한 기전력으로 흐르는 전류이다.

③ **용도** : 분권발전기의 전압변동률은 타여자발전기보다 좋지 못하나 계자저항기로 상당한 범위까지 전압조정을 할 수 있다. 이 발전기는 전압변동률이 그다지 문제가 되지 않는 곳에 널리 사용되며 전기화학용 전원이나 축전지의 충전용 등에 사용된다.

+ 예제 1-3 정격 속도로 회전하고 있는 무부하의 분권발전기가 있다. 계자 권선의 저항이 50[Ω], 계자 전류 2[A], 전기자 저항 1.5[Ω]일 때 유도 기전력[V]은?

풀이 단자 전압 V는 계자 회로의 전압 강하와 같으므로

$V = R_f I_f = 50 \times 2 = 100[\mathrm{V}]$

$E = V + I_a R_a$ 식에서 $I_a = I_f$이므로(∵ 무부하이므로)

∴ 유도 기전력 $E = V + I_f R_a = 100 + 2 \times 1.5 = 103[\mathrm{V}]$

+ 예제 1-4 유도 기전력 210[V], 단자 전압 200[V]인 5[kW] 분권발전기의 계자 저항이 500[Ω]이면 그 전기자 저항[Ω]은?

풀이

$I_f = \frac{V}{r_f} = \frac{200}{500} = 0.4[\mathrm{A}]$

$I = \frac{P}{V} = \frac{5 \times 10^3}{200} = 25[\mathrm{A}]$

전기자 전류 I_a는 $I_a = I + I_f$이므로

$I_a = 25 + 0.4 = 25.4[\mathrm{A}]$

또한, $V = E - I_a R_a$ 식에서

$\therefore R_a = \frac{E - V}{I_a} = \frac{210 - 200}{25.4} = \frac{10}{25.4} \fallingdotseq 0.4[\Omega]$

(3) 직권발전기

① **자기여자** : 직권발전기는 [그림 1-40]과 같이 계자 권선과 전기자 권선이 직렬로 연결되어 있으므로 계자전류, 전기자전류는 부하전류와 같다. 따라서 무부하에서는 전압의 확립이 이루어지지 않는다. 부하를 걸고 부하전류를 흘려 이 전류가 계자에 흘러서 만드는 자속이 잔류자속과 같은 방향일 때 비로소 자기여자되어 전압이 점차 높아진다.

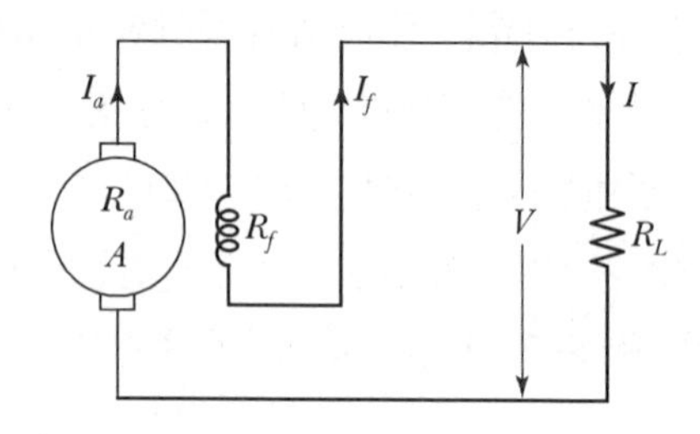

[그림 1-40] 회로도

② **용도** : 직권발전기는 부하전압의 변동이 심하므로 별로 사용되지 않지만 외부특성곡선 중 부하전류에 비례하여 전압이 높아지는 부분을 이용해 장거리 급전선에 넣어 승압기(booster)로 사용할 때가 있다.

(4) 복권발전기

① **외부특성곡선** : 분권발전기는 부하전류의 증가에 따라 단자전압이 강하하지만 직권발전기는 이와 반대로 어느 시점까지는 단자전압이 상승한다. 복권발전기는 이 양자의 특성을 적당하게 조합함으로써 [그림 1-41]과 같은 여러 가지 외부특성을 얻을 수 있다. 즉, 직권계자권선의 작용으로 전기자 반작용과 여러 가지 전압강하를 보상할 뿐만 아니라 오히려 단자전압을 상승시킬 수 있다.

무부하전압과 전부하전압이 거의 같은 것을 **평복권**(flat compound)이라 하며 직권계자가 강하여 부하전류의 증가에 따라 단자전압이 상승하는 특성을 **과복권**(over compound)이라 한다.

차동복권은 복권계자와 직권계자가 역으로 작용하므로 부하전류가 증가함에 따른 단자전압의 감소가 크다. 이와 같은 특성을 **수하특성**(drooping characteristic)이라 한다.

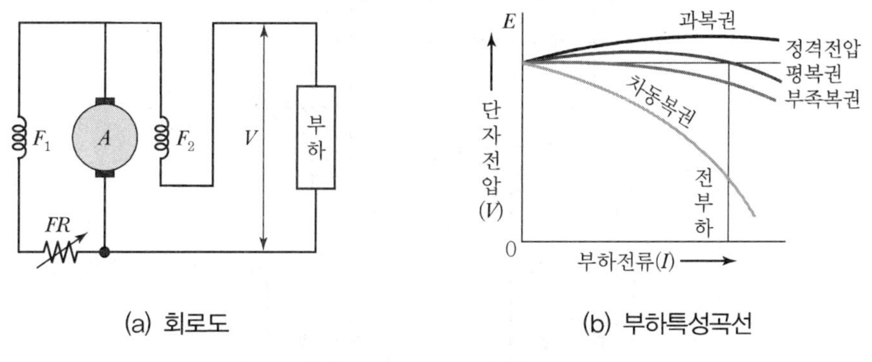

(a) 회로도 (b) 부하특성곡선

[그림 1-41] 외부특성곡선

② **용도** : 화동복권(和動複捲)은 정전압 전원으로서 평복권이 주로 사용되지만 발전기에서 부하까지의 거리가 멀고 그 사이에 저항강하를 보상해야 할 경우는 과복권이 사용된다. 차동복권은 정전류 전원, 예를 들면 직류 전기용접기로 사용하는 경우가 많다.

1.5 직류발전기의 병렬운전

1.5.1 분권발전기의 병렬운전

[그림 1-42]에서 분권발전기 G_1은 이미 운전 중에 있는데 이것에 분권발전기 G_2를 병렬운전하려면 개폐기 S_2를 열어 둔 채로 G_2를 돌려서 정격속도가 되도록 하고 계자전류를 조정해서 단자선압 E_2를 모선전압과 같게 한다. 다음에 G_2의 극성을 전압계로 확인한 다음 S_2를 닫도록 한다. 그러나 이러한 상태에서는 G_2는 부하를 지지 않는다. 그래서 G_2의 계자전류를 늘리고 G_1의 계자전류를 줄이면 식 (1-12)의 E_2는 증가하고 E_1은 감소하므로 I_2는 증가하고 I_1은 감소하여 G_1의 부하가 G_2에 옮겨진다.

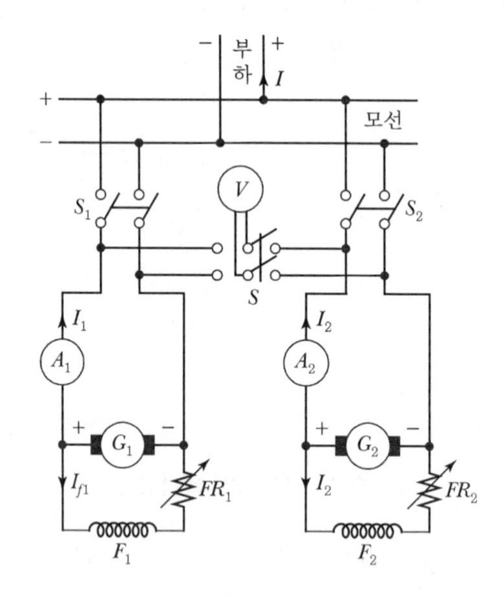

[그림 1-42] 분권발전기의 병렬운전

[그림 1-42]에서 각 발전기의 유도 기전력을 E_1, E_2, 전기저항을 R_{a1}, R_{a2}, 전기자 전류를 I_1, I_2, 모선전압을 V, 부하전류를 I라 하면

$$V = E_1 - R_{a1} I_1 = E_2 - R_{a2} I_2 \quad \cdots\cdots (1\text{-}12)$$

$$I = I_1 + I_2 \quad \cdots\cdots (1\text{-}13)$$

가 되어 유기전압이 같으면 전류는 전기자 저항이 작은 발전기에 많이 흐르고 전기자 저항이 같으면 유도 기전력이 큰 발전기에 많이 흐른다. 즉, G_1의 속도를 올리든가 또는 여자전류를 많이 흐르게 하여 E_1을 크게 하면 I_1은 I_2보다 많아지고 G_1 쪽이 더 많은 부하를 분담하게 된다.

+ 예제 1-5 종축에 단자 전압, 횡축에 정격 전류의 [%]로 눈금을 적은 외부 특성 곡선이 겹쳐지는 두 대의 분권발전기가 있다. 각각의 정격이 100[kW]와 200[kW]이고, 부하 전류가 150[A]일 때 각 발전기의 분담 전류[A]는?

풀이 두 발전기는 외부 특성 곡선이 같으므로 용량에 비례하는 부하를 분담한다.

100[kW] 발전기 전류를 I_1, 200[kW] 발전기 전류를 I_2라 하면

$100 : 200 = I_1 : (150 - I_1)$

$\therefore I_1 = 150 \times \frac{1}{3} = 50[\mathrm{A}] \qquad \therefore I_2 = 150 - 50 = 100[\mathrm{A}]$

1.5.2 직권발전기의 병렬운전

직권발전기와 같이 전류가 증가하면 전압이 상승하는 외부특성의 것은 그대로 병렬운전을 할 수 없다. 만일, 한 쪽의 전류가 약간 증가하면 전압도 상승하므로 점점 전류가 증가하여 안정한 병렬운전이 될 수 없다.

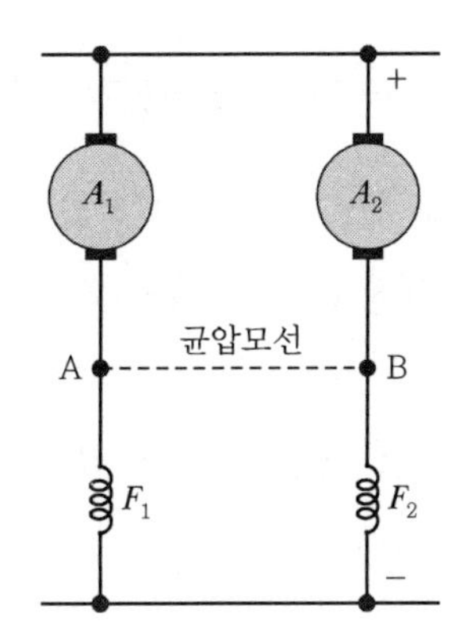

[그림 1-43] 직권발전기의 병렬운전

직권발전기의 병렬운전을 안정하게 하려면, [그림 1-43]과 같이 양발전기의 직권권선이 접속된 전기자 측의 끝을 균압선(equalizer)으로 연결하고 F_1과 F_2를 병렬로 하여 항상 여자전류를 등분하도록 한다.

1.5.3 복권발전기의 병렬운전

복권발전기에는 직권 계자권선이 있으므로 균압선 없이는 안정된 병렬운전이 될 수 없다. [그림 1-44]와 같이 G_1, G_2가 부하를 분담하고 병렬운전하고 있을 때 일시적인 원인으로 G_1의 부하전류 I_1이 증가하면 G_1의 직권 권선의 기자력이 많게 되어 G_1의 기전력이 증가한다. 그러면

더욱 I_1이 증가한다. 이와 같이 G_1의 부하는 차차 증가하게 되는데 이것과 반대로 G_2의 부하전류 I_2는 차차 감소하여 결국 G_2의 부하는 0이 되고 만다. 그러므로 안정 운전을 하기 위해 굵은 도선으로 된 균압선을 설치한다.

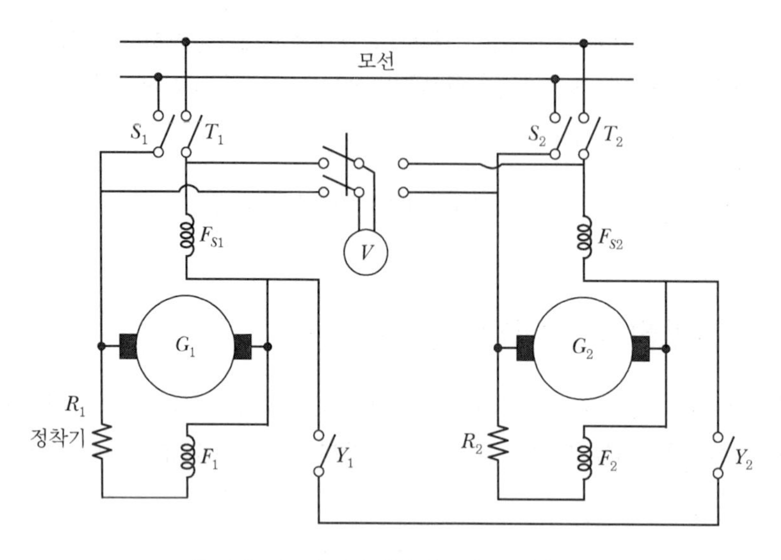

[그림 1-44] 복권발전기의 병렬운전

[그림 1-44]에서 운전 중인 G_1에 G_2를 병렬운전하려면 G_2를 정격속도가 될 때까지 돌린 다음 G_2의 분권계자의 전류를 조정해서 G_2의 전압을 모선전압과 같게 한 후 Y_1, Y_2 및 T_2를 닫는다. 이때 G_2의 직권 계자권선에 부하전류가 흐르게 되어 G_2의 전압은 변화한다. 따라서 다시 분권 계자권선의 전류를 조정해서 두 발전기의 단자전압을 완전히 같게 한 다음 S_2를 닫는다. 그리고 분권발전기와 같은 방법으로 G_2에 부하를 분담시킨다.

1.5.4 전압변동률

발전기를 정격속도로 돌려 정격전류를 흘렸을 때 정격전압을 내도록 계자저항을 조정해 놓고 갑자기 무부하로 하면 단자전압은 변화한다. 이 무부하 시의 전압 V_0과 정격전압 V_n와의 차를 정격전압의 백분율로 표시한 것을 **전압변동률**(voltage regulation)이라 한다.

즉, 전압변동률을 ϵ이라 하면 다음과 같이 나타낸다.

$$\epsilon = \frac{V_0 - V_n}{V_n} \times 100[\%] \quad \cdots\cdots (1\text{-}14)$$

1.6 직류전동기의 이론

1.6.1 직류전동기의 원리

자계 내에 놓여있는 도체에 전류를 흘리면 이 도체는 힘을 받는다. 즉 [그림 1-45] (a)와 같이 자극 N, S 사이에 코일 $abcd$를 놓고 이것에 직류전원으로부터 전류를 흘리면 코일의 ab 및 cd 변에는 각각 시계방향의 토크가 생겨 코일 전체가 시계방향으로 회전한다. 또한 코일이 반회전하여 그림 (b)의 위치에 와도 ab 및 cd에는 같은 방향의 토크가 발생하여 회전을 계속한다. 이것이 직류전동기의 원리인데 이는 전기적인 에너지를 기계적인 에너지로 변환시키는 것을 뜻한다.

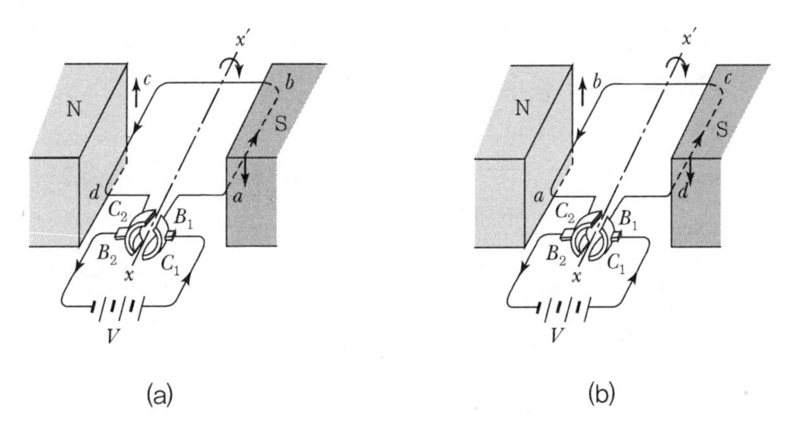

[그림 1-45] 직류전동기의 원리

1.6.2 역기전력

[그림 1-46]에서 전동기가 회전하면 도체는 자속을 끊어 발전기와 같이 기전력을 유기한다. 이 기전력의 방향은 플레밍의 오른손법칙에 의해서 공급해준 단자전압과는 반대방향이 되고 전기자전류를 방해하는 방향으로 작용하므로 **역기전력**(counter electromotive force)이라 한다.

이 기전력의 크기 E[V]는 P를 자극수, ϕ를 1극당의 자속[Wb], Z를 전기자 도체총수, a를 전기자의 병렬회로수, n을 매초의 회전수라 하면 식 (1-7)에서

$$E = \frac{PZ}{a}\phi n = K_1 \phi n \text{[V]} \qquad \cdots\cdots (1\text{-}15)$$

단, $K_1 = \dfrac{PZ}{a}$

그리고 전기자 회로의 저항을 $R_a[\Omega]$이라 하면, [그림 1-46]에서 알 수 있는 바와 같이 전기자 전류 I_a[A]는

$$I_a = \frac{V-E}{R_a}[\mathrm{A}] \qquad (1\text{-}16)$$

이고, 단자전압과 전기자 전압강하의 관계는 다음과 같다.

$$V = E + I_a R_a [\mathrm{V}] \qquad (1\text{-}17)$$

역기전력 E는 회전속도에 비례하므로, 전동기의 기계적 부하가 증가하여 속도가 감소하면 역기전력 E도 감소하게 된다. 따라서 식 (1-16)에 의해서 I_a가 증가하고 전동기의 입력이 자동적으로 상승하여 기계적 부하의 증가에 대응하게 된다.

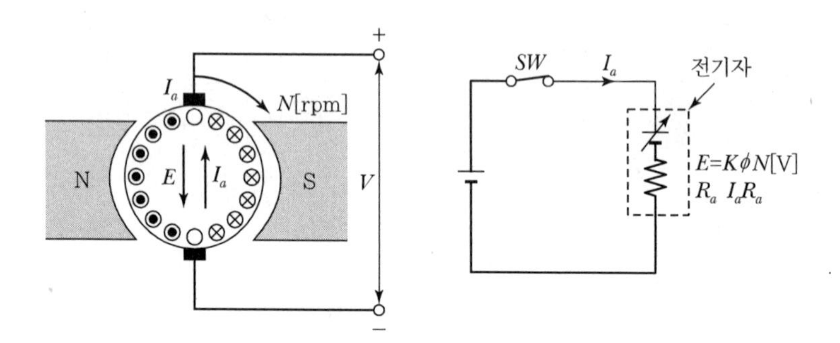

[그림 1-46] 직류전동기

1.6.3 속도, 회전력 및 출력

(1) 속도

식 (1-15) 및 (1-17)에서 전동기의 속도 n[rps]는

$$n = \frac{E}{K_1\phi} = K_2\frac{V-I_aR_a}{\phi}[\mathrm{rps}] \qquad (1\text{-}18)$$

$$\left(K_2 = \frac{a}{PZ}\right)$$

으로, 전동기의 속도는 역기전력에 비례하고, 1극당의 자속에 반비례한다는 것을 알 수 있다.

(2) 회전력(torque)

평균자속밀도가 B[Wb/m^2]되는 평등자계 안에 길이 l[m]의 전기자 도체가 놓여 있고 이것에 전류 I[A]를 흘렸다고 하면 이 도체에는 식 (1-2)에서

$$F = BIl\,[\mathrm{N}] \cdots\cdots (1\text{-}19)$$

의 힘이 작용한다.

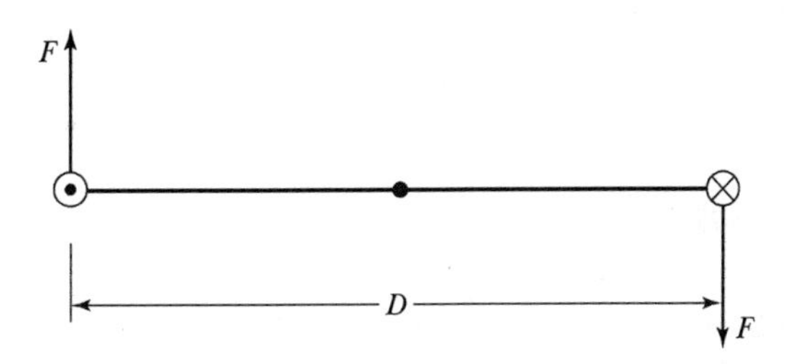

[그림 1-47] 전기자 권선에 작용하는 힘

그러므로 전기자 직경을 D[m]라 하면 한 개의 도체에 작용하는 회전력 τ[N · m]는 [그림 1-47]에서 다음과 같다.

$$\tau = F \times \frac{D}{2} = IBl \times \frac{D}{2}\,[\mathrm{N \cdot m}] \cdots\cdots (1\text{-}20)$$

전기자 도체수를 Z, 극수를 P, 한극의 자속을 ϕ[Wb], 전기자 전류를 I_a[A], 전기자 병렬회로수를 a라 하면 전동기의 회전력[N · m]은

$$B = \frac{P\phi}{\pi Dl}, \qquad I = \frac{I_a}{a}$$

가 되므로

$$T = Z\tau = Z \cdot IBl\frac{D}{2} = Z\frac{P\phi}{\pi Dl} \cdot \frac{I_a}{a} \cdot l \cdot \frac{D}{2}$$

$$= \frac{PZ}{2\pi a}\phi I_a = K\phi I_a\,[\mathrm{N \cdot m}]$$

$$= \frac{1}{9.8}K\phi I_a\,[\mathrm{kg \cdot m}] \cdots\cdots (1\text{-}21)$$

가 된다. 위의 식에서 $K = \dfrac{PZ}{2\pi a}$이다.

즉, 회전력은 자속 ϕ와 전기자 전류 I_a의 곱에 비례하며 회전속도에는 무관하다.

+ 예제 1-6 직류 분권전동기가 있다. 총 도체수 100, 단중 파권으로 자극수는 4, 자속수 3.14[Wb], 부하를 가하여 전기자에 5[A]가 흐르고 있으면 이 전동기의 토크[N · m]는?

풀이 자극 $p=4$, 총 도체수 $Z=100$, 자속수 $\phi=3.14$[Wb], 전기자 전류 $I_a=5$[A], 파권이므로 내부 회로수 $a=2$이다. 토크 τ는

$$\therefore T=\frac{pZ\phi I_a}{2\pi a}=\frac{4\times100\times3.14\times5}{2\times3.14\times2}=500[\text{N}\cdot\text{m}]$$

(3) 출력

식 (1-17)로부터 양변에 I_a를 곱하면

$$VI_a=EI_a+I_a^2R_a \qquad (1\text{-}22)$$

위의 식에서 VI_a는 전기자의 입력이고 $I_a^2R_a$는 전기자 회로의 저항손이므로 EI_a가 전동기의 출력이다.

그런데 식 (1-15)에서 $E=\frac{PZ}{a}\cdot\phi n$ [V]를 식 (1-21)에 넣으면

$$T=\frac{EI_a}{2\pi n} \qquad (1\text{-}23)$$

따라서 전동기의 출력 P는

$$P=EI_a=2\pi n T_1[\text{W}]=2\pi NT_2\times\frac{9.8}{60}[\text{W}]=1.026NT_2[\text{W}] \qquad (1\text{-}24)$$

여기서, T_1 : [N · m], T_2 : [k · m], n : [rps], N : [rpm]인 경우

그러나 전동기의 손실은 $I_a^2R_a$ 외에도 전기자 철손 및 기계손 등이 있기 때문에 전동기축에서 실제로 얻을 수 있는 출력 P_0는

$$P_0=P-(\text{철손}+\text{기계적 손실}) \qquad (1\text{-}25)$$

+ 예제 1-7 P[kW], N[rpm]인 전동기의 토크[kg · m]는?

풀이 $$T=\frac{1}{9.8}\cdot\frac{P}{\omega}=\frac{1}{9.8}\cdot\frac{P\times10^3}{2\pi\times\frac{N}{60}}=975\frac{P}{N}[\text{kg}\cdot\text{m}]$$

1.7 직류전동기의 종류와 특성

1.7.1 직류전동기의 종류

직류 발전기는 직류 전동기로 사용할 수 있기 때문에 구조는 발전기와 똑같다. 또한 종류도 발전기의 경우와 같이 계자 권선과 전기자 권선의 접속 방식에 따라 다음과 같이 분류된다.

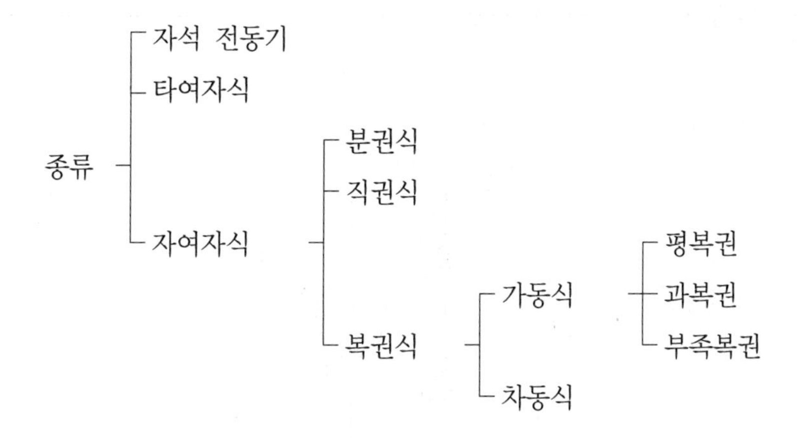

[그림 1-48]은 여러 전동기 접속도이다. 복권 전동기는 외분권으로 한다.

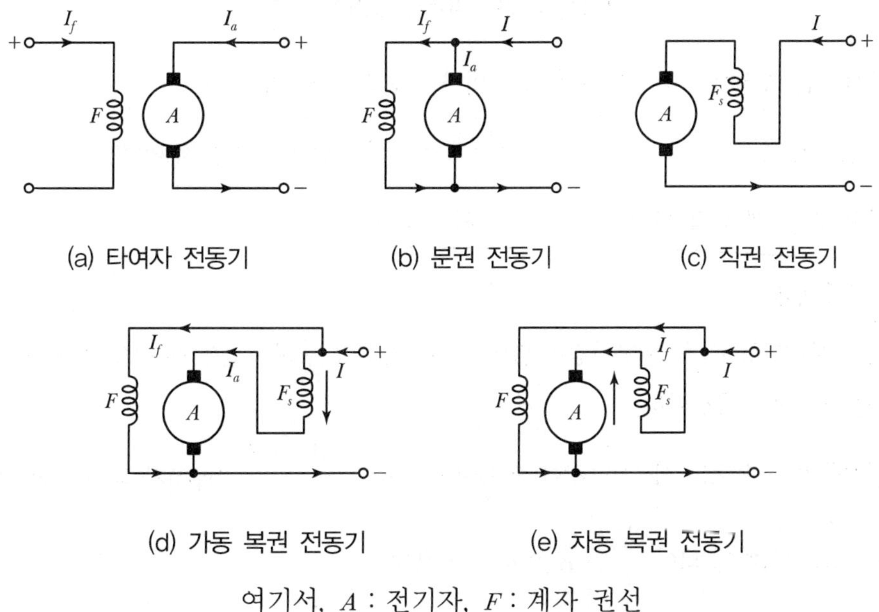

여기서, A : 전기자, F : 계자 권선

[그림 1-48] 직류전동기의 접속방식

1.7.2 직류전동기의 특성

(1) 분권전동기의 특성

분권전동기는 [그림 1-49]와 같이 전기자와 계자권선이 병렬로 접속되어 전원에 연결되고, 단자전압이 일정하면 계자전류 I_f는 전기자전류 I_a와는 관계가 없으며

$$I_f = \frac{V}{R_f} = \text{일정} \quad \cdots\cdots (1\text{-}26)$$

이 된다.

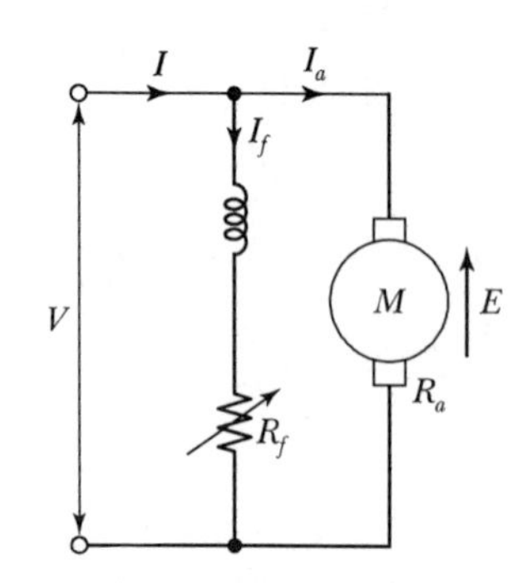

[그림 1-49] 분권전동기의 회로

따라서 ϕ는 일정하고 전원에서 흘러 들어가는 전전류를 I라 하면,

$$I = I_f + I_a \quad \cdots\cdots (1\text{-}27)$$

여기서, I_f는 매우 적으므로 $I \fallingdotseq I_a$라고 해도 좋다.

(가) 속도특성

이것은 계자저항 R_f를 변화시킴이 없이 부하전류만을 변화시켰을 때 속도 N이 어떻게 변화하는가를 나타내는 곡선이다.

분권전동기의 속도는 식 (1-18)에 의하여 $n = K_2 \cdot \frac{V - I_a R_a}{\phi}$[rps]가 되는데 R_f를 일정하게 하면 ϕ도 일정하게 되어 $\frac{K_2}{\phi} = K_3$이라고 놓으면

$$N = K_3 (V - R_a I_a) \quad \cdots\cdots (1\text{-}28)$$

가 된다.

그러므로 V, R_a가 일정한 경우에 속도는 [그림 1-50]과 같이 전류가 증가하는 데 따라 직선적으로 감소하고 $I_a = \frac{V}{R_a}$가 되면 속도는 0이 된다.

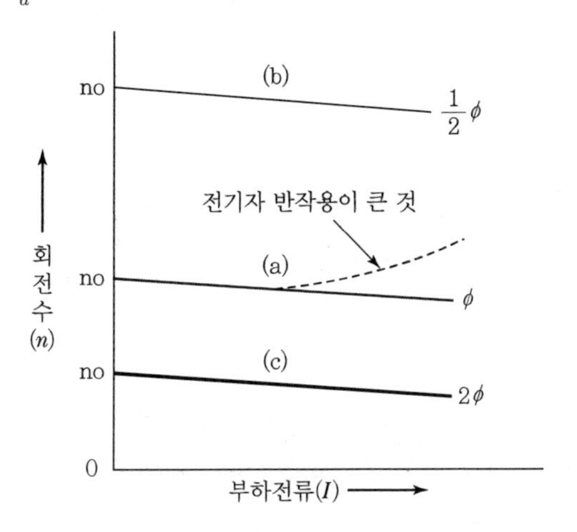

[그림 1-50] 분권전동기의 속도특성

R_a의 크기는 직선의 경사와 관계가 있는데 전기자 저항이 크면 속도의 저하도 크다. 계자저항 R_f를 변화시켜 ϕ를 $\frac{1}{2}\phi$, 2ϕ로 하면 속도특성은 [그림 1-50]의 곡선 (b), (c)와 같이 되지만 전기자 반작용의 감자작용을 생각할 때 I_a가 증가하면 ϕ는 감소하므로 식 (1-18)의 분모, 분자가 모두 감소해서 n의 저하가 적게 된다.

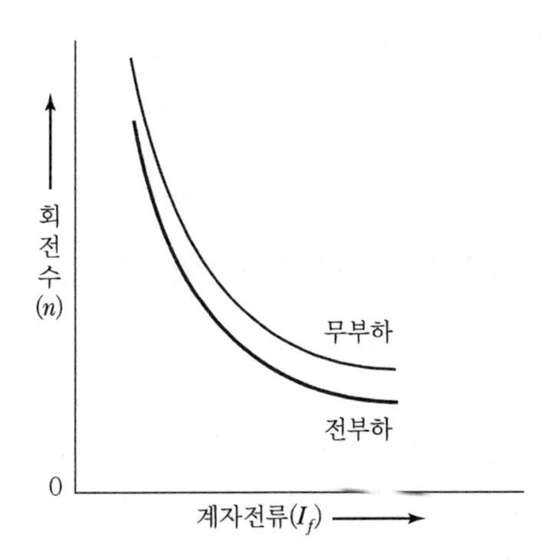

[그림 1-51] 계자전류와 회전수의 관계

또 [그림 1-51]과 같이 I_f를 감소시켜 0에 가깝게 식 (1-18)에서 분모의 ϕ가 0에 가까워지므로 속도가 대단히 높아져 경부하일 경우에는 원심력에 의하여 기계가 파손될 정도의 고속도에 달하는 수도 있다. 따라서 계자회로의 접속에는 충분한 주의를 해서 단선이 되지 않도록 해야 한다.

(나) 토크특성

이것은 부하전류 증가에 따라 토크가 어떻게 변화하는가를 나타내는 곡선이다.
분권전동기에서는 단자전압이 일정하면 ϕ가 일정하므로

$$T = k_2 \phi I_a = k_3 I_a (\text{단}, \ \cdots k_3 = k_2 \phi) \quad \cdots\cdots (1\text{-}29)$$

가 되어 I_a와 T의 관계는 [그림 1-52]의 점선과 같이 비례하는 직선이 된다. 그러나 전기자 반작용으로 인하여 부하전류에 따라 ϕ가 감소하는 것을 고려하면 토크특성은 [그림 1-52]의 실선과 같이 밑으로 구부러진다.

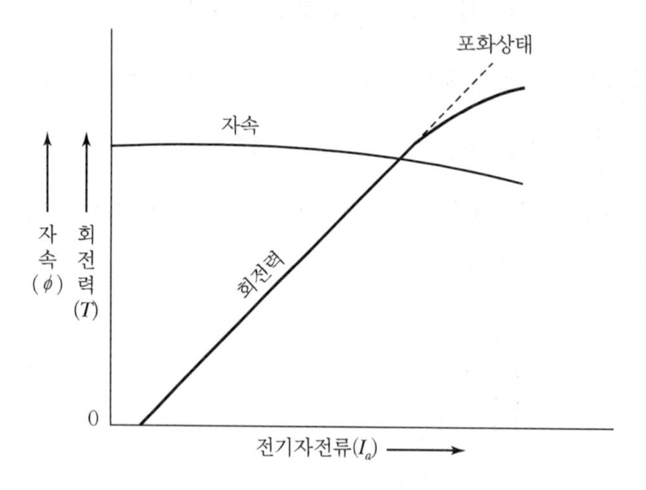

[그림 1-52] 분권전동기의 토크특성

(다) 분권전동기의 용도

분권전동기의 회전수는 [그림 1-50]에서 볼 수 있는 바와 같이 부하가 증가하면 어느 정도는 줄지만 대체로 일정하다고 볼 수 있으므로 정속도 전동기라 해도 좋다. 또한 계자조정기를 써서 넓은 범위에 걸쳐 쉽게 속도제어를 할 수 있다.

분권전동기는 이와 같은 특성이 있으므로 철압연, 제지, 권선기 등에 사용된다.

+ 예제 1-8 2.2[kW]의 분권전동기가 있다. 전압 110[V], 전기자 전류 42[A], 속도 1,800[rpm]으로 운전 중에 계자 전류 및 부하 전류를 일정하게 두고 단자 전압을 120[V]로 올리면 회전수[rpm]는?(단, 전기자 회로의 저항은 0.1[Ω]으로 하고 전기자 반작용은 무시한다.)

㉮ 1,440 ㉯ 1,870 ㉰ 1,970 ㉱ 2,070

풀이 $N=\dfrac{V-I_aR_a}{K\phi I}=\dfrac{110-42\times 0.1}{K\phi}=1,800[\text{rpm}],\ K\phi=\dfrac{105.8}{1,800}$

부하 및 계자 전류가 일정하므로

$$\therefore N'=\frac{V'-I_aR_a}{K\phi}=\frac{120-42\times 0.1}{\dfrac{105.8}{1,800}}=1,970[\text{rpm}]$$

[답] ㉰

(2) 직권전동기의 특성

이것은 [그림 1-53]과 같이 계자권선과 전기자권선이 직렬로 연결되어 있으므로

$$I_f=I_a=I \quad \cdots\cdots (1\text{-}30)$$

가 된다.

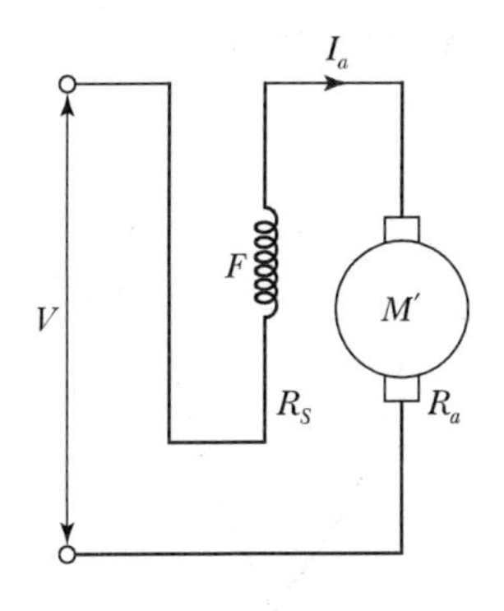

[그림 1-53] 직권전동기 회로

(가) 속도특성

이 전동기의 회전속도의 식은 직권전동기의 저항을 R_s라 하면 식 (1-19)의 R_a 대신에 R_a+R_s를 넣으면 다음과 같다.

$$N=k_1\cdot\frac{V-(R_a+R_s)I_a}{\phi}[\text{rps}] \quad \cdots\cdots (1\text{-}31)$$

자기회로가 포화되지 않은 경우에는 ϕ는 I_a에 비례하므로

$$N = k_4 \cdot \frac{V-(R_a+R_s)I_a}{I_a} \text{(단, } k_4 \text{는 정수)} \cdots\cdots (1\text{-}32)$$

식 (1-32)의 $(R_a+R_s)I_a$는 V에 비해서 대단히 적으므로 이를 무시하면,

$$N = k_4 \cdot \frac{V}{I_a} \cdots\cdots (1\text{-}33)$$

V가 일정하다면 위 식에 의하여 N과 I_a 사이의 관계는 [그림 1-54]와 같이 종축과 횡축을 점근선으로 하는 쌍곡선이 된다.

그런데 부하가 증가하면 여자기전력도 증가하여 자기회로가 포화하게 된다. 포화하게 되면 ϕ가 일정하게 되어,

$$N = k_5(V-R_aI_a)\text{[rps](단, } k_5 \text{는 정수)} \cdots\cdots (1\text{-}34)$$

따라서 속도특성은 [그림 1-54]와 파선과 같은 직선이 된다.

그림에서 알 수 있는 바와 같이 I_a가 0에 가깝게 줄어들면 속도는 대단히 높아진다. 만일 잔류자기가 없으면 속도는 무한대로 되어 원심력 때문에 전기자를 파괴할 정도의 위험한 상태가 되며 이러한 속도를 **무구속 속도**(run away speed)라 한다. 그러므로 직권전동기에는 안전한 속도로 운전될 수 있는 정도의 최소부하가 늘 걸려 있어야 한다.

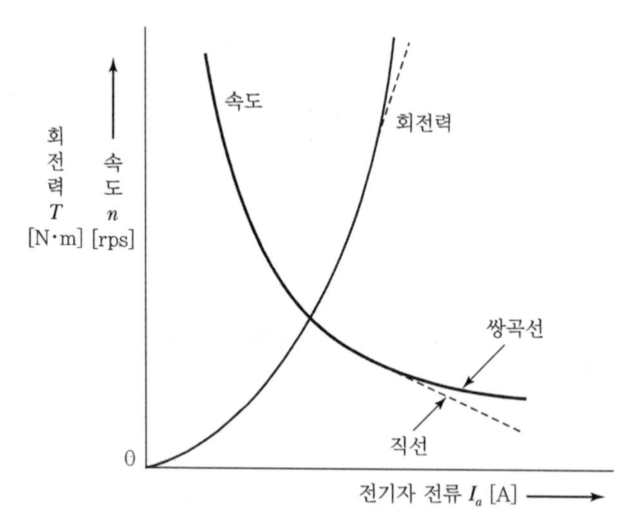

[그림 1-54] 직권전동기의 특성 곡선

(나) 토크특성

전기자 전류가 적게 흐르는 어느 한도 내에서 자속 ϕ는 I_a에 비례하므로 토크는 I_a^2에 비례하게 된다. 즉

$$T = k_6 I_a^2 \text{(단, } k_6 \text{은 정수)} \qquad (1-35)$$

따라서 토크 특성은 [그림 1-54]의 실선으로 표시한 것과 같은 포물선이 된다. 그러나 I_a가 커짐에 따라 자기회로가 포화하므로 ϕ는 증가하지 못하고 거의 일정하게 되어 토크는

$$T = k_7 I_a \text{(단, } k_7 \text{은 정수)} \qquad (1-36)$$

가 되어 [그림 1-54]의 파선부분과 같이 I_a에 비례하는 직선이 된다.

(다) 용도 및 특징

직권전동기에서는 토크가 증가하면 속도가 낮아지므로 회전수와 토크와의 곱에 비례하는 출력도 어떤 범위 내에서는 대체로 일정하다. 전차에 분권전동기를 사용하면 토크의 대소에 관계없이 속도가 거의 일정하게 되므로 비탈길을 전차가 올라갈 때 토크가 증가하면 출력도 거의 이에 비례해 증가하여 전원에 지나치게 과한 부하를 부담하게 한다. 그러나 직권전동기는 토크가 증가하면 속도가 떨어지므로 전원에 과부하가 되지 않는다.

또, 직권전동기의 토크는 전류의 자승에 비례하므로 기동시킬 때 전류를 안전한 값에 제한하면서 충분히 큰 토크를 발생시킬 수 있다. 이것도 자주 기동시켜야 하는 전차나 기중기 등에 적합한 성질이다.

+ 예제 1-9 전기자 저항 0.3[Ω], 직권 계자 권선의 저항 0.7[Ω]의 직권전동기에 110[V]를 가하였더니 부하 전류가 10[A]이었다. 이때 전동기의 속도[rpm]는?(단, 기계 정수는 2이다.)

풀이 직류 직권전동기의 속도 N은 $N = K\dfrac{V - I_a(R_a + R_s)}{I_a}$이므로

$V = 110[V]$, $I_a = 10[A]$, $R_a = 0.3[\Omega]$, $R_s = 0.7[\Omega]$, $K = 2$를 대입하면,

$$\therefore N = 2 \times \frac{110 - 10(0.3 + 0.7)}{10} = 20[\text{rps}] = 1{,}200[\text{rpm}]$$

(3) 복권전동기의 특성

(가) 가동복권전동기

가동복권전동기는 [그림 1-55], [그림 1-56]과 같이 분권전동기와 직권전동기의 중간특성이 되며 직권계자 기자력과 분권계자 기자력의 비율에 따라 분권전동기에 가까운 특성 또는 직권전동기에 가까운 특성이 된다.

가동복권전동기는 분권계자 권선이 있기 때문에 부하가 걸려 있지 않더라도 계자 자속의 일부가 존재하게 되어 직권전동기와 같은 무구속 속도에 이르지 않으며, 또한 직권계자 권선이 있어 기동토크도 상당히 크며, 전원에 대한 위험도 적다. 이러한 특징에 따라 이것은 권상기, 공작기계 등에 주로 사용된다.

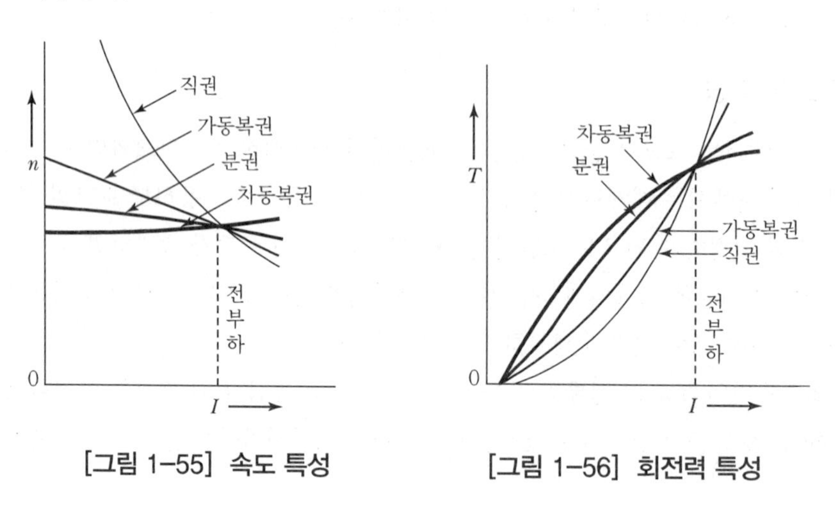

[그림 1-55] 속도 특성 **[그림 1-56] 회전력 특성**

(나) 차동복권전동기

이것은 직권계자 기자력이 분권계자 기자력을 상쇄하도록 작용하므로 부하전류가 증가함에 따라 계자 자속은 감소하여 속도강하를 보상해 주어 정속도 특성을 갖게 한다. 그러나 전류가 증가하여 직권 기자력과 분권 기자력이 같게 되면 자속은 0이 되고 이 이상 전기자전류가 증가하면 자속의 방향이 반대가 되어 역전하는 경우가 있다. 또 기동토크도 적어 많이 사용되지 않는다.

1.8 직류전동기의 운전

1.8.1 직류전동기의 기동

정지상태에 있는 전동기를 운전상태로 만드는 것을 기동이라 하며, 직류전동기가 운전 중에 흐르는 전기자 전류 I_a는 식 (1-16)으로부터 다음과 같이 나타낸다.

$$I_a = \frac{V - K\phi n}{R_a} [\text{A}] \quad \cdots\cdots (1\text{-}37)$$

정지되어 있는 전동기에 직접 전전압을 가하여 기동하면 전기자회로에 저항이 삽입되어 있지 않을 경우에는 $R = R_a$로, R_a는 극히 적은 값이고 더욱이 $n = 0$이므로 $I_a = V/R_a$에 해당하는 큰 전류가 흐르게 된다. 이것은 정격전류의 수 배에서 수십 배에 이르러 다음과 같은 영향을 준다.

- 정류자 및 브러시가 손상된다.
- 전원에 큰 충격을 준다.
- 매우 큰 회전력이 발생하므로 기계가 파손될 염려가 있다.

그러므로 기동 시에 이 전류를 제한하기 위해서(정격전류의 100~150[%]) 적당한 저항을 전기자에 직렬로 넣고 회전수가 점차 올라가서 역기전력 $E = K\phi n$이 증가하면 그 저항을 조금씩 빼주는 방법을 쓴다. 이와 같은 저항을 **기동저항**(starting rheostat)이라 하고 부속품을 합하여 조립한 기구를 기동기라 한다.

① **분권전동기의 기동** : 기동저항기는 [그림 1-57]의 ST와 같이 기동전류를 적게 하기 위해서 전기자와 직렬로 넣고 기동회전력을 될 수 있는 한 크게 하기 위해서 분권계자 권선은 그대로 전원에 접속한다. 계자조정기 FR이 있는 것은 저항이 0이 되는 점에 두고 기동시킨다.

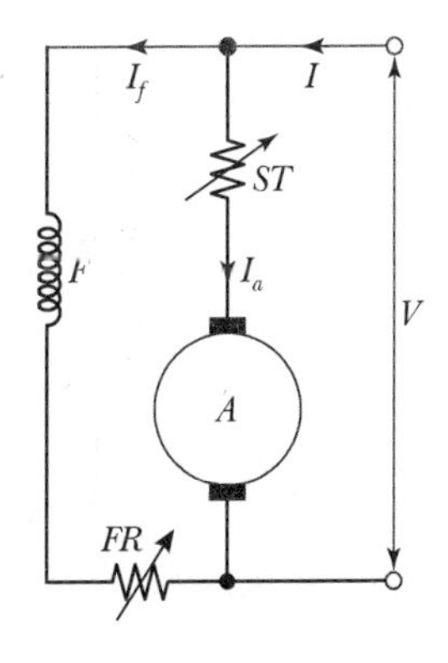

[그림 1-57] 분권전동기의 기동

② **직권 및 복권전동기의 기동** : 직권전동기나 화동 복권전동기의 기동은 분권전동기의 경우와 마찬가지로 전기자회로에 직렬로 넣은 기동기로서 기동전류를 억제하면서 기동시킨다. 단, 차동 복권전동기를 기동시키는 경우에는 먼저 직권계자 권선을 단락(短絡)시켜 두지 않으면 반대방향으로 회전하거나 혹은 기동 회전력을 현저히 약하게 하여 과대한 기동전류가 흐를 우려가 있다. 따라서 먼저 분권전동기로 기동시키고 가속시켜서 충분한 속도에 도달하면 직권코일에 전류를 흘리도록 한다.

1.8.2 속도제어

① **속도제어의 종류** : 전동기의 속도 n은 식 (1-18)에서 $n = K_2 \dfrac{V - I_a R_a}{\phi}$로 나타낸다. 따라서 속도제어법에는 다음 3가지 방법이 있다.

㉠ 계자제어법(field control) : 계자전류를 조정하여 자속 ϕ를 변화시키는 방법

㉡ 저항제어법(rheostatic control) : 전기자에 직렬로 저항을 넣어서 R_a의 값을 변화시키는 방법

㉢ 전압제어법(voltage control) : 전기자에 가하는 전압 V를 변화시키는 방법

② **분권전동기의 속도제어**

㉠ 계자제어법 : [그림 1-58] (a)와 같이 계자저항기 FR를 조정해서 계자전류를 변화하면 자속 ϕ가 변화한다. 예컨대 ϕ가 $\frac{\phi}{2}$, 2ϕ가 되면 그림 (b)와 같이 속도는 각각 2배, $\frac{1}{2}$배로 변한다. 분권계자전류는 매우 적으므로 계자저항기에 흐르는 전류도 적으므로 전력손실도 적고 또 조작도 간편하다. 그러나 저항을 아무리 감소시켜도 계자권선 자신의 저항과 포화로 말미암아 속도를 어느 정도 이하로 떨어뜨릴 수 없다. 계자제어법은 매우 간편한 방법이기는 하지만 광범위한 속도제어는 곤란하다.

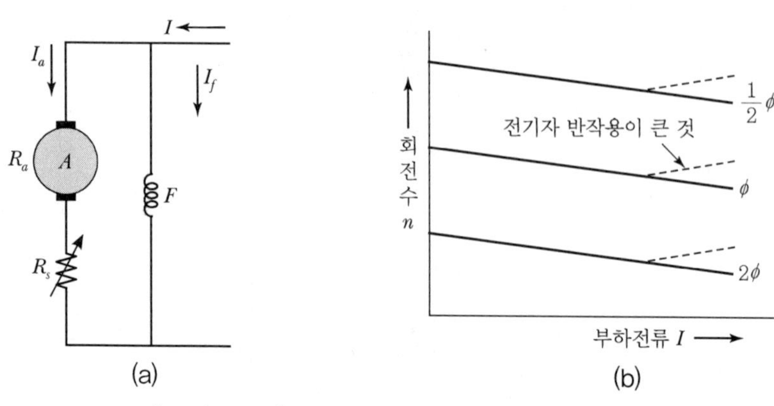

[그림 1-58] 분권전동기의 계자제어

㉡ 저항제어법 : 이것은 [그림 1-59]와 같이 전기자회로에 직렬로 저항 R_s를 넣고 이를 가감함으로써 속도제어를 행하는 방법이다. 이 방식으로는 큰 전류 I_a가 R_s에 흐르기 때문에 이에 의한 전력손실 $I_a^2 R_s$가 크고 효율이 나쁘다. 또, 속도변동률이 크게 되어 특성이 나쁘게 되며 속도의 제어범위도 좁아서 별로 사용되지 않으나 단시간 동안 속도를 매우 낮게 할 필요가 있는 경우와 소형 전동기의 정밀 속도제어에 적당하다.

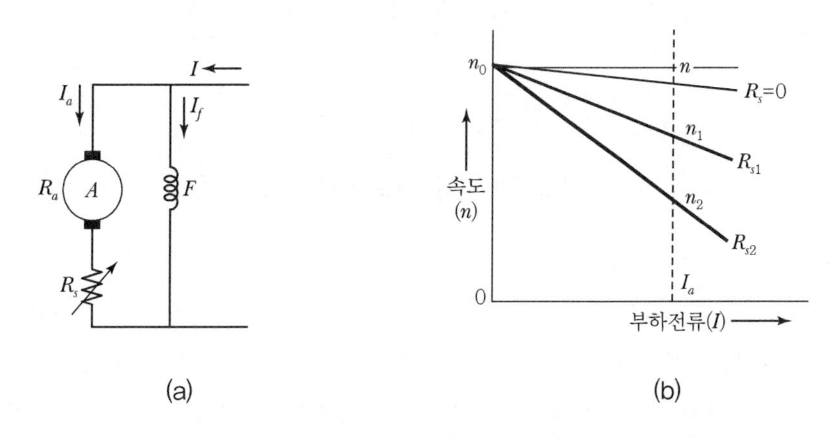

[그림 1-59] 분권전동기의 저항제어

㉢ 전압제어법 : 전기자에 가해지는 단자전압을 변화시켜 속도조정을 행하는 방법으로 주로 타여자전동기에 이용된다. 이 방법에는 다음과 같은 방식이 있다.

ⓐ 워드 레오너드방식(ward leonard system) : 이 방식은 [그림 1-60]과 같이 타여자전동기 M에 전속인 타여자발전기 G와 G를 구동시키는 DM을 두고, G의 계자조정으로 M에 가하는 전압 V를 조정하는 방식이다. 일반적으로 전압제어에 의해서 전전압에 도달된 이후에는 전동기의 속도조정기 FR_2로 계자제어를 함으로써 속도조정 범위를 확대한다. 워드 레오너드방식은 광범위한 속도에 걸쳐 원활하게 효율적으로 제어할 수 있고, 속도변동률이 적고, 가역적이므로 가장 우수한 속도제어법이나 설비비가 많이 드는 결점이 있다. 최근에는 반도체정류기를 이용한 정지 워드 레오너드방식이 개발되어 많이 이용하고 있다.

ⓑ 일그너방식(illgner system) : 워드 레오너드방식은 보조발전기가 직류전동기로 돌려지는 데 직류전동기 대신 유도전동기를 쓰고 그 축에 큰 플라이휠(fly wheel)을 붙인 것이 일그너방식이다. 이 방식의 장점은 다음과 같다.

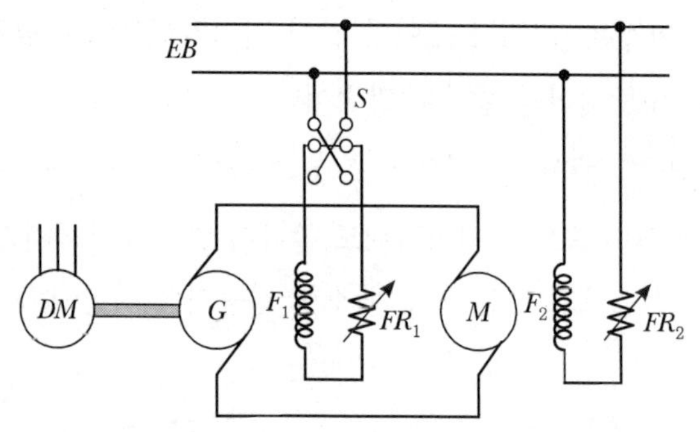

[그림 1-60] 워드 레오너드방식

③ 직권전동기의 속도제어

㉠ 계자제어법 : 계자 기자력의 변화, 즉 ϕ를 변화시켜 속도를 제어시키려면 [그림 1-61] (a)와 같이 계자권선에 병렬로 접속한 저항 R_f를 조정하여 계자 전류를 변화시키는 방법과 그림 (b)와 같이 계자권선의 도중에 내놓은 탭 접속을 바꾸는 방법이 있다.

㉡ 저항제어법 : [그림 1-61] (c)와 같이 전기자회로에 저항을 넣으면 속도를 떨어뜨릴 수 있다. 이것은 분권전동기의 속도제어에서 설명한 바와 같이 효율이 나쁜 것이 결점이지만 다음의 직병렬제어법과 병용해서 많이 사용되는 방법이다.

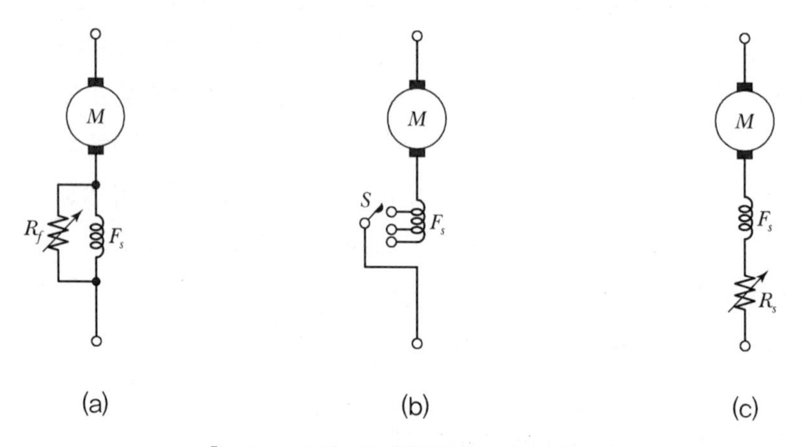

[그림 1-61] 직권전동기의 속도제어

㉢ 직 · 병렬 제어법(series parallel control) : 이 방법은 전압제어법의 일종이다. [그림 1-62]와 같이 같은 정격의 2대의 전동기를 사용하는 경우 이들을 직렬로 하면 각 기에는 반(半)의 전압이 가해지고 병렬로 하면 전전압이 가해지므로 속도를 조정할 수 있다. 이것만으로는 속도의 변화가 원활하지 못하므로 저항제어법도 병용한다. 이 방법은 전차의 운전 등에 적용되는데 제어기(controller)의 핸들을 돌려서 간단히 속도제어를 하게 되어 있다.

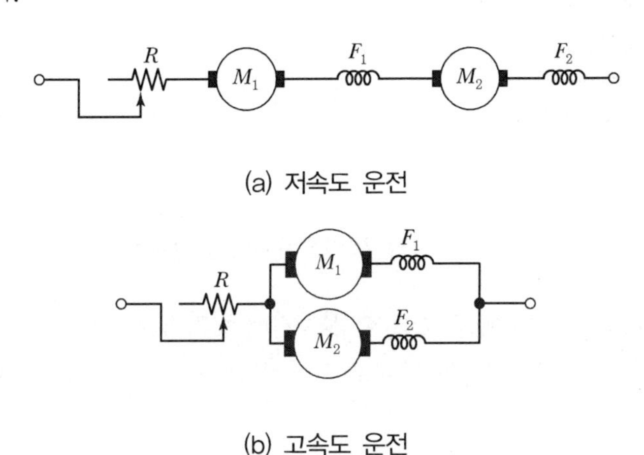

[그림 1-62] 직권전동기의 직 · 병렬제어

1.8.3 전기 제동

전동기의 운전을 정지하려고 할 때 전원 개폐기를 열어 준다면 전기자의 관성으로 인하여 계속해서 돌게 되어 좀처럼 정지되지 않는다. 이것을 빨리 정지시키려면 전기자가 가지고 있는 운동에너지를 적당한 방법으로 소비시켜 버려야 한다. 이러한 에너지의 소비를 적극적으로 빨리하게 하는 것을 **제동**(braking)이라 한다.

① **발전제동**(dynamic braking) : 발전제동이란 운전 중의 전동기를 전원으로부터 분리시키고 발전기로 작용시켜서 회전체의 운동에너지를 전기에너지로 변화시킨 다음 이것을 저항 중에서 열에너지로 소비시켜서 제동하는 것이다. 분권전동기는 계자를 전원에 접속한 상태로, 전기자회로만을 전원에서 떼어 그 양단에 저항기를 접속하면 타여자발전기로서 발전제동이 된다. 직권전동기와 복권전동기의 경우에는 직권권선의 접속을 반대로 하서나 디여자로 한다. 제동으로 속도가 저하하면, 전기제동작용은 약해지기 때문에 확실히 정지시키는 데는 기계제동을 병용한다. [그림 1-63] (a)는 복권전동기의 발전제동을 하기 위한 접속법을 나타낸 것이고 전동기로 정회전, 역회전하는 경우와 발전제동 시에 닫는 접촉기의 번호를 그림 (b)에 ○표로 나타내었다.

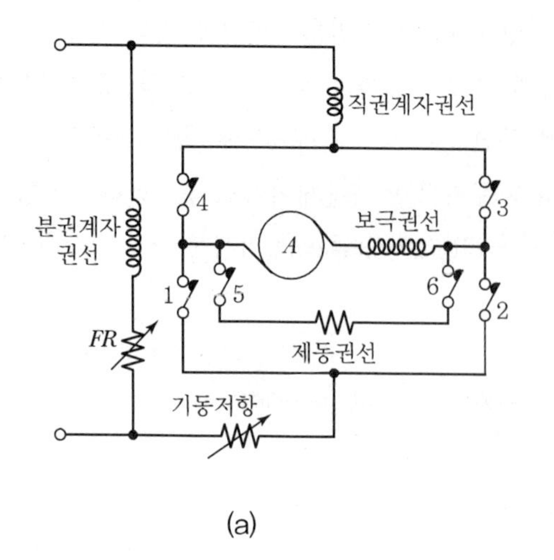

(a)

	정회전	역회전	제동
1	○		
2		○	
3	○		
4		○	
5			○
6			○

(b)

[그림 1-63] 복권전동기의 발전제동

② **역전제동(plugging braking)** : 운전 중 전동기의 전기자를 반대로 절환하면, 자속은 그대로 변하지 않고, 전기자전류는 반대로 되어 회전과는 반대 방향의 회전력이 발생되므로 제동된다.

③ **회생제동(regenerative braking)** : 전차가 급경사의 비탈길을 내려갈 때에는 차체의 중량 등으로 속도가 증가하여 유도 기전력이 전원전압보다 크게 되고 발전기로서의 전력을 전원에 돌려보내는 동시에 제동력이 생긴다. 이것을 회생제동이라 한다.

1.9 직류기의 손실, 효율, 정격 및 온도시험

1.9.1 손실

① **손실의 종류** : 직류기 운전 중에 생기는 손실에는 다음과 같은 종류가 있다.

㉠ 철손(iron loss) : 자기회로 중에서 자속이 시간적으로 변화함으로써 발생하는 것으로 히스테리시스손과 와류손으로 나뉜다.

㉡ 동손(copper loss) : 전류가 흐르는 회로 중의 저항으로 생기는 손실을 말하는 것으로 계자 동손, 전기자 동손, 브러시의 접촉저항에 의한 동손이 있으며 전기자 동손이 가장 크다.

㉢ 기계손(mechanical loss) : 기계적 마찰에 의하여 발생하는 열로써 마찰손과 풍손으로 나뉜다.

㉣ 표유부하손(stray load loss) : 위에서 설명한 손실에 포함되지 않는 손실로, 각 부분에 흐르는 전류의 표피효과(skin effect)로 인한 손실, 전기자 권선의 순환전류에 의한 손실, 자속분포의 변화 등으로 인한 손실이다.

이상의 손실들이 직류기 내부에서 발생하는 손실들인데 이들 중에는 부하전류의 변화에 따라 변화는 손실을 가변손(variable loss) 또는 부하손, 부하 전류와 무관한 손실을 무부하손 또는 고정손(constant loss)이라고 한다.

② 철손

㉠ 히스테리시스손(hysteresis loss) : 철심에 가해진 자계의 주기적 변화에 따라서 자속밀도도 변화하는데, 이때 [그림 1-64]와 같이 히스테리시스 루프가 되면, 이 면적에 비례하여 손실이 생긴다. 이것을 **히스테리시스손**이라고 한다.

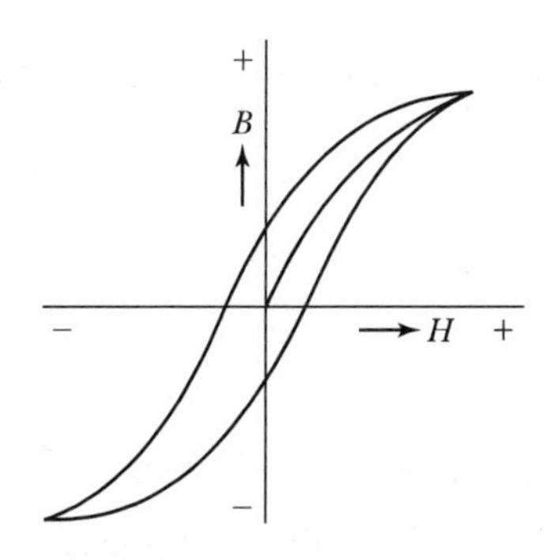

[그림 1-64] 히스테리시스 루프

주파수 f[Hz]의 교번자계에 의하여 철심 내에 생기는 히스테리시스손 W_h[W/kg]는 다음 식과 같다.

$$W_h = \eta_h \cdot f \cdot B_m^{1.6} \cdot V[\mathrm{W}] \quad \cdots\cdots (1\text{-}38)$$

여기서, B_m : 최대자속밀도[Wb/m^2], V : 철심의 용적[m^3]

η_h : 히스테리시스 정수

㉡ 와류손(eddy current loss) : 철심이 자계 내에서 회전하면 자속을 끊기 때문에 철심에는 기전력이 발생하여 단락전류가 흐르게 된다. 이를 와류라 하고 와류에 의한 손실을 **와류손**이라 한다. 이 손실을 감소시키기 위하여 철심은 상호 절연한 규소강판을 성층하여 만든다. 철심 내의 와류손은 다음 식으로 계산한다.

$$W_e = \eta_e (t f B_m)^2 \cdot V[\mathrm{W}] \quad \cdots\cdots (1\text{-}39)$$

여기서, η_e : 와류 정수, t : 두께[m]

③ **동손** : 동손을 발생하는 부분은 전기자 권선, 분권계자 권선, 직권계자 권선, 보극 권선, 브러시 접촉면이다. 이 중에서 분권계자 권선 이외의 동선을 전기자전류 I_a[A]가 직접 흐르므로 각 부의 저항을 R[Ω]이라 하면 이들은

$$I_a^2 R\,[\mathrm{W}] \quad \cdots\cdots \quad (1\text{-}40)$$

이다. 그런데 분권계자 권선에는 일정 전압[V]이 가해진다고 보아도 좋으므로 분권계자 동손은 계자저항을 R_f [Ω], 계자전류를 I_f [A]라 하면,

$$I_f^2 R_f = \left(\frac{V}{R_f}\right)^2 R_f = \frac{V^2}{R_f}\,[\mathrm{W}] \quad \cdots\cdots \quad (1\text{-}41)$$

가 된다.

그리고 브러시 접촉면의 손실은 접촉부에서의 전압 강하를 v [V](이것은 전기 흑연 브러시 1개에 대해 대략 1[V]로 보면 된다)라 하면 브러시 1개당

$$v\,I_a\,[\mathrm{W}] \quad \cdots\cdots \quad (1\text{-}42)$$

이다.

④ **기계손** : 일반적으로 기계손은 마찰손으로 기계적인 구조에 따라서도 달라진다. 마찰손의 주가 되는 것은 베어링 손실, 풍손, 브러시 마찰손으로 정확히 계산하는 것은 곤란하다.

1.9.2 효율(efficiency)

효율이란 출력과 입력과의 비로서 어떤 입력 가운데 얼마만큼 유효하게 이용할 수 있도록 되는 것인가를 표시하는 것이다. 보통 다음과 같은 백분율로서 표시한다.

$$\eta = \frac{\text{출력}}{\text{입력}} \times 100\,[\%] \quad \cdots\cdots \quad (1\text{-}43)$$

직접 출력과 입력을 측정해서 식 (1-43)을 써서 효율을 산출할 수 있는데 이것을 **실측효율**(actual measured efficiency)이라고 한다. 그런데 일반적으로 기계적 동력의 측정은 복잡하므로 비교적 측정이 간단한 전기에너지로 산출하는 효율은

$$\eta = \frac{\text{출력}}{\text{출력} + \text{손실}} \times 100\,[\%](\text{발전기})(\text{변압기}) \quad \cdots\cdots \quad (1\text{-}44)$$

$$= \frac{\text{입력} - \text{손실}}{\text{입력}} \times 100\,[\%](\text{전동기}) \quad \cdots\cdots \quad (1\text{-}45)$$

과 같다. 이러한 전기에너지의 출력 또는 입력과 손실을 대입하여 구한 효율을 **규약효율**(conventional efficiency)이라 하며 일반적으로 사용된다.

① **출력과 효율의 관계** : 발전기의 단자전압을 V[V], 전류를 I[A], 불변손실을 W_k[W], 가변손실을 kI^2[W]라 하면 발전기의 효율 η_G는

$$\eta_G = \frac{VI}{VI + (kI^2 + W_k)} = \frac{1}{1 + \left(\frac{kI}{V} + \frac{W_k}{VI}\right)} \quad \cdots\cdots (1\text{-}46)$$

전동기의 효율 η_M은

$$\eta_M = \frac{VI - (kI^2 + W_k)}{VI} = 1 - \left(\frac{kI}{V} + \frac{W_k}{VI}\right) \quad \cdots\cdots (1\text{-}47)$$

식 (1-46)과 (1-47)에서 알 수 있는 바와 같이 $\left(\frac{kI}{V} + \frac{W_k}{VI}\right)$의 값이 작을수록 효율이 좋다. 따라서 일정한 단자전압에서 효율이 최대가 되는 전류의 값이 있을 것이다.

즉, $y = \left(\frac{kI}{V} + \frac{W_k}{VI}\right)$라고 놓고, y가 최소가 되는 조건은 $\frac{dy}{dI} = 0$이므로,

$$\frac{dy}{dI} = \frac{1}{V}\left(k - \frac{W_k}{I^2}\right) = 0$$

$$\therefore kI^2 - W_k = 0$$

$$\therefore kI^2 = W_k \quad \cdots\cdots (1\text{-}48)$$

이 되고, 불변손과 가변손이 같을 때 효율은 최대가 된다.

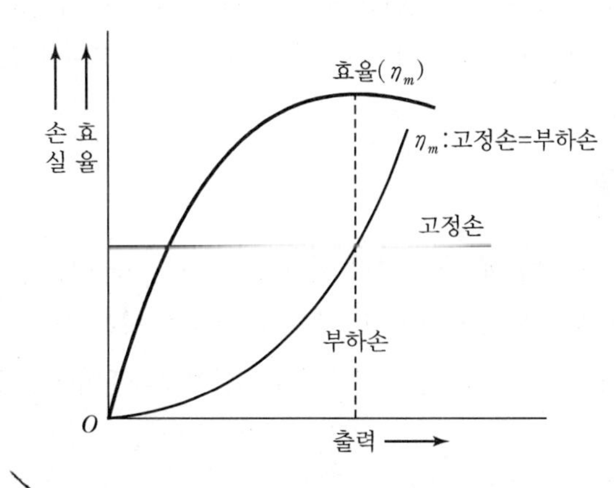

[그림 1-65] 직류기의 손실과 효율

백분율 출력에 대한 효율 곡선은 [그림 1-65]와 같이 된다. 일반적으로 전부하의 경우 효율이 최대가 되도록 설계되므로 경부하 또는 과부하로 사용하면 효율이 떨어지므로 비경제적이다.

+ 예제 1-10 효율 80[%], 출력 10[kW] 직류발전기의 전손실[kW]은?

풀이 손실을 p[kW]라 하면

$$0.8 = \frac{10}{10+p}$$

$$\therefore p = \frac{10}{0.8} - 10 = 12.5 - 10 = 2.5[\mathrm{kW}]$$

1.9.3 정격(rating)

전기기기의 온도상승, 정류, 최대 회전력을 고려하여 기기의 제작자가 보증하여 명판에 기재하는 출력의 한도를 그 기기의 정격출력 또는 정격이라고 한다.

① **연속정격** : 지정 조건하에 연속 사용할 때 그 기기에 대한 규격에 정하여진 온도 상승, 기타의 제한을 초과하는 일이 없는 정격을 말한다.

② **단시간정격** : 지정된 시간, 지정된 조건하에서 사용할 때 적용되는 것이다.

③ **반복정격** : 주기적으로 일정한 부하와 정지를 반복하는 기기의 정격으로 부하시간율(부하시간과 1주기와의 비)은 15, 25, 40, 60[%]가 표준이다.

④ **공칭정격** : 공칭정격은 전기철도용의 전원기기에만 적용되는 특수정격이다. 공칭정격이란, 그 정격으로 연속 사용하여 기기의 온도가 최종 일정값으로 된 후 정격 출력의 1.5배의 부하로 2시간 연속 사용할 때 그 기기에 관한 규격에 정해진 온도 상승, 기타의 제한을 초과하는 일이 없고, 또 계속하여 정격출력의 2배의 부하를 1분간 가하여도 이상이 발생하지 않고 그 후 정격부하로 계속하여 사용하여도 지장이 없는 정격을 말한다.(KSC 4001 참조)

1.9.4 온도 시험

전기기계의 출력은 온도 상승에 따라 가장 제한을 받는다. 따라서 기계에 정격부하를 걸고 연속정격인 것은 각 부분의 온도가 일정하게 될 때까지, 단시간 정격인 것은 지정한 시간 동안 운전하여 최종 온도 상승이 규정 이하인가를 시험해야 한다. 이것을 **온도시험**(heat test)이라고 한다.

온도 시험 방법으로 실부하법은 전력을 소비하여 비경제적이므로 서로 같든가 비슷한 정격의 직류기가 2대 이상 있을 때에는 반환부하법(loading back method)으로 온도시험을 하는 것이 편리하고 또한 경제적이다. 이 방법은 2대를 기계적으로 직결하고 한쪽을 발전기, 다른 쪽을 전동기로 하여 발전기가 발생한 전력으로 전동기를 운전하고 전동기가 발생하는 기계력을 발전기축으로 반환하여 두 기계의 손실만을 기계적으로, 즉 다른 보조전동기로부터 공급하는 것을 **홉킨손법**(hopkinson method)이라 하고, 두 기계의 무부하손을 기계적으로 보조전동기에서 공급하고 동손을 전기적으로 승압기에서 공급하는 것을 **블론델법**(blondel method)이라 하며, 전기적으로 전손실을 공급하는 카프법(kapp method)에 관하여 설명한다.

[그림 1-66]과 같이 접속하고 전동기 M을 기동하여 정격속도로 한 뒤에 발전기 G의 전압을 가감하여 전원전압과 거의 동일하게 되었을 때에 개폐기 S_2를 닫아서 두 기계를 병렬로 한다. 다음에 발전기의 계자전류를 증가하면 발전기는 점점 부하상태가 되고, 따라서 전동기에도 부하가 걸려서 실부하를 건 것과 동일한 상태가 된다. 다만, 계자전류는 두 기계가 어느 정도 다르므로 두 기계의 계자동손과 철손은 같게 되지 않으나, 이의 평균을 취하거나 그 때의 전원에서 입력의 절반을 한 대의 손실로 간주하면 효율도 구할 수 있다.

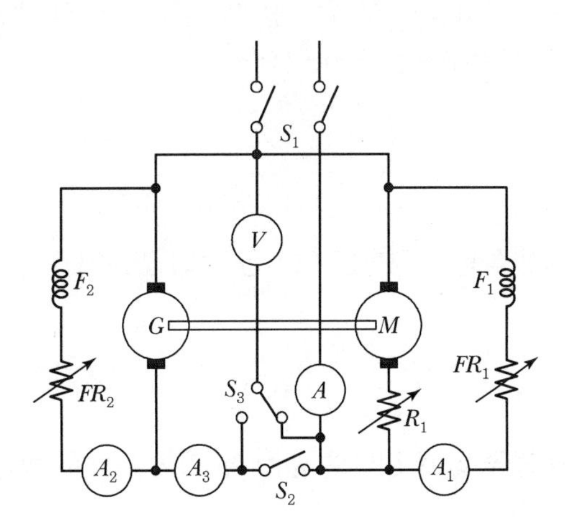

[그림 1-66] 카프법에 의한 반환부하법

익힘문제

1 직류기를 구성하는 중요한 부분을 간단히 설명하여라.

2 길이 0.5[m]의 도체가 자속밀도 0.9[Wb/m^2]되는 자계 내에서 자계와 직각 방향에 25[m/s]의 속도로 이동하는 경우 도체에는 몇 [V]의 기전력이 유기되는가?

3 권선변수 192, 한 개의 권선변에 있는 도체수 4, 자극수 4, 전기자 저항 0.06[Ω]인 단중 중권 발전기가 회전수 250[rpm]으로 회전할 때 단자 전압 500[V], 전기자 전류가 200[A]이면 유도 기전력[V]과 자속[Wb]은 얼마인가?

4 직류 발전기의 전기자 반작용의 영향은 어떠한 것이 있는가?

5 직류 발전기에 있어서 불꽃 없는 정류를 얻는 데 가장 유효한 방법은 어떤 것들이 있는가?

6 타여자 발전기가 있다. 부하 전류가 10[A]일 때 단자 전압이 100[V]이었다. 전기자 저항 0.2[Ω], 전기자 반작용에 의한 전압 강하가 2[V], 브러시의 접촉에 의한 전압 강하가 1[V]였다고 하면 이 발전기의 유도 기전력[V]은?

7 단자전압 220[V], 부하전류 50[A]인 분권발전기의 유도 기전력[V]은?(단, 전기자 저항 0.2[Ω], 계자전류 및 전기자 반작용은 무시한다.)

8 정격출력 10[kW], 정격전압 100[V], 정격 회전수 1,500[rpm]인 직류 직권발전기가 있다. 회전수를 1,200[rpm]으로 내리고 전과 같은 부하 전류를 흘렸을 경우 단자 전압은 얼마인가?(단, 전기자 저항과 계자 저항의 합은 0.05[Ω]이다.)

9 전기자 권선의 저항이 0.08[Ω], 직권계자 권선 및 분권계자 회로의 저항이 각각 0.07[Ω]과 100[Ω]인 외분권 가동 복권발전기의 부하전류가 18[A]일 때, 그 단자전압이 $V=200$[A]라면 유도 기전력[V]은?(단, 전기자 반작용과 브러시 접촉 저항은 무시한다.)

10 가동 복권 발전기는 부하의 변동이 있어도 단자 전압의 변화가 작다. 그 이유를 설명하여라.

11 전기자 저항이 각각 $R_1=0.1$[Ω]과 $R_2=0.2$[Ω]인 100[V], 10[kW]의 두 분권발전기의 유도 기전력을 같게 해서 병렬 운전하여 정격 전압으로 135[A]의 부하 전류를 공급할 때 각자의 분담 전류[A]는?

12 무부하에서 119[V]되는 분권발전기의 전압변동률이 6[%]이다. 정격 전부하 전압[V]은?

13 직류 발전기와 직류 전동기의 동작이 다른 점을 설명하여라.

14 단자전압 220[V], 부하전류 50[A]인 분권전동기의 유도 기전력은?(단, 전기자 저항은 0.2[Ω]이며 계자전류 및 전기자 반작용은 무시한다.)

15 전기자 저항이 0.04[Ω]인 직렬 분권발전기가 있다. 회전수가 1,000[rpm]이고, 단자 전압이 200[V]일 때 전기자 전류가 100[A]라 한다. 이것을 전동기로 사용하여 단자 전압 및 전기자 전류가 같을 때 회전수[rpm]는 얼마인가?(단, 전기자 반작용은 무시한다.)

16 출력 7.5[kW]의 전동기가 1,200[rpm]으로 회전할 때의 회전력은 얼마인가?(단, 철손 및 기계손을 무시한다.)

17 직류 분권전동기가 단자 전압 215[V], 전기자 전류 50[A], 1,500[rpm]으로 운전되고 있을 때 발생하는 회전력은 얼마인가?(단, 전기자 저항은 0.1[Ω]이다.)

18 매분 3,600회 회전하는 전동기의 회전력이 10[N · m]라면 이 전동기의 출력은 몇 [W]인가?

19 전기 기계의 손실의 종류를 들고, 설명하여라.

20 정격 전압 100[V], 계자 저항 40[Ω], 전기자 저항 0.2[Ω]인 직류 분권 발전기의 전부하 부하 전류가 50[A]이고 무부하손이 600[W]이면 전부하 효율은 얼마인가?

21 전기 기계의 정격을 설명하여라.

2장 동기기

2.1 동기발전기의 구조 및 원리

2.1.1 동기발전기의 분류

동기기에는 동기발전기, 동기전동기, 동기조상기(synchronous phase modifier), 동기주파수변환기(synchronous frequency changer) 등이 있다. 그리고 회전자의 구조, 계자의 형상, 냉각 방식 등에 의해 다음과 같이 분류된다.

(1) 회전자에 의한 분류

(가) 회전계자형

[그림 2-1] (a)와 같이 자극이 고정되고 전기자가 회전하는 방식이며, 다음과 같은 이유로 동기발전기는 주로 회전계자형을 사용한다.

① 회전전기자형은 고전압에 견딜 수 있도록 전기자 권선을 절연하기가 곤란하다.(교류발전기의 정격전압은 대체로 11,000[V] 이상이다.)

② 회전계자형으로 하면 전기자가 고정되어 있으므로 전기자 단자에 발생한 고전압을 슬립링 없이 간단하게 외부회로에 인가할 수 있다.

③ 회전계자형은 기계적으로 튼튼하게 만드는 데 용이하다.

(나) 회전전기자형

코일에 기전력을 유기하려면 코일이 자속을 끊기만 하면 되므로 그림 (b)와 같이 전기자를 고정하고 자극을 돌려 기전력을 유기하는 방식이다. 특수 용도 및 용량이 극히 적은 교류발전기에서만 사용된다.

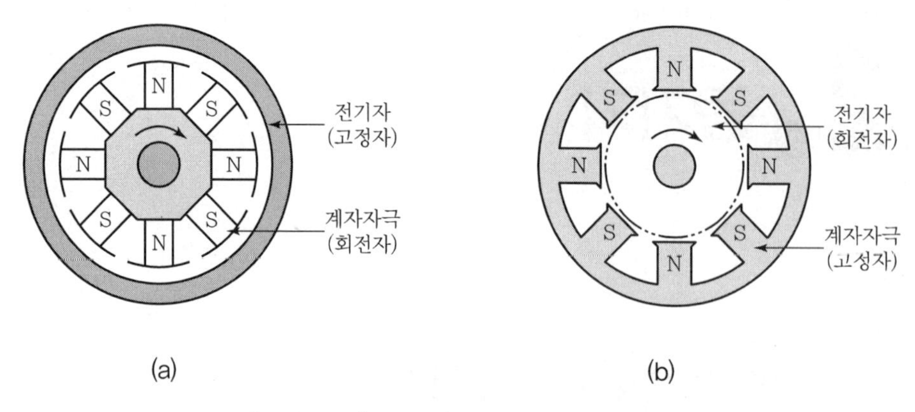

[그림 2-1] 회전전기자형과 회전계자형

(다) 유도자형

전기자와 계자를 고정시키고 그 사이에 권선이 없는 유도자를 회전시키는 방법으로 고주파 발전기에 사용된다.

(2) 계자의 형상에 의한 분류

(가) 돌극형

(나) 원통형

(3) 냉각 방식에 의한 분류

(가) 직접 냉각 방식

(나) 간접 냉각 방식

(4) 냉각 매체에 의한 분류

(가) 공기 냉각 방식

(나) 가스 냉각 방식(예 : 수소가스)

(다) 액체 냉각 방식(예 : 기름, 물)

(5) 외피에 의한 분류

(가) 개방형

(나) 전폐형

2.1.2 동기발전기의 구조

동기기의 기본적 구조는 ① 자계를 만드는 부분인 계자(field), ② 자속을 끊어서 기전력을 유도하는 코일을 넣은 부분인 전기자(armature), ③ 회전 부분에 전류를 도입하기 위한 슬립링(slip ring)과, ④ 브러시(brush)라는 4요소로 구성되어 있다.

동기기는 일반적으로 회전계자형이며 회전자와 고정자로 되어 있다. 회전자는 계자 철심, 계자 권선, 회전자 계철, 축 등으로 구성되고 고정자는 전기자 철심, 전기자 권선, 고정자 틀로 구성되며, 이 밖에 여자기, 베어링, 통풍장치, 급유장치 등이 있다.

(1) 회전자

동기기의 자극은 [그림 2-2] (a)와 같은 철극과 [그림 2-2] (b)와 같은 비철극이 있으며, 비철극을 **원통극**, 철극을 **돌극**이라고도 한다. 철극은 수차 발전기나 엔진 발전기와 같이 회전수가 낮아 극수가 많이 필요한 발전기에 사용되고 비철극은 터빈 발전기와 같이 극수가 적은 발전기에 사용된다.

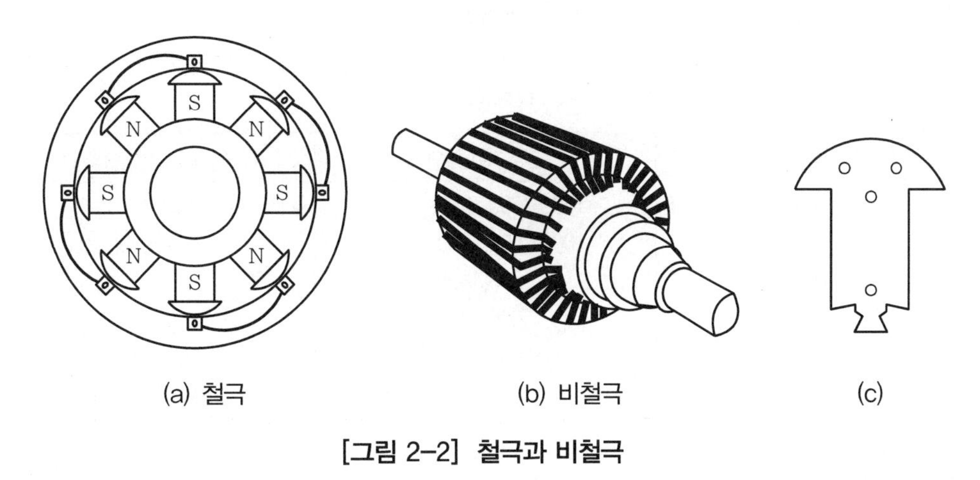

[그림 2-2] 철극과 비철극

(가) 철극과 비철극

철극의 철심은 두께 1.6~3.2[mm]의 강판을 [그림 2-2] (c)의 모양으로 잘라 성층하고 자극편의 극호는 공극의 자속 분포가 정현파가 되도록 모양을 만든다. 비철극은 [그림 2-2] (b)와 같이 자극과 축을 하나로 만들며 대형기에서 하나로 만들기 힘든 경우는 분할하여 조립하고 홈 밑이나 다른 곳에 통풍로를 만들어 냉각이 잘 되도록 한다.

(나) 계자 권선

용량이 작은 발전기의 계자 권선은 2중 면권 또는 석면 피복의 둥근선이나 각선을 사용하며 용량이 클 때는 나동대를 사용한다.

(2) 고정자

(가) 전기자 철심

고정자 철심은 규소 강판을 성층하여 고정자 틀의 안쪽에 붙이고 성층 철심에는 철심 두께 약 50[mm]마다 폭 10[mm] 정도의 통풍로를 만든다.

(나) 전기자 권선

전기자 권선은 소형은 둥근 동선, 중형 이상은 평각 나동대를 사용하여 형권으로 만든 다이아몬드형의 2층권이 사용된다.

(3) 여자기

동기기의 계자 권선을 여자해 주는 직류발전기를 **여자기**(exciter)라고 하며 직류분권발전기 또는 복권발전기가 사용된다. 운전방법으로 주 기에 직결하는 방법이 가장 많이 채용된다. 여자기의 필요 용량은 동기기의 용량과 회전수에 따라 다르며 대체로 [표 2-1]과 같다. 또 여자기의 전압은 100~125[V]와 200~250[V]가 가장 많다.

[표 2-1]

발전기 용량[kW]	분당 회전수	여자기 용량[kW]
100	1000, 600, 300, 150	2, 2.5, 3, 4
500	1000, 600, 300, 150	6, 7.5, 9, 12
1,000	600, 300, 150	12, 15, 18
5,000	600, 300, 150	35, 45, 65
10,000	600, 300, 150	55, 70, 85
20,000	600, 300, 150	90, 110, 140

(가) 운전방식

여자기의 운전방식에는 다음 세 가지가 있다.

① 주 발전기 축에 직결하는 방식

② 전동기로 운전하는 방식

③ 전용의 원동기로 운전하는 방식

위 중에서 ①의 방식이 가장 많이 사용되며 ②, ③의 방식은 특수한 경우이다.

(나) 부여자기

대형 발전기에는 [그림 2-3]과 같은 복식여자방식이 사용된다. 그림에서 E_S는 E_M의 여자기가 되며 E_M을 주여자기(main exciter), E_S를 부여자기(subexciter, pilot exciter)라 한다. 동기발전기의 전압을 조정하려면 부여자기의 계자저항기 R_s를 가감하면 된다. 그리고 동기발전기의 여자회로는 가감저항기 R_m을 생략할 수 있다. 부여자기의 용량은 주여자기 용량의 3~10[%]이고 전압은 110[V]이다.

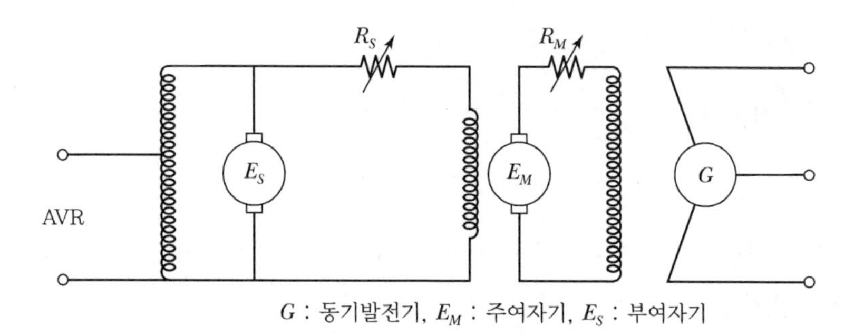

[그림 2-3] 복식여자방식

2.1.3 교류발생의 원리

[그림 2-4]와 같이 자극 N, S 사이에 코일 $abcd$를 놓고 이것을 x, x'를 축으로 하여 시계방향으로 돌리면 코일 변 ab, cd가 자속을 끊어 플레밍의 오른손법칙에 의해 ab, cd에는 화살표 방향으로 기전력이 발생하여 전류는 슬립링 r_1, r_2 및 브러시 b_1, b_2를 거쳐 A에서 B로 흐르게 된다. 또한 이 코일이 반회전을 하고 나면 기전력의 방향은 반대가 되어 전류는 B에서 A로 흐르게 된다. 이와 같이 코일을 일정한 속도로 회전시키면 반회전마다 기전력의 방향이 규칙적으로 변화하는 교번기전력이 발생하게 된다.

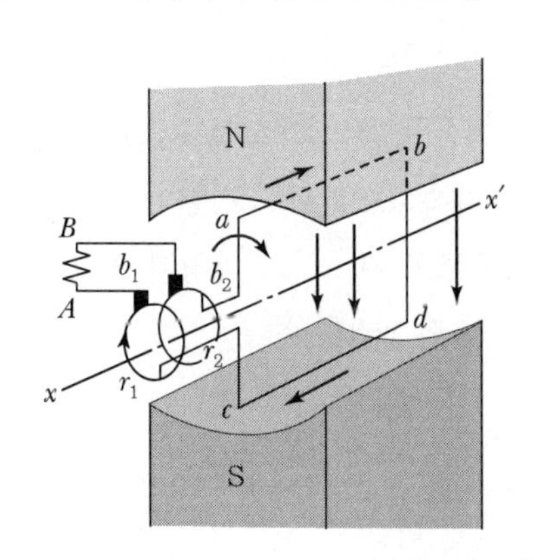

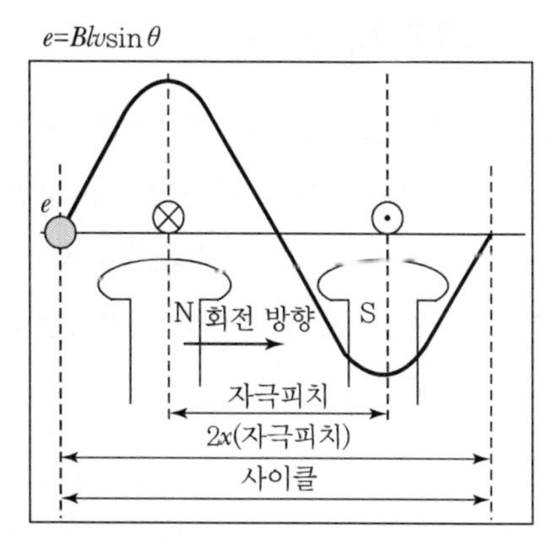

[그림 2-4] 동기발전기의 원리

[그림 2-4]와 같은 2극의 교류발전기는 1회전에 대하여 기전력의 변화가 1[Hz]가 되어 $\frac{1}{2}$회전 할 때마다 그 기전력의 방향이 바뀐다.

따라서 P극의 발전기인 경우 $\frac{1}{P}$ 회전하면 기전력이 역방향으로 되어 1회전하는 동안에 기전력은 $\frac{P}{2}$[Hz]만큼 경과하는 것이 된다. 따라서 1분간의 회전수를 N, 주파수를 f라 하면

$$f = \frac{P}{2} \times \frac{N}{60} \text{[Hz]}$$

$$N_s = \frac{120f}{P} \text{[rpm]} \qquad \cdots\cdots (2\text{-}1)$$

이다.

위 식의 N_s를 주파수 f, 자극수 P에 대한 **동기속도**(synchronous speed)라 하며 동기속도로 회전하는 교류기를 **동기발전기**라 한다.

+ 예제 2-1 극수 6, 회전수 1,200[rpm]의 교류발전기와 병행 운전하는 극수 8인 교류발전기의 회전수는 몇 [rpm]이어야 하는가?

풀이 $N_s = \frac{120f}{P}$ 에서 주파수를 구하면 $1{,}200 = \frac{120f}{6}$, $\therefore f = \frac{1{,}200 \times 6}{120} = 60\text{[Hz]}$

$\therefore N = \frac{120 \times 60}{8} = 900\text{[rpm]}$

2.2 전기자 권선법

동기발전기의 고정자 코일에 유도되는 기전력의 파형은 공극의 자속밀도분포와 비슷하다. 따라서 기전력의 파형을 정현파에 가깝게 하려면 공극의 자속밀도분포도 정현파가 되도록 해야 한다. 그러나 자속밀도의 분포는 거의 정현파로 되지 않으므로 기전력의 파형이 찌그러지기 쉽다. 이에 따라 기전력의 파형을 개선하는 방법으로 분포권과 단절권을 쓴다.

(1) 중권, 파권 및 쇄권

권선을 감는 방법에 따라 분류하면 중권, 파권 및 쇄권이 있으며 중권과 파권은 이미 직류기에서 배운 바 있으며 쇄권은 [그림 2-5] (c)와 같은 권선법이다. 동기기의 전기자 권선은 일반적으로 중권을 쓰며 쇄권은 고압의 기계에 사용되고 파권은 거의 사용되지 않는다. 비철극의 계자 권선은 공극의 자속 분포를 정현파에 가깝도록 하기 위하여 단층권의 쇄권이 사용된다.

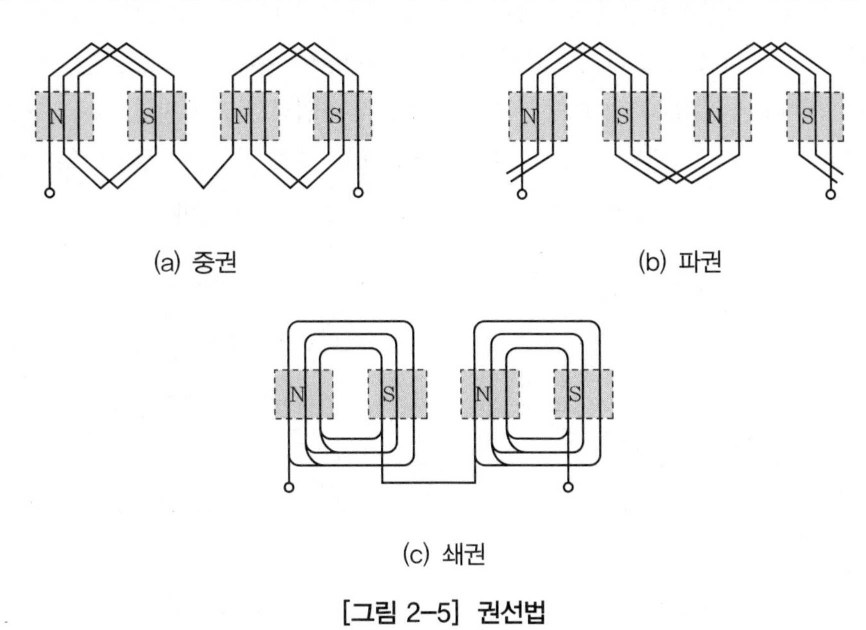

(a) 중권　　(b) 파권

(c) 쇄권

[그림 2-5] 권선법

(2) 집중권과 분포권

1극 1상의 홈수가 1개인 권선을 **집중권**, 2개 이상인 것을 **분포권**이라 하고 분포권으로 하면 기전력의 파형이 개선되고 권선의 누설 리액턴스를 감소시키며 전기자 동손으로 발생하는 열이 고르게 분포되어 과열이 감소되므로 동기기는 분포권을 주로 사용한다.

(3) 전절권과 단절권

권선절과 극절이 같은 것을 **전절권**, 권선절이 극절보다 작은 것을 **단절권**이라 하며 권선절을 적당히 선정하면 특정 고조파를 제거하여 기전력의 파형을 개선할 수 있으며 권선단의 길이가 짧아져 기계 전체의 길이가 축소되며 동량(銅量)이 적게 들기 때문에 동기기는 단절권을 주로 사용한다.

(4) 단상 권선과 다상 권선

한 쌍(N과 S)의 자극에 한 개의 권선군을 가진 권선이 **단상 권선**이고, 한 쌍의 자극에 이웃하는 권선군 사이의 전기각이 같은 여러 개의 권선군을 설치하면 각 권선군에 발생하는 기전력은 전기각에 해당하는 위상차를 갖는 기전력이 발생한다. 이와 같은 권선을 **다상 권선**이라 한다. 예를 들면 90°의 위상차를 갖는 것이 2상 권선, 120°의 위상차를 가진 것이 3상 권선이다.

(5) 분포계수

1상 1극의 홈수가 2개 이상인 경우에는 각 홈의 내부에 들어 있는 코일에서 유기되는 기전력은 그 위상이 각각 다르다. 그러므로 합성기전력은 벡터합이 된다.

[그림 2-6] (a)와 같이 3개의 홈에 분포 배치하면 각 코일의 유도 기전력 e_1, e_2, e_3는 서로 α 만큼 위상이 다르므로 그 합성치는 그림 (b)의 e_r이 된다. 또한, 코일 전부를 1개의 슬롯에 배치한 집중권으로 하면 유도 기전력의 합성치는 $e_1+e_2+e_3=e_r'$이 되며

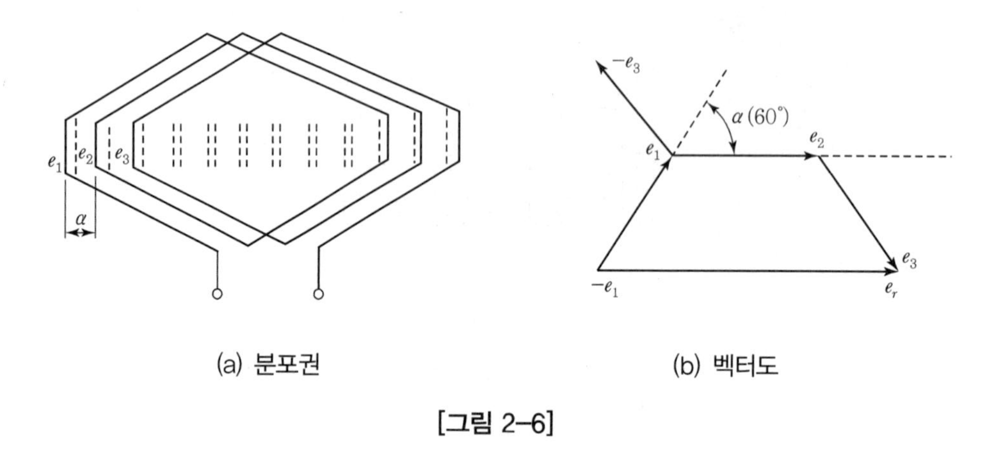

(a) 분포권　　(b) 벡터도

[그림 2-6]

$\dfrac{e_r}{e_r'}$을 분포계수(distribution factor)라 하고 K_d로 표시한다.

(여기서, e_r은 분포권 합성치, e_r'은 집중권 합성치)

가령 $e_1=e_2=e_3=e$라 하면

$$K_d=\frac{e_r}{e_1+e_2+e_3}=\frac{e_r}{3e}$$

이다.

1상 1극의 홈수를 q, 상수를 m이라 하면 각 코일 사이의 위상차 α는

$$\alpha=\frac{\pi}{mq}$$

가 된다.

그러므로 홈수가 q개인 코일의 유도 기전력의 벡터합 e_r은 [그림 2-7]에서

$$e_r = \overline{AC} = 2 \times R\sin\frac{\pi}{2m}$$

가 되고 산술합 e_r'는

$$e_r' = q \times \overline{AB} = q \times 2 \times R\sin\frac{\pi}{2mq}$$

가 되므로

$$K_d = \frac{e_r'}{e_r} = \frac{\sin\frac{\pi}{2m}}{q\sin\frac{\pi}{2mq}} \quad \cdots\cdots (2\text{-}2)$$

이다. 위의 식이 분포계수의 일반식이다.

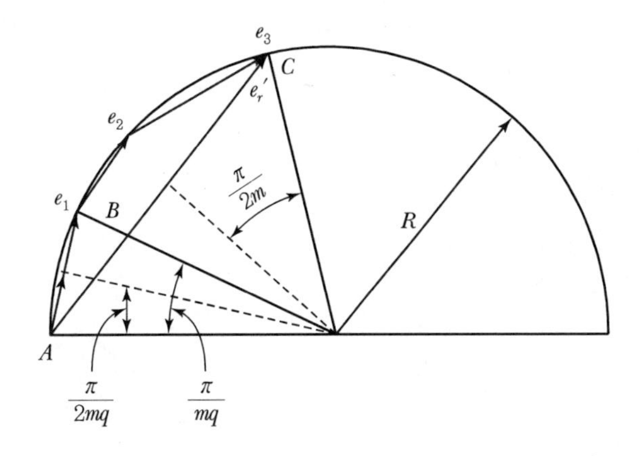

[그림 2-7] 분포계수

3상의 경우 분포계수의 값은 [표 2-2]와 같다.

[표 2-2] 분포계수의 값

q	1	2	3	4	5	6	7	∞
K_d	1.00	+0.966	+0.960	+0.958	+0.957	+0.956	+0.956	+0.955

+ 예제 2-2 3상 동기발전기의 매극, 매상의 슬롯수를 3이라 할 때 분포권계수를 구하면?

풀이 분포권계수 $K_d = \dfrac{\sin\dfrac{n\pi}{2m}}{q\sin\dfrac{n\pi}{2mq}}$ 에서 $n=1$, 상수 $m=3$,

매극, 매상의 슬롯수 $q=3$이므로

$$\therefore\ K_d = \frac{\sin\dfrac{\pi}{6}}{3\sin\dfrac{\pi}{2\times3\times3}} = \frac{\dfrac{1}{2}}{3\sin\dfrac{\pi}{18}} = \frac{1}{6\sin\dfrac{\pi}{18}}$$

(6) 단절계수

코일을 단절권으로 하면 코일의 두 변에 유기되는 기전력은 서로 상차가 생겨 전절권으로 한 경우보다 합성기전력이 작아진다. 이 감소되는 비율을 **단절계수**(short pitch factor)라 한다. [그림 2-8]은 코일변 a, b가 극간격 π가 아니고 $\beta\pi$ ($\beta < 1$)만큼 서로 떨어진 위치에 있는 것을 표시하며, 각 코일변의 유도 기전력을 e라 하면 그림 (b)에서 그 합성치 e_r은

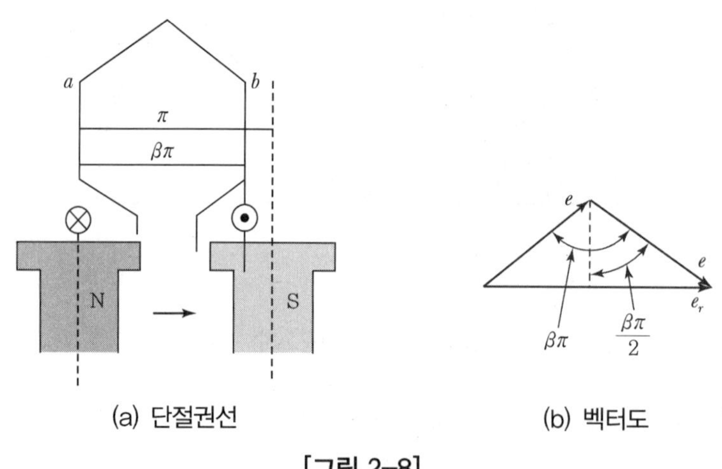

(a) 단절권선 (b) 벡터도

[그림 2-8]

$$e_r = 2e\sin\frac{\beta\pi}{2}$$

따라서 단절계수 K_p는

$$K_p = \frac{e_r}{2e} = \sin\frac{\beta\pi}{2}\ \left(\text{여기서, } \beta = \frac{\text{코일피치}}{\text{극피치}}\right) \cdots\cdots (2\text{-}3)$$

이고 단절계수의 값은 [표 2-3]과 같다.

[표 2-3] 단절계수 값

β	1.0	17/18	14/15	11/12	8/9	13/15	5/6	12/15	7/9	9/12	11/15
K_p	1.0	0.996	0.995	0.991	0.985	0.978	0.966	0.951	0.940	0.924	0.914

+ 예제 2-3 3상, 6극, 슬롯수 54의 동기발전기가 있다. 어떤 전기자 코일의 두 변이 제1 슬롯과 제8 슬롯에 들어 있다면 단절권계수는 얼마인가?

풀이 극 간격은 $\frac{54}{6}=9$, 슬롯으로 표시된 코일 피치는 7이므로 극 간격으로 표시한 코일 피치 $\beta=\frac{7}{9}$이고, 단절권계수 $K_{pn}=\sin\frac{n\beta\pi}{2}$($n$: 고조파의 차수)이다.

$\therefore\ K_{p1}=\sin\frac{7\pi}{2\times9}=\sin\frac{21.98}{18}=\sin1.221=0.9397$

(7) 상간결선

3상 발전기에서 각 상의 권선을 결선하는 방법은 [그림 2-9]와 같이 Y결선, Δ결선, 2중 Y결선, 2중 Δ결선, 지그재그 Y결선, 지그재그 Δ결선의 6가지가 있으며 이 중에서 3상 발전기에는 주로 Y결선이나 2중 Y결선을 사용한다.

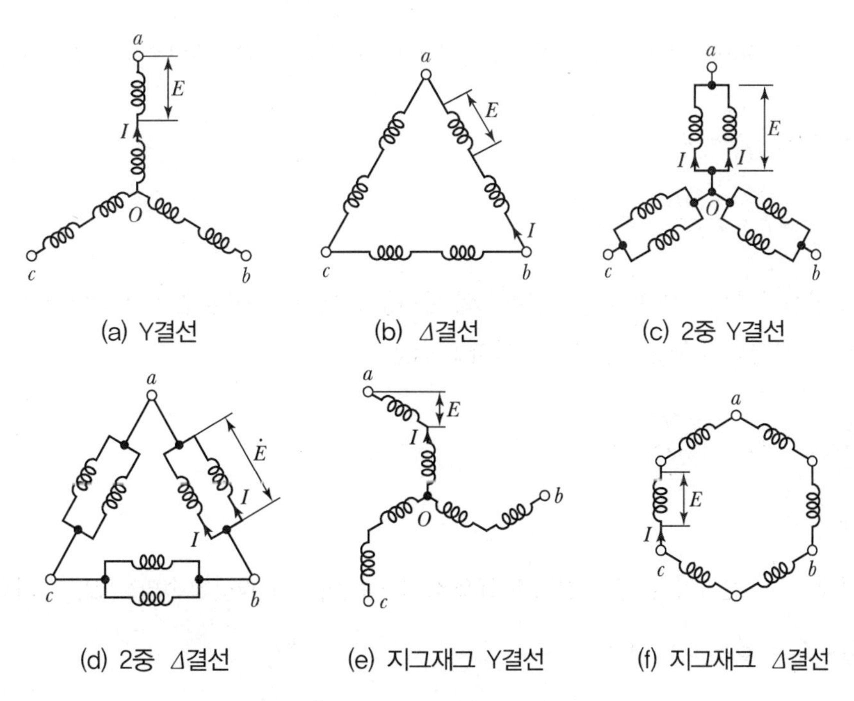

[그림 2-9] 3상 동기발전기의 상간결선

1상의 권선을 똑같은 2조로 나누어 1조의 유도 기전력을 E[V], 각 권선의 전류를 I[A]라 하면 각 결선방법의 선간전압과 선전류와 용량의 관계는 [표 2-4]와 같다.

[표 2-4] 결선법과 선간전압, 선전류 및 용량의 관계

결선방법	선간전압[V]	선전류[A]	용량[kVA]
Y결선	$2\sqrt{3}E$	I	$\sqrt{3}\times 2\sqrt{3}E\times I = 6EI$
Δ결선	$2E$	$\sqrt{3}I$	$\sqrt{3}\times 2E\times \sqrt{3}I = 6EI$
2중 Y결선	$\sqrt{3}E$	$2I$	$\sqrt{3}\times \sqrt{3}E\times 2I = 6EI$
2중 Δ결선	E	$2\sqrt{3}I$	$\sqrt{3}\times E\times 2\sqrt{3}I = 6EI$
지그재그 Y결선	$3E$	I	$\sqrt{3}\times 3E\times I = 3\sqrt{3}EI$
지그재그 Δ결선	$\sqrt{3}E$	$\sqrt{3}I$	$\sqrt{3}\times \sqrt{3}E\times \sqrt{3}I = 3\sqrt{3}EI$

2.3 동기발전기 이론

2.3.1 유도 기전력

1개의 전기자 도체에 유기되는 기전력의 순시치는

$$e = Blv\,[\mathrm{V}] \quad \cdots\cdots (2\text{-}4)$$

이다. 여기서, 전기자 직경을 D, 회전수를 N[rpm], 극수를 P, 주파수를 f라 하면,

$$v = \pi D \cdot \frac{N}{60} = 2\pi D \cdot \frac{f}{P}$$

$$\therefore\ e = 2f \cdot \frac{\pi Dl}{P} \cdot B\,[\mathrm{V}]$$

B가 정현파형으로 변화하면 기전력 e의 파형도 [그림 2-10]과 같이 정현파형으로 변화한다. 여기서, 기전력의 평균치를 E_{mean}이라고 하면

$$E_{\mathrm{mean}} = 2f \cdot \frac{\pi Dl}{P} \cdot B_{\mathrm{mean}}\,[\mathrm{V}]$$

가 된다.

그런데 $\frac{\pi Dl}{P}$은 1자극 밑의 전기자 표면적이므로 이것과 평균자속밀도 B_{mean}과의 곱은 1자극의 총자속수 Φ를 나타낸다.

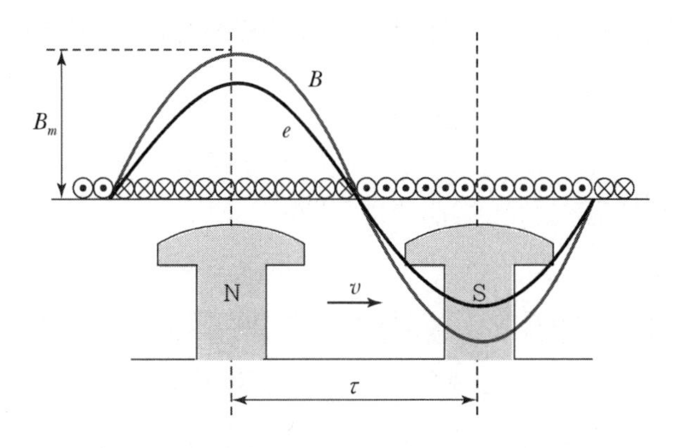

[그림 2-10] 유도 기전력

교류에서 최댓값= $\frac{\pi}{2}$ 평균값, 실횻값 = $\frac{\text{최댓값}}{\sqrt{2}}$ 이다. 그러므로

$$E_{\mathrm{mean}} = 2f\Phi[\mathrm{V}]$$

가 되며, 실효치 E는 파형률 $\times E_{\mathrm{mean}} = 1.11E_{\mathrm{mean}}$ 이 되므로 도체 1개의 유도 기전력은

$$E = 2.22f\Phi[\mathrm{V}] \quad \cdots\cdots (2\text{-}5)$$

가 된다.

코일의 각 변이 전기각으로 180°만큼 떨어져 있고 1상 1극당 홈수가 1인 경우 권수 n 이 되는 권선에 유기되는 기전력은 전부 동상이 되므로 전 기전력은 1개 도체에 유기되는 전압의 $2n$ 배가 된다.

즉, 이러한 권선에 유기되는 기전력 E는

$$E = 4.44\,fn\Phi[\mathrm{V}]$$

이다. 그런데 동기기의 권선은 분포, 단절 권선이므로 어느 1상에 직렬로 연결되어 있는 각 도체의 기전력 사이에는 위상차가 생겨 그 합성기전력은 식 (2-5)에 의한 계산 값보다 작게 된다. 그러므로 집중전절권선에 의한 식 (2-5)에 1보다 작은 계수 K_w 를 곱한

$$E = 4.44K_w\,fn\Phi[\mathrm{V}] \quad \cdots\cdots (2\text{-}6)$$

가 되며, 여기서 K_w를 **권선계수**(winding factor)라고 한다.

+ 예제 2-4 60[Hz] 12극 회전자 외경 2[m]의 동기발전기에서 자극면의 주변 속도[m/s]는?

풀이 $N_s = \dfrac{120f}{p} = \dfrac{120 \times 60}{12} = 60[\text{rpm}]$

$\therefore\ v = \pi D \cdot \dfrac{N_s}{60} = \pi \times 2 \times \dfrac{600}{60} = 62.8[\text{m/s}]$

+ 예제 2-5 6극 60[Hz] Y결선 3상 동기발전기가 극당 자속 0.16[Wb], 회전수 1,200[rpm], 1상의 권수 186, 권선계수 0.96이면 단자 전압은?

풀이 코일의 유기 기전력 $E = 4.44 f W k_w \phi = 4.44 \times 60 \times 186 \times 0.96 \times 0.16 = 7{,}610.94$

단자 전압(선간 전압)$= \sqrt{3}\,E = \sqrt{3} \times 7610.94 = 13{,}183[\text{V}]$

2.3.2 전기자 반작용

무부하의 경우 발전기의 자속은 계자기자력만으로 만들어진다. 그러므로 식 (2-6)의 Φ는 계자기자력(계자 권선의 권횟수가 일정하므로 계자전류라 해도 좋다.)만으로 정해지고 기전력 E도 이것에 의하여 정해진다. 그런데 전기자에 전류가 흐르면 전기자전류에 의한 기자력이 계자기자력에 겹쳐서 작용하게 되므로 자속분포는 무부하의 경우와는 다르게 된다. 그러기 때문에 유기전압도 무부하인 경우의 전압보다 감소하거나 증가한다. 이와 같이 전기자전류에 의한 자속 중에서 공극을 지나 자극에 들어가 계자 자속에 영향을 미치는 것을 **전기자 반작용**(armature reaction)이라 한다. 이 반작용은 [그림 2-11]과 같이 전류의 크기가 같아도 역률에 따라서 그 작용이 달라진다.

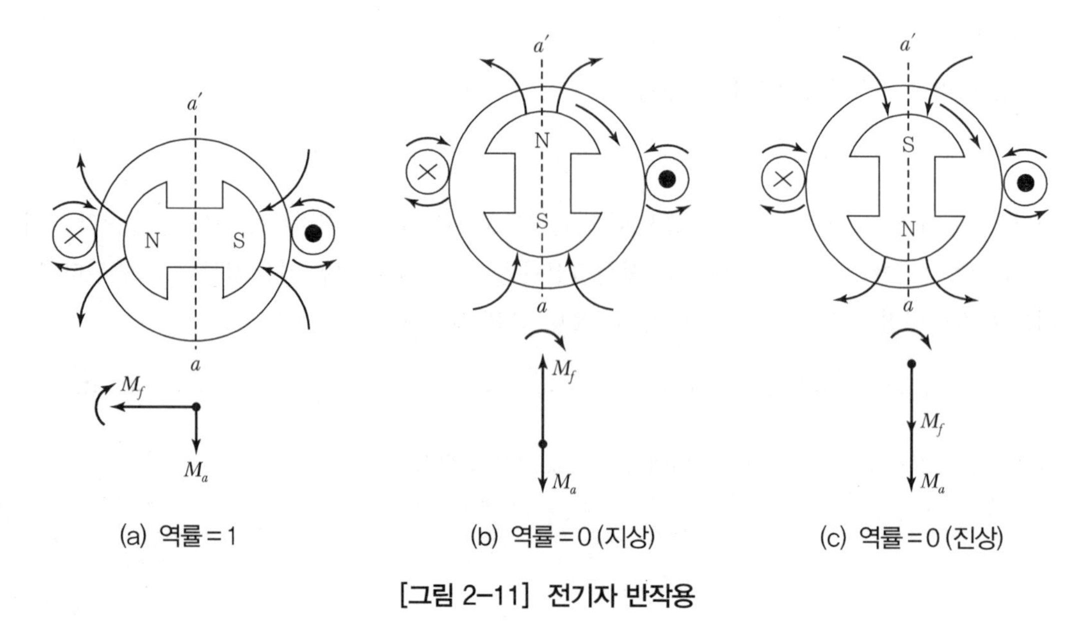

[그림 2-11] 전기자 반작용

(1) 유효전류에 의한 전기자 반작용(역률 1인 경우)

우선 전압과 동상의 유효전류가 전기자에 흐르고 있는 경우를 생각해 보자. 어느 도체의 기전력이 최대가 되는 것은 그 도체가 자극의 한가운데를 지나는 순간이므로 이 전압과 동상인 전류가 최대로 되는 것도 역시 이러한 순간이며, 이것을 그림에 표시하면 [그림 2-12] (a)와 같다.

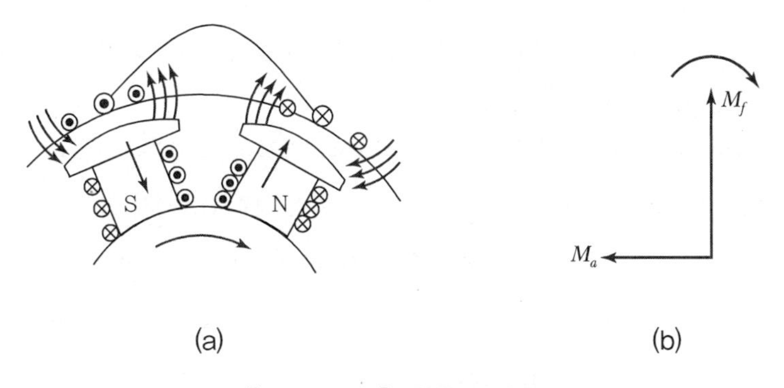

[그림 2-12] 횡축 반작용

이 경우 전기자전류에 의한 기자력은 N, S 양극의 중간에서 최대가 되는 정현파에 가까운 분포가 되어 자극의 한쪽 끝에서는 자속을 증가시키고, 다른 쪽 끝에서는 자속을 감소시키는 작용을 한다. 이것은 [그림 2-12] (b)와 같이 전기자 반작용이 계자 자계의 작용축과 전기적으로 90°의 각을 이루는 방향, 즉 횡축 방향으로 작용하므로 이것을 **횡축 반작용**(quadrature reaction) 또는 **교차 자화작용**(cross magnetization)이라 한다.

(2) 무효전류에 의한 전기자 반작용(역률 0인 경우)

전기자에 역률 0인 지상전류, 즉 기전력보다 90°만큼 위상이 뒤진 무효전류에 대하여 생각해 보자.

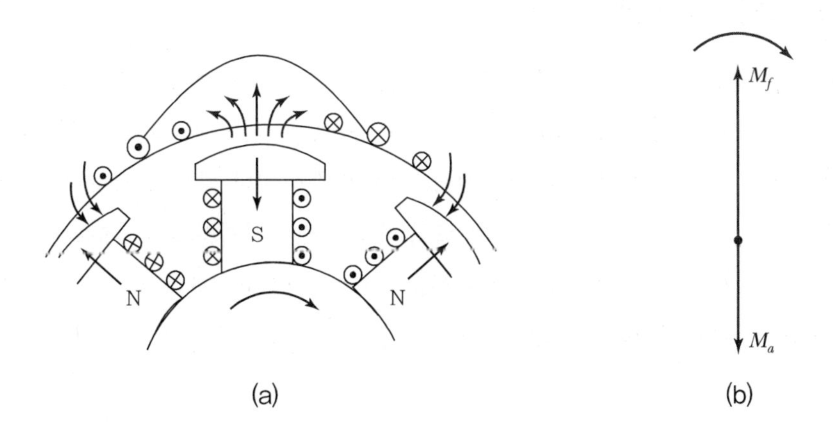

[그림 2-13] $\frac{\pi}{2}$ 지상전류의 직축 반작용

이 경우의 전류와 자극의 관계는 [그림 2-13] (a)와 같다. 즉 [그림 2-12] (a)에 표시된 유도 기전력이 최대인 위치에서 자극이 회전하여 [그림 2-13] (a)의 위치에 왔을 때, 바꾸어 말하면 자극이 전기각 90°만큼 이동해서 유도 기전력이 0이 되고 곧 방향이 반대로 되려고 하는 순간에 전류는 최대가 된다.

이 경우의 전기자전류에 의한 반작용 기자력은 계자의 작용축과 일치하여 [그림 2-13] (b)와 같이 직축 방향으로 작용하므로 **직축 반작용**(direct reaction)이라 하며, 계자 자속을 감소시키므로 **감자작용**(demagnetization)이라고도 한다.

다음으로 위상이 90° 앞선 진상무효전류가 흐르는 경우에는 자극이 [그림 2-13] (a)와는 완전히 반대가 되어 [그림 2-14] (a)와 같이 된다. [그림 2-14] (b)에서 알 수 있는 바와 같이 반작용 기자력은 계자 자속을 증가시키므로 **자화작용**(magnetization)이라 한다.

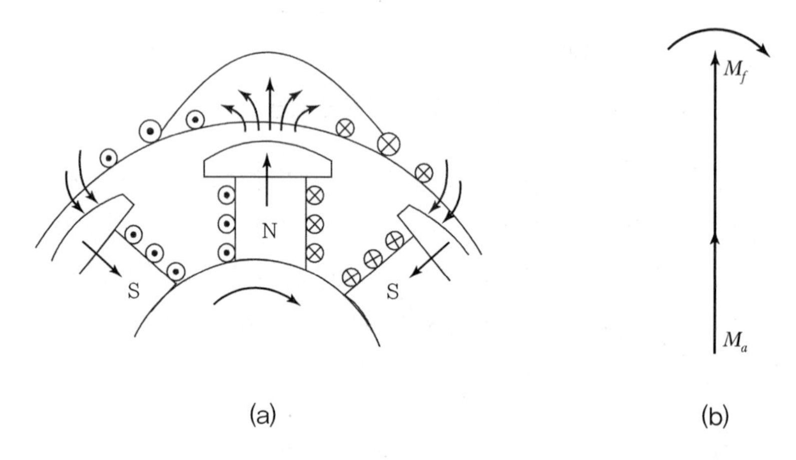

[그림 2-14] $\frac{\pi}{2}$ 진상전류의 직축 반작용

2.3.3 누설 리액턴스

전기자기력에 의하여 생기는 자속은 모두 공극을 지나 계자 자속에 영향을 주는 것이 아니고 그 중 일부의 자속은 [그림 2-15] (a)의 ϕ_s 와 같이 슬롯 안에서 도체와 쇄교하게 되며, 다른 자속은 그림의 ϕ_t 와 같이 전기자치(電機子齒)에서 나와 공극을 지나 다른 전기자치로 들어간다. 또 다른 일부의 자속은 그림 (b)의 ϕ_e 와 같이 코일 끝부분에서 전기자 코일하고만 쇄교한다. 이와 같이 반작용에는 관계가 없는 자속을 **누설자속**(leakage flux)이라 하며, 이것으로 생기는 자기유도계수를 **누설 인덕턴스**라 하고 이것에 $2\pi f$를 곱한 것을 **누설 리액턴스**라 한다.

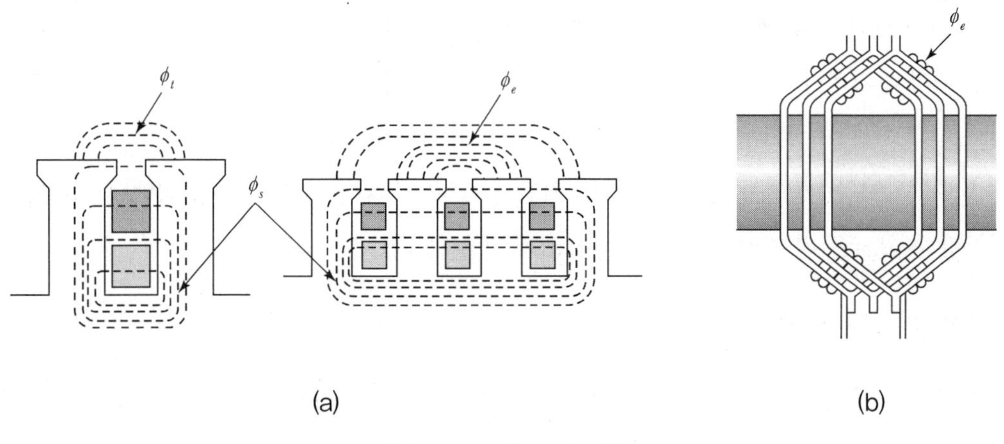

[그림 2-15] 누설자속

2.3.4 벡터도와 동기 임피던스

(1) 벡터도

동기발전기 1상에 대하여 전압, 전류 및 기전력의 관계를 표시한 것이 [그림 2-16]이다.

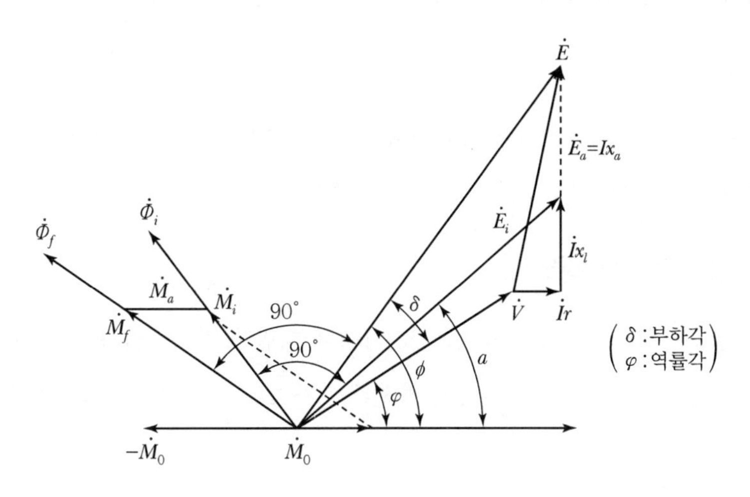

[그림 2-16] 동기발전기의 벡터도

계자기자력 $\dot{M}_f$에 의하여 자속 Φ_f가 생기고 Φ_f보다 90° 뒤진 위상의 기전력 E를 유기한다. 그러면 부하전류 $\dot{I}$가 흐르고 $\dot{I}$와 동상으로 전기자 반작용 기자력 $\dot{M}_a$가 생기며, 이 $\dot{M}_a$와 $\dot{M}_f$의 합성기자력 $\dot{M}_i$에 의해 자속 $\dot{\Phi}_i$가 생긴다. 이 $\dot{\Phi}_i$가 부하 시 공극에 실재하는 자속이다. 전기자 권선은 $\dot{\Phi}_i$와 쇄교해서 90° 뒤진 기전력 $\dot{E}_i$를 유기한다. 이 기전력 $\dot{E}_i$를 **내부전압**(internal voltage)이라 하는데 이것이 부하 시 유도 기전력이 된다.

이러한 사실은 $\dot{M}_f$에 의해서 이것보다 90° 뒤진 기전력 $\dot{E}$를 유기하고 $\dot{M}_a$가 또한 이보다 90° 뒤진 위상의 기전력을 유기시키지만 이것은 전기자 반작용 기자력에 의한 기전력이므로 전압 강하로 보고 $\dot{M}_a$ 라 하면 $(\dot{E}-\dot{E}_a)$가 $\dot{E}_i$가 된다고 생각해도 좋다.

단자전압 $\dot{V}$는 $\dot{E}_i$에서 전기자 권선의 저항 r에 의한 전압강하 $\dot{I}_r$과 누설 리액턴스 x_l에 의한 전압강하 $j\dot{I}x_l$을 뺀 것이므로 [그림 2-16]과 같은 벡터도가 된다.

(2) 동기 임피던스

벡터도를 보면 $\dot{E}_a$는 $\dot{I}$보다 90° 앞선 위상에 있으므로 자기포화를 무시하고 전류 I에 비례하는 것으로 하면 $\dot{E}_a$를 리액턴스 x_a에 의한 전압 $j\dot{I}x_a$로 볼 수 있을 것이므로

$$\dot{E}_a + j\dot{I}x_l = j\dot{I}(x_a + x_l) = j\dot{I}x_s$$

로 취급하는 것이 매우 간편하다. 이렇게 생각한

$$x_s = x_a + x_l \quad \cdots\cdots (2\text{-}7)$$

을 동기 리액턴스(synchronous reactance)라 하며, 이것과 전기자 저항 r로 되는

$$\dot{Z}_s = r + jx_s \quad \cdots\cdots (2\text{-}8)$$

를 동기 임피던스(synchronous impedance)라 한다. 일반적으로 동기기에서 r은 x_s에 비해 대단히 적어 무시하면 실용상으로 $Z_s \fallingdotseq x_s$라 해도 좋다.

(3) 동기 임피던스법 벡터도

동기 임피던스 $\dot{Z}_s = r + jx_s$를 써서 동기기 1상에 대한 등가회로를 표시하면 [그림 2-17]과 같고 [그림 2-18]은 역률 $\cos\varphi$인 평형 부하전류 $\dot{I}$가 흐르는 경우의 벡터도이다.

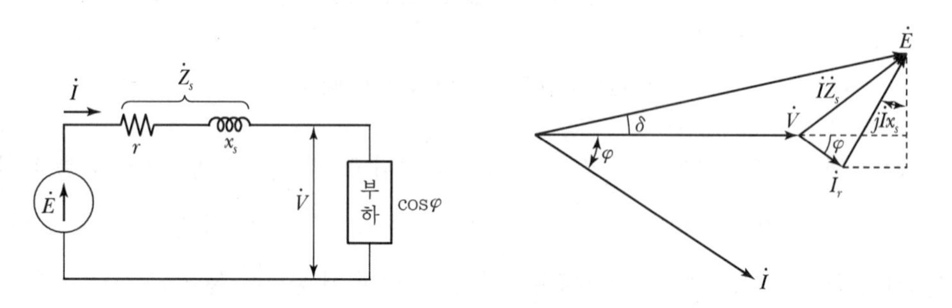

[그림 2-17] 동기발전기 회로

[그림 2-18] 비돌극형의 벡터도

[그림 2-17], [그림 2-18]의 $\dot{E}$는 계자 자속에 의한 유도 기전력이며, 이것을 공칭 **유도 기전력**이라 한다.

[그림 2-18]에서

$$\dot{E}=\sqrt{(V\cos\varphi+Ir)^2+(V\sin\varphi+Ix_s)^2}$$

$$=\sqrt{(V+Ir\cos\varphi+Ix_s\sin\varphi)^2+(Ix_s\cos\varphi-Ir\sin\varphi)^2} \quad \cdots\cdots (2\text{-}9)$$

$$\tan\delta=\frac{Ix_s\cos\varphi-Ir\sin\varphi}{V+Ir\cos\varphi+Ix_s\sin\varphi} \quad \cdots\cdots (2\text{-}10)$$

가 된다.

2.4 동기발전기의 특성

2.4.1 무부하 포화곡선

$E=4.44K_w f\phi n$[V]에 의하면 발전기가 정격속도에서 무부하로 운전하고 있는 경우에 유도 기전력은 자속 ϕ에 비례한다.

그러나 무부하의 경우 자속은 계자전류에 의해서만 정해지므로 무부하 유도 기전력과 계자전류의 관계 곡선을 그릴 수 있다. 이것을 **무부하 포화곡선**이라 한다.

이 곡선은 전압이 낮은 부분에서는 유도 기전력이 계자전류에 정비례해서 증가하지만 전압이 높아짐에 따라 철심의 포화로 인하여 자기저항이 증가하여 일정 기전력을 유기하는 데 계자전류가 보다 더 많이 필요하게 되므로 [그림 2-19]의 OM과 같은 포화곡선이 된다.

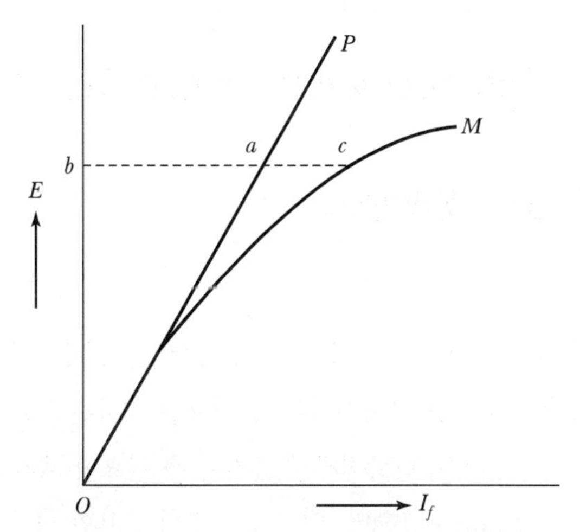

[그림 2-19] 동기발전기의 무부하 포화곡선

이 그림에서 $\overline{OP}$는 무부하 포화곡선의 직선부를 연장한 직선이며 이것을 **공극선**(air gap line)이라 한다. [그림 2-19]에서 점 b가 정격전압에 상당하는 점이 될 때

$$\sigma = \frac{\overline{ac}}{\overline{ba}}$$

를 **포화율**(saturation factor)이라 하고 이것으로 포화의 정도를 표시한다.

2.4.2 3상 단락곡선

동기발전기의 중성점을 제외한 전 단자를 단락시키고, 정격속도로 운전하면서, 계자전류 I_f [A]를 0에서 서서히 증가시키는 경우에, 단락전류(영구단락전류 또는 지속단락전류라고도 한다.) I_s [A]와 I_f [A]의 관계를 나타낸 곡선을 3상 단락곡선이라 한다.

[그림 2-20]의 곡선 OS는 이것을 나타낸 것으로 거의 직선이다.

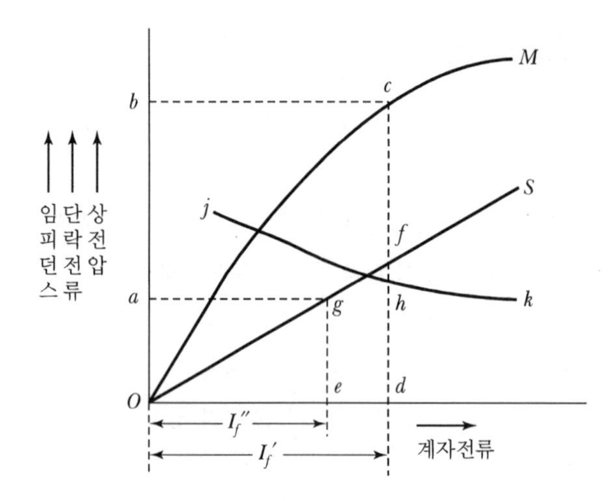

[그림 2-20] 동기발전기의 3상 단락곡선

2.4.3 단락비와 동기 임피던스

(1) 단락비

[그림 2-20]의 곡선 OM은 무부하 포화곡선, 곡선 OS는 단락곡선이다. 정격속도에서 무부하 유도 기전력 E[V](그림의 $\overline{dc}$)를 발생시키는 데 필요한 계자전류 $I_f{}'$[A](그림의 $\overline{Od}$)와 정격전류 I_n [A](그림의 $\overline{eg}$)와 같은 영구단락전류를 흘리는 데 필요한 계자전류 $I_f{}''$[A](그림 $\overline{Oe}$)의 비를 **단락비**(short circuit ration)라 하며, 이는 동기기의 중요한 특성 정수이다.

$$단락비 \ K_s = \frac{I_f'}{I_f''} = \frac{\overline{Od}}{\overline{Oe}} = \frac{단락전류}{정격전류} \quad \cdots\cdots (2\text{-}11)$$

단락비 K_s의 값은, 수차와 엔진발전기는 0.9~1.2 정도이고 터빈발전기는 0.6~1.0 정도이다.

+ 예제 2-6 정격 출력 10,000[kVA], 정격 전압이 6,600[V], 동기 임피던스가 매상 3.6[Ω]인 3상 동기발전기의 단락비는?

풀이 단락 전류 $I_s = \frac{E}{\sqrt{3}\,Z_s} = \frac{6{,}600}{\sqrt{3} \times 3.6} = 1{,}058.5[A]$

정격 전류 $I_n = \frac{P}{\sqrt{3}\,V} = \frac{10{,}000 \times 10^3}{\sqrt{3} \times 6{,}600} = 874.8[A]$

$\therefore$ 단락비 $K_s = \frac{I_s}{I_n} = \frac{1{,}058.5}{874.8} = 1.21$

+ 예제 2-7 정격 전압 6,000[V], 용량 5,000[kVA]의 Y결선 3상 동기발전기가 있다. 여자 전류 200[A]에서의 무부하 단자 전압이 6,000[V], 단락 전류가 600[A]일 때, 이 발전기의 단락비는?

풀이 정격 전류 $I_n = \frac{P}{\sqrt{3}\,V} = \frac{5{,}000 \times 10^3}{\sqrt{3} \times 6{,}000} = 481.23[A]$

정격 전류(481.23[A])와 같은 단락 전류를 통하는 데 필요한 여자 전류 I_f''는

$I_f'' = 200 \times \frac{481.23}{600} = 160.41[A]$

$\therefore$ 단락비 $K_s = \frac{I_f'}{I_f''} = \frac{200}{160.41} = 1.25$

(2) 동기 임피던스

[그림 2-17]의 등가회로에서, 영구단락전류 I_s [A]는 1상의 유도 기전력 E[V]를 1상의 동기 임피던스 Z_s [Ω]으로 나눈 것이므로 $Z_s = E / I_s$ [Ω]이 된다. [그림 2-20]에서, 같은 계자전류에 대한 상전압 E와 단락전류 I_s의 비로부터 Z_s를 구하면 곡선 jhk와 같이 된다. 이 값은 일정한 값이 되지 않고, 자기회로의 포화현상 때문에 계자전류 I_f 값에 따라 달라지는 것을 알 수 있다. 그러므로 보통 동기 임피던스는 정격상 전압 E_n [V]와 E_n을 유도하는 데 필요한 계자전류일 때

의 3상 단락전류 I_s [A]의 비로 구한다. 즉,

$$Z_s = \frac{E_n}{I_s} = \frac{\overline{dc}}{\overline{df}} = \overline{dh} \, [\Omega] \quad \cdots\cdots (2-12)$$

Z_s는 편의상 정격전류 I_n에 대한 임피던스 강하 $Z_s I_n$ [V]와 정격상 전압 E_n [V]의 비를 퍼센트로서 나타내는 경우가 있다. 이것을 **퍼센트 동기 임피던스**(percentage synchronous impedance)라 한다.

$$\text{퍼센트 동기 임피던스 } z_s' = \frac{Z_s I_n}{E_n} \times 100[\%] \quad \cdots\cdots (2-13)$$

(3) 퍼센트 동기 임피던스와 단락비의 관계

[그림 2-20]에서 $I_n = \overline{eg}$, $E_n = \overline{dc}$, $Z_s = \dfrac{\overline{dc}}{\overline{df}}$이므로 퍼센트 동기 임피던스 z_s'는

$$z_s' = \frac{Z_s I_n}{E_n} \times 100 = \frac{\overline{dc}}{\overline{df}} \times \overline{eg} \div \overline{dc} \times 100 = \frac{\overline{eg}}{\overline{df}} \times 100$$

$$= \frac{\overline{Oe}}{\overline{Od}} \times 100 = \frac{I_f''}{I_f'} \times 100 = \frac{1}{K_s} \times 100[\%] \quad \cdots\cdots (2-14)$$

위 식에서 알 수 있는 바와 같이, 퍼센트 동기 임피던스 z_s'는 단락비 K_s의 역수를 퍼센트로 나타낸 것이다.

+ 예제 2-8 정격 용량 10,000[kVA], 정격 전압 6,000[V], 극수 24, 주파수 60[Hz], 단락비 1.2인 3상 동기발전기 1상의 동기 임피던스[Ω]는?

풀이 $Z_s' = \dfrac{1}{K_s} = \dfrac{1}{1.2}$, $I_n = \dfrac{10,000 \times 10^3}{\sqrt{3} \times 6,000}$ [A]

$$\therefore Z_s = \frac{Z_s' E_n}{I_n} = \frac{\dfrac{1}{1.2} \times \dfrac{6,000}{\sqrt{3}}}{\dfrac{10,000 \times 10^3}{\sqrt{3} \times 6,000}} = 3[\Omega]$$

(4) 단락비와 다른 특성의 관계

K_s와 z_s' 사이에는 식 (2-14)와 같은 관계가 있으므로 단락비가 작은 기계(단락비가 작은 기

계는 전기자전류에 의한 기자력이 크기 때문에 동기계(copper machine)를 의미한다.)는 동기 임피던스가 크고 전기자 반작용이 큰 것을 의미한다. 전기자 반작용이 큰 것은 공극이 작고 계자의 기자력이 전기자기력에 비하여 작은 것이며, 계자의 동과 철을 절약하여 설계한 것을 의미한다. 따라서 단락비가 작은 기계는 중량이 가볍고 가격도 싸다. 그러나 단락비가 큰 기계(단락비가 큰 기계는 계자 자속이 크고 철을 많이 필요로 하므로 철기계(iron machine)를 의미한다.)는 전기자 반작용이 적고 계자 자속이 크며 기전력을 유도하는 데 필요한 계자전류가 커진다. 따라서 기계의 중량이 무겁고 가격도 비싸다. 그러나 기계에 여유가 있고 전압변동률이 양호하며 과부하 내량이 크고 송전선로의 충전용량이 크다.

2.4.4 전압변동률

전압변동률은 여자 및 속도의 변화 없이 정격출력(지정역률)에서 무부하로 하였을 때의 전압 변동의 비율을 말하며 일반적으로 정격전압에 대한 백분율로 표시한다.

즉, 정격단자전압을 V_n, 정격출력에서 무부하로 하였을 때의 전압을 V_0이라 하면 전압변동률 ϵ은 다음 식과 같다.

$$\epsilon = \frac{V_0 - V_n}{V_n} \qquad \cdots\cdots (2\text{-}15)$$

전압변동률은 무부하전류의 대소에 따라서 달라질 뿐만 아니라 같은 부하전류에 대하여도 역률이 상이하면 그 값이 달라진다. [그림 2-21](이것을 외부특성곡선이라 한다.)은 이 관계를 표시한 것이며, 그림에서도 알 수 있듯이 전압변동률은 유도부하의 경우에는 $+(V_0 > V_n)$, 용량부하의 경우에는 $-(V_0 < V_n)$로 된다.

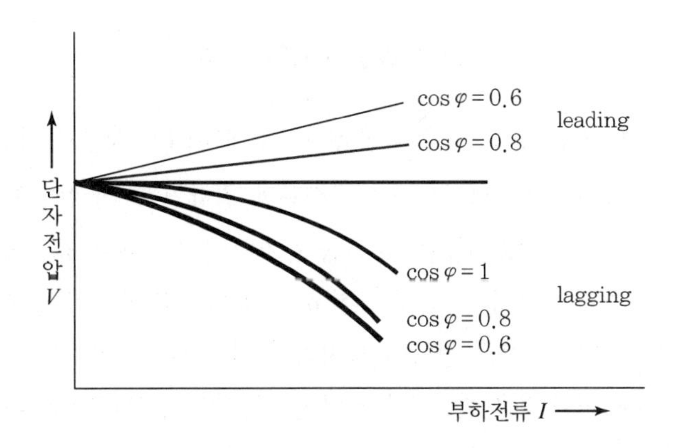

[그림 2-21] 전압변동률

대체로 동기발전기의 전압변동률은 자동전압조정기를 병용하지 않는 기계에 있어서는 역률 1.0에서 15~18[%], 역률 0.8(lagging)에서 25~30[%] 정도이고, 자동전압조정기를 병용한 기계는 역률 1.0에서 18~25[%], 역률 0.8(lagging)에서 30~40[%] 정도이다.

2.4.5 자기여자작용

(1) 자기여자에 의한 전압 상승

동기발전기에 콘덴서와 같은 용량부하를 접속하면 영 역률의 진상전류가 전기자 권선에 흐른다. 이러한 영 역률 진상전류에 의한 전기자 반작용은 자화작용이 되므로 발전기에 직류여자를 주지 않은 경우에도 전기자 권선에 기전력이 유기된다. 전기자의 영 역률 진상전류에 의하여 여자된 포화곡선인 [그림 2-22]의 곡선 aA와 같은 동기발전기에 OL로 표시된 충전특성을 갖는 부하를 접속하면 발전기의 단자전압은 aA와 OL의 교점 m에 상당하는 전압까지 상승한다.

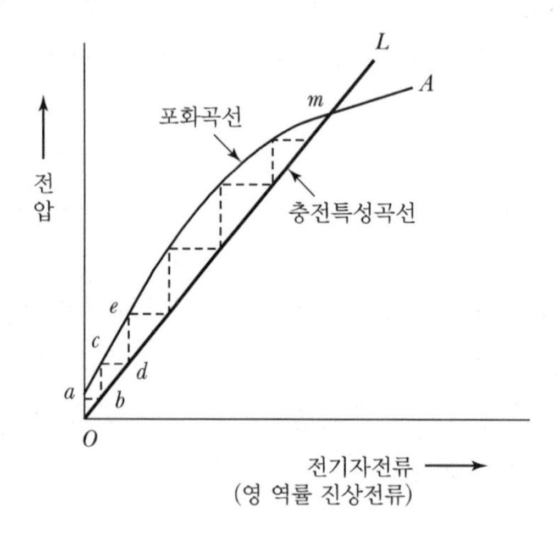

[그림 2-22] 자기여자작용

즉, [그림 2-22]에서 처음에 주 자극의 잔류자기로 인해 $\overline{Oa}$ 만큼의 기전력이 전기자권선에 유기되면 충전전류 $\overline{ab}$가 부하에 흐르고 이 충전전류에 의하여 주 자극이 자화되어 기자력은 $\overline{bc}$ 만큼 올라가며 전압이 올라가면 충전류는 $\overline{cd}$ 만큼 증가하여 기전력은 $\overline{de}$ 만큼 높아진다. 이와 같이 하여 기전력은 차차 높아져서 두 곡선의 교점 m에서 전압의 상승이 끝난다. 만일, 이 점보다 충전전류가 증가하려고 하면 부하의 전압이 발전기의 전압보다 높아지므로 다시 전류는 감소하고 m 점으로 되돌아간다. 이와 같은 현상을 동기발전기의 **자기여자작용**(self excitation)이라 한다.

이것은 무여자의 동기발전기로, 무부하의 장거리 송전선에 일어나는 현상이며 발전기의 정격 전압보다 훨씬 높은 전압이 되어 위험할 때가 있다.

(2) 단락비와 충전용량

발전기 1대로 장거리 송전선로에 송전하는 경우 자기여자를 일으키지 않기 위해서는 단락비의 값은 다음 식을 만족하여야 한다.

$$\text{단락비} > \frac{Q'}{Q}\left(\frac{V}{V'}\right)^2(1+\sigma) \quad \cdots\cdots (2\text{-}16)$$

여기서, Q' : 소요충전전압, V'에서의 선로의 충전용량[kVA]

Q : 발전기의 정격출력[kVA]

V : 발전기의 정격전압[V]

δ : 발전기의 정격전압에서의 포화율

선로충전의 경우에는 일반적으로 수전단의 전압은 송전단의 전압보다 선로의 리액턴스 강하만큼 높아지므로 발전기의 전압은 정격값의 80[%] 정도를 사용한다. 따라서 식 (2-16)의 V'를 0.8[V]로 하고 $\sigma = 0.1$이라 하면

$$\left(\frac{1}{0.8}\right)^2(1+0.1) = 1.7187\cdots$$

이므로

$$\text{단락비} > \frac{Q'}{Q}\times 1.72 \quad \cdots\cdots (2\text{-}17)$$

만일, 발전기의 정격용량이 충전용량과 같은 경우는 단락비는 1.72 이상의 값으로 한다.

(3) 자기여자방지법

식 (2-16)으로 표시되는 단락비를 가진 발전기를 써서 송전할 경우는 문제가 없지만 그렇지 않은 경우는 다음과 같은 방법을 쓴다.

① 발전기 2대 또는 3대를 병렬로 모선에 접속한다.

② 수전단에 동기조상기를 접속하고 이것을 부족여자로 하여 송전선에서 지상전류를 취하게 하면 충전전류를 그만큼 감소시키는 것이 된다.

③ 송전선로의 수전단에 변압기를 접속하면 변압기의 자화전류는 지상전류이므로 송전선로의 진상전류에서 이 자화전류를 뺀 것이 선로의 충전전류가 되기 때문에 진상전류에 의한 자기여자를 감소시킬 수 있다.

④ 수전단에 리액턴스를 병렬로 접속하면 이것에 의하여 무부하 시의 충전전류를 작게 할 수 있다. 그러나 부하가 증가하면 선로에서 떼어내야 한다.

2.4.6 단락전류

동기발전기의 전기자 권선을 단락한 채로 정격속도로 돌린다. 어떤 계자전류에 대한 단락전류를 I_s, 그 계자전류에서의 무부하 유도 기전력을 E(선간)라 하면

$$I_s = \frac{E}{\sqrt{3}\,Z_s} \qquad \text{(2-18)}$$

가 된다.

즉, 이때의 단락전류는 동기 임피던스 Z_s에 의하여 제한된다. 그러나 발전기가 정격전압 및 정격주파수에 무부하 운전하고 있을 때 전기자의 모든 단자(중성점은 제외)를 갑자기 단락한 경우에는 전기자 반작용이 즉시 나타나지 않으므로 단락전류를 제한하는 것은 전기자 저항을 무시하면 누설 리액턴스뿐이므로 매우 큰 단락전류가 흐른다. 이것을 **돌발단락전류**(sudden short circuit current)라 한다.

수 초 지난 후에는 점차 전기자 반작용이 작용하기 시작하므로 단락전류도 감소하고, 결국 동기 리액턴스로 제한되는 식 (2-18)의 전류가 되어 단락이 풀릴 때까지 지속된다. 이것을 **지속단락전류**(sustained short circuit current)라 한다.

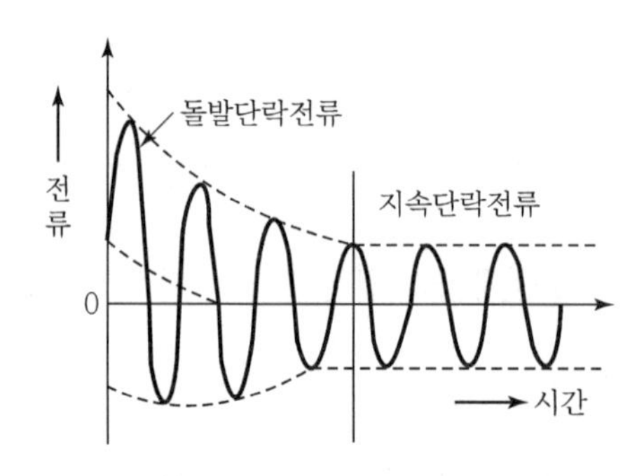

[그림 2-23] 단락전류의 변화

[그림 2-23]은 돌발단락전류의 일례이다. 이 과도전류 중에서 교류분의 포선의 단락순시에 있어서의 값을 i_m이라 할 때 $\frac{i_m}{\sqrt{2}}$을 과도단락전류라 한다.

단락전류는 정격전류의 몇 배가 되므로 권선을 소손하거나 코일 상호 간의 반발력 때문에 코일을 파손할 염려가 있으므로 이것을 방지하기 위하여 터빈발전기에서는 전기자 권선에 직렬로 리액턴스 코일을 접속하여 단락전류를 제한하는 방식이 있다. 이것을 **한류리액터**(current limiting reactor)라 한다.

+ 예제 2-9 그림과 같은 동기발전기의 동기 리액턴스는 3[Ω]이고 무부하 시의 선간전압이 220[V]이다. 그림과 같이 3상 단락되었을 때 단락전류[A]는?

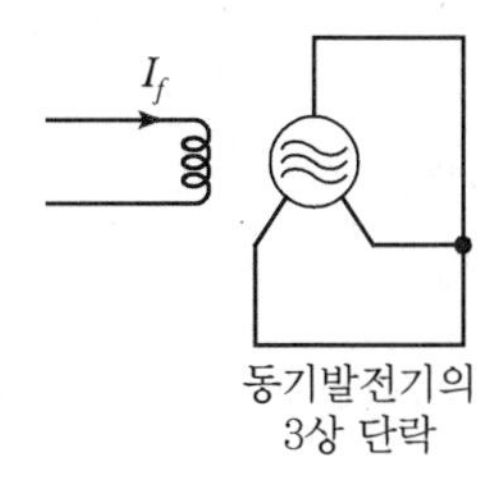

풀이 $I_s = \dfrac{E_0}{Z_s} = \dfrac{V/\sqrt{3}}{x_s} = \dfrac{220/\sqrt{3}}{3} = 42.34[\text{A}]$

2.5 동기발전기의 출력

2.5.1 비돌극기의 출력

[그림 2-24]의 벡터도에서 구한다. 이 그림의 각 δ는 V와 E 사이의 각이며 이것을 부하각(power angle)이라 한다.

[그림 2-24]에서

$$\alpha = \sin^{-1}\frac{r}{Z_s},\ \gamma = \tan^{-1}\frac{x_s}{r}$$

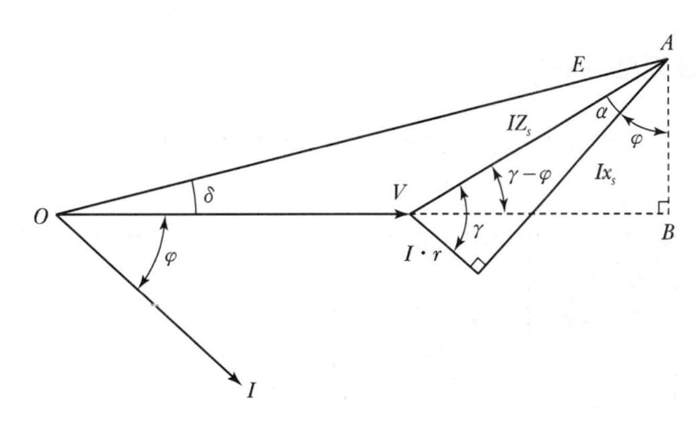

[그림 2-24] 비돌극기의 벡터도

발전기 1상의 출력 P는

$$P = VI\cos\varphi = \frac{VIZ_s\cos\varphi}{Z_s}$$

$$P = \frac{EV}{Z_s}\sin(\delta+\alpha) - \frac{V^2}{Z_s}\sin\alpha \qquad \cdots\cdots (2\text{-}19)$$

전기저항은 매우 작으므로 이것을 무시하고 $Z_s \fallingdotseq x_s$, $\alpha \fallingdotseq 0$이라 하면

$$P \fallingdotseq \frac{EV}{x_s}\sin\delta \qquad \cdots\cdots (2\text{-}20)$$

이 식에서 비돌극기의 출력은 $\delta = 90°$에서 최대가 된다.

[그림 2-25]는 유도 기전력 E와 단자전압 V를 일정하게 했을 때의 출력과 부하각의 관계를 표시한 것이다.

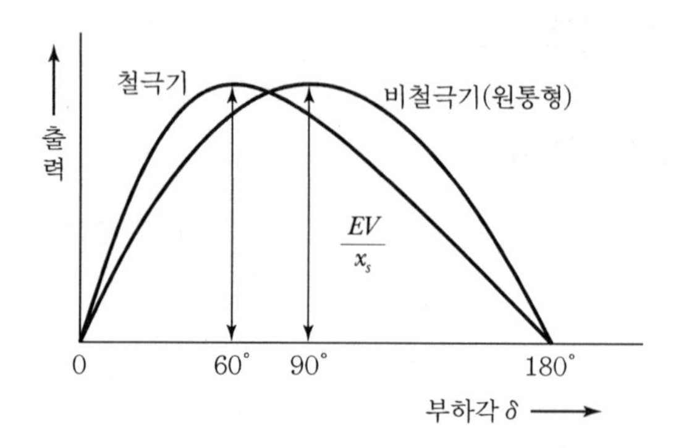

[그림 2-25] 비돌극기의 부하각과 출력의 관계

2.5.2 돌극기의 출력

[그림 2-26]은 전기자 저항 r을 무시한 2반작용법 벡터도이다.

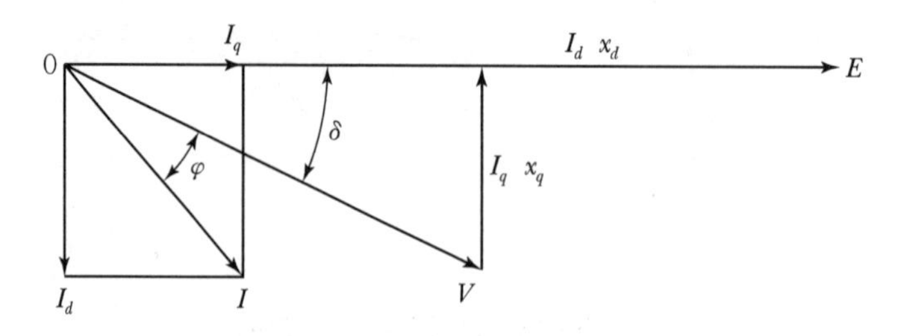

[그림 2-26] 비돌극기의 벡터도

이 그림에서

$$V\cos\delta = E - I_d\, x_d$$

$$V\sin\delta = I_q\, x_q$$

위의 두 식에서

$$I_d = \frac{E - V\cos\delta}{x_q}$$

$$I_q = \frac{V\sin\delta}{x_q}$$

발전기 1상의 출력 P는

$$P = VI_q\cos\delta + VI_d\sin\delta$$

그러므로

$$P = V\cos\delta \cdot \frac{V\sin\delta}{x_q} + V\sin\delta \cdot \frac{E - V\cos\delta}{x_d}$$

$$= \frac{V^2}{x_q}\sin\delta \cdot \cos\delta + \frac{VE\sin\delta}{x_d} - \frac{V^2\sin\delta\cos\delta}{x_d}$$

$$= \frac{EV\sin\delta}{x_d} + \frac{V^2(x_d - x_q)}{x_q x_d}\sin\delta\cos\delta$$

$$= \frac{EV}{x_d}\sin\delta + \frac{V^2(x_d - x_q)}{2x_d\, x_q}\sin 2\delta \quad \cdots\cdots (2\text{-}21)$$

식 (2-21)의 E, V를 일정하게 하고 δ를 변화시켰을 때의 출력 P는 [그림 2-27]과 같다.

A 곡선은 식 (2-21)의 제1항을, B 곡선은 제2항을 표시한다. 대체로 $\delta = 60°$ 부근에서 최대 출력이 되고 정격운전 시의 δ는 20° 부근이 된다.

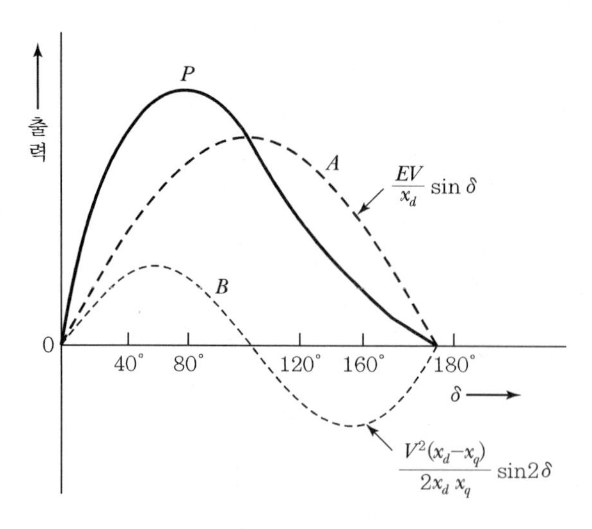

[그림 2-27] 돌극기의 부하각과 출력의 관계

2.6 동기발전기의 병렬운전

2.6.1 병렬운전의 조건

2대 이상의 동기발전기를 같은 모선에 연결하여 운전하는 것을 **병렬운전**(parallel running)이라 한다. 동기발전기를 완전하게 병렬운전하려면 발전기와 원동기는 각각 구비할 조건이 있다. 터빈발전기나 수차발전기와 같이 1회전 중에 원동기의 회전력이 균일한 것은 비교적 문제가 적지만, 디젤기관과 같은 왕복기관으로 운전되는 것은 고려할 여러 문제가 생긴다.

(1) 동기발전기의 병렬운전 조건

① 기전력의 크기가 같을 것

② 기전력의 위상이 같을 것

③ 기전력의 주파수가 같을 것

④ 기전력의 파형이 같을 것

①은 계자전류를 조정해서 전압계로 확인할 수 있고, ②와 ③은 발전기의 속도, 즉 원동기의 속도를 조정해서 만족시킬 수 있는데 이때 동기검정기(synchroscope)를 써서 조사한다. ④는 발전기 제작상의 문제이며, 운전 중에는 고려할 필요가 없다.

(2) 원동기의 병렬운전 조건

① 균일한 각속도를 가질 것

② 적당한 속도변동률을 가질 것

터빈발전기와 수차발전기는 1회전 중의 각속도가 균일하여 ①의 조건이 만족되지만 왕복기관으로 운전되는 엔진발전기는 플라이휠(flywheel)을 붙여서 되도록 균일한 각속도에 가깝도록 해야 한다. 또한 부하 변동에 대하여는 속도변동률이 작은 것이 좋지만 병렬운전에 있어 부하의 분배를 원활하게 하자면 수하특성의 적당한 속도변동률을 가져야 한다. 그런데 원동기에 대한 것은 최초 설비할 때에 고려해야 할 조건이므로 실제로 동기발전기를 병렬운전하려고 하는 경우에는 발전기에 필요한 조건만 생각하면 된다.

2.6.2 무효순환전류

발전기 2대의 기전력이 위상은 일치하고 크기만 다를 때, 즉 [그림 2-28]과 같이 A, B 2대의 같은 정격의 동형 3상 발전기가 병렬운전하고 있는 경우 A의 여자를 B보다 세게 하였다면 무부하의 경우

$$\dot{I}_c = \frac{\dot{E}_a - \dot{E}_b}{2\dot{Z}_s} \quad \cdots\cdots (2\text{-}22)$$

가 되는 순환전류 $\dot{I}_c$가 [그림 2-29]와 같이 흐른다. 여기서, $\dot{Z}_s$는 발전기의 동기 임피던스이다. 그런데 동기 임피던스 중의 저항분을 무시하면 $\dot{I}_c$는 [그림 2-29]와 같이 유도 기전력보다 90° 뒤지는 무효순환전류(reactive circulating current)이므로 A에 대하여는 이 전류 $\dot{I}_c$의 전기자 반작용이 감자작용을 하여 기전력을 감소시키고 B에 대하여는 $-\dot{I}_c$가 되어 90°의 진상전류가 되므로 자화작용을 하여 기전력을 증가시키며 결국 두 발전기의 전압은 같게 된다.

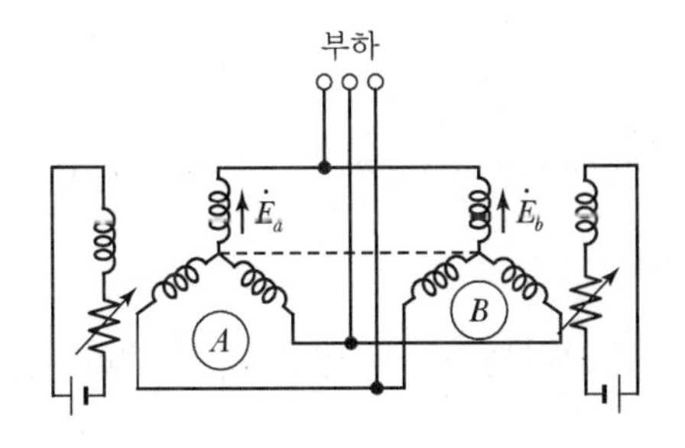

[그림 2-28] 병렬운전

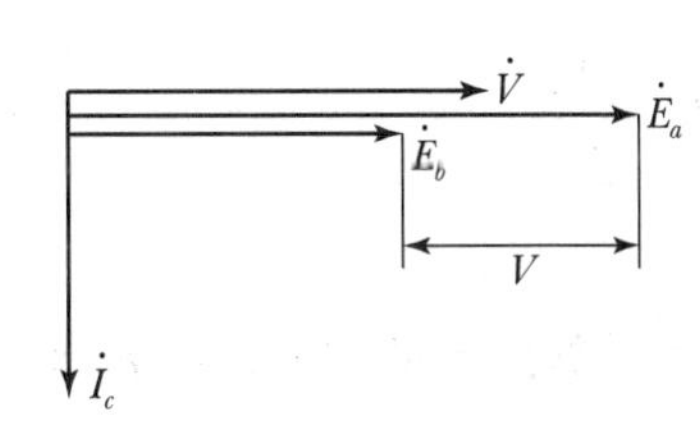

[그림 2-29] 기전력의 크기가 다른 경우

[그림 2-30]과 같이 부하전류 $\dot{I}$ 가 흐르면 [그림 2-31]의 벡터도와 같게 되고,

$$\dot{I}_a = \frac{\dot{I}}{2} + \dot{I}_c\,,\ \dot{I}_b = \frac{\dot{I}}{2} - \dot{I}_c \quad \cdots\cdots (2\text{-}23)$$

가 되어 A의 역률은 $\cos\varphi_a$, B는 $\cos\varphi_b$가 되고 부하역률 $\cos\varphi$와는 각각 다른 값이 된다.

이상과 같이 병렬운전 중에 있는 발전기의 여자전류를 적당하게 하여 유도 기전력을 같게 하지 않으면 무효순환전류가 흘러서 두 발전기의 역률이 달라지고 발전기는 과열된다.

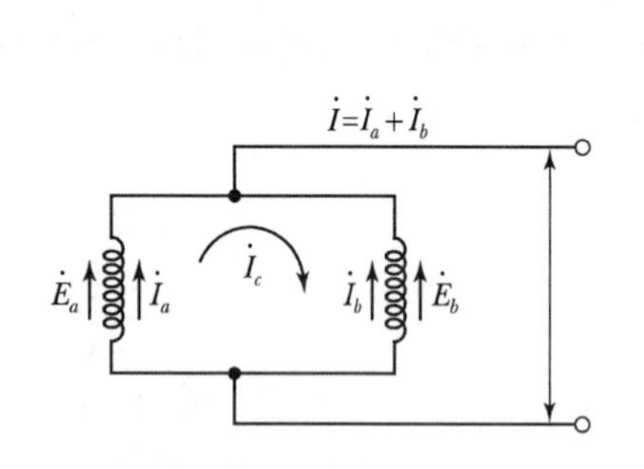

[그림 2-30] 병렬운전 시의 회로

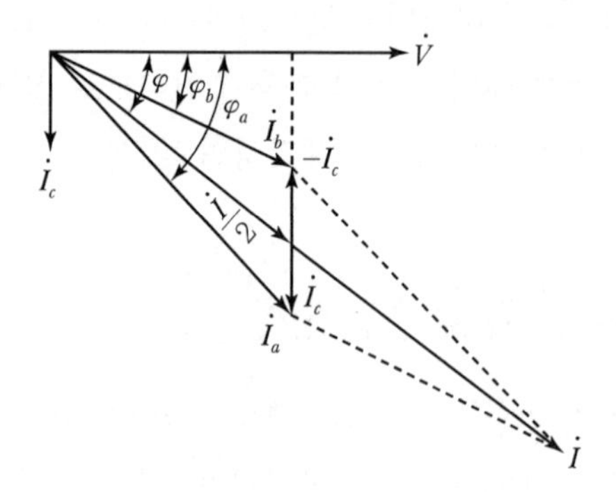

[그림 2-31] 기전력 크기가 다른 경우의 벡터 관계

2.6.3 동기화 전류

발전기 A, B가 같은 부하를 분담하여 운전하고 있는 경우에 어떤 원인으로 A의 유도 기전력의 위상이 B보다 δ_s만큼 앞섰다고 하자.

그러면 [그림 2-32]와 같이,

$$\dot{E}_s = \dot{E}_a - \dot{E}_b \quad \cdots\cdots (2\text{-}24)$$

라는 전압에 의하여 순환전류가 흐른다.

이 순환전류를 $\dot{I}_s$ 라 하면,

$$\dot{I}_s = \frac{\dot{E}_s}{2\dot{Z}_s} \quad \cdots\cdots (2\text{-}25)$$

가 되며 저항을 무시하면 $\dot{I}_s$ 는 $\dot{E}_s$ 보다 90° 뒤지고 $\dot{E}_a$ 보다는 $\frac{\delta_2}{2}$ 뒤진다. $\dot{E}_b$에 대하여는 $-\dot{I}_s$ 가 되므로 그 상차는 $\pi - \frac{\delta_s}{2}$이다.

다음으로 전력 관계는 매상 A에서는

$$P_a = E_a I_s \cos\frac{\delta_s}{2}$$

의 부하전력이 되는데 B에서는

$$E_b I_s \cos\left(\pi - \frac{\delta_s}{2}\right) = -E_b I_s \cos\frac{\delta_s}{2}$$

가 되어 (−)의 전력이 된다.

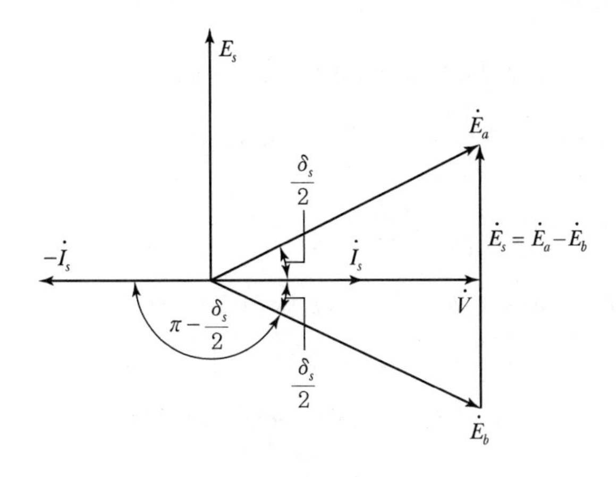

[그림 2-32] 위상이 다른 경우

이 관계를 표시한 것이 [그림 2-32]의 벡터도이다. 그림에서

$$|\dot{E}_a| = |\dot{E}_b| = \dot{E}_0$$

이라 하면,

$$E_a \cos\frac{\delta_s}{2} = E_b \cos\frac{\delta_s}{2} = E_0 \cos\frac{\delta_s}{2}$$

가 되고 수수전력은

$$P = E_0 I_s \cos\frac{\delta_s}{2} = E_0 \cdot \frac{E_s}{2Z_s} \cos\frac{\delta_s}{2} = \frac{E_0^2}{2Z_s} \sin\delta_s \quad \cdots\cdots (2\text{-}26)$$

가 된다.

이 전력 P는 A에는 (+) 부하가 되고 B에는 (−) 부하가 된다. 즉, 발전기 A의 부하는 P만큼 증가하여 속도가 내려가고 B의 부하는 P만큼 감소하여 속도가 올라가서 A의 기전력의 위상은 뒤지고 B의 위상은 앞서기 때문에 결국 A, B 두 발전기의 전압의 위상은 일치하게 된다. 이와 같이 I_s 는 동기화작용을 하므로 **동기화 전류**(synchronizing current)라 한다.

+ 예제 2-10 2대의 3상 동기발전기를 병렬 운전하여 역률 0.8, 1,000[A]의 부하 전류를 공급하고 있다. 각 발전기의 유효 전류는 같고, A기의 전류가 667[A]일 때 B기의 전류는 몇 [A]인가?

풀이 부하 전류의 유효분 $\dot{I} = I\cos\theta = 1{,}000 \times 0.8 = 800[\text{A}]$

I_A, I_B의 유효분 $I_A' = I_B' = \dfrac{\dot{I}}{2} = \dfrac{800}{2} = 400[\text{A}]$

A기의 역률 $\cos\theta_1 = \dfrac{I_A'}{I_A} = \dfrac{400}{667} \fallingdotseq 0.6$

I_B의 무효분 $I_B\sin\theta_2 = I\sin\theta - I_A\sin\theta_1 = 1{,}000 \times \sqrt{1-0.8^2} - 667 \times \sqrt{1-0.6^2}$

$= 600 - 534 = 66[\text{A}]$

$\therefore\ I_B = \sqrt{(I_B\sin\theta_2)^2 + (I_B')^2} = \sqrt{66^2 + 400^2} \fallingdotseq 405[\text{A}]$

2.6.4 부하배분의 조정과 동기화력

일반적으로 원동기(수차, 터빈 등)의 속도는 조속기(governor)를 조정해서 들어가는 물 또는 증기의 양을 많게 하면 높아지고 이것을 적게 하면 낮아진다. 또 조정기를 조정하지 않은 상태에서는 원동기의 기계적 출력이 클수록 속도는 높아진다. 그러므로 단독으로 운전하고 있는 발전기의 원동기 조정기를 조정해서 입력을 증가시키면 속도가 올라가고 주파수가 높아진다.

그런데 병렬운전하고 있는 발전기 A, B 중 B의 조속기를 조정하여 속도를 높이면 즉시 이 발전기의 유도 기전력이 A보다 앞서게 되므로 전술한 바와 같이 동기화전류가 흘러 이것이 부하 전류와 합해지는 결과 B의 부하는 증가하고 A의 부하는 그만큼 감소한다. 즉 부하분담이 변화한다. 이와 같이 교류발전기가 병렬운전하고 있는 경우 부하분담의 조정은 원동기 조속기를 조정해서 위상차를 벌리면 되지만 속도는 서로 견제되어 결국 같아지게 된다. 이와 같이 속도가 같아지고 서로 보조를 맞추려고 애쓰는 경향을 **동기화력**(synchronizing power)을 가졌다고 한다.

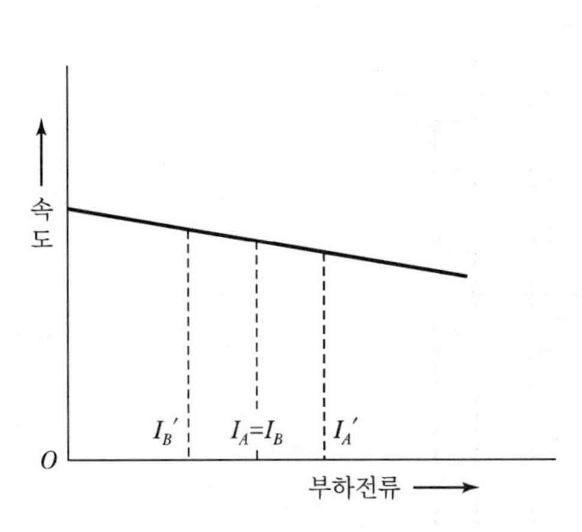

[그림 2-33] 속도변동률이 같은 경우

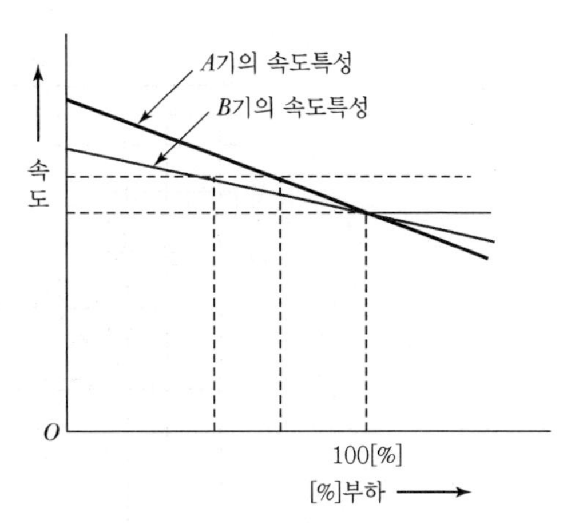

[그림 2-34] 속도변동률이 다른 경우

만일 A, B의 속도부하특성이 [그림 2-34]와 같이 서로 다르면 각 기의 부하분담은 전부하에서는 같으나 부분부하에서는 그림과 같이 다르게 된다. 그러므로 발전기의 병렬운전에서는 어떠한 부하에 대해서나 부하분담이 같으려면 속도변동률이 같아야 한다.

조속기에는 속도변동률을 조정하는 장치가 있으므로 이것으로 속도변동률을 같게 할 수 있다.

2.6.5 병렬운전법

[그림 2-35]에서 모선에 접속되어 이미 운전 중인 발전기 A에 대해 발전기 B를 병렬운전하면 우선 B를 원동기로 서서히 운전해서 정격속도에 가깝게 한 다음 계자저항기를 조정하여 단자전압을 모선전압과 같게 하고 두 발전기의 동기를 검정한다. [그림 2-35]의 3개의 전등 L_1, L_2, L_3는 동기검정기의 일례로 L_1은 aa'상 사이에, L_2는 bc'상 사이에, L_3는 cb'상 사이에 접속한다. 이 경우 두 발전기의 주파수가 일치하지 않았을 때는 전등이 명멸한다.

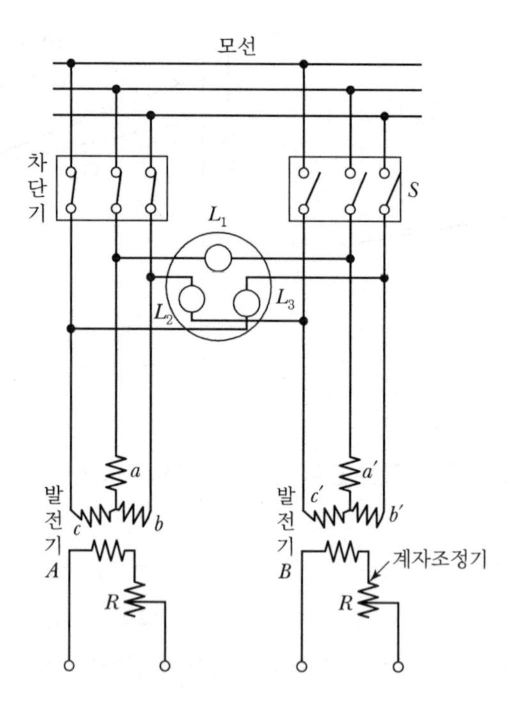

[그림 2-35] 동기발전기의 병렬운전법

B기의 속도가 A기보다 빨라서 B기의 주파수가 A기보다 높을 경우에는 전등은 L_1, L_2, L_3 순으로 밝아져 마치 빛이 반시계방향으로 도는 것과 같이 보인다. 반대로 B기의 주파수가 낮으면 빛의 회전방향이 L_1, L_3, L_2의 순이 되므로 빛의 회전방향을 보고 속도의 지속을 판단할 수 있다.

B기의 속도를 조정해서 B기의 주파수가 A기에 가깝게 되면 빛의 회전은 차차 완만해지며, 주파수가 완전히 일치하면 빛의 회전은 정지하고 각 전등은 일정한 빛을 내며, 여기서 위상이 일치하면 L_1 은 꺼지고 L_2, L_3는 같은 빛을 낸다. 이 순간이 주파수도 일치하고 위상도 같아진 순간이므로 이때 차단기 S를 넣으면 두 발전기는 병렬운전 상태로 된다.

이상은 동기검정용으로 3개의 전등을 사용한 경우인데 지침형 동기검정기를 사용하면 발전기 B의 주파수가 A보다 높은가 낮은가에 따라서 지침이 오른쪽 또는 왼쪽으로 회전하므로 이것을 보고 B기의 회전수를 조정한다. 동기상태가 되면 지침은 동기점에 정지하므로 이때 S를 닫으면 된다. [그림 2-36]은 그 일례인데 양 기의 전압의 크기, 주파수, 위상이 일치하면 A, C 양 각의 자속의 합이 B를 통하므로 전압계 V의 지시는 최대가 된다. 위상에 차가 있으면 지시는 작게 되고 주파수가 상이하면 지침은 좌우로 진동한다.

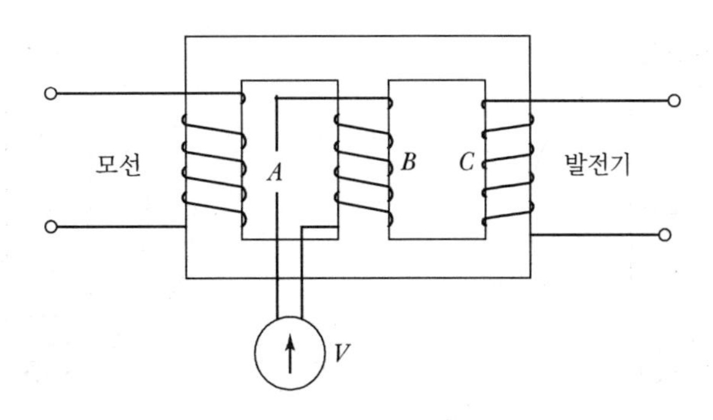

[그림 2-36] 지침형 동기검정기

2.7 동기전동기의 이론

2.7.1 동기전동기의 원리

직류발전기에 외부에서 전류를 공급하면 이것이 전동기가 되는 것처럼 동기전동기에 있어서도 마찬가지이다.

즉, 강대한 모선에 접속된 동기발전기의 기계적 입력을 0으로 하면 이 발전기는 모선에서 발전기 자신의 무부하손실에 해당하는 전기적 입력을 받아들이고 여전히 동기속도로 계속 회전하여 전동기가 됨을 알 수 있다. 이것이 동기전동기인데 구조의 주요 부분은 동기발전기와 같다. 일반적으로 회전계자형이고 전기자 권선은 고정자 측에 감고 회전자에 돌극형의 계자극을 설치한다. 여자전류가 슬립링(slip ring)을 통해서 공급되는 것도 동기발전기의 경우와 같으며, 특별한 용도 이외에는 횡축형의 구조로 한다.

[그림 2-37]의 2극기가 그림 (a)와 같은 상태에 있을 때 도체의 전류와 자극 사이에는 Fleming의 왼손법칙에 따르는 힘이 작용하여 자극은 화살표 방향으로 회전한다. 다음에 전류의 방향이 반전하고 동시에 자극도 반회전해서 그림 (b)의 상태로 되면 자극은 역시 (a)와 같은 방향의 회전력을 받는다. 이와 같이 자극이 항상 같은 방향의 회전력을 받으려면 자극은 교류의 반주기 $\frac{T}{2}\left(=\frac{1}{2f}\right)$ 사이에 반회전하지 않으면 안 된다.

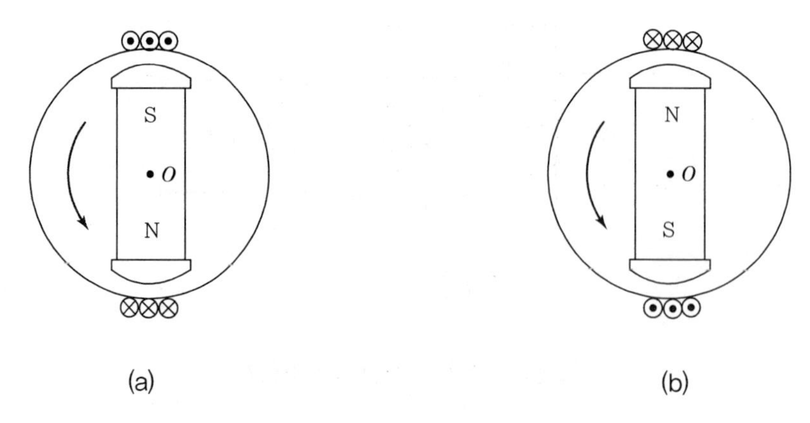

[그림 2-37] 동기전동기의 원리

즉, 자극수 P의 교류기에 주파수 f인 교류를 공급하면 회전자의 회전수가

$$N = \frac{120f}{P} [\mathrm{rpm}]$$

이며, 동기속도로 회전하게 된다.

이와 같이 동기전동기는 동기속도 이외의 속도에서는 회전력을 내지 못하므로 단지 전압을 고정자 권선에 가해 준 것만으로는 기동이 되지 않는다. 바꾸어 말하면, 정지상태에 있을 때 갑자기 단자에 교류전압을 가해 주어도(3상기에서는 3상전압을 가해도) 기동회전력을 낼 수 없다. 따라서 동기전동기를 운전하려면 정지상태에서 동기속도까지 이르게 하는 특별한 기동장치(소형의 기동전동기 또는 자극에 장치한 기동권선)가 필요하다.

2.7.2 동기전동기의 벡터도

운전 중인 동기전동기의 전기자에는 발전기에서와 같이 기전력이 유기된다. 이것은 직류전동기의 그것과 똑같은 역기전력이며, 전기자 전류와는 방향이 반대가 된다.

[그림 2-41]은 동기전동기의 등가회로이다. 이 그림에서 $\dot{V}$는 공급 단자전압, $\dot{E}$는 역기전력, $\dot{I}$는 전기자 전류, $\dot{Z}_s = r + jx_s$는 동기 임피던스이다. 그러면 동기전동기의 벡터방정식은,

$$\dot{V} = \dot{E} + \dot{I}\dot{Z}_s, \ \dot{E} = \dot{V} - \dot{I}\dot{Z}_s \quad \cdots\cdots (2\text{-}27)$$

로 표시된다.

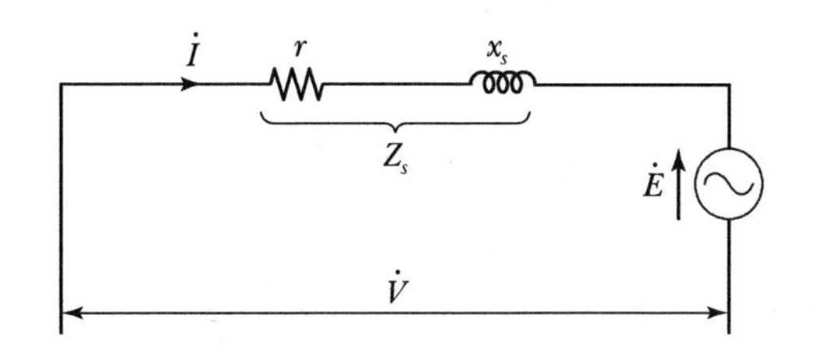

[그림 2-38] 동기전동기의 회로도

[그림 2-39]는 동기전동기의 1상에 대한 벡터도이며 (a)는 지상역률, (b)는 100[%] 역률, (c)는 진상역률의 경우를 표시한다. 이 그림을 보아도 알 수 있는 바와 같이 같은 단자전압, 같은 전기자 전류에 대한 역기전력의 값은 진상역률일 때가 가장 크고 지상역률일 때가 가장 작다.

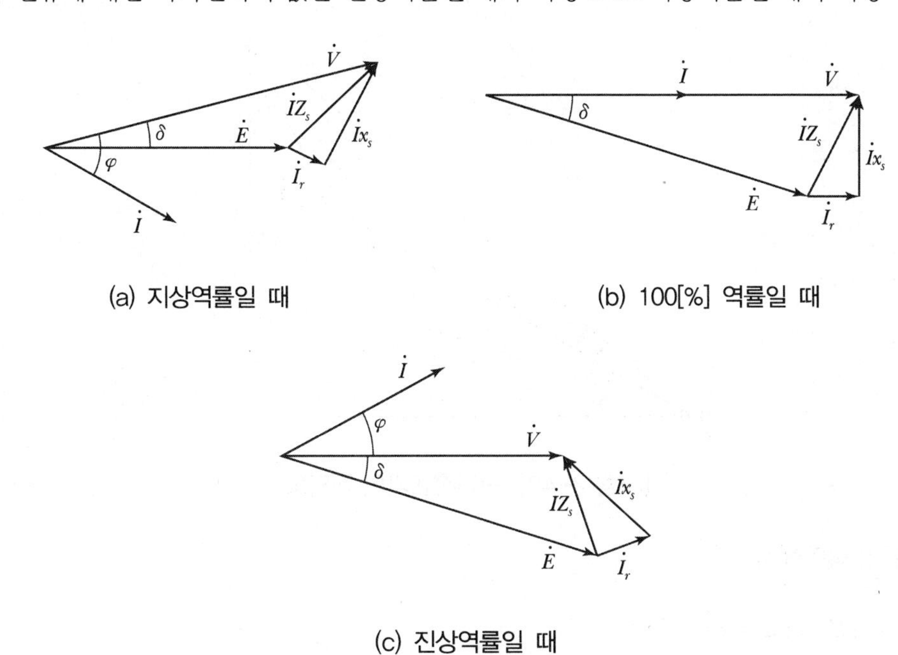

$\dot{I}$ φ $\dot{V}$ δ $\dot{I}x_s$ $\dot{I}Z_s$ $\dot{E}$ $\dot{I}_r$

(c) 진상역률일 때

[그림 2-39] 동기전동기 역률에 따른 벡터

2.7.3 동기전동기의 입력과 출력

(1) 전기자 입력

[그림 2-40]에서 전류 $\dot{I}$를 기준벡터로 한다. $\angle Oae'$를 각 α $\left(\alpha = \tan^{-1}\dfrac{r}{x_s}\right)$와 같도록 하고 c에서 직선 $\overline{ae'}$에 수선 $\overline{ce}$를 긋는다. $\overline{ae}$ 선과 평형되게 $\overline{Od}$ 선을 그으면,

$\angle aOd = \alpha$

가 된다. 또

$\angle faO = \angle cae$

가 되어, $\triangle aOf = \triangle ace$

$\therefore \angle ace = \varphi$

전동기의 입력은 1상에 대하여

$P_1 = VI\cos\varphi$

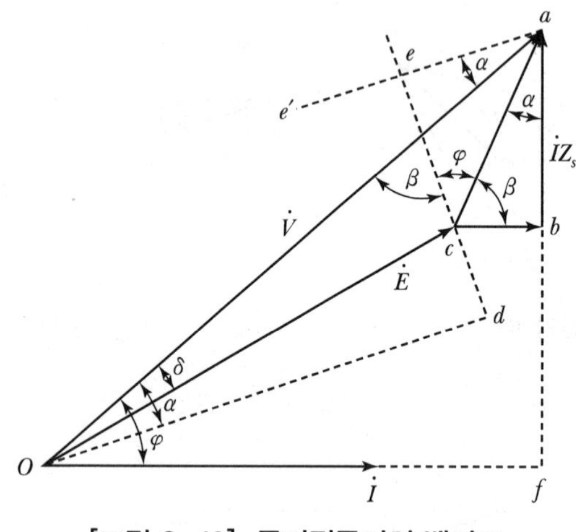

[그림 2-40] 동기전동기의 벡터도

[그림 2-40]에서

$\overline{ec} = IZ_s\cos\varphi = \overline{ed} - \overline{dc}$

$\overline{ed} = V\sin\alpha$

$\overline{dc} = E\sin(\alpha - \delta)$

$\therefore \overline{ec} = V\sin\alpha - E\sin(\alpha - \delta)$

$IZ_s\cos\varphi = V\sin\alpha - E\sin(\alpha - \delta) = V\sin\alpha + E\sin(\delta - \alpha)$

$$\therefore I\cos\varphi = \frac{V\sin\alpha + VE\sin(\delta - \alpha)}{Z_s}$$

$$\therefore P_1 = VI\cos\varphi = \frac{V^2\sin\alpha}{Z_s} + \frac{VE\sin(\delta - \alpha)}{Z_s} \quad \cdots\cdots (2\text{-}28)$$

보통 $x_s \gg r$ 이므로

$Z_s \fallingdotseq x_s \qquad \therefore \alpha = 0$ 이므로

위 식은

$$P_1 = \frac{VE\sin\delta}{Z_s}$$

$$\therefore P_1 \fallingdotseq \frac{VE\sin\delta}{x_s} \quad \cdots\cdots (2\text{-}29)$$

(2) 전기자 출력

1상의 출력을 P_2 라 하면 이것은 1상의 입력 P_1 에서 동손 P_c 를 뺀 것이 되므로,

$$P_2 = P_1 - P_c$$

$$= VI\cos\varphi - I^2 r = (V\cos\varphi - Ir)I$$

그런데

$$V\cos\varphi - Ir = E\cos\theta$$

$$\therefore P_2 = EI\cos\theta \quad \cdots\cdots (2\text{-}30)$$

즉, 출력은 역기전력 E와 전기자 전류 I 사이의 전력과 같게 된다.

P_2 안에는 철손과 기계손이 포함되어 있으므로 P_2에서 1상에 대한 철손과 기계손을 뺀 것이 실제로 축에서 기계적 부하에 전달되는 실출력이다.

[그림 2-41]에서 $\angle Ocd$를 각 $\beta\left(\beta = \tan^{-1}\dfrac{x_s}{r}\right)$와 같게 취하고 O에서 $\overline{cd}$에 수선 $\overline{Od}$를 긋고 a에서 $\overline{cd}$의 연장선에 수선 $\overline{ae}$를 긋는다. 그러면 $\angle ace = \theta$가 된다.

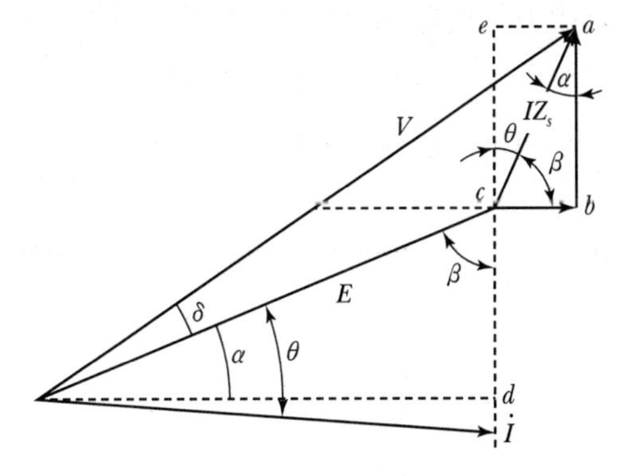

[그림 2-41] 동기전동기의 벡터도

그러므로

$$\overline{ce} = IZ_s\cos\theta,$$

$$\overline{ce} = \overline{de} - \overline{dc} = V\sin(\delta+\alpha) - E\sin\alpha$$

$$\therefore\ I\cos\theta = \frac{V\sin(\delta+\alpha) - E\sin\alpha}{Z_s}$$

$$\therefore\ P_2 = EI\cos\theta = \frac{EV\sin(\delta+\alpha)}{Z_s} - \frac{E^2\sin\alpha}{Z_s} \quad \cdots\cdots (2-31)$$

여기서 전기자 저항 r이 대단히 작으므로 전기자 동손을 무시하면 $\alpha \fallingdotseq 0$

$$\therefore\ P_2 = EI\cos\theta = \frac{EV}{Z_s}\sin\delta \quad \cdots\cdots (2-32)$$

가 되며, 출력도 입력과 같이 간단하게 $P_2 = \frac{EV}{Z_s}\sin\delta$로 표시할 수 있다.

2.7.4 회전력

(1) 동기와트

전동기의 출력(기계출력)은 회전력(torque)과 속도의 곱에 비례하지만 동기전동기는 어느 때나 동기속도 N_s라는 일정 속도로 운전하므로 기계출력은 회전력에 정비례한다. 그러므로 동기전동기에서는 기계출력 P_2로 회전력을 표시해도 좋다. 이와 같이 와트로 회전력을 표시하였을 때 이것을 **동기와트**(synchronous watt)라 한다.

식 (2-31)에서 P_2는 동기전동기 1상의 출력[W]이므로 3상 동기전동기이면 이것을 3배한 것이 동기와트로 표시한 회전력이다. 물론 이것은 이론상의 값이며, P_2에서 철손, 기계손을 뺀 것이 유효출력 또는 유효회전력이 됨은 이미 설명한 바와 같다.

그리고 [kg · m]로 표시한 회전력을 τ라 하면,

$$\tau = 0.975\frac{P_2}{N}[\text{kg}\cdot\text{m}] \quad \cdots\cdots (2-33)$$

(2) 탈출회전력과 절대탈출회전력

식 (2-31)에서 알 수 있는 바와 같이 일정한 여자를 주었을 때 발생할 수 있는 최대 출력은

$$\sin(\delta+\alpha)=1$$

인 경우이며 이때의 출력을 P_m이라 하면,

$$P_m = \frac{E}{Z_s}(V - E\sin\alpha) \quad \cdots\cdots (2\text{-}34)$$

가 된다.

동기전동기는 여자가 일정하면 P_m 이상의 회전력을 발생할 수 없으므로 부하회전력이 이 이상이 되면 $\delta+\alpha$가 90° 이상이 되어 $\sin(\delta+\alpha)$의 절댓값이 1보다 작아진다. 그러면 더욱 발생회전력이 감소하여 결국에 가서는 동기를 벗어나 정지한다. 이러한 최대회전력을 **탈출회전력**(pull out torque)이라 한다.

그러나 여자를 늘려 유도 기전력을 크게 하면 탈출회전력 P_m의 값을 크게 할 수 있음은 식 (2-34)에서 알 수 있다.

식 (2-34)의 P_m을 E로 미분하여 0으로 놓으면,

$$\frac{dP_m}{dE} = \frac{1}{Z_s}(V - 2E\sin\alpha) = 0$$

$$V = 2E\sin\alpha$$

$$\therefore\ E = \frac{V}{2\sin\alpha}$$

유도 기전력 E가 $\dfrac{V}{2\sin\alpha}$가 되었을 때 P_m은 최대가 된다. 이것을 $P_{ab\cdot m}$이라 하면,

$$P_{ab\cdot m} = \frac{V^2}{4Z_s\sin\alpha}$$

그런데

$$\alpha = \tan^{-1}\frac{r}{x_s} \qquad \therefore\ \sin\alpha = \frac{r}{Z_s}$$

$$Z_s\sin\alpha = r$$

$$\therefore\ P_{ab\cdot m} = \frac{V^2}{4r} \quad \cdots\cdots (2\text{-}35)$$

식 (2-35) $P_{ab \cdot m}$을 **절대탈출회전력**(absolute pull out torque)이라 한다.

동기전동기는 이론상 이 이상의 회전력을 낼 수 없으며, 이것은 실제의 최대출력을 훨씬 넘는 값이다.

(3) 안정운전의 범위

동기전동기의 운전 중 부하회전력이 변화하면 이 순간에 부하각 δ가 변화한다. 부하회전력이 감소하면 부하각 δ는 작아지고 반대로 부하회전력이 증가하면 δ는 커진다.

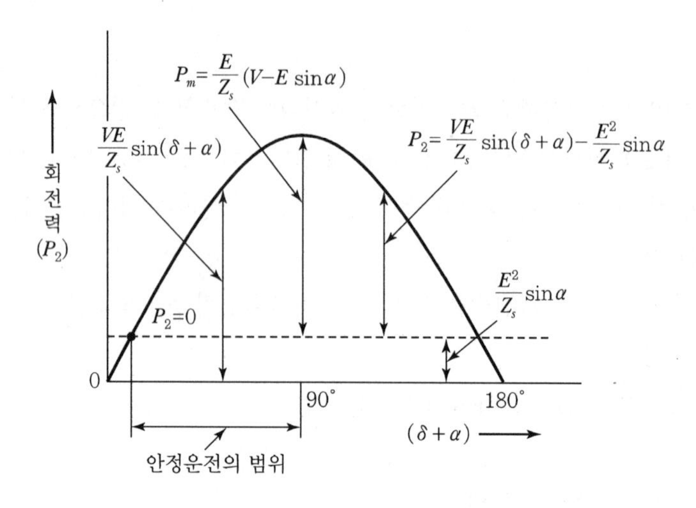

[그림 2-42] 안정운전의 범위

부하각 δ가 커졌을 때 전동기의 발생회전력 P_2가 증가하여 부하회전력과 평형할 수 있으면 새로운 부하각 δ에서 운전을 계속할 수 있으나, 이렇게 되지 않고 δ가 증가하였을 때 P_2가 감소하면, 즉 P_m을 넘으면 운전을 계속할 수 없고, 동기를 벗어난다.

이상에서 알 수 있듯이 동기전동기가 안정한 운전을 하려면, $\frac{dP_2}{d\delta} > 0 (P_2 > 0$인 범위에서)이 되어야 한다. [그림 2-42]는 단자전압 V와 유도 기전력 E가 일정할 때의 안정운전을 범위를 표시한 것이다. 그림에 표시된 바와 같이 그 범위는 $P_2 = 0$에서 탈출회전력 $P_m = \frac{E}{Z_s}(V - E\sin\alpha)$에 이르는 구간이다.

2.8 동기전동기의 특성

2.8.1 위상특성

(1) 무효전류와 그 반작용

동기전동기의 유도 기전력(전동기의 경우는 이것을 역기전력이라고도 한다.)은 식(2-6)에 의하여

$$E = 4.44 K_w \, f \, n \Phi [\mathrm{V}]$$

로 표시된다. 따라서 무부하로 운전하고 있는 동기전동기에서 모든 손실과 임피던스 강하를 무시하면 단자전압과 역기전력은 크기가 같아야 하므로 어떤 일정한 값의 자속 Φ가 필요하다. 현재 직류계자전류에 의하여 만들어지는 자속이 적당한 값이면 [그림 2-43] (a)와 같이 전압이 평형되어 전류는 흐르지 않는다. 그러나 여자전류가 너무 많이 흘러서 이것에 의한 무부하 유기전압이 단자전압보다 크게 된 경우에는 평형이 다시 이루어지기 위해서 전기자 권선에 무효전류가 흐르고 자속을 감소시켜야 한다. 감자작용을 하는 무효전류는 유기전압보다 위상이 90° 뒤진 전류이므로 이것을 단자전압에서 보면 그림 (b)와 같은 진상전류가 된다. 반대로 무부하 유기전압이 그림 (c)와 같이 너무 작으면(직류여자가 감소한 경우) 단자전압보다 위상이 뒤진 무효전류가 흐르고 증자작용을 하여 전압의 평형을 다시 이루게 된다.

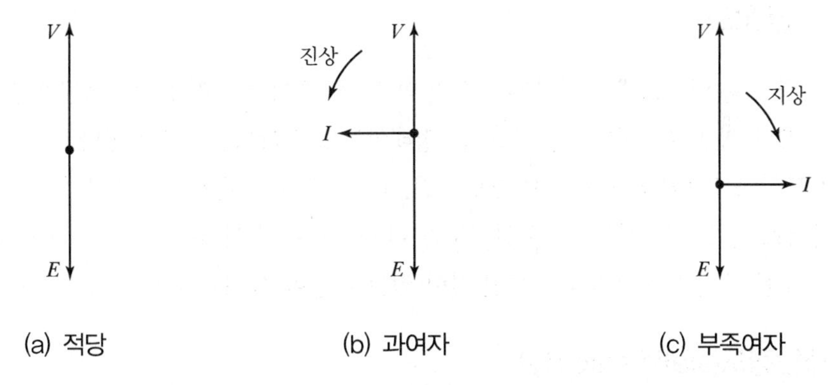

(a) 적당　　(b) 과여자　　(c) 부족여자

[그림 2-43] 무부하 시 여자에 따른 전기자 전류의 변화

이와 같이 동기전동기에서는 무효전류가 단자전압과 유도 기전력 사이의 평형을 회복시키기 위하여 흐르게 되고 단자전압에 대하여 과여자인 경우에는 진상전류, 부족여자인 경우에는 지상전류가 흐른다.

(2) 위상특성곡선(V곡선)

공급전압 V 및 출력 P_2를 일정한 상태로 두고 여자만을 변화시켰을 경우에는 전기자 전류의 크기와 역률이 달라진다. 일정 출력에서 유도 기전력 E(또는 여자전류 I_f)를 변화시켰을 때 E(또는 I_f)에 대한 전기자 전류 I의 곡선을 V곡선(V-curve)이라 하며 [그림 2-44]와 같다.

즉 일정한 출력에서 여자를 약하게 하면 지상역률의 전기자 전류를 취하고 여자를 강하게 하면 진상역률의 전류를 취하는 것을 알 수 있다. 이것과 정속도 특성이 동기전동기의 2대 특징이다.

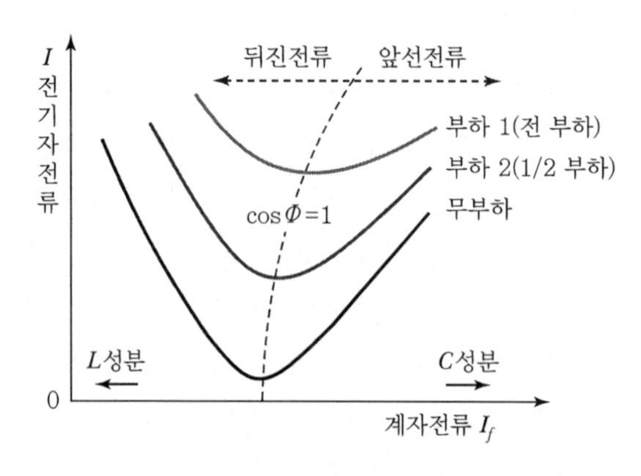

[그림 2-44] V곡선

2.8.2 안정도

동기기 운전 시는 안정도를 고려하지 않으면 안 된다. 특히 장거리 송전선로에 연결하는 동기기에는 이 문제가 매우 중요하다. 안정도에는 정태안정도와 과도안정도가 있다.

정태안정도는 운전상태의 완만한 변화에 대한, 과도안정도는 운전상태의 급격한 변화에 대한 안정도를 문제로 한다. 여기서는 이 두 안정도가 어떠한 것이며 어떠한 요소가 여기에 관련이 있는지 또 안정도를 증진하는 방법에는 어떤 것이 있는지 알아보기로 하자.

(1) 정태안정도(static stability)

동기발전기 또는 동기전동기에서 여자를 일정하게 유지하고 그 부하를 천천히 증대할 때, 출력이 어느 한도를 넘는 경우에는 안정하게 운전할 수 없게 되며 동기 이탈을 일으킨다. 이때의 출력을 **정태안정 극한전력**(static stability limit)이라고 한다. 비돌극기에서는 부하각 $\delta = 90°$일 때이며 전력은 $3VE/x_s$와 같다. 또 돌극기에서는 $\delta = 60 \sim 70°$일 때이다.

(2) 과도안정도(transient stability)

동기기의 부하가 갑자기 변한 경우에는 기계의 입력과 출력 사이에 과부족이 생겨서 새로운 부하에 따른 부하각을 취하도록 자극이 이동하기 시작한다. 그러나 회전체에는 관성이 있기 때문에 즉시 새로운 부하각의 위치가 되지 않고, 그 전후로 진동이 감소하면서 멈추거나, 또는 부하변동의 크기에 따라 진동이 증대하여 동기이탈되는 일이 있다.

어떤 부하를 급격히 증대시킨 경우에 안정하게 운전을 계속할 수 있는 외란 직전의 극한의 전력을 **과도안정 극한전력**(transient stability limit)이라고 한다. 과도안정 극한전력은 정태안정 극한전력의 40~50[%]가 된다.

(3) 안정도 증진법

① 단락비를 크게 한다. 철기계가 되고 기계의 크기, 중량이 커져서 고가가 된다.

② 회전부의 관성을 크게 한다. 부하각의 동요와 동기이탈의 가능성이 감소한다.

③ 속응여자방식을 채용한다. 부하의 급변 시 급속히 여자전류를 증가시키면 부하각의 동요가 감소하여 과도안정도가 증가한다.

2.8.3 난조

부하가 갑자기 변동해서 부하회전력과 전기자의 발생회전력과의 평형이 깨어졌을 때 새로운 평형상태의 부하각으로 즉시 옮겨지지 않는다.

예컨대 일정 단자전압 V 및 일정 유도 기전력 E의 상태로 부하각 δ로 운전하고 있는 어떤 동기전동기의 부하가 갑자기 증가하였다면 [그림 2-45]와 같이 부하각은 δ에서 증가된 부하에 상당한 부하각 δ_1으로 늘어나야 한다. 그러나 회전자에는 관성이 있으므로 δ는 즉시 δ_1이 되나 회전자의 관성이 다시 작용하여 δ_1에서 부하각이 안정되지 않고 지나치게 증가하여 δ_2에 이른다. 이렇게 하여 부하각이 δ_1 이상이 되면 전동기의 발생회전력은 부하가 요구하는 회전력보다 크게 되므로 회전자는 가속되어 부하각은 다시 감소하고 δ_1을 지나 변동 전의 부하에 대한 부하각 δ 부근까지 돌아간다. 이와 같은 회전자는 δ_1을 중심으로 진동하게 되는데 이러한 현상을 난조(hunting)라 한다.

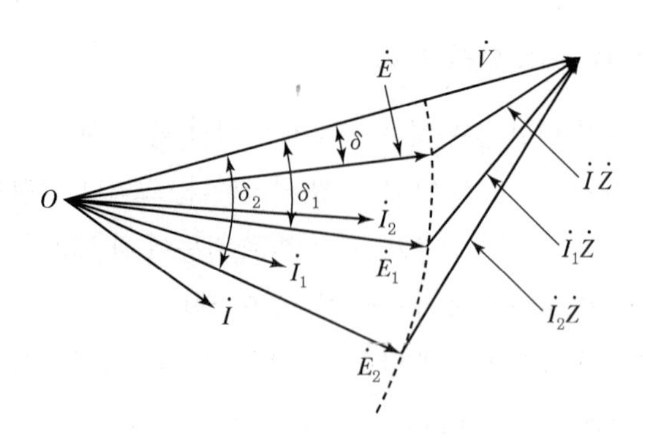

[그림 2-45] 부하변동에 따른 부하각의 변화

이상과 같이 난조라는 것은 일정 속도에 진동이 중첩되는 것인데 적당히 설계된 전동기에서는 이러한 진동이 곧 억제되지만 회전자의 고유진동과 전원 또는 부하의 주기적 변화로 인한 강제진동이 일치하였을 때에는 한층 더 심해지므로 결국은 동기를 이탈하여 정지한다.

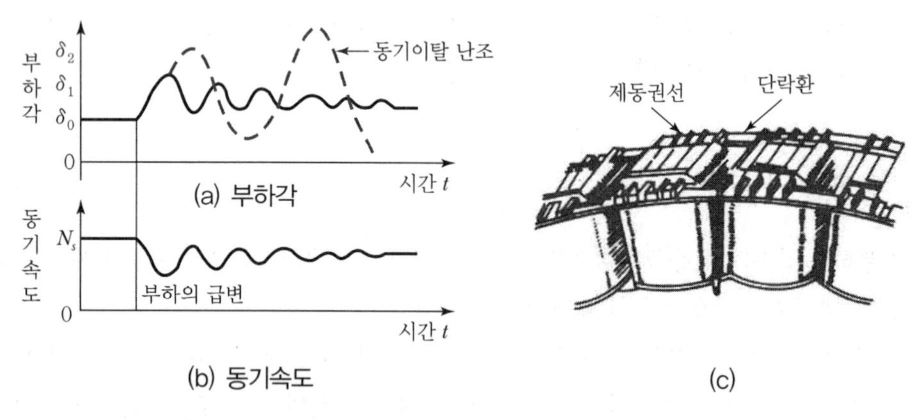

(b) 동기속도 (c)

[그림 2-46] 동기 전동기 난조와 제동권선

난조를 방지하는 방법으로는 [그림 2-46]과 같이 자극면에 슬롯을 파서 여기에 저항이 작은 단락권선을 설치한 제동권선(damper or amortisseur)을 이용한다. 다른 또 하나의 방법은 플라이휠(flywheel)을 붙이는 것이다.

2.8.4 동기전동기의 운전

(1) 기동회전력

동기전동기는 앞서 설명한 바와 같이 동기속도 이외의 속도에서는 회전력을 낼 수 없으므로 기동회전력은 0이다. 따라서 이것을 기동할 때는 [그림 2-47]과 같이 계자극 표면에 단락한 권선을 감고 회전자계와 이 권선에 유도되는 전류 사이의 전자력으로 기동회전력을 얻을 수 있도록 한다. 이 권선을 기동권선(앞서 설명한 난조방지용 제동권선이 기동권선의 역할을 한다.)이라 하고 동 등의 막대기를 농형으로 접속해서 만든다.

(2) 기동법

① **자기동법** : [그림 2-47]과 같이 기동권선의 기동회전력을 이용해서 기동하는 방법으로, 계자회로를 연 채로 고정자에 전압을 가하면 권수가 많은 계자권선이 고정자 회전자계를 끊으므로 계자회로에 매우 높은 전압이 유기될 염려가 있어 보통 이것을 저항을 통해서 단락해 놓고 기동해야 한다. 처음부터 전전압을 가하면 기동전류가 매우 많이 흘러 가까운 전력계통에 나쁜 영향을 주므로 기동보상기(starting compensator)라고 하는 일종의 3상 단권변압기를 써서 전전압의 $\frac{1}{2}$ 또는 $\frac{1}{3}$ 정도로 전압을 내려서 기동하는 것이 보통이다.

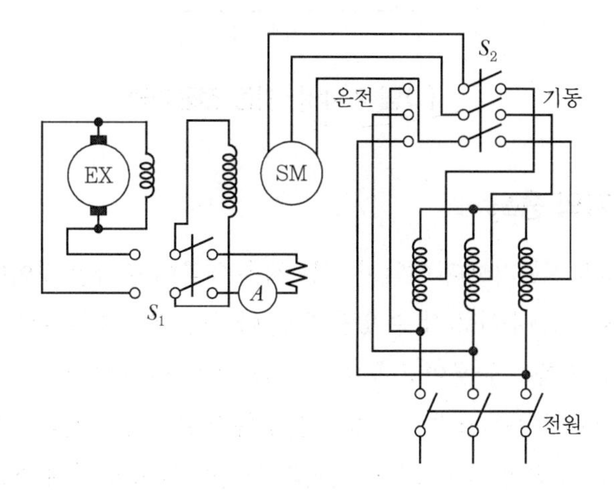

[그림 2-47] 동기전동기의 자기동법

결선도는 [그림 2-47]과 같으며 기동권선이 내는 회전력에 의하여 차차 가속되어 동기속도에 이르면 대체로 전류계 Ⓐ의 지시는 거의 0이 되고 이때 개폐기 S_1을 좌측에서 닫고 직류여자를 주면 여자가 동기속도에 끌려 들어가는데 이것을 pull in이라 한다.

② **기동전동기법** : [그림 2-48]과 같이 동기전동기의 축에 직격한 기동전동기를 써서 기동하는 방법이다. S_2를 닫아 기동전동기로 동기전동기를 돌리면 동기전동기는 동기발전기가 되므로 이 발전기의 계자전류 및 속도를 조정하여 전원과의 동기를 검정한 다음 개폐기 S_1을 닫으면 다음부터는 동기전동기가 된다.

기동전동기로 유도전동기를 이용하는 경우에는 동기전동기의 극수보다 2극만큼 적은 극수의 유도전동기를 써야 한다.

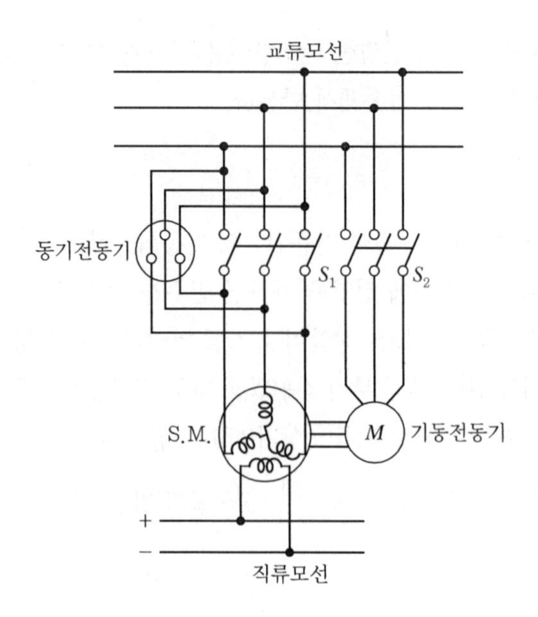

[그림 2-48] 기동 전동기법

(3) 동기전동기의 용도

동기전동기가 유도전동기보다 이익이 되는 점은 역률이 좋다는 것이다. 동기전동기는 계자전류를 조정하여 역률을 100[%]로 할 수 있을 뿐만 아니라, 진상역률로도 할 수 있으므로 일반적인 전동기로 사용할 수 있음은 물론이고 부하의 역률 개선에도 이용한다.

유도전동기는 소형일수록 또 회전수가 낮을수록 역률이 떨어진다. 그러므로 유도전동기에서는 역률을 좋게 하려고 고정자와 회전자 사이의 공극을 되도록 작게 하는데 이것이 고장의 원인이 되는 경우가 많다. 그러나 동기전동기는 공극이 크므로 이러한 우려가 없다. 그리고 동기전동기는 동기속도로 회전하므로 부하나 공급전압이 다소 변동한다 해도 속도는 늘 일정하다.

동기전동기의 결점은 기동회전력이 작고 속도조정을 할 수 없다는 점, 직류전원이 필요하므로 설비비가 많이 든다는 점이다.

동기전동기는 이상과 같은 특성을 가지고 있으므로 소형의 전기시계, 오실로그래프, 전송사진 등에도 사용하지만 주로 압축기, 분쇄기, 압연기 등의 저속도 대용량 전동기로 사용된다.

동기전동기는 일반적으로 부하회전력을 100[%]라 하면 기동회전력은 50[%], 탈출회전력은 150~300[%] 정도이다.

2.8.5 동기조상기

동기전동기의 V곡선에서 알 수 있는 바와 같이 무부하로 과여자해서 운전하면 회로에서 진상전류를 취하게 할 수 있다. 일정한 교류전압을 가하여 이것보다 90° 앞선 무효전류를 흘리는 점이 콘덴서와 닮았기 때문에 이것을 **동기진상기**(synchronous condenser)라 한다.

대개 송전선로에 접속되어 있는 부하는 변압기, 유도전동기 등의 여자전류를 포함하고 있으므로 보통 지상역률이 된다. 이러한 지상전류가 발전기에 흐르면 이 전류의 감자작용을 보완하기 위해서 여자를 늘려야 하며 이 때문에 계자동손과 단락전류가 증가한다. 또 역률이 떨어지면 송배전선로의 전압 강하가 커져 송전효율이 나빠진다.

그래서 이 지상무효전류를 없애고 역률을 1에 가깝게 하기 위해서 송전선 수전단에 동기진상기를 [그림 2-49]와 같이 설치하고 과여자를 주어 진상전류를 취하도록 하는 방식이 널리 쓰인다. 이렇게 함으로써 [그림 2-49]의 벡터도와 같이 무익한 전류가 발전기 및 송전선에 흐르는 것을 방지하고 송전손실을 줄이는 동시에 송전선로의 전압강하를 가감하여 수전단전압을 일정하게 할 수 있다.

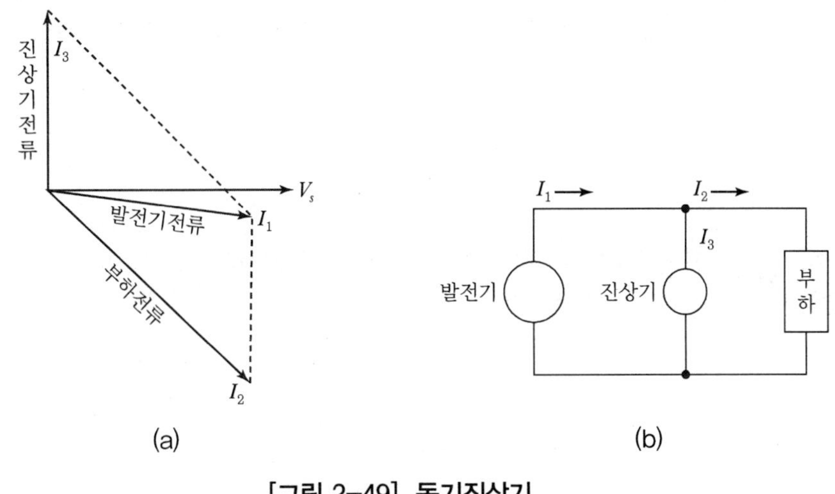

[그림 2-49] 동기진상기

또 동기진상기의 여자를 감소해 가면 이것에 지상전류를 취하도록 할 수 있다. 이 경우는 지상기로 동작하는 것이 되므로 이들을 총칭하여 **동기조상기**(synchronous phase modifier)라 한다.

무부하 장거리 송전선을 발전기에 접속했을 때 송전기의 정전용량으로 인한 진상전류가 발전기에 흘러 자기여자를 일으킬 정도 이상의 고전압이 되는 것을 방지하려고 하는 경우에는 지상기로 사용한다.

익힘문제

1 교류 기전력을 발생시키는 두 가지 방법을 설명하여라.

2 8극 900[rpm] 동기발전기로 병렬운전하는 극수가 6인 교류발전기의 회전수는?

3 216개의 슬롯을 갖는 60[Hz], 300[rpm], 3상 교류발전기에서 기본파의 대한 분포계수는 얼마인가?(단, $\sin 7.5° = 0.1305$, $\sin 10° = 0.1736$, $\sin 15° = 0.2588$, $\sin 37.5° = 0.6088$)

4 3상, 6극, 슬롯수 54인 동기발전기가 있다. 어떤 전기자 코일의 두 변이 제1 슬롯과 제8 슬롯에 들어 있다면 단절권 계수는 얼마인가?

5 극수 20, 2층 중권, 홈수 180, 한 홈의 도체수 10, 권선절 7홈, 2중 Y결선, 주파수 60[Hz]인 3상 교류발전기가 있다. 선간전압 3,300[V]의 기전력을 발생하는 데 필요한 극당 자속은 얼마인가?

6 6극, 성형 접속의 3상 교류발전기가 있다. 1극의 자속이 0.16[Wb], 회전수 1,000[rpm], 1상의 권수가 186, 권선계수가 0.96이면 주파수[Hz]와 단자전압[V]은?

7 동기발전기의 동기 리액턴스를 설명하여라.

8 단락비를 설명하여라.

9 8,000[kVA], 6,000[V]인 3상 교류발전기의 % 동기 임피던스가 80[%]이다. 이 발전기의 동기 임피던스는 몇 [Ω]인가?

10 정격전압 6,000[V], 용량 4,000[kVA]의 3상 동기발전기에서 여자 전류가 200[A]일 때, 무부하 단자전압이 6,000[V], 단락전류는 500[A]라 한다. 단락비는 얼마인가?

11 역률 1에서의 전압변동률이 15[%]인 정격전압 3,300[V]의 3상 발전기 정격출력(역률 1)을 내며 운전하고 있을 때, 여자와 회전수를 그대로 두고 무부하로 하였을 때의 전압은 얼마인가?

12 정격 전압 6,600[V], 정격 전류 480[A]인 3상 동기발전기에서 1상의 전기자 저항은 0.03[Ω]이고 동기 리액턴스는 0.4[Ω]이면 전부하 지역률 0.8일 때의 전압 변동률은 얼마인가?

13 3상 비돌극 동기발전기가 있다. 정격출력 10,000[kVA], 정격전압 6,600[V], 정격역률 $\cos\phi$=0.8이다. 여자를 정격 상태로 유지할 때 이 발전기의 최대 출력[kW]은?(단, 1상의 동기 리액턴스는 0.9(단위법)이며 저항은 무시한다.)

14 동기발전기의 병렬 운전에 필요한 조건 세 가지를 설명하여라.

15 8,000[kVA], 6,000[V], 동기 임피던스 10[Ω]인 2대의 3상 동기발전기가 병렬운전하고 있을 때 두 발전기의 기전력 사이에 20°의 위상차가 있으면 동기화 전류는 얼마인가?

16 동일 정격인 동기발전기 A, B가 병렬운전하여 지역률 0.8, 전류 800[A]의 부하에 전력을 공급하고 있을 때 A기의 여자를 증가하여 A기의 전류를 500[A]로 했다. 부하의 변화는 없을 때 B기의 전류는 얼마인가?

17 같은 정격인 2대의 동기발전기가 병렬로 운전하여 뒤진 역률 0.8, 전류 350[A]를 취하는 부하에 전력을 공급하고 있다. 각 발전기가 분담하는 유효전력이 같고 한 발전기의 역률이 0.7(뒤짐)일 때 다른 발전기의 전류는 대략 몇 [A]인가?

18 동기 전동기의 전기자 반작용을 설명하여라.

19 동기 전동기의 기동법 두 가지를 설명하여라.

20 동기 조상기의 역할을 설명하여라.

21 5,000[kVA], 역률 80[%]인 전력 계통의 수전단에 동기 조상기를 연결하여 역률을 100[%]로 하려면 조상기의 용량은 몇 [kVA]면 되는가?(단, 동기 조상기의 손실은 500[kW]이다.)

22 3상 전원의 수전단에서 전압 3,300[V], 1,000[A] 뒤진 역률 0.8의 전력을 받고 있을 때 동기 조상기로 역률을 개선하여 1로 하고자 한다. 필요한 동기 조상기의 용량 [kVA]은 얼마로 하면 되겠는가?

23 3상 10,000[kW], 역률 80[%]의 전력 계통의 역률을 91.5[%]로 개선하려면 수전단에 몇 [kVA]의 동기조상기를 접속하여야 하는가?

3장 변압기

3.1 변압기 원리 및 구조

3.3.1 변압기의 구조

(1) 변압기의 분류

변압기는 자기회로인 철심과 전기회로인 권선이 쇄교한 것이 본체를 이루며, 이의 구조는 철심과 권선의 상대적인 관계 위치에 따라 다음과 같이 크게 두 가지로 나뉜다.

(가) 내철형

내철형(core type)은 철심이 내측에 있으며 권선이 두 개로 된 레그(leg)부에 감겨진 것이다.([그림 3-1] (a) 참조)

(나) 외철형

외철형(shell type)은 권선이 내측에 있으며 철심으로 둘러싸인 모양이다([그림 3-1] (b) 참조). 변압기의 철심은 단책형으로 절단한 얇은 규소강을 겹친 것이 일반적이나 권철심형(wound core type)이라고 하여 권선 주위에 방향성 규소강대를 나선형으로 감아서 철심으로 한 것도 있다([그림 3-1] (c) 참조).

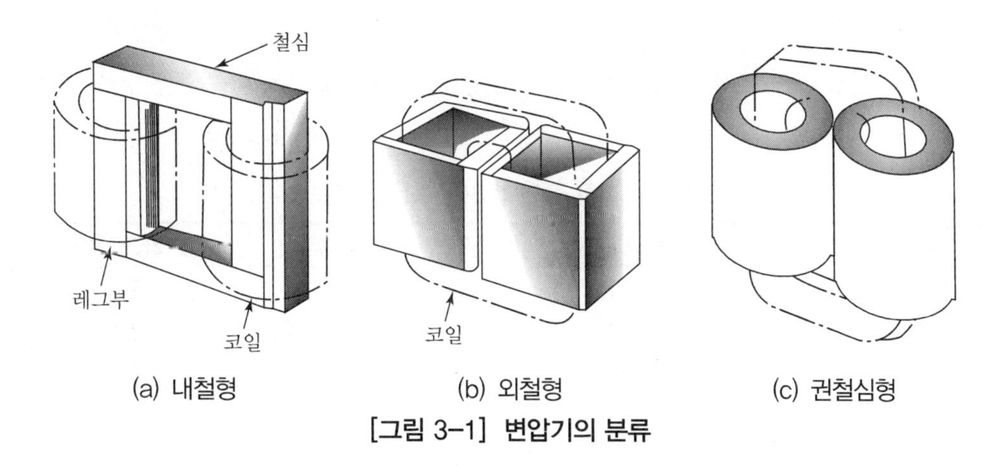

[그림 3-1] 변압기의 분류

(2) 변압기의 재료

(가) 철심

철심에는 비투자율과 저항률이 크고 히스테리시스손이 적은 규소강판을 사용한다. 규소강판의 규소함유량은 약 4[%]이며 두께는 전력용이 보통 0.35[mm]이다. 열간압연 규소강판은 대개 915×1,830[mm]로 된 것을 사용하고, 냉간압연 규소강대는 폭이 760[mm] 등 각각 코일모양으로 된 것을 사용한다. 또한, 와류손을 적게 하기 위하여 철판 표면에 절연 바니시, 물유리, 혼합물 등을 구워서 부착시키거나, 한쪽 면에 얇은 종이로 바르고 또한 특수한 처리법으로 표면에 절연성으로 된 무기질 피막을 만든다.

(나) 도체

권선 도체에는 둥근동선이나 평각동선 등을 사용하며 전류가 적은 경우에는 주로 둥근동선을 사용하며, 전류가 큰 변압기에는 주로 평각동선을 쓰며 고저압 권선을 동심배치한 것과 고저압 2권선을 교대로 배치한 것이 있다.

(다) 절연

변압기의 절연은 철심과 권선 사이의 절연, 권선상호 간의 절연, 권선층 간의 절연으로 나눈다. 보통 절연유 안에서 사용되므로 절연물은 모두 내유성(耐油性)이 커야 한다. 절연물로는 면사, 면포, 종이, 프레스 보드(press board) 등의 섬유재료를 사용하고, 권선을 완성하면 충분히 건조시킨 다음 절연 바니시 안에 담근 후 다시 건조한다. 이런 조작을 2~3회 반복하면 바니시층이 생겨서 방습성이 증가하고 전기적인 강도를 증대시킨다.

고전압, 대용량의 변압기에서 단락할 때는 강대한 기계력이 생기므로 이것에 견디기 위하여 절연내력이 크고, 또 기계적 강도가 큰 성층절연물을 사용한다. 성층절연물이란 튼튼한 종이를 여러 장으로 겹치고 천연 또는 수지를 함침시켜서 고온도와 압력을 가하여 성형한 절연물을 말한다.

(라) 절연의 종류

전기기기의 권선이나 그 밖의 도전부분에 한 절연은 그 내열 특성에 따라 Y종, A종, E종, B종, F종, H종 및 C종으로 구별되며 [표 3-1]은 그 종별에 따라 허용 최고 온도를 나타낸 것이다.

[표 3-1] 각종 절연의 허용 최고 온도

절연의 종류	허용 최고 온도[℃]	절연의 종류	허용 최고 온도[℃]
Y	90	F	155
A	105	H	180
E	120	C	180을 초과
B	130		

① Y종 절연 : 목면, 천, 종이 등으로 구성되며 바니시를 함침시키지 않고, 또 기름(oil)에 담그지 않은 것을 말한다.

② A종 절연 : 목면, 천, 종이와 같은 자연식물성 및 동물성 섬유로 구성되며 함침시키거나 기름에 담근 것을 말한다.

③ E종 절연 : 면 또는 종이를 적층시킨 것을 합성수지, 바니시 등에 담근 것을 말한다.

④ B종 절연 : 운모, 석면, 유리섬유 등의 재료를 접착재료와 함께 사용한 것을 말한다.

⑤ F종 절연 : 운모, 석면, 유리섬유 등의 재료를 실리콘 알키드수지 등의 접착재료와 함께 사용하여 구성한 것을 말한다.

⑥ H종 절연 : 운모, 석면, 유리섬유 등의 재료를 규소수지 또는 이와 동등한 성질을 가진 재료로 된 접착재료와 함께 사용해서 구성한 것을 말한다.

⑦ C종 절연 : 생운모, 석면, 자기 등을 단독으로 사용하여 구성한 것을 말한다.

(3) 철심

(가) 내철형 철심

내철형 변압기의 철심은 규소강판을 단책형으로 절단하고, 필요에 따라 볼트 구멍을 뚫은 다음 겹쳐서 내열성 절연을 한 볼트로 조여서 성층철심으로 한다. 양쪽 끝은 계철로 연결하여 자기회로를 형성한다.

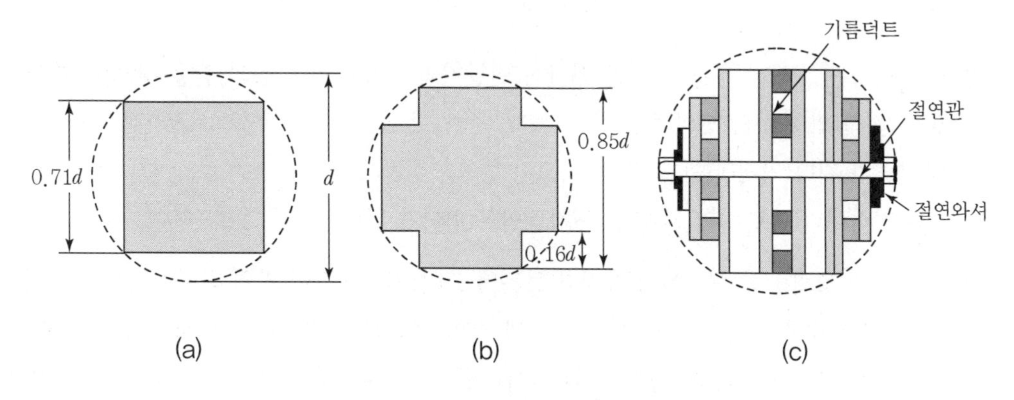

[그림 3-2] 내철형 철심 레그부의 단면

철심 레그부의 단면은 [그림 3-2]와 같이 여러 가지로 된 것이 있으나, 원형 코일을 사용하는 경우, 내측의 공간을 유효하게 이용하고, 권선을 소형화하기 위하여 그림 (b), (c)와 같이 계단모양으로 한다. 철심이 커지면 그 내부의 열방산을 좋게 하기 위하여 그림 (c)와 같이 폭 10[mm] 정도의 기름 통로를 설치해서 냉각용 기름의 통로로 사용한다.

(나) 외철형 철심

외철형 변압기에서는 권선을 조립한 다음, 이것을 하부지지 프레임 위에 코일면이 수직이 되도록 세우고, 세로로 된 두 변의 주위에 단책형의 철판을 1장씩 정(井)자 모양으로 쌓아 상부지지 프레임을 얹어서 로드(rod)로 조인다.

(다) 권철심형 철심

이 모양은 최근에 발달한 것이며, 권선 주위에 방향성 규소강대로 구성된 철심을 [그림 3-3] (a)와 같이 감은 것으로, 자속을 방향성 규소강대의 압연 방향으로 통하게 해서 그 특성을 유효하게 이용하여 소형 배전변압기를 소형 경량화하는 데 크게 이바지하고 있다.

(a) (b) C형 철심 (c) Lap 철심

[그림 3-3] 권철심

권철심 변압기는 동일한 용량으로 된 적철심 변압기와 비교하면 다음과 같은 장점이 있다.

① 철손이 적다(약 65[%]가 된다).

② 여자전류가 적다(약 40[%]가 된다).

③ 소형 · 경량이다(중량 : 약 80[%], 체적 : 약 90[%]가 된다).

이 모양으로 된 조립방식에는 여러 가지가 있는데, 그림 (b)와 같이 거의 직사각형으로 감아서 접착재로 고착시킨 것을 상하 두 조각으로 C형과 같이 절단하여 권선을 조립하는 방식(C형 철심 : 30[kVA] 정도)과 그림 (c)와 같이 거의 직사각형으로 감은 것 중 한 곳을 절단하여 코일에 끼우는 방식(lap 철심 : 50~200[kVA]) 등이 있다.

(4) 권선

변압기의 권선법은 직권과 형권 등 두 가지 종류로 크게 나뉜다.

(가) 직권코일

이것은 단책형의 철판을 겹친 철심에 절연하고 그 위에 저압권선을 감는다. 다음에 고압과 저압의 권선 사이를 절연하고 그 위에 고압권선을 감는다. 이것을 절연한 뒤에 계철의 철판을 조립하여 앵글강(angle steel), 또는 채널 형강(channel steel)을 대고 볼트로 체결한다.

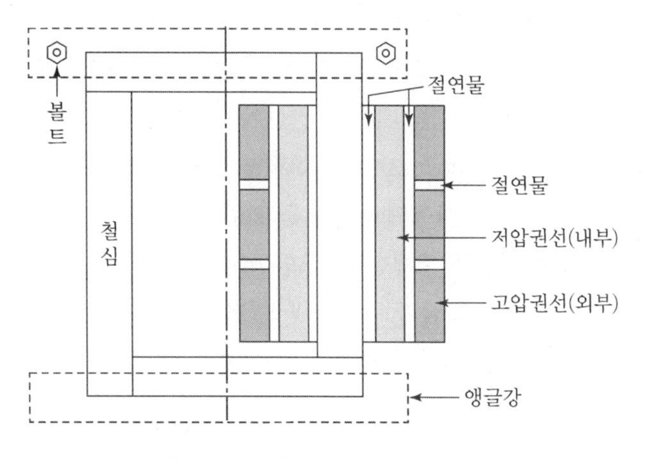

[그림 3-4] 직권 권선의 배치

[그림 3-4]는 내철형 철심의 1레그에 권선을 감은 상태를 표시한다. 직권은 권선과 철심 사이 및 권선 상호 간의 공극이 적고, 누설자속이 적으며, 또 권형도 필요 없으나, 철심 또는 도선이 큰 것에는 부적당하고, 권선의 절연처리도 곤란해서 고압용에는 적당하지 않기 때문에 소용량의 내철형 주상변압기 이외에는 사용하지 않는다.

(나) 형권코일(former-wound coil)

이것은 목제권형 또는 절연통 위에 감은 코일에 절연 처리를 한 다음 조립하는 것이며, 일반적으로 널리 사용되고 있다. 코일은 원통코일(cylindrical coil), 원판코일(circular disc coil) 및 직사각형판 코일이 있으며, 원통코일과 원판코일은 주로 내철형에, 직사각형판 코일은 내철형이나 외철형에 사용된다.

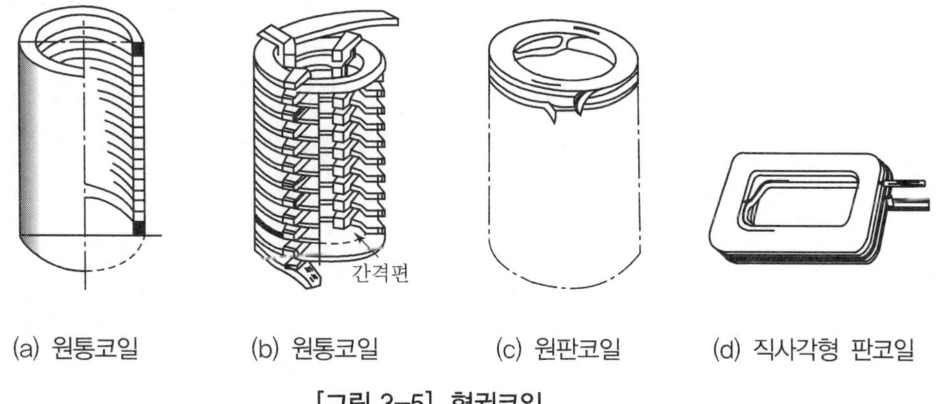

(a) 원통코일 (b) 원통코일 (c) 원판코일 (d) 직사각형 판코일

[그림 3-5] 형권코일

[그림 3-5]는 대용량 변압기의 코일을 나타낸 것이다. 그림 (a)는 원통코일을 나타내고 가장 간단한 것이며 권형 위에 한쪽 끝부터 밀접시켜서 솔레노이드(solenoid) 모양으로 감는다. 그림 (b)는 이와 똑같이 평각도체를 평타권(edgewise winding)으로 하여 나선상과 같이 감은 것으로 각 권선 사이에 절연물의 간격편 S를 넣어서 절연하고, 절연유가 자유로이 통하도록 하여 냉각 효과를 좋게 한다. 그림 (c)는 원판코일을 사용한 권선이며 절연통의 외주에 세로로 간격편을 부착시키고, 외측에 평각도체의 평권(coil section) 2개를 합쳐서 내측으로 접속하여 쌍둥이코일(twin coil)로 한다. 이것을 각 코일 사이에 간격편을 끼워서 소요되는 수만큼 겹치고, 구출선을 차례로 접속하여 직렬로 해서 권선을 조립한다. 그림 (d)는 직사각형 판코일이며 직사각형으로 된 권형의 외주에 평각선의 평권으로 감아 겹쳐서 판모양으로 하여 절연처리를 한 것이다. 이와 같이 하여 만든 고압 및 저압의 코일을 누석자속이 적게 하기 위하여 교차로 배치해서 절연을 하고, 철심을 쌓아서 조립한다.

(다) 권선 설계의 요건

① 절연을 적당히 하기 위하여, 코일을 충분히 건조해서 절연처리를 할 것
② 단락이 되면, 큰 기계력이 작용하므로 이것에 견디도록 권선의 지지를 튼튼히 할 것
③ 변압기 내부의 손실에 의한 열이 발생하므로, 권선의 온도를 안전한 한도로 유지하기 위해서 냉각작용이 충분히 이루어지도록 할 것

(5) 외함과 부싱

(가) 외함(casing)

변압기 본체와 절연유를 넣은 외함은 주철제나 강판을 용접해서 만든다.

(나) 부싱(bushing)

변압기의 구출선은 외함을 관통하여 외부로 나오며, 외함은 철심과 함께 대지(earth)와 같이 전위가 0이기 때문에, 구출선과 외함은 변압기의 사용 전압에 견디도록 충분히 절연되어야 한다. 이와 같이 절연에 사용하는 것을 **부싱**(bushing)이라고 한다. 부싱은 구출선과 외함 사이에 누설 전류가 생기지 않도록 충분한 연면거리를 갖고 이상전압 상승 또는 전압에 대하여 안전하도록 적당한 플래시오버 전압값을 갖는 형상으로 한다.

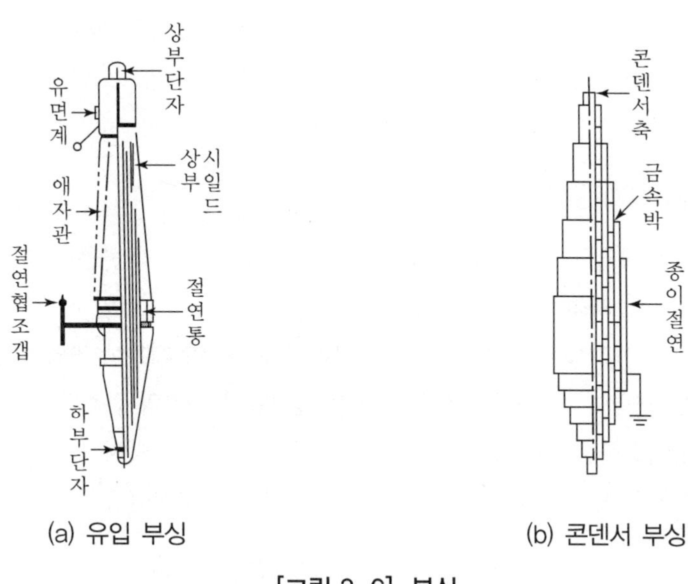

[그림 3-6] 부싱

① **단일형 부싱** : 간단한 모양의 자기제로 된 애자관을 부싱으로 사용하고, 연면 거리를 증가하기 위하여 표면을 주름모양으로 하며 30[kV] 이하에 사용한다.

② **콤파운드 부싱** : 자기제 애자관과 중심도체 사이에 절연 콤파운드(insulating compund)를 채워서 공기가 남지 않도록 하여 절연내력을 증가시킨 부싱이며 70[kV]급까지 사용한다.

③ **유입 부싱** : 전압이 70[kV] 이상이 되면 보통 유입 부싱 및 콘덴서형 부싱을 사용한다. 유입 부싱은 자기제 애자관과 중심도체 사이에 절연유를 충만시키고, 그 속에 상당수의 성층 절연물의 원통을 동일한 축에 배치하여, 유전변형(誘電變形)을 균일하게 한 것이다. 헤드(head)부에는 온도에 의한 오일(oil)의 용적변화에 대하여 오일통(oil sump)을 비치하고 오일표시를 한다.

④ **콘덴서 부싱** : 콘덴서형 부싱의 본체는 중심도체의 주위에 절연종이와 금속박을 교대로 동일한 축에 감아서 가장 외층에 있는 금속박을 접지하고, 각 층을 각각 같은 정전용량으로 된 여러 개의 원통형 콘덴서로 형성시켜서, 절연종이에 걸리는 전압을 각 층마다 균일화하여 절연물의 이용률을 향상시키는 구조이다. 이것을 유입 부싱과 똑같이 자기제 애자관에 넣고 주위에 절연물을 충만시켜서 사용한다.

(6) 변압기유와 열화방지

(가) 변압기유

광유(鑛油)는 공기에 비하여 수 배의 절연내력이 있고 비열이 공기보다도 크며 냉각매체로 유효하기 때문에, 변압기의 절연 및 냉각작용을 시키기 위하여 광유를 사용하고 있다. 변압기에 사용하는 절연유는 절연내력이 클 것, 절연재료 및 금속과 접촉해도 화학작용을 일으키지 않을 것, 인화점이 높을 것, 유동성이 풍부하고 비열이 커서 냉각효과가 클 것, 고온도에서도 석출물이 생기거나 산화하지 않을 것 등의 성질을 가지고 있어야 한다.

(나) 절연유의 열화방지

변압기의 외함은 밀폐되어 있으나 외부 공기의 온도변화나 부하의 변동에 따라 외함 내의 절연유의 온도가 변화하고, 따라서 용적이 변화하기 때문에 외함 내의 기압과 대기압 사이에 차가 생겨 공기가 출입한다. 이것을 변압기의 **호흡작용**이라고 한다. 이 때문에 변압기 안에 습기가 들어가서 절연유의 절연내력이 저하되고, 또 열을 받은 절연유가 공기와 접촉하여 산화작용을 일으켜 절연유를 열화시키고 불용해성 침전물이 생긴다. 이러한 작용을 방지하기 위하여 **콘서베이터**(conservator)를 설치한다. [그림 3-7]은 이의 구조를 나타낸 것이다.

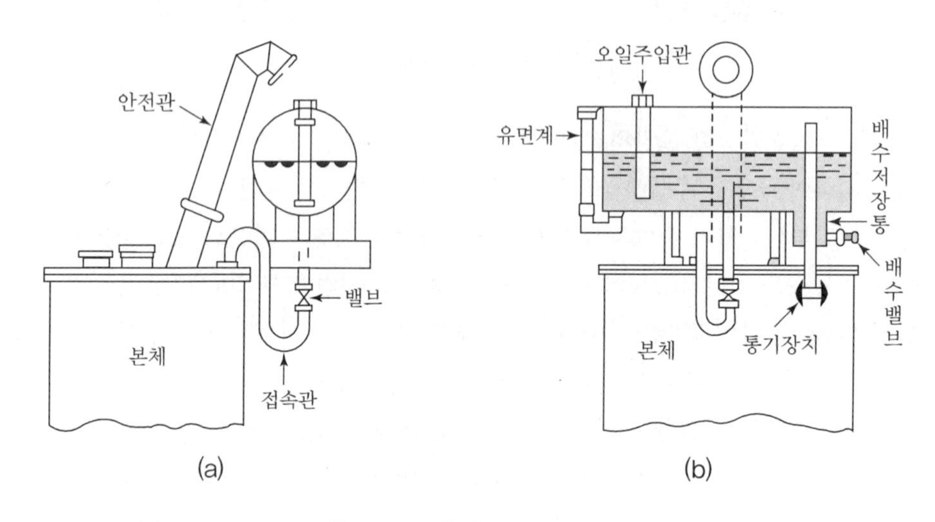

[그림 3-7] 콘서베이터

외함에는 절연유가 충만되어 있고, 접속관에 의하여 콘서베이터와 접속되어 있기 때문에 공기는 외함 안으로 출입하지 않고, 또한 콘서베이터 안의 절연유와 공기의 접촉면이 적기 때문에 변압기유의 열화는 대단히 적다. 또한 침전물이나 수분은 콘서베이터의 하부에 고이므로 가끔 배수밸브를 열어서 배출한다. 화학적 방법을 사용하여 콘서베이터 안에 들어가는 공기로부터 수분 및 산소를 제거하면 절연유의 열화는 한층 더 방지되지만 장기간에 걸친 산화에 의한 절연유의 열화를 방지할 수는 없다. 이것을 방지하기 위하여 근래의 대용량 변압기에서는 질소봉입기 등을 사용하는 데 콘서베이터의 유면 위에 건조된 질소가스를 봉입하여 공기가 절연유와 접촉하지 않도록 한 것이며, 격막식은 절연유와 공기의 접촉면에 내유성의 막(diaphragm)을 두어서 공기와의 접촉을 방지하는 방식이다. [그림 3-8] (a)는 질소봉입방식의 3실형 콘서베이터, 그림 (b)는 격막식의 예를 나타낸 것이다.

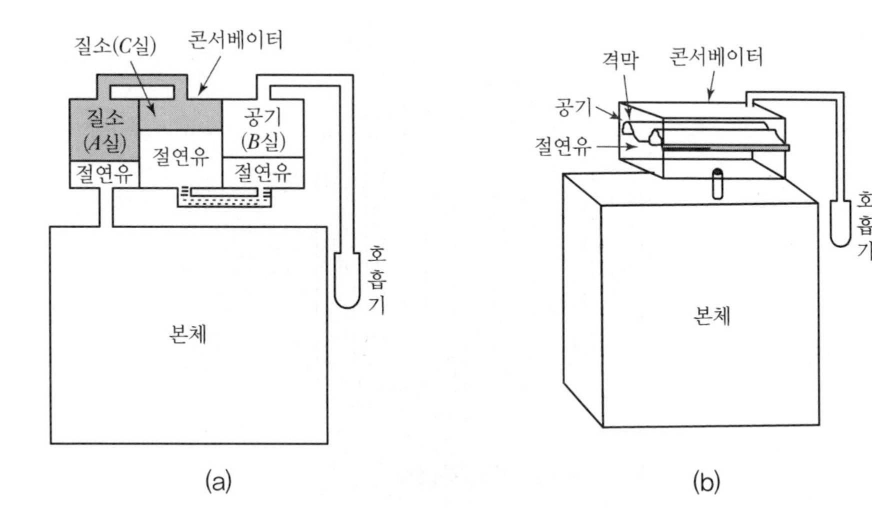

[그림 3-8] 질소봉입방식의 콘서베이터

변압기 본체의 고장으로 급격한 가스의 발생 또는 절연유의 팽창 등으로 위험이 초래되므로, 이를 방지하기 위하여 콘서베이터를 사용한 것은 안전관(bursting tube)을 설치하고, 그 앞 끝에 얇은 베이크라이이트판이나 유리판을 끼워서 이것이 파괴되도록 하고 있다. 절연유의 가연성을 피하려는 경우에는 광유 대신에 염화디페닐(diphenyl)을 주체로 합성하는 액체절연물을 사용한다.

(7) 냉각방식

변압기에는 회전부분이 없으므로 효율은 좋으나 냉각작용이 불충분하다. 또, 대용량의 변압기일수록 열방산이 곤란하며 온도상승이 크기 때문에 용량에 따라 여러 가지 냉각방식(cooling system)이 이루어지고 있다.

① **건식자냉식**(air-cooled type) : 극히 소용량의 변압기는 전력손실에 의한 발생열량에 대하여 냉각면적이 크기 때문에 공기 중에서 그대로 사용하고 공기의 대류에 의하여 냉각한다. 22[kV] 정도 이하의 계기용 변압기나 배전용 변압기에 사용한다.

② **건식풍냉식**(air-blast type) : 이것은 건식변압기에 송풍기로 강제통풍을 하므로 냉각효과를 크게 한 것이나 절연유를 사용하지 않기 때문에 22[kV] 정도 이상의 고압에는 사용하지 않는다. 절연유에 의한 화재를 특히 방지할 필요가 있는 장소나 지하실의 변전소, 또는 전기로용 변압기 등에 사용한다.

③ **유입자냉식**(air-immersed self-cooled type) : [그림 3-9]와 같이 변압기 외함 속에 절연유를 넣고 그 속에 권석과 철심을 넣어 변압기에서 발생한 열을 기름의 대류 작용에 의하여 외함에 전달되도록 하고, 외함에서 열을 대기로 발산시키는 방식이다.

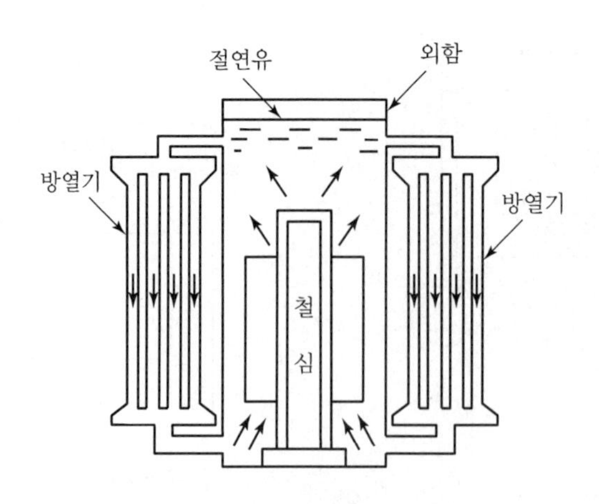

[그림 3-9] 유입자냉식 변압기

이 방식은 설비가 간단하고 취급이나 보수도 쉬우므로 소형 배전변압기에서 대형 전력변압기까지 널리 사용되고 있다.

④ **유입풍냉식**(oil-immersed air-blast type) : 이것은 방열기를 부착한 유입변압기에 송풍기를 설치해서 강제통풍으로 냉각효과를 높이는 방식이며 대용량에 널리 사용한다.

⑤ **유입수냉식**(oil-immersed water-cooled type) : 이것은 외함 상부의 오일 속에 냉각관을 설치하고 냉각수를 순환시켜서 냉각하는 방식이다. 즉, 손실에 의하여 생긴 열은 절연유의 대류에 의하여 상부로 이동하고 절연유속의 냉각관을 지나는 물에 전달되어서 없어진다. 이 방식은 급수설비와 냉각설비가 필요하며 냉각관의 내부에 물때가 끼는 경우에는 관내에 청소가 곤란하고 또, 절연유 안에 냉각관이 있으므로 냉각관이 고장인 경우에는 물이 절연유 안으로 혼입하는 결점이 있기 때문에 질이 좋은 물이 풍부한 경우에만 사용한다.

⑥ **유입송유식**(oil-immersed forced oil circulating type) : 유입자냉식 및 유입풍냉식은 절연유의 자연대류를 이용하여 냉각을 하므로 대용량(30[MVA] 정도 이상)에는 부적당하다. 유입송유식은 절연유를 펌프(pump)로 외부에 있는 냉각기로 보내고 냉각된 절연유를 외함의 밑부분에서 공급하는 방식이다. 이 경우 절연유의 냉각에는 자냉식, 강제통풍에 의한 풍냉식 및 수냉식이 있다. 펌프나 냉각부 등의 부속장치가 필요하나 냉각효과가 크고 유량도 적게 들기 때문에 대용량 변압기에 가장 널리 사용된다.

3.1.2 변압기의 원리

[그림 3-10]과 같이 코일 C_1에는 스위치(switch) SW를 통하여 전지를 연결하고, 코일 C_2에는 검류계 G를 연결한다. 이러한 회로에서 SW를 닫았다 열었다 하면 C_2에 연결된 G의 지침은 SW를 개폐하는 순간에만 흔들려서 C_2에 기전력이 생긴 것을 알려준다. 이것은 코일 C_1에 전류가 흘러서 생긴 자속 ϕ가 SW의 개폐에 따라 변화하게 되므로 C_1과의 쇄교수가 변화되어 전자유도(electromagnetic induction)에 의하여 기전력이 생겼기 때문이다.

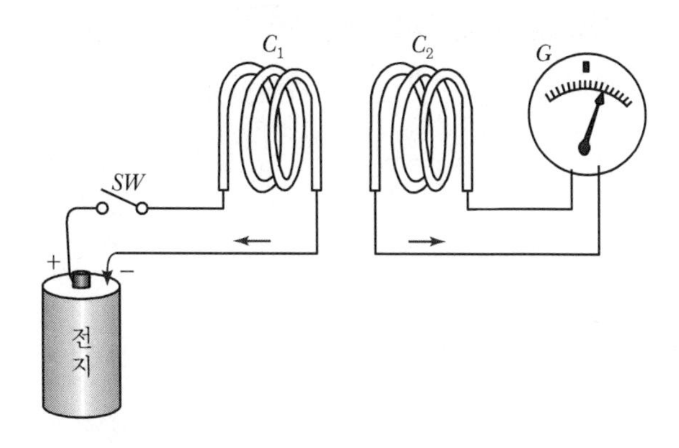

[그림 3-10] SW를 닫았을 때 전류의 방향

[그림 3-11]과 같이 권선 P, S속에 철심을 넣고 위에서와 같이 SW를 개폐하면 검류계 G의 지침의 흔들림이 훨씬 크게 되어 S에 더 큰 기전력이 생긴 것을 알게 된다. 이것은 코일 내에 철심을 넣음으로써 자기회로의 자기저항이 적어지고 자속이 많아져서 쇄교자속의 변화가 크게 되었기 때문이다.

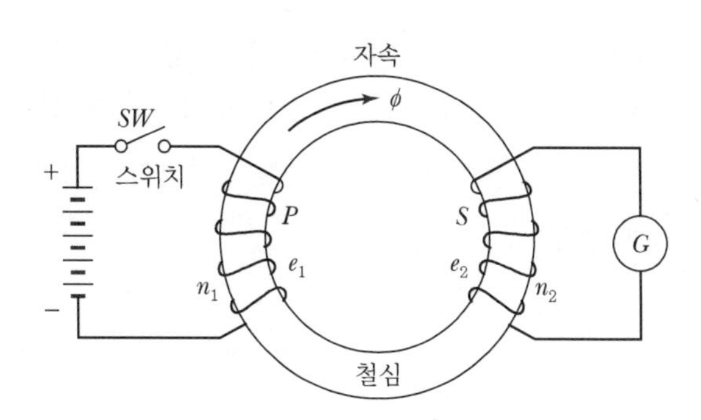

[그림 3-11] 전자유도작용

이때 P에 유도된 기자력을 **자체 유도 기전력**(self induced e, m, f,) e_1, 권선 S에 유도된 기전력을 **상호 유도 기전력**(mutual induced e, m, f) e_2이라 하며 유도 기전력의 방향은 앙페르법칙과 렌즈(Lenz)법칙에서 결정된다.

즉, 유도되는 기전력은 P, S의 권수를 n_1, n_2라 하고, dt 동안에 자속이 $d\phi$ [Wb]만큼 변화하였다고 하면 식 (3-1)과 같다.

$$\left.\begin{aligned} e_1 &= -n_1 \frac{d\phi}{dt} [\mathrm{V}] \\ e_2 &= -n_2 \frac{d\phi}{dt} [\mathrm{V}] \end{aligned}\right\} \quad \cdots\cdots \text{(3-1)}$$

스위치 SW를 개폐하여 자속을 변화시키는 대신, 시간에 따라 변화하는 전류, 즉 교류를 권선 P에 흘려도 P, S에 기전력이 유도되는 것은 마찬가지이다.

식 (3-1)에서

$$\frac{e_1}{e_2} = \frac{n_1}{n_2} \quad \cdots\cdots \text{(3-2)}$$

즉, 유도되는 기전력의 비는 권수비에 비례한다.

3.1.3 이상변압기

(1) 공급전압과 유도 기전력

변압기(transformer)는 교류전압과 전류의 크기를 변성하는 장치로서, 2개 이상의 전기회로와 이것과 쇄교하는 한 개의 공통 자기회로로 이루어져 있다. 전기회로의 한 쪽을 전원에 접속하고, 다른 한 쪽을 부하에 접속하면 전력은 자기회로를 통과하여 부하에 전달된다. 전원에 접속되는 권선을 1차 권선(primary winding), 부하에 접속되는 권선을 2차 권선(secondary winding)이라고 한다. [그림 3-12]는 길이 l [m], 단면적 A [m^2]의 환상철심에 1차 권선 n_1, 2차 권선 n_2의 권선을 고르게 감아 놓은 것이다. 1차와 2차 권선의 자기 인덕턴스를 각각 L_1[H], L_2[H]라고 하면 식 (3-3)과 같다.

$$L_1 = \frac{\mu {n_1}^2 A}{l} [\mathrm{H}], \ L_2 = \frac{\mu {n_2}^2 A}{l} [\mathrm{H}] \quad \cdots\cdots \text{(3-3)}$$

여기서, μ는 철심의 투자율($\mu = \mu_0 \mu_s$)

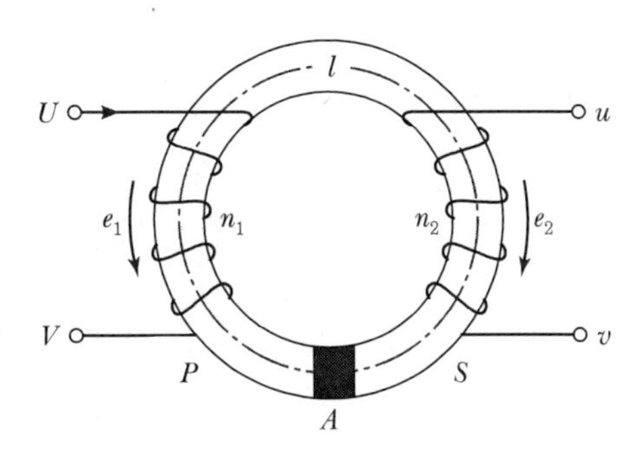

[그림 3-12] 이상변압기

① **여자전류** : 2차 단자를 개방하고 1차 단자에 실횻값 V_1'[V], 주파수 f [Hz]인 정현파전압 $v_1' = \sqrt{2}\,V_1'\sin\omega t$ [V]를 가하면 1차 권선에 다음과 같은 전류가 흐른다.

$$i_0 = \frac{\sqrt{2}\,V_1'}{\omega L_1}\sin\left(\omega t - \frac{\pi}{2}\right) = \sqrt{2}\,I_0\sin\left(\omega t - \frac{\pi}{2}\right)[\mathrm{A}]$$

여기서, 이 전류의 실횻값 I_0는

$$I_0 = \frac{V_1'}{\omega L_1} \quad \cdots\cdots (3\text{-}4)$$

이고 i_0를 **여자전류**(exciting current)라 하며 정현파전압 v_1'보다 $\pi/2$ 뒤지게 되고, 이 여자전류에 의해서 철심에 다음과 같은 교번자속 ϕ가 생긴다.

$$\phi = \frac{\text{기자력}}{\text{자기저항}} = \frac{n_1 i_0}{l/\mu A} = \frac{n_1 i_0 \mu A}{l}[\mathrm{Wb}]$$

$$= \frac{n_1 \cdot \dfrac{\sqrt{2}\,V_1}{\omega L_1}\sin\left(\omega t - \dfrac{\pi}{2}\right)\mu A}{\dfrac{\mu n_1{}^2 A}{L_1}} \text{ 이므로}$$

위 식에 식 (3-3)의 L_1 및 식 (3-4) I_0를 대입하면,

$$\phi = \frac{\sqrt{2}\,V_1'}{\omega n_1}\sin\left(\omega t - \frac{\pi}{2}\right) = \sqrt{2}\,\Phi\sin\left(\omega t - \frac{\pi}{2}\right) = \Phi_m\sin\left(\omega t - \frac{\pi}{2}\right)[\mathrm{Wb}]$$

이다. 여기서

$$\Phi = \frac{V_1'}{\omega n_1} = \frac{V_1'}{2\pi f n_1}[\mathrm{Wb}] \quad \cdots\cdots (3\text{-}5)$$

자속 Φ는 전압 v_1'보다 $\pi/2$ 뒤지고, 여자전류 i_0와 동상이다.

② **1차 유도 기전력** : 자속 ϕ의 변화에 의해서 1차 권선 중에는 기전력 e_1이 유도된다. 일반적으로 유도 기전력 e의 정방향과 자속 ϕ의 정방향과의 관계는 바른 나사의 법칙에 따르는 것이 보통이므로, 이와 같이 정하면 유도 기전력 e_1은 다음과 같다.

$$e_1 = -n_1\frac{d\phi}{dt} = -\sqrt{2}\,\omega n_1\Phi\sin\omega t = -\sqrt{2}\,V_1'\sin\omega t\,[\mathrm{V}] \quad \cdots\cdots (3\text{-}6)$$

즉, 유도 기전력 e_1의 크기는 공급전압 V_1'와 같고, 그 방향은 반대이다. 따라서 1차 권선 내에서는 두 전압이 평형되기 때문에 과대한 전류가 흐르지 않는다. 식 (3-6)에서 알 수 있는 바와 같이 1차 유도 기전력의 실횻값 E_1은 다음과 같다.

$$E_1 = 2\pi f n_1\Phi = 4.44 f n_1 \times \sqrt{2}\,\Phi = 4.44 f n_1\Phi_m \quad \cdots\cdots (3\text{-}7)$$

③ **2차 유도 기전력** : 자속 ϕ는 동시에 2차 권선에도 쇄교하므로 누설이 없다고 가정하면 2차 권선에 유도되는 기전력 e_2와 그 실횻값 E_2은 다음과 같다.

$$e_2 = -n_2\frac{d\phi}{dt} = -\sqrt{2}\,\omega n_2\Phi\sin\omega t\,[\mathrm{V}] \quad \cdots\cdots (3\text{-}8)$$

$$E_2 = 2\pi f n_2\Phi = 4.44 f n_2\sqrt{2}\,\Phi = 4.44 f n_2\Phi_m \quad \cdots\cdots (3\text{-}9)$$

위의 관계를 벡터도로 나타내면 [그림 3-13]과 같다. 또, 식 (3-7)과 식 (3-9)의 비를 구하면

$$\frac{E_1}{E_2} = \frac{n_1}{n_2} = a \quad \cdots\cdots (3\text{-}10)$$

이고 위 식에서 변압기의 1차와 2차 권선에 유도되는 기전력의 비는 그 권수의 비와 같음을 알 수 있으며, 일반적으로 이것을 a로 표시하며 **권수비**(turn ratio)라고 한다.
$E_2 < E_1$인 변압기를 강압변압기(step-down transformer)라 하고, 반대로 $E_2 > E_1$인 변압기를 승압변압기 또는 체승변압기(step-up transformer)라고 한다.

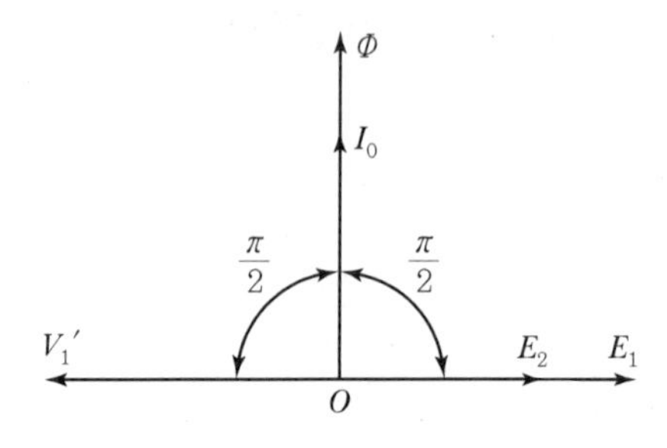

[그림 3-13] 이상변압기 벡터도

(2) 부하전류와 기전력의 평형

이상변압기의 2차 단자에 [그림 3-14]와 같이 임피던스 $\dot{Z}=R+jx$ 인 부하를 접속하고 2차 권선의 저항과 누설자속을 무시하면, 2차 권선에는 다음과 같은 전류가 흐른다.

$$\dot{I_2}=\frac{\dot{E_2}}{\dot{Z}}=\frac{\dot{E_2}}{R+jx}\,[\mathrm{A}] \quad \cdots\cdots (3\text{-}11)$$

2차 권선에 부하 전류 $\dot{I_2}$가 흐르면 기자력 $n_2 I_2$가 발생하므로 자속 $\dot{\Phi}$가 변화하지 않으면 안 된다.

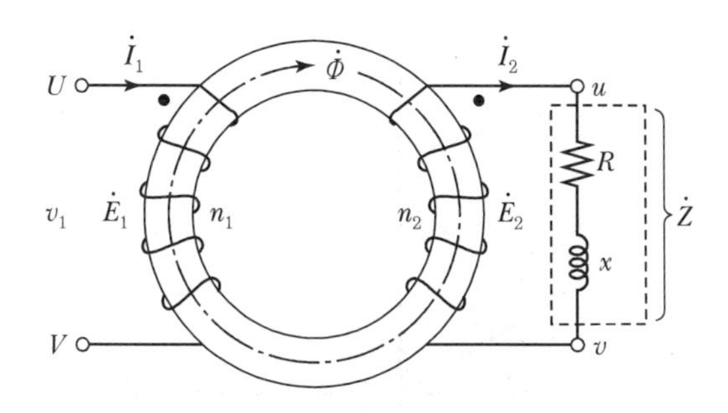

[그림 3-14] 이상변압기에 부하를 거는 경우

그러나 1차 권선에 가해지고 있는 전압 $\dot{V_1}'$은 일정하고, 이것과 평형을 유지하고 있는 것은 $\dot{E_1}$이므로 $\dot{E_1}$도 일정한 값을 유지하지 않으면 안 된다. 그런데 식 (3-7)에 의해서 $\dot{E_1}$이 일정한 값으로 유지되기 위해서는 $\dot{\Phi}$가 일정하여야 하므로 1차 권선쪽에서는 기자력 $n_2\dot{I_2}$를 상쇄하여 평형을 유지할 만한 전류 $\dot{I_1}'$가 흘러 들어가게 된다. 따라서 두 기자력 $n_2\dot{I_2}$와 $n_1\dot{I_1}'$의 벡터합은 0이 되어야 한다. 즉,

$$n_1\dot{I_1}'+n_2\dot{I_2}=0$$

$$\therefore \dot{I_1}'=-\frac{n_2}{n_1}\dot{I_2}=-\frac{1}{a}\dot{I_2} \quad \cdots\cdots (3\text{-}12)$$

이 $\dot{I_1}'$를 **1차 부하전류**라고 한다. 이때 1차 측에는 1차 부하전류 $\dot{I_1}'$와 여자전류 $\dot{I_0}$의 벡터합 즉,

$$\dot{I_1}=\dot{I_0}+\dot{I_1}'=\dot{I_0}-\frac{n_2}{n_1}\dot{I_2}=\dot{I_0}-\frac{1}{a}\dot{I_2}\,[\mathrm{A}] \quad \cdots\cdots (3\text{-}13)$$

가 흐른다. 이것을 **1차 전류**라고 한다. 여기서, 여자전류 $\dot{I_0}$는 보통 매우 작으므로, 부하전류가

클 때에는 이것을 무시할 수 있다. 이러한 경우에는 1차 전류는 1차 부하전류와 같다고 생각하여도 무방하다.

$$\therefore \dot{I}_1' = -\frac{n_2}{n_1}\dot{I}_2\,[\mathrm{A}] \qquad (3\text{-}14)$$

식 (3-14)에서 알 수 있는 바와 같이 1차 전류와 2차 전류의 비, 즉 변류비는 부하전류가 큰 경우에는 권수비에 반비례한다.

위의 관계를 벡터도로 표시하면 [그림 3-15]와 같다. 이 벡터도에서 다음과 같은 사실을 알 수 있다.

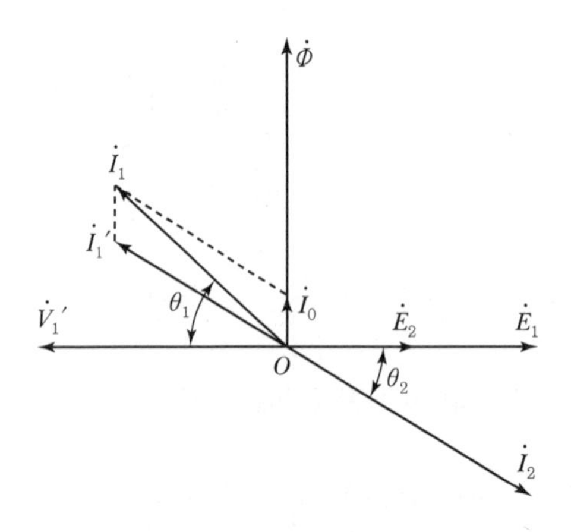

[그림 3-15] 전압전류의 벡터도

즉, 부하에 공급되는 전력 P_2는 $P_2 = E_2\, I_2 \cos\theta_2\,[\mathrm{W}]$

또, 전원에서 공급되는 전력 P_1은 $P_1 = V_1'\, I_1 \cos\theta_1\,[\mathrm{W}]$

이상변압기에서는 손실이 없으므로 $P_1 = P_2$, 즉 효율은 100[%]로 된다.

+ 예제 3-1 1차 전압 3,300[V], 권수비 30인 단상변압기가 전등 부하에 20[A]를 공급할 때의 입력[kW]은?

풀이 $I_1 = \frac{I_2}{a} = \frac{20}{30} = \frac{2}{3}\,[\mathrm{A}]$

전등 부하에서 역률 $\cos\theta = 1$이므로, 입력 P_1은

$$P_1 = V_1 I_1 \cos\theta = 3{,}300 \times \frac{2}{3} \times 1 = 2{,}200\,[\mathrm{W}] = 2.2\,[\mathrm{kW}]$$

3.1.4 실제의 변압기

(1) 권선의 저항

이상변압기에서는 권선의 저항을 무시하고, 변압기의 내부에서는 손실이 없는 것으로 간주했으나, 실제의 변압기에서는 권선의 저항이 있으므로 이로 인해서 전압 강하가 생기고, 또 동손이 발생한다. 따라서 권선에 유도되는 기전력은 이상변압기의 경우와 다소 다르다. 이 영향은 [그림 3-16] (a)같이 권선에 저항이 없는 것으로 하고, 이 권선의 저항과 같은 1차 저항 r_1, 2차 저항 r_2가 각각 1차 권선, 2차 권선에 직렬로 접속된 것으로 생각할 수 있다.

(2) 주자속과 누설자속

이상변압기에서는 자속이 전혀 누설되지 않고, 전자속이 1차와 2차의 권선에 쇄교하는 것으로 하였으나, 실제의 변압기에는 다소의 누설자속이 있다. [그림 3-16]의 (a)에서 Φ는 1차, 2차 권선과 쇄교하는 자속으로 **주자속**(main flux)이라 하고 Φ_{l1}은 1차 전류에 의해서 생기는 자속 중 1차 권선에만 쇄교하는 자속이고, Φ_{l2}는 2차 전류에 의해서 생기는 자속 중, 2차 권선에만 쇄교하는 자속으로서 **누설자속**(leakage flux)이라고 한다. 주자속에 의해서 기전력이 유도되는 것과 같이, 누설자속에 의해서도 권선에 기전력이 유도된다. 그러나 1차의 누설자속 Φ_{l1}은 주자속 Φ와 같이 2차 권선에는 기전력을 유기하지 않고, 1차 권선에만 기전력을 유도하고 또, 2차의 누설자속 Φ_{l2}는 1차 권선에 기전력을 유도하지 않고, 2차 권선에만 기전력을 유도한다.

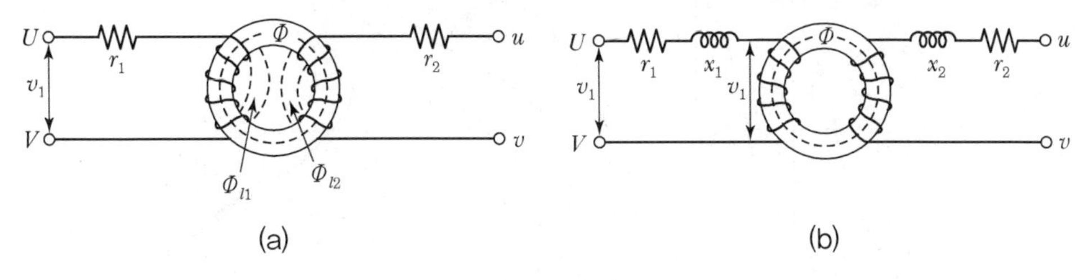

[그림 3-16] 실제 변압기

(3) 누설 리액턴스

누설자속에 의해서 유도되는 기전력은 누설자속보다 $\pi/2$ 뒤지고, 크기는 누설자속의 크기에 비례한다. 또, Φ_{l1}, Φ_{l2}는 대부분 철심의 외부를 통하기 때문에, 각각 1차 전류와 2차 전류에 거의 비례해서 증감한다. 따라서 1차와 2차의 누설자속에 의해서 생기는 기전력 E_{l1} 및 E_{l2}는 다음과 같이 나타낼 수가 있다.

$$\dot{E}_{l1} = -jx_1\dot{I}_1,\ E_{l2} = -jx_2\dot{I}_2 \quad \cdots\cdots (3\text{-}15)$$

여기서, x_1과 x_2를 각각 1차와 2차의 **누설 리액턴스**(leakage reactance)라 하고 [그림 3-16] (b)의 x_1, x_2와 같이 각각 권선에 직렬로 접속한 것으로 취급할 수 있으며 r_1+jx_1과 r_2+jx_2를 각각 1차 누설 임피던스 및 2차 누설 임피던스라고 한다.

3.1.5 여자전류

(1) 여자전류의 파형과 철손

변압기의 1차 단자에 가해지는 전압 v_1'를 정현파라고 하면, 이것과 평형을 유지하는 1차 유도 기전력 e_1도 당연히 정현파이어야 한다. 따라서 이것을 유도하는 자속 ϕ도 정현파이어야 한다. 그런데 변압기의 철심에는 자기포화현상과 히스테리시스 현상이 있으므로 자속 ϕ를 발생하는 전류 i_0는 [그림 3-17]과 같이 일그러진 파형(distortion wave)이 되어 정현파형으로 될 수가 없다. [그림 3-17]에서 보는 바와 같이 히스테리시스 현상으로 인하여 여자전류 i_0는 일그러질 뿐만 아니라 자속 ϕ보다 위상이 앞서게 되므로 i_0와 전압 v_1 간에는 전력이 발생하여 히스테리시스손(hysteresis loss)이 생기게 된다. 이 외에 철심에는 자속의 변화 때문에 와류가 흐르고 이로 인해서 와전류손(eddy current loss)이 발생하게 된다. 이 히스테리시스손과 와류손의 합을 **철손**(iron loss)이라고 한다.

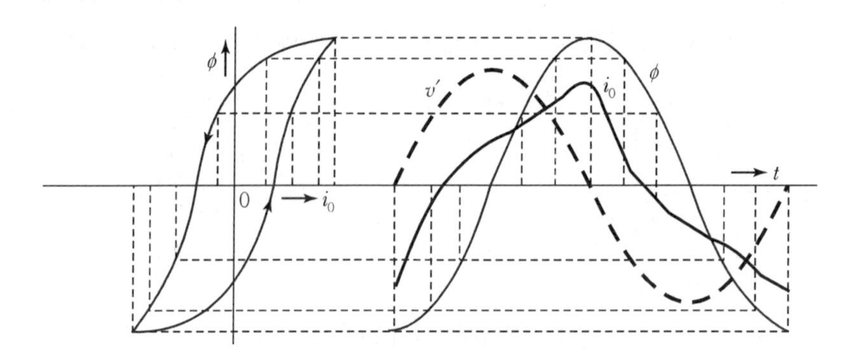

[그림 3-17] 히스테리시스 현상에 의한 여자전류의 파형

(2) 여자전류

해석의 편의상 무부하상태의 변압기에 전압 V_1'를 가했을 때 흐르는 왜형파의 무부하전류 대신에, 이것과 실횻값이 같고 V_1'와의 사이의 전력이 전 철손과 같으며, 또 위상이 같은 등가정현파전류 I_0를 사용한다. 이 전류를 **무부하전류** 또는 **여자전류**라고 한다. 그 실횻값을 I_0[A], 철손을 P_i [W], 위상각을 θ_0라고 하면 다음과 같다.

$$\cos\theta_0 = \frac{P_i}{V_1{}'I_0}$$

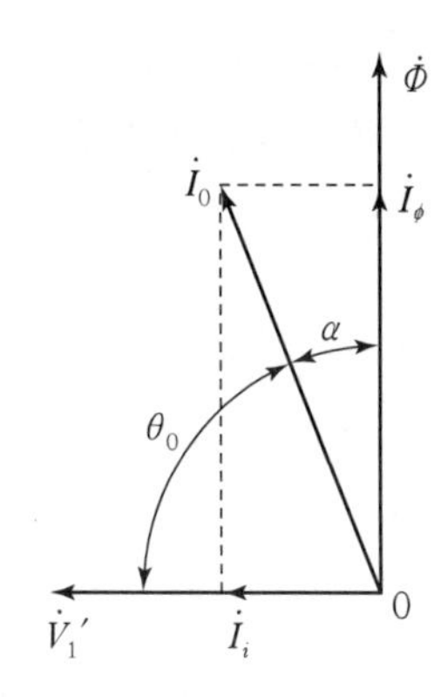

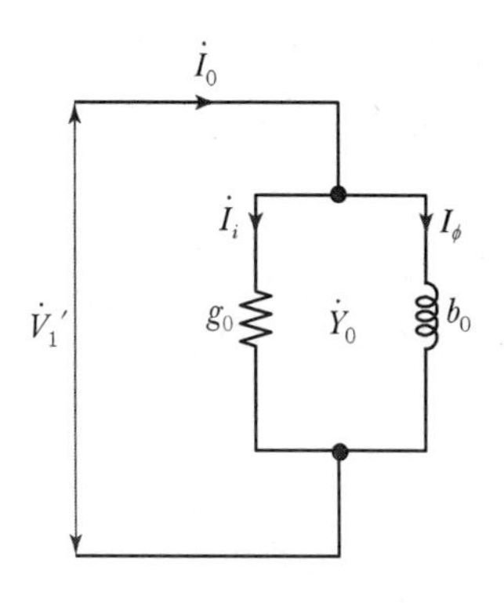

[그림 3-18] 여자전류의 벡터도 및 여자회로

이와 같이 등가정현파로 바꾸어 놓으면 전압 $V_1{}'$나 자속 Φ와 같이, I_0를 벡터로 표시할 수 있다. [그림 3-18]과 같이 I_0는 Φ보다 α만큼 앞서고 있다. 이것은 철손으로 인하여 여자전류의 위상이 앞서게 된 때문이고, 이것을 **철손각**이라고 한다. 여자전류 I_0를 주자속 Φ와 동상인 무효분 I_ϕ와 직각인 유효분 I_i로 나누면

$$\dot{I}_0 = \dot{I}_\phi + \dot{I}_i \quad \cdots\cdots (3\text{-}16)$$

$$\left.\begin{aligned} I_i &= \frac{P_i}{V_1{}'} = I_0\sin\alpha = I_0\cos\theta_0[\mathrm{A}] \\ I_\phi &= I_0\cos\alpha = I_0\sin\theta_0[\mathrm{A}] \end{aligned}\right\} \quad \cdots\cdots (3\text{-}17)$$

I_i 는 철손을 공급하는 전류로서, **철손전류**(iron loss current)라 하고, I_ϕ 는 자속을 유지하는 전류로 **자화전류**(magnetizing current)라고 한다.

+ 예제 3-2 1차 전압이 2,200[V], 무부하 전류가 0.088[A], 철손이 110[W]인 단상변압기의 자화 전류[A]는?

풀이 철손 전류 $I_i = \frac{P_i}{V_1} = \frac{110}{2,200} = \frac{1}{20} = 0.05[\mathrm{A}]$

따라서, 자화 전류 $I_\phi = \sqrt{I_0{}^2 - I_i{}^2}$ 식에서

$\therefore I_\phi = \sqrt{0.088^2 - 0.05^2} = 0.072[\mathrm{A}]$

(3) 여자 어드미턴스

1차 권선에 여자전류 i_0만이 흐른다고 생각하면 식 (3−16)과 같이 I_0는 I_ϕ와 I_i의 두 전류의 합이므로, 1차 권선은 [그림 3−19]와 같은 등가회로로 나타낼 수 있으며 이 등가회로를 **여자회로**라고 한다. 여자회로의 어드미턴스를 Y_0라고 하면, $Y_0 = g_0 - j\,b_0$이고, 그 절댓값은 다음과 같다.

$$Y_0 = \sqrt{g_0^2 + b_0^2} = \frac{I_0}{V_1'}\,[℧] \quad \cdots\cdots (3\text{-}18)$$

$$\left.\begin{aligned} g_0 &= \frac{I_i}{V_1'} = \frac{P_i}{(V_1')^2}\,[℧] \\ b_0 &= \sqrt{Y_0^2 - g_0^2} = \sqrt{\left(\frac{I_0}{V_1'}\right)^2 - \left(\frac{P_i}{V_1'^2}\right)^2}\,[℧] \end{aligned}\right\} \quad \cdots\cdots 05(3\text{-}19)$$

Y_0는 여자 어드미턴스(exciting admittance), g_0는 여자 컨덕턴스(exciting conductance), b_0를 여자 서셉턴스(exciting susceptance)라고 한다.

$$\left.\begin{aligned} \dot{I_0} &= (g_0 - j\,b_0)\,\dot{V_1}' = \dot{Y_0}\,\dot{V_1}' \\ I_i &= g_0 V_1',\ I_\phi = b_0 V_1' \end{aligned}\right\} \quad \cdots\cdots (3\text{-}20)$$

V_1', I_0, P_i을 알면 식 (3−18)과 (3−19)에서 Y_0, g_0, b_0를 구할 수 있다.

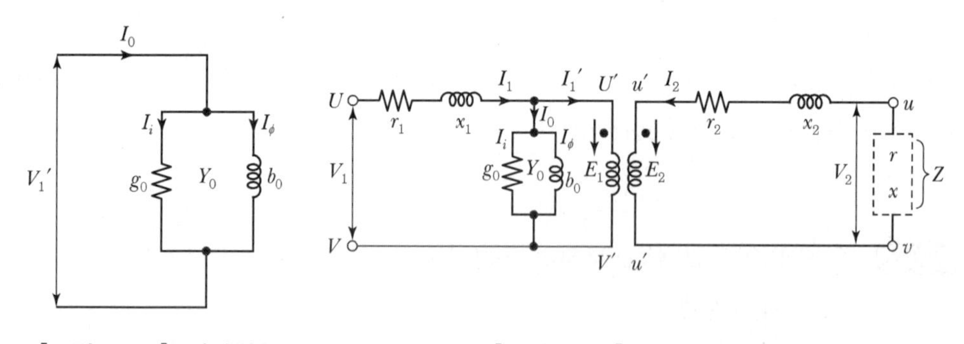

[그림 3−19] 여자회로 [그림 3−20] 변압기의 회로

이러한 사상을 고려하면 실제의 변압기회로는 [그림 3−20]과 같이 나타낼 수 있고 변압기의 여자전류 I_0는 여자 어드미턴스 Y_0에 흐르고, 부하 시에 이상변압기 부분의 2차 권선에 부하 전류가 흐르면, 이에 따라 1차 권선에는 1차 부하전류 I_1'만이 흐른다고 생각할 수 있다.

[표 3-2]는 각종 용량의 변압기의 전부하전류에 대한 여자전류, 자화전류, 철손전류의 백분율의 한 예를 표시한 것이다.

[표 3-2] 여자전류 I_0, 자화전류 I_ϕ, 철손전류 I_i

용량 [kVA]	사용전압 [kV]	$\frac{I_0}{I_1}\times 100$	$\frac{I_\phi}{I_1}\times 100$	$\frac{I_i}{I_1}\times 100$
1	3.3	15.0	14.5	3.7
15	3.3	6.0	5.86	1.25
100	11	5.58	5.52	0.834
3,000	66	4.66	4.63	0.52
15,000	160	3.0	2.98	0.38
22,000	140	2.14	2.08	0.49

+ 예제 3-3 2[kVA], 3,000/100[V]인 단상변압기의 철손이 200[W]이면 1차에 환산한 여자 컨덕턴스[℧]는?

풀이 $g_0=\frac{P_i}{(V_1')^2}=\frac{200}{3{,}000^2}=22.2\times 10^{-6}[℧]$

3.2 변압기의 등가회로

3.2.1 등가회로

변압기 실제 회로는 전자유도작용에 의해서 결합된 두 개의 독립된 회로로 이루어지며 1차 측에서 2차 측으로 전력이 전달되는 것이지만 이와 같은 양들을 수량적으로 취급하기 위해 단일회로로 취급하는 것이 매우 편리하다. 이렇게 생각한 회로를 등가회로라고 한다.

(1) 무부하 시의 등가회로

[그림 3-21] (a)는 무부하의 경우를 표시한 것이며 이때의 벡터도는 그림 (b)와 같다.

여자전류 $\dot{I}_0$는 1차 기전력 E_1과 동상분의 철손전류 $\dot{I}_i$와 $\dot{E}_1$보다 90° 뒤진 위상의 자화전류 I_ϕ와의 합이다. 그래서 이들 $\dot{E}_1$, $\dot{I}_0$, $\dot{I}_i$, $\dot{I}_\phi$와 똑같은 관계를 가진 회로, 즉 등가회로는 그림 (c)와 같이 콘덕턴스(conductance) g_0와 서셉턴스(susceptance) b_0의 병렬회로로 표시할 수 있다.

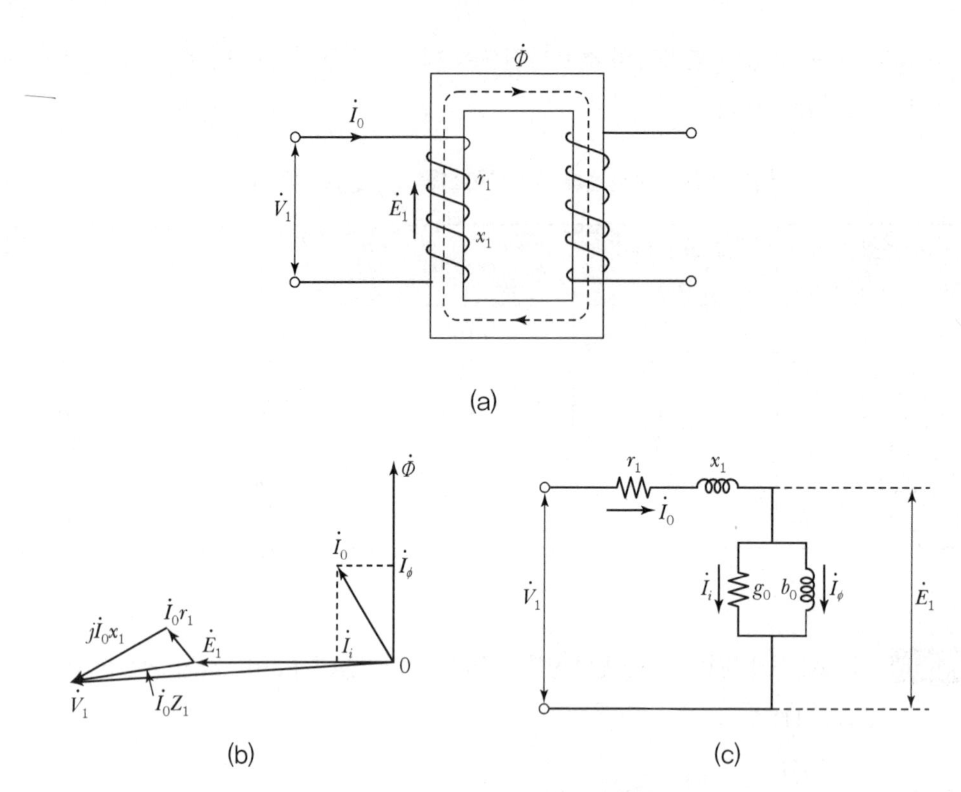

[그림 3-21] 무부하 시의 등가회로

그림 (c)에서

$$\dot{I}_i = g_0 \dot{E}_1,\ g_0 = \frac{\dot{I}_i}{\dot{E}_1} \quad \cdots\cdots (3\text{-}21)$$

$$\dot{I}_\phi = b_0 \dot{E}_1,\ b_0 = \frac{I_\phi}{\dot{E}_1} \quad \cdots\cdots (3\text{-}22)$$

$$\dot{I}_0 = Y\dot{E}_1,\ \dot{Y} = \frac{\dot{I}_0}{\dot{E}_1} = \sqrt{g_0^{\ 2} + b_0^{\ 2}} \quad \cdots\cdots (3\text{-}23)$$

여자 어드미턴스(exciting admittance)는

$$\dot{Y} = g_0 - j\,b_0 \quad \cdots\cdots (3\text{-}24)$$

의 관계가 있도록 해야 한다. 그러면 그림 (c)에서 $\dot{V} = \dot{E}_1 + \dot{I}_0 r_1 + j\,\dot{I}_0 x_1$이 되어 그림 (a)와 (b)의 전압관계를 만족시키고 있으므로 무부하의 변압기 등가회로는 그림 (c)가 됨을 알 수 있다.

(2) 2차를 1차로 환산한 등가회로

변압기에 부하를 접속하면 전압, 전류의 관계는 [그림 3-22] (a)와 같이 된다. 그림에서 2차 회로의 전체 임피던스를 $\dot{Z}_2$라 하면

$$\dot{Z}_2 = (r_2 + R_2) + j(x_2 + X_2)$$

이므로, 2차 전류 $\dot{I}_2$는

$$\dot{I}_2 = \frac{\dot{E}_2}{\dot{Z}_2} = \frac{\dot{E}_2}{(r_2 + R_2) + j(x_2 + X_2)} \quad \cdots\cdots (3\text{-}25)$$

그런데 $\dot{I}_2 = \dfrac{n_1}{n_2}\dot{I}_1{}' = a\dot{I}_1{}'$, $\dot{E}_2 = \dfrac{n_2}{n_1}\dot{E}_1 = \dfrac{1}{a}\dot{E}_1$

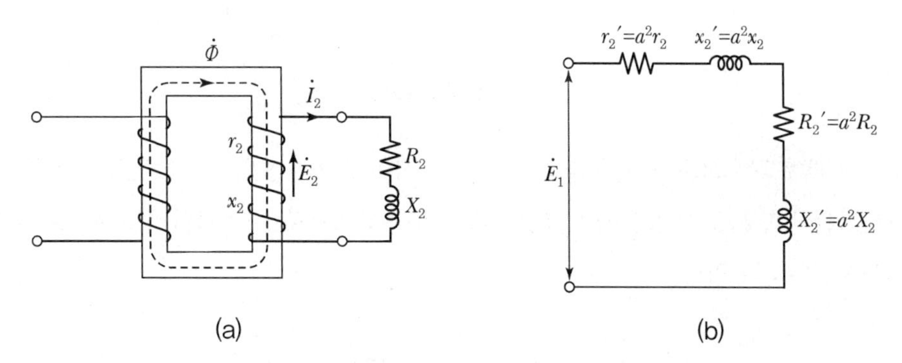

[그림 3-22] 부하를 접속한 경우 등가회로

이들 관계를 식 (3-25)에 넣으면

$$a\dot{I}_1{}' = \frac{1}{a}\frac{\dot{E}_1}{\dot{Z}_2}$$

$$\therefore \dot{I}_1{}' = \frac{\dot{E}_1}{a^2\dot{Z}_2} = \frac{\dot{E}_1}{(a^2 r_2 + a^2 R_2) + j(a^2 x_2 + a^2 X_2)}$$

$$= \frac{\dot{E}_1}{(r_2{}' + R_2{}') + j(x_2{}' + X_2{}')} \quad \cdots\cdots (3\text{-}26)$$

$r_2{}' = a^2 r_2,\ x_2{}' = a^2 x_2,\ R_2{}' = a^2 R_2,\ X_2{}' = a^2 X_2$

여기에서 $a^2 r_2 + j a^2 x_2 = r_2' + j x_2$를 1차에 환산한 2차 누설 임피던스라 한다. 식 (3-26)의 관계는 [그림 3-22] (b)와 같은 회로로 표시할 수 있다. 즉 변압기의 2차 측을 1차 측에 환산한 등가회로이다. 그런데 [그림 3-22] (b) 회로의 단자전압 E_1과 [그림 3-21] (c)에서 g_0 및 b_0로 된 병렬회로의 양단의 전압 E_1은 같으므로 이들 단자를 연결하여도 전류 $\dot{I}_1$ 및 $\dot{I}_0$에는 변화가 없으며, r_1 및 x_1에 흐르는 전류는 $\dot{I}_1 = \dot{I}_0 + \dot{I}_1'$가 되어 부하를 건 변압기의 1차 측 전류와 같게 된다. [그림 3-23]을 1차 측에 환산한 등가회로라 부른다.

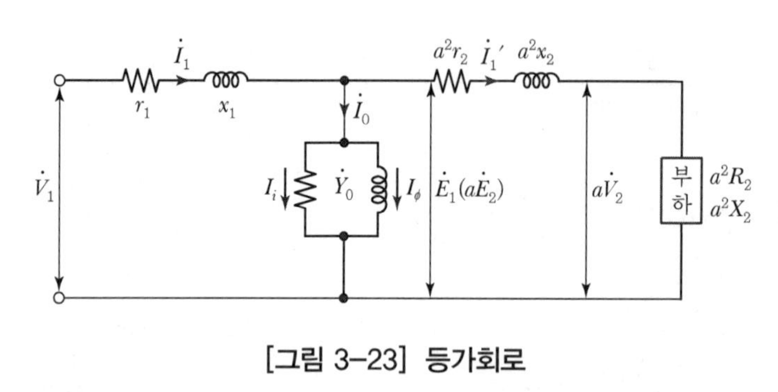

[그림 3-23] 등가회로

그런데 $\dot{I}_0$는 매우 작으므로 이 전류와 $\dot{Z}_1 = r_1 + jx$ 사이에 생기는 임피던스 전압 $\dot{Z}_1 \dot{I}_0$를 무시하면 등가회로는 [그림 3-24]와 같게 되어 더욱 간편해지므로 변압기의 등가회로는 [그림 3-24]를 쓰는 것이 보통이다.

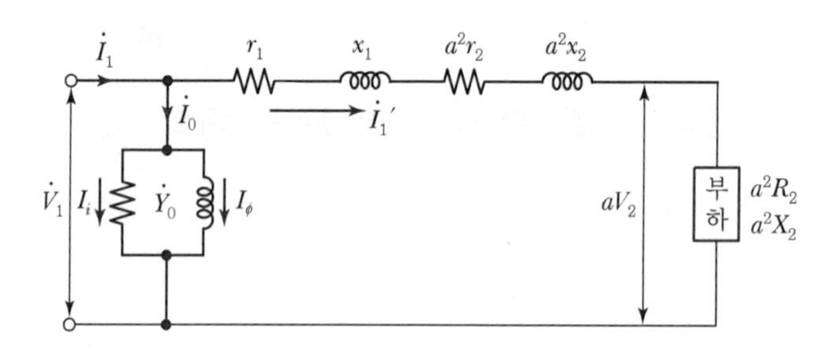

[그림 3-24] 간이 등가회로

+ 예제 3-4 단상 주상변압기의 2차 측(105[V] 단자)에 1[Ω]의 저항을 접속하고 1차 측에 1[A]의 전류가 흘렀을 때 1차 단자 전압이 900[V]였다. 1차 측 탭 전압[V]과 2차 전류[A]는 얼마인가?(단, 변압기는 2상 변압기, V_T는 1차 탭 전압, I_2는 2차 전류이다.)

풀이 $R_1 = a^2 R_2 = a^2 \times 1 = a^2[\Omega]$, $I_1 = \dfrac{V_1}{R_1} = \dfrac{V_1}{a^2} = \dfrac{900}{a^2} = 1[\mathrm{A}]$

$a^2 = 900$, $\therefore a = 30$

$\therefore V_T = a V_2 = 30 \times 105 = 3150[\mathrm{V}]$ $\therefore I_2 = a I_1 = 30 \times 1 = 30[\mathrm{A}]$

3.2.2 변압기의 벡터도

[그림 3-25] 변압기 회로의 전압과 전류의 관계를 벡터도로 그리면 [그림 3-26]과 같이 되고, 그리는 방법은 다음과 같다.

① 기준벡터로서 $\dot{E}_2$를 그린다.

② $\dot{E}_2$보다 $\pi/2$ 앞선 $\dot{\Phi}$를 그린다.

③ $\dot{V}_1' = (-\dot{E}_1)$을 $\dot{\Phi}$보다 $\pi/2$ 앞서게 해서 그린다.

④ $\dot{I}_0$를 $\dot{\Phi}$보다 철손각 α 만큼 앞서게 그린다.

⑤ $\dot{E}_2$ 보다 $\theta_2' = \tan^{-1}\dfrac{x_2 + X}{r_2 + R}$ 만큼 늦게 해서 $\dot{I}_2$를 그린다.

⑥ $\dot{I}_2$와 반대방향으로 $\dot{I}_1'$를 그린다.

⑦ $\dot{I}_0$과 $\dot{I}_1'$를 합성해서 $\dot{I}_1$을 만든다.

⑧ $r_1\dot{I}_1$을 $\dot{V}_1'$의 앞끝에서 $\dot{I}_1$과 평행하게 같은 방향으로 그리고, $x_1\dot{I}_1$을 $\dot{I}_1$과 직각으로 $\dot{I}_1$보다 $\pi/2$ 앞서게 그리고 이들을 $\dot{V}_1'$와 합성하여 $\dot{V}_1$을 구할 수 있다.

⑨ $\dot{E}_2$의 앞끝에서 $x_2\dot{I}_2$를 $\dot{I}_2$에 직각으로 $\dot{I}_2$보다 $\pi/2$ 늦게 해서 그리고, $r_2\dot{I}_2$를 $\dot{I}_2$와 평행하게 반대 방향으로 그어 이들을 $\dot{E}_2$와 합성하면 $\dot{V}_2$가 된다.

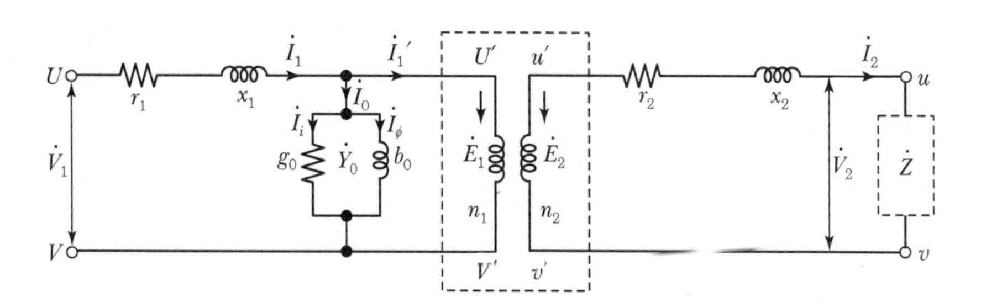

[그림 3-25] 변압기의 회로

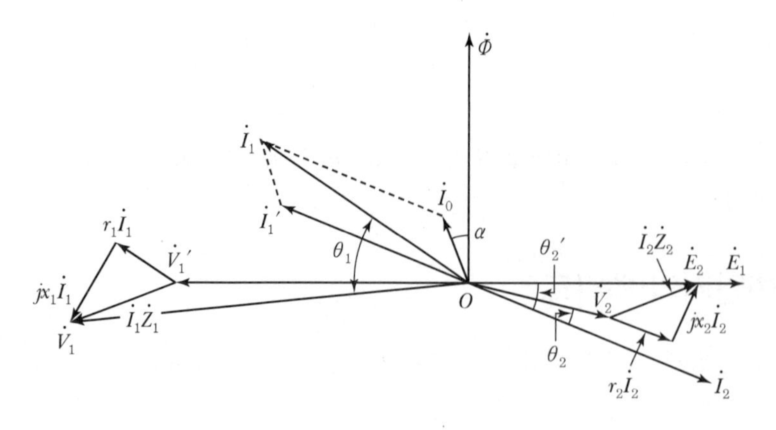

[그림 3-26] 변압기의 벡터도

3.3 백분율 전압강하 및 전압변동률

3.3.1 단락전류

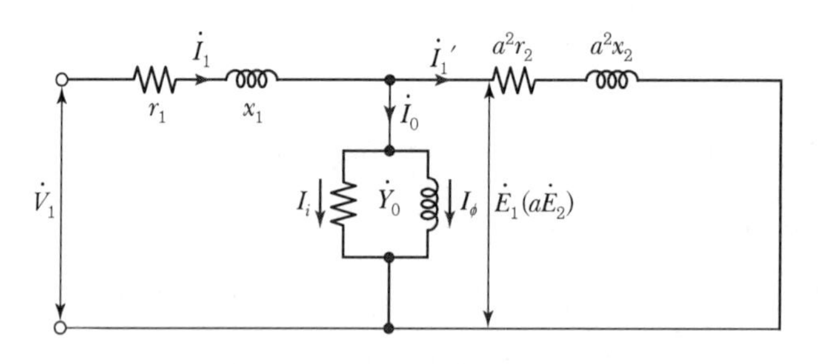

[그림 3-27] 등가회로

변압기의 2차 측을 단락하면 부하 임피던스 $\dot{Z}=0$이므로 [그림 3-27]의 등가회로를 이용하여 단락전류를 구하면 다음 식과 같다.

여기서, 1차 단락전류를 I_{1s}, 2차 단락전류를 I_{2s}, 1차로 환산한 2차 임피던스를 각각 $\dot{Z}_1 = r_1 + jx_1$, $\dot{Z}_2' = a^2\dot{Z}_2 = a^2(r_2 + jx_2) = r_2' + jx_2'$라고 하면

$$\dot{I}_{1s} = \frac{\dot{V}_1}{\dot{Z}_1 + \dfrac{1}{\dot{Y}_0 + (1/\dot{Z}_2')}} = \dot{V}_1 \frac{1 + \dot{Y}_0\dot{Z}_2'}{\dot{Z}_1(1 + \dot{Y}_0\dot{Z}_2') + \dot{Z}_2'} \quad \cdots\cdots (3\text{-}27)$$

$$\dot{I}_{2s} = \dot{I}_{1s} \frac{1/\dot{Y}_0}{(1/\dot{Y}_0) + \dot{Z}_2'} a = \dot{I}_{1s} \frac{a}{1 + \dot{Y}_0 \dot{Z}_2'} \quad \cdots\cdots (3\text{-}28)$$

보통변압기에서는 $Y_0 Z_2' \ll 1$이므로, 이를 무시하면

$$\dot{I}_{1s} = \frac{\dot{V}_1}{\dot{Z}_1 + \dot{Z}_2'}, \quad \dot{I}_{2s} = a\dot{I}_{1s} \quad \cdots\cdots (3\text{-}29)$$

으로 하여도 좋다. 이것은 간이 등가회로에서 여자 어드미턴스를 생략한 것을 사용하여 계산한 것과 마찬가지이다. 변압기의 $\dot{Z}_1$, $\dot{Z}_2'$는 매우 작으므로 단락전류는 매우 크다. 다만, 위에서 구한 것은 정상 단락전류이고, 그 순시의 전류는 더 큰 값이 될 수도 있다.

3.3.2 단락 시험과 누설 임피던스의 결정

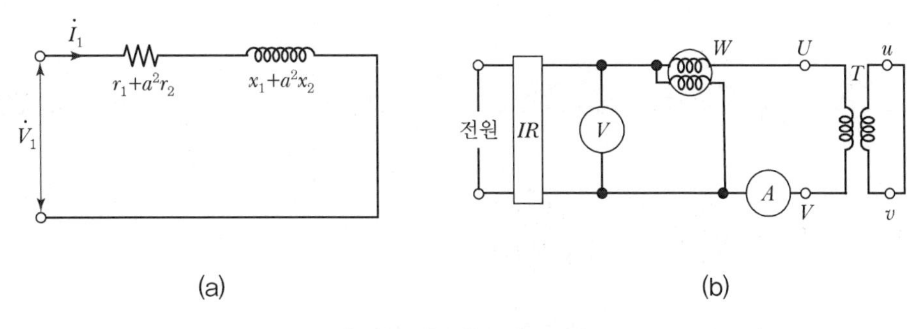

[그림 3-28] 단락 시험

[그림 3-28] (b)와 같이 2차 단자를 단락하고, 유도 전압 조정기 IR로 1차 측에 정격 주파수의 저전압에서부터 서서히 상승하면서 1차 전압, 1차 전류 및 입력을 측정하는 것을 변압기의 단락 시험이라 한다.

1차 단락 전류가 정격 전류 I_{1n} [A]와 같도록 1차 전압을 가하였을 때, 가해준 1차 전압을 임피던스 전압 V_s, 입력을 임피던스 와트 P_s [W]라 하며 임피던스 전압이 정격 전압에 비하여 매우 낮으므로 철손을 무시하면 임피던스 와트는 전부하 동손과 거의 같다. 이 시험에서 권선의 저항, 누설 리액턴스를 구할 수 있다.

1차 전압이 $\dot{V}_1 = \dot{V}_{1s}$일 때 [그림 3-28] (a)와 식 (3-29)에서

$$\dot{Z}_1 + \dot{Z}_2' = (r_1 + a^2 r_2) + j(x_1 + a^2 x_2) = \frac{\dot{V}_1}{\dot{I}_{1s}} \quad \cdots\cdots (3\text{-}30)$$

을 얻는다. 변압기의 저 전압측을 단락해 놓고, 고 전압측에 낮은 전압 V_1을 가했을 때의 단락전류 I_{1s}을 구하면, 누설 임피던스(leakage impedance)를 구할 수 있다.

이 시험을 할 때의 입력을 P_s라 하면,

$$I_{1s}^2(r_1 + a^2 r_2) = P_s\,[\mathrm{W}] \quad \cdots\cdots (3\text{-}31)$$

식 (3−30)과 (3−31)에서

$$x_1 + a^2 x_2 = \sqrt{(V_1/I_{1s})^2 - (P_s/I_{1s}^2)^2}\,[\Omega] \quad \cdots\cdots (3\text{-}32)$$

또, 2차를 개방하고, 1차에 전압 V_1'을 가하여 무부하전류 I_0와 입력 P_i를 구한 후에 여자 어드미턴스를 구하여 간이 등가회로를 결정한다.

즉,

$$\left.\begin{aligned} I_i &= \frac{P_i}{V_1'}[\mathrm{A}],\ I_\phi = \sqrt{I_0^2 - I_i^2} = \sqrt{I_0^2 - \left(\frac{P_i}{(V_1')}\right)^2}\,[\mathrm{A}] \\ Y_0 &= \frac{I_0}{V_1'} = \sqrt{g_0^2 + b_0^2}\,[\mho],\ g_0 = \frac{I_i}{V_1'} = \frac{P_i}{(V_1')^2}[\mho] \\ b_0 &= \sqrt{Y_0^2 - g_0^2} = \sqrt{\left(\frac{I_0}{V_1'}\right)^2 - \left(\frac{P_i}{V_1'^2}\right)^2}\,[\mho] \end{aligned}\right\} \quad \cdots\cdots (3\text{-}33)$$

정밀 등가회로를 그리기 위해서는 다음과 같은 가정을 한다.

$$x_1 = a^2 x_2 = \frac{x_1 + a^2 x_2}{2} \quad \cdots\cdots (3\text{-}34)$$

3.3.3 백분율 전압강하

단락전류 I_{1s}을 1차 정격전류와 같게 조정했을 때의 1차 전압을 **임피던스 전압**(impedance voltage), 이때의 입력 P_s[W]를 **임피던스 와트**라고 하며 1차 정격전류 I_{1n}에 의한 저항 강하 및 임피던스 강하를 1차 정격전압 V_{1n}에 대한 백분율로 표시한 것을 각각 **백분율 저항 강하**(% resistance drop), **백분율 임피던스 강하**(% impedance drop)라고 한다.

백분율 저항 강하 $p = \frac{I_{1n}(r_1 + a^2 r_2)}{V_{1n}} \times 100[\%]$

$$= \frac{I_{1n}^2(r_1 + a^2 r_2)}{V_{1n} I_{1n}} \times 100 ≒ \frac{P_S}{V_{1n} I_{1n}} \times 100[\%] \quad \cdots\cdots (3\text{-}35)$$

백분율 리액턴스 강하 $q = \frac{I_{1n}(x_1 + a^2 x_2)}{V_{1n}} \times 100[\%] \quad \cdots\cdots (3\text{-}36)$

백분율 임피던스 강하 $z = \frac{I_{1n}\sqrt{(r_1 + a^2 r_2)^2 + (x_1 + a^2 x_2)^2}}{V_{1n}} \times 100$

$$= \sqrt{p^2 + q^2} = \frac{V_s}{V_{1n}} \times 100[\%] \quad \cdots\cdots (3\text{-}37)$$

식 (3−35)에 의해서 백분율 저항 강하는 임피던스 와트의 변압기 용량에 대한 백분율과 같고, 식 (3−37)에서 백분율 임피던스 강하는 임피던스 전압의 정격전압에 대한 백분율과 같다.

2차를 단락하고, 1차 단자에 정격전압을 가했을 때의 1차 단락전류 I_{1s}와 정격전류 I_{1n}의 비는 다음 식과 같다.

$$\frac{I_{1s}}{I_{1n}} = \frac{V_{1n}}{I_{1n}\sqrt{(r_1 + a^2 r_2)^2 + (x_1 + a^2 x_2)^2}} = \frac{100}{z} \quad \cdots\cdots (3\text{-}38)$$

[표 3−3]은 p 및 q의 실측값의 예이다.

[표 3−3] 백분율 저항 강하와 백분율 리액턴스 강하

용량[kVA]	사용전압[V]	p 75[℃]	q
1	3,300	2.9	0.9
15	3,300	1.75	2.4
100	11,000	1.64	4.62
3,000	66,000	0.8	6.83
15,000	169,000	0.558	9.3

+ 예제 3-5 5[kVA], 3,000/200[V]의 변압기의 단락 시험에서 임피던스 전압이 120[V], 동손이 150[W]라 하면 % 저항 강하는 몇 [%]인가?

풀이 $p=\frac{I_{1n}r}{V_{1n}}\times 100=\frac{I_{1n}{}^2r}{V_{1n}I_{1n}}\times 100=\frac{\mathrm{P_c}}{\mathrm{kVA}}\times 100=\frac{150}{5{,}000}\times 100=3[\%]$

+ 예제 3-6 10[kVA], 2,000/100[V] 변압기에서 1차 환산한 등가 임피던스는 $6.2+j7[\Omega]$이다. 이 변압기의 % 리액턴스 강하는?

풀이 $I_{1n}=\frac{10\times 10^3}{2{,}000}=5[\mathrm{A}]$

$q=\frac{I_{1n}x}{V_{1n}}\times 100=\frac{5\times 7}{2{,}000}\times 100=1.75[\%]$

+ 예제 3-7 3,300/200[V], 10[kVA]인 단상변압기의 2차를 단락하여 1차 측에 300[V]를 가하니 2차에 120[A]가 흘렀다. 이 변압기의 임피던스 전압[V]과 백분율 임피던스 강하[%]는?

풀이 1차 정격 전류 $I_{1n}=\frac{P}{V_1}=\frac{10\times 10^3}{3{,}300}=3.03[\mathrm{A}]$

1차 단락 전류 $I_{1s}=\frac{1}{a}I_{2s}=\frac{200}{3{,}300}\times 120=7.27[\mathrm{A}]$

2차를 1차로 환산한 등가 누설 임피던스 $Z_{21}=\frac{V_s'}{I_{1s}}=\frac{300}{7.27}=41.26[\Omega]$

임피던스 전압 $V_s=I_{1n}Z_{21}=3.03\times 41.26=125.02[\mathrm{V}]$

백분율 임피던스 강하 $\%Z=\frac{V_s}{V_{1n}}\times 100,=\frac{125.02}{3{,}300}\times 100=3.8[\%]$

+ 예제 3-8 3,300/210[V], 5[kVA] 단상변압기가 퍼센트 저항 강하 2.4[%], 리액턴스 강하 1.8[%]이다. 임피던스 전압[V]은?

풀이 $p=2.4[\%]$, $q=1.6[\%]$이므로 %임피던스를 z라 하면

$\%Z=\sqrt{p^2+q^2}=\sqrt{2.4^2+1.8^2}=3[\%]$

$\%Z=\frac{V_s}{V_{1n}}\times 100[\%]$에서

$\therefore V_s=\frac{\%ZV_{1n}}{100}=\frac{3\times 3{,}300}{100}=99[\mathrm{V}]$

3.3.4 전압변동률

변압기의 2차에 정격역률로 정격전류 I_{1n}이 흐를 때, 2차 단자의 전압이 정격전압 V_{2n}이 되도록 1차 전압과 부하를 조정한 다음, 1차 전압을 그대로 유지하면서 무부하로 했을 경우의 2차 단자전압을 V_{20}라고 하면, 전압 상승 $(V_{20} - V_{2n})$의 정격전압 V_{2n}에 대한 백분율을 **전압변동률**(voltage regulation)이라 하고, 다음 식과 같이 표시한다.

$$\epsilon = \frac{V_{20} - V_{2n}}{V_{2n}} \times 100[\%] \quad \cdots\cdots (3\text{-}39)$$

(1) 전압변동률의 계산

[그림 3-29] (a)와 같이 1차 측을 2차 측으로 환산하고, 여자 어드미턴스를 생략한 간이 등가회로를 사용해서 2차 전압 V_{2n}, 2차 전류 I_{2n}, 위상각 φ일 때의 벡터도를 그리면, [그림 3-29] (b)와 같이 된다.

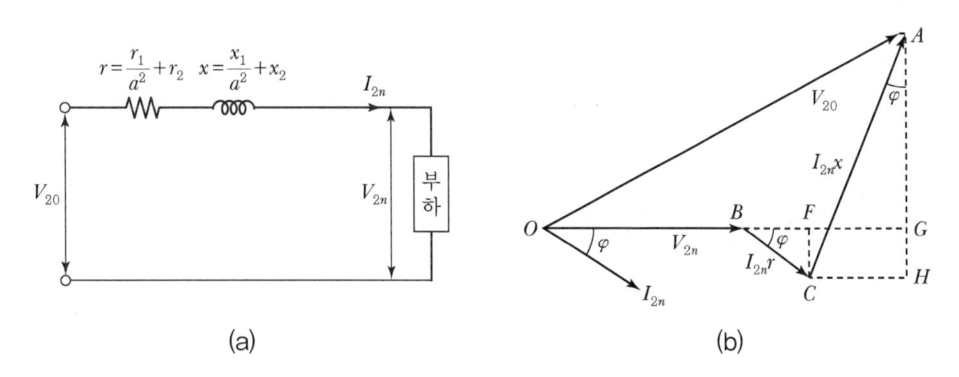

[그림 3-29] 전압변동률의 계산

$$\overline{BG} = \overline{BF} + \overline{FG} = I_{2n}\, r\cos\varphi + I_{2n}\, x\sin\varphi$$

$$\overline{AG} = \overline{AH} - \overline{GH} = I_{2n}\, x\cos\varphi - I_{2n}\, r\sin\varphi$$

$$V_{20}{}^2 = \overline{OA}{}^2 = (\overline{OB} + \overline{BG})^2 + \overline{AG}^2$$

$$= (V_{2n} + I_{2n}\, r\cos\varphi + I_{2n}\, x\sin\varphi)^2 + (I_{2n}\, x\cos\varphi - I_{2n}\, r\sin\varphi)^2$$

$$= V_{2n}{}^2\left\{\left(1 + \frac{p}{100}\cos\varphi + \frac{q}{100}\sin\varphi\right)^2 + \left(\frac{q}{100}\cos\varphi - \frac{p}{100}\sin\varphi\right)^2\right\} \quad \cdots\cdots (3\text{-}40)$$

식 (3-40)에서

$$p = \frac{I_{2n}\, r}{V_{2n}} \times 100,\ q = \frac{I_{2n}\, x}{V_{2n}} \times 100 \quad \cdots\cdots (3\text{-}41)$$

p를 %저항 강하(% resistance drop), q를 %리액턴스 강하(% reactance drop)라 하며 $Z = \sqrt{p^2 + q^2}$ 을 %임피던스 강하(% impedance drop)라 한다.

따라서 백분율 전압변동률은

$$\epsilon = \frac{V_{20} - V_{2n}}{V_{2n}} \times 100 = \left(\frac{V_{20}}{V_{2n}} - 1 \right) \times 100$$

$$= \left\{ \sqrt{\left(1 + \frac{p}{100}\cos\varphi + \frac{q}{100}\sin\varphi\right)^2 + \left(\frac{q}{100}\cos\varphi - \frac{p}{100}\sin\varphi\right)^2} - 1 \right\}$$

$$\times 100[\%] \quad \cdots\cdots (3\text{-}42)$$

식 (3-42)를 2항 정리로 전개하면

$$\epsilon = (p\cos\varphi + q\sin\varphi) + \frac{1}{200}(q\cos\varphi - p\sin\varphi)^2 \quad \cdots\cdots (3\text{-}43)$$

위 식에서 제2항은 매우 작으므로 이것을 무시하면,

$$\epsilon \fallingdotseq p\cos\varphi + q\sin\varphi \quad \cdots\cdots (3\text{-}44)$$

를 얻는다. 또한 역률이 100[%]일 때는 $\cos\varphi = 1$, $\sin\varphi = 0$이므로

$$\epsilon \fallingdotseq p = \frac{I_{2n}\, r}{V_{2n}} \times 100 = \frac{I_{2n}{}^2\, r}{V_{2n} I_{2n}} \times 100 = \frac{\text{동손}[\mathrm{W}]}{\text{정격출력}[\mathrm{VA}]} \times 100 \quad \cdots\cdots (3\text{-}45)$$

따라서 변압기의 정격출력과 동손이 알려지면 역률 100[%]에서의 전압변동률을 계산할 수 있다.

+ 예제 3-9 어떤 단상변압기의 2차 무부하 전압이 240[V]이고 정격 부하 시의 2차 단자 전압이 230[V]이다. 전압 변동률[%]은?

풀이 2차 무부하 전압 V_{20}가 240[V], 정격 부하 시의 2차 단자 전압 V_{2n}가 230[V]일 때, 전압 변동률 ϵ은

$$\therefore \epsilon = \frac{V_{20} - V_{2n}}{V_{2n}} \times 100 = \frac{240 - 230}{230} \times 100 = \frac{10}{230} \times 100 = 4.35[\%]$$

+ 예제 3-10 어느 변압기의 백분율 저항 강하가 2[%], 백분율 리액턴스 강하가 3[%]일 때 역률(지역률) 80[%]인 경우의 전압 변동률[%]은?

풀이 $\epsilon = p\cos\theta + q\sin\theta = 2 \times 0.8 + 3 \times 0.6 = 3.4[\%]$

+ 예제 3-11 5[kVA], 2,000/200[V]의 단상변압기가 있다. 2차에 환산한 등가 저항과 등가 리액턴스는 각각 0.14[Ω], 0.16[Ω]이다. 이 변압기에 역률 0.8(뒤짐)의 정격 부하를 걸었을 때의 전압 변동률[%]은?

풀이 $I_{1n} = \dfrac{P}{V_1} = \dfrac{5{,}000}{2{,}000} = 2.5[\text{A}],\ I_{2n} = \dfrac{P}{V_2} = \dfrac{5{,}000}{200} = 25[\text{A}]$

%저항 강하 $p = \dfrac{I_{2n} r_2}{V_{2n}} \times 100 = \dfrac{25 \times 0.14}{200} \times 100 = 1.75[\%]$

%리액턴스 강하 $q = \dfrac{I_{2n} x_2}{V_{2n}} \times 100 = \dfrac{25 \times 0.16}{200} \times 100 = 2[\%]$

$\epsilon = p\cos\theta + q\sin\theta = 1.75 \times 0.8 + 2 \times 0.6 = 2.6[\%]$

(2) 역률과의 관계

전압변동률을 나타내는 식으로 $\epsilon = p\cos\varphi + q\sin\varphi$를 바꾸어,

$$\epsilon \fallingdotseq \sqrt{p^2 + q^2}\,\sin(\varphi + \alpha) \quad \cdots\cdots (3\text{-}46)$$

라고 놓을 수 있다. 주어진 변압기에서 전압변동률이 최대로 되는 부하의 역률을 구해보면,

$$\left.\begin{aligned} &\sin(\varphi + \alpha) = 1 \therefore \varphi + \alpha = 90° \therefore \varphi = 90° - \alpha \\ &\cos\varphi = \cos(90° - \alpha) = \sin\alpha = \frac{p}{\sqrt{p^2 + q^2}} \end{aligned}\right\} \quad \cdots\cdots (3\text{-}47)$$

지금, 식 (3-47)에서 $p = 0.8,\ q = 0.6$이라고 하면

$$\epsilon_m = \sqrt{0.8^2 + 0.6^2} = 1[\%]$$

$$\cos\varphi = \frac{0.8}{\sqrt{0.8^2 + 0.6^2}} = 0.8 = 80[\%]$$

3.4 변압기의 3상 결선

3상 교류전압을 변압하는 데는 3상 변압기를 사용하든가, 단상변압기 3개, 또는 2개를 적당히 결선해서 사용한다. 부하의 종류에 따라서는 교류의 상수(相數)를 바꿀 필요가 있으며, 또 부하의 증대에 따르기 위하여 여러 개의 변압기를 병렬로 연결해서 운전할 필요가 있다. 이러한 경우에는 극성, 즉 전압의 위상관계나 접속 등을 잘 알고 접속하여야 한다.

3.4.1 변압기의 극성

2개 이상의 변압기를 결선하는 경우, 또는 1개의 변압기라도 많은 권선이 있을 때, 이것을 결선하는 경우에는 유도 기전력의 방향을 알고 있어야 한다. 변압기의 극성(polarity)이란 어떤 순간에 1차 단자와 2차 단자에 나타나는 유도 기전력의 상대적 방향을 표시하는 말이다. 이와 같이 극성은 변압기를 단독으로 사용하는 경우에는 거의 문제가 되지 않지만, 3상 결선을 하거나 병렬 운전을 하는 경우에는 극성을 명확히 하여야 한다.

(1) 극성의 결정방법

[그림 3-30]과 같이 외함의 같은 쪽에 있는 고저압단자 A와 a를 접속하고, 다른 단자 B와 b 사이에 전압계 V를 접속한다. 그리고 고압측 A, B사이에 적당한 전압 V_1를 가한 경우의 저압측 a, b사이의 전압을 V_2, 또 전압계 V의 값을 V_0로 한다. 이 경우에 $V_0 = V_1 - V_2$이면 A와 a, 따라서 B와 b는 동일한 극성이며 이 경우 변압기의 1차 권선과 2차 권선은 [그림 3-31] (a)와 같다. 이와 같이 같은 쪽에 있는 고저압단자(高低壓端子)가 동일한 극성이 되는 변압기를 **감극성**(減極性 : subtractive polarity)의 **변압기**라고 한다. 그런데 2차 권선을 감는 방법을 그림 (b)와 같이 그림 (a)와 반대로 하면, $V_0 = V_1 + V_2$가 되어서 A와 a, B와 b는 다른 극성이 된다. 이와 같은 변압기를 **가극성**(伽極性 : additive polarity)의 **변압기**라고 한다. 감극성 변압기를 표준으로 정하고 있다.

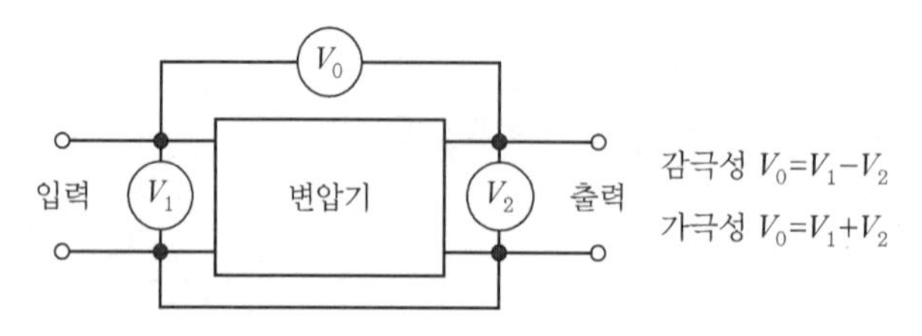

[그림 3-30] 극성시험 결선도

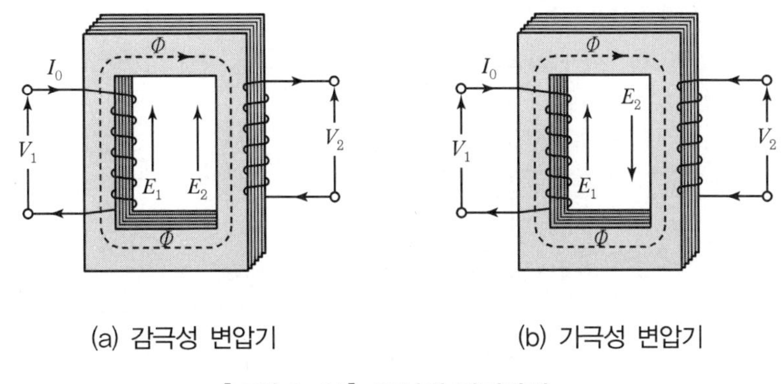

(a) 감극성 변압기　　(b) 가극성 변압기

[그림 3-31] 극성의 결정방법

(2) 단자기호

표준 단자기호는 1차 권선을 U, V, 2차 권선을 u, v로 하고 [그림 3-32]와 같이 각각 외함의 같은 쪽에 붙인다.

(a) 감극성　　(b) 가극성

[그림 3-32] 극성의 기호

또, U단자를 1차 단자 측에서 보아 오른쪽으로 놓는다. 따라서 U와 u가 외함의 동일한 쪽에 있는 것이 감극성이며, U와 u가 대각선상에 있는 것이 가극성이다. 이 기호는 유도 기전력의 방향이 UV에서 $U \rightarrow V$의 방향이면 uv에서도 동일하게 $u \rightarrow v$의 방향이라는 뜻이다.

3개의 단상변압기로 3상 결선을 하는 경우에 극성을 알고 있으면 [그림 3-33]과 같이 결선을 하나, 극성이 불명확할 때에는 극성시험을 하여 [그림 3-34]와 같이 1차와 2차로 나누어서 기입하고 변압기 한 개를 1차와 2차로 병행하여 그려 알기 쉽게 한다. 1차는 Y결선으로 각 권선을 감기 시작하는 $V_1 \cdot V_2 \cdot V_3$을 결합해서 중성점으로 하고 끝나는 $U_1 \cdot U_2 \cdot U_3$을 단자로 하여 $U \cdot V \cdot W$의 기호로 바꾼다. 2차는 Δ 결선이며 각 권선을 차례로 접속하고 결합점을 $u \cdot v \cdot w$ 단자로 한다.

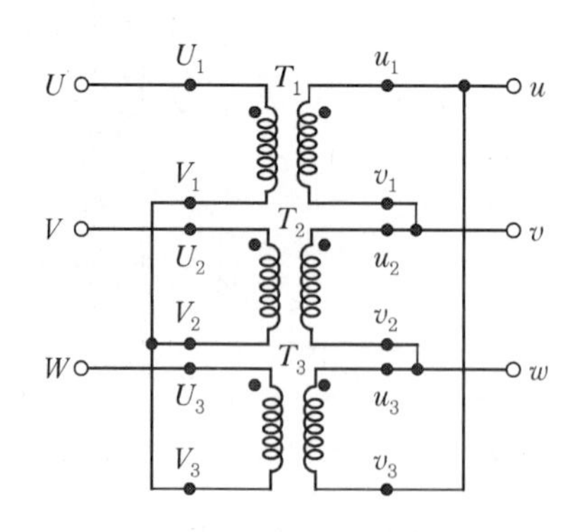

[그림 3-33] 3상 결선

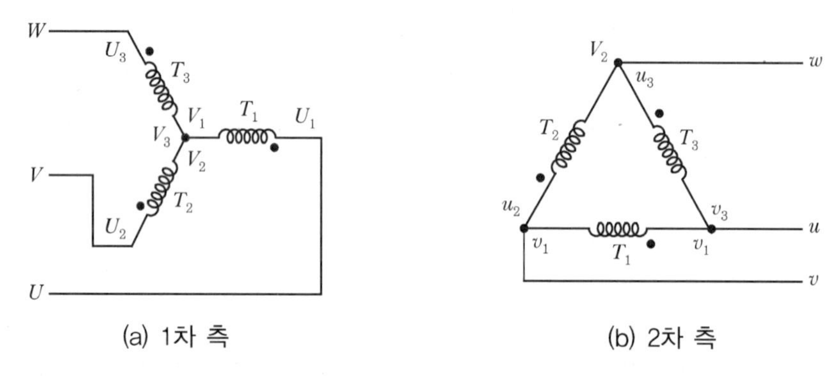

[그림 3-34] 3상 결선도의 기입 표시방법

3.4.2 3상 결선 방식

단상변압기를 사용하여 3상 변압을 할 때에는 대개 3개 또는 2개의 변압기를 사용한다. 이때에 변압기는 용량, 전압, 주파수 등의 정격이 동일하며, 권선의 저항, 누설 리액턴스, 여자전류 등이 모두 똑같아야 한다.

대칭전압 평형부하의 경우에 대하여 전압과 전류의 관계 및 벡터도의 기입방법 등에 대하여 알아보자.

(1) $\Delta - \Delta$ 결선(delta–delta connection)

[그림 3-35]는 3개의 단상변압기를 1차와 2차 모두 Δ 결선으로 한 것이며, 이것을 1차와 2차로 나누어서 나타내면 [그림 3-36]과 같다. 1차 권선에는 선간전압 $\dot{V}_{UV}$ · $\dot{V}_{VW}$ · $\dot{V}_{WU}$가 그대로 가해지고 각 상에 여자전류가 흘러서 1차 기전력 $\dot{E}_U$ · E_V · E_W를 유도한다. 2차 권선에서는 각각 크기가 1차 기전력의 $1/a$이며 같은 상의 2차 기전력 $\dot{E}_u$ · $\dot{E}_v$ · $\dot{E}_w$를 유도한다.

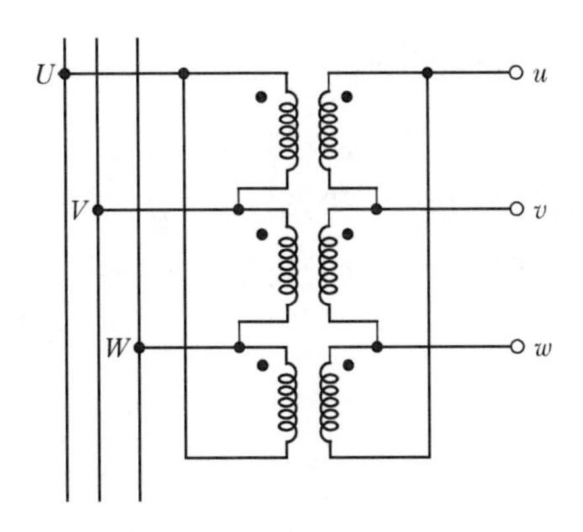

[그림 3-35] $\Delta-\Delta$ **결선**

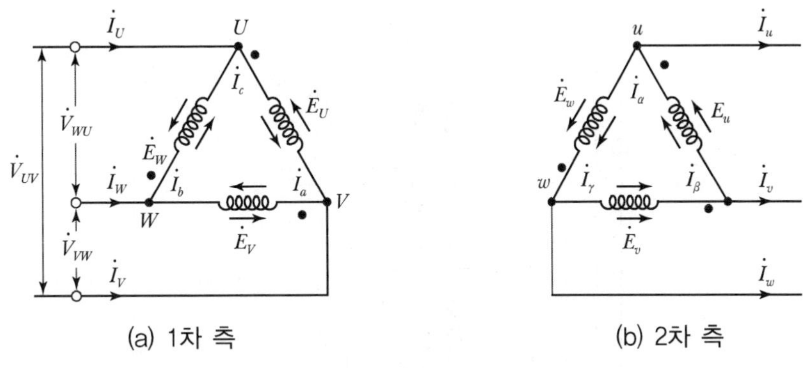

(a) 1차 측 (b) 2차 측

[그림 3-36] $\Delta-\Delta$ **결선**

다음에 2차 단자에 평균부하를 접속시키면 3상 전류가 흐른다. 2차 상전류 $\dot{I}_\alpha \cdot \dot{I}_\beta \cdot \dot{I}_\gamma$는 2차 기전력 $\dot{E}_u \cdot \dot{E}_v \cdot \dot{E}_w$보다 각각 역률각 θ만큼 늦고, 2차 선전류 $\dot{I}_u \cdot \dot{I}_v \cdot \dot{I}_w$와 상전류의 관계 및 1차 측에 대한 전압, 전류의 관계를 벡터도로 나타내면 [그림 3-37]과 같다. 단, 여자전류는 작기 때문에 생략하고 있다.

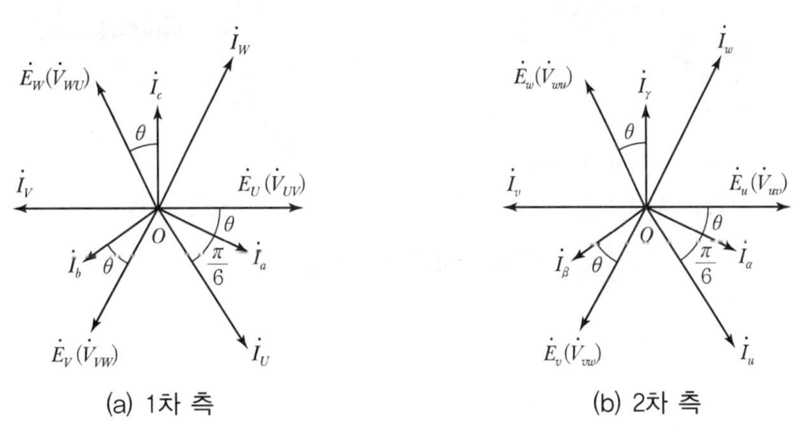

(a) 1차 측 (b) 2차 측

[그림 3-37] $\Delta-\Delta$ **결선의 벡터도**

(2) Y-Y결선(star-star connection)

[그림 3-38]은 1차와 2차가 모두 Y결선한 것이며, 이것을 1차와 2차로 나누어서 단자접속 및 전압과 전류의 관계를 나타내면 [그림 3-39]와 같다. 1차 및 2차의 전압과 전류의 관계를 벡터도로 나타내면 [그림 3-40]과 같고 선간 전압과 상전압의 위상차는 $\pi/6$[rad]이며 다음과 같은 관계가 있다.

$$I_l = I_p$$

$$V_l = \sqrt{3}\ V_p$$

$$P_{\text{bank}} = 3\,V_p I_p = \sqrt{3}\ V_l I_l$$

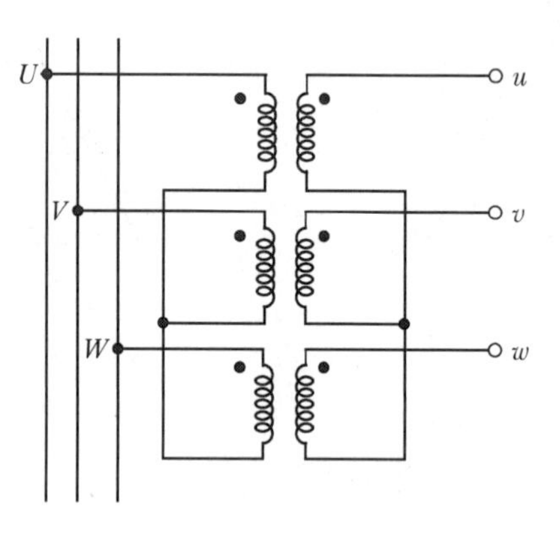

[그림 3-38] Y-Y결선

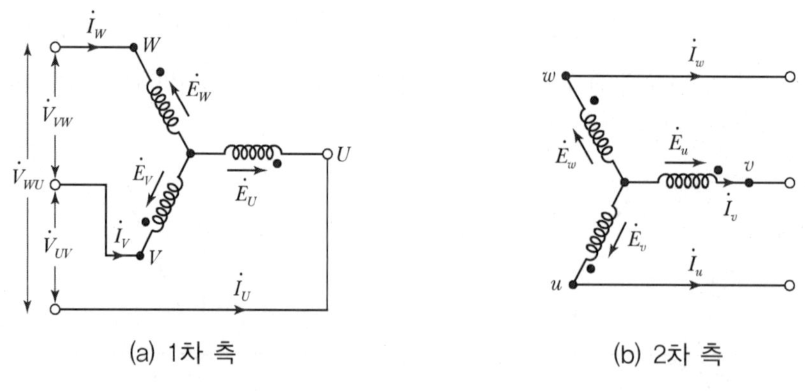

(a) 1차 측

(b) 2차 측

[그림 3-39] Y-Y결선

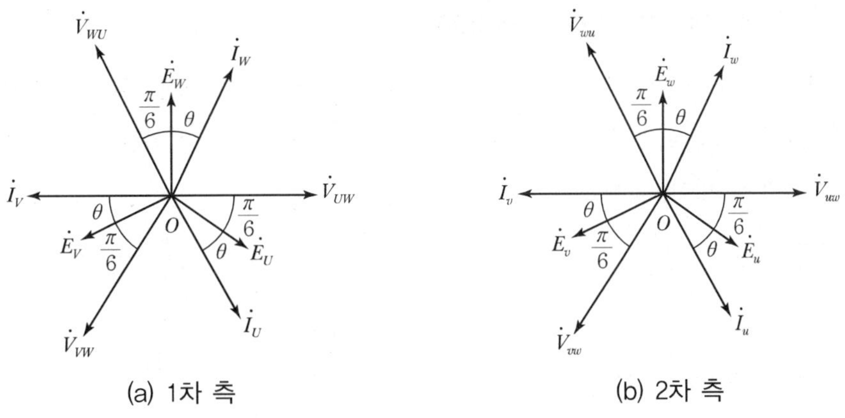

(a) 1차 측　　　(b) 2차 측

[그림 3-40] Y-Y결선의 벡터도

(3) $\varDelta$-Y결선(delta-star connection)

[그림 3-41]과 같이 1차를 $\varDelta$, 2차를 Y로 결선한 것이며, 1차 및 2차의 전압과 전류의 관계를 벡터도로 그리면 [그림 3-42]와 같고, 2차 선간전압 $\dot{V}_{uv}$는 1차 선간전압 $\dot{E}_U(\dot{V}_{UV})$보다 $\pi/6$ 정도 앞서는 것에 주의를 해야 한다.

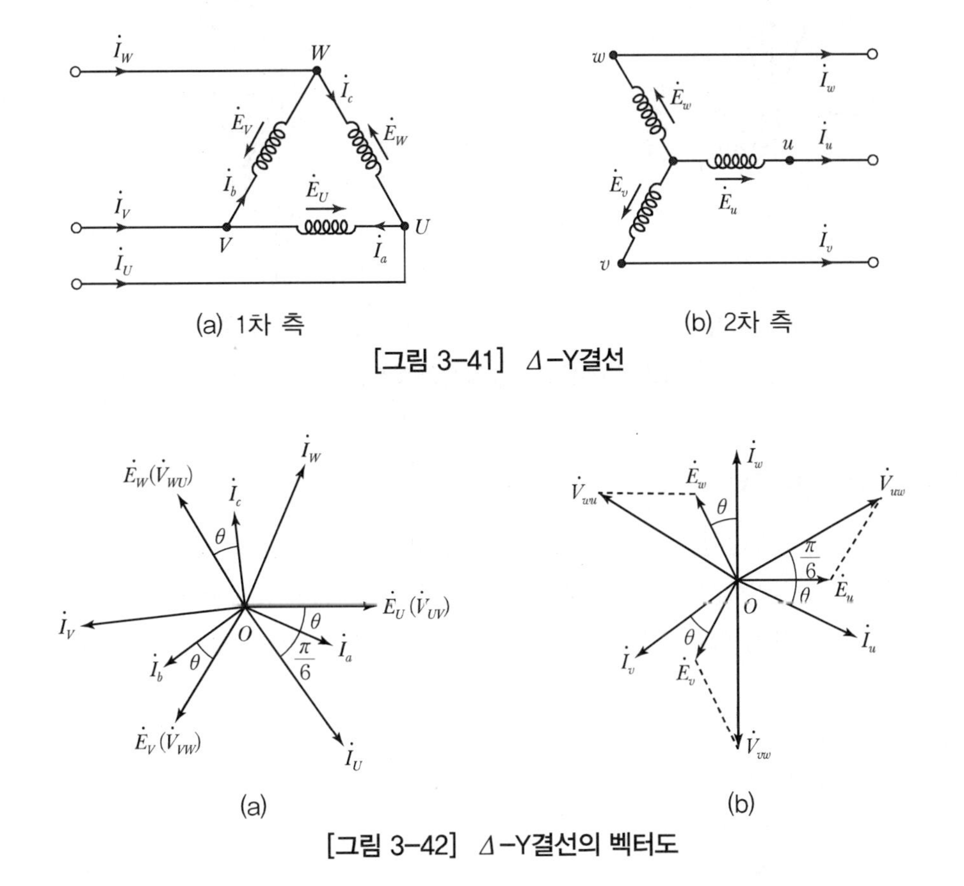

(a) 1차 측　　　(b) 2차 측

[그림 3-41] $\varDelta$-Y결선

(a)　　　(b)

[그림 3-42] $\varDelta$-Y결선의 벡터도

(4) Y-Δ 결선(star-delta connection)

[그림 3-43]은 1차를 Y, 2차를 Δ로 접속한 것이다. 1차 및 2차의 전류와 전압의 관계를 벡터도로 그리면 [그림 3-44]와 같이 되고, 2차 선전전압 $\dot{E}_u(\dot{V}_{uv})$는 1차 선간전압 $\dot{V}_{uv}$ 보다 $\pi/6$ 만큼 늦는 것을 알 수 있다.

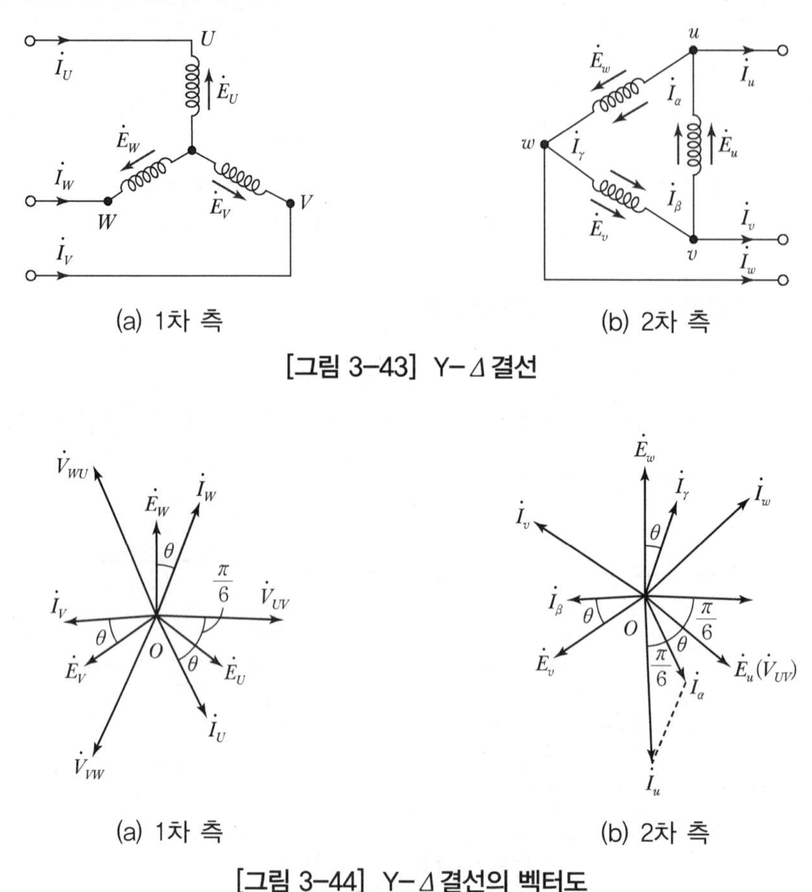

[그림 3-43] Y-Δ 결선

[그림 3-44] Y-Δ 결선의 벡터도

(5) V결선(V-connection)

[그림 3-45]와 같이 V결선은 $\Delta-\Delta$결선으로 한 단상변압기 3개 중 한 개를 제거한 결선법이다. 즉, 3개의 단상변압기에서 1차와 2차가 모두 $\Delta-\Delta$결선으로 구성한 경우 그 중 한 개를 제거해도 나머지 2개의 변압기로 규정전압 상태대로 3상 전압을 3상으로 변환할 수가 있다.

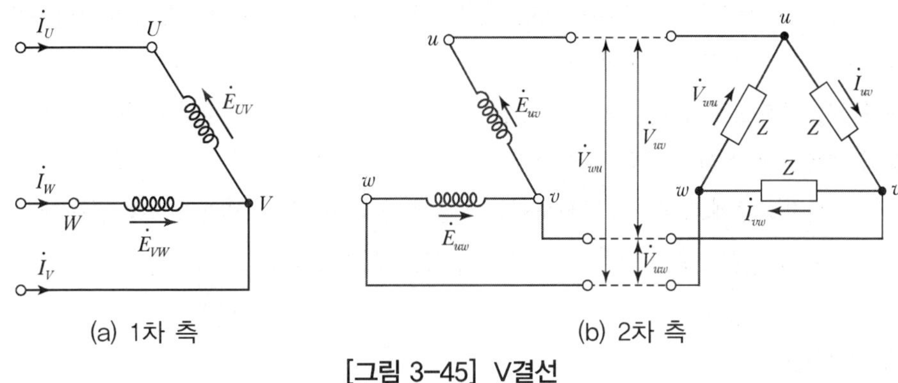

(a) 1차 측 (b) 2차 측

[그림 3-45] V결선

즉, [그림 3-45] (b)에서 2차 측의 각 단자전압 $\dot{V}_{uv}$, $\dot{V}_{uw}$, $\dot{V}_{wu}$는 다음과 같다.

$$\dot{V}_{uv} = \dot{E}_{uv},\ \dot{V}_{uw} = \dot{E}_{uw},\ \dot{V}_{wu} = -\dot{E}_{uv} - \dot{E}_{uw}$$

이것을 벡터도로 그리면 [그림 3-46]과 같이 되어서 $\dot{V}_{uv}$, $\dot{V}_{uw}$, $\dot{V}_{wu}$는 대칭 3상 전압으로 된다.

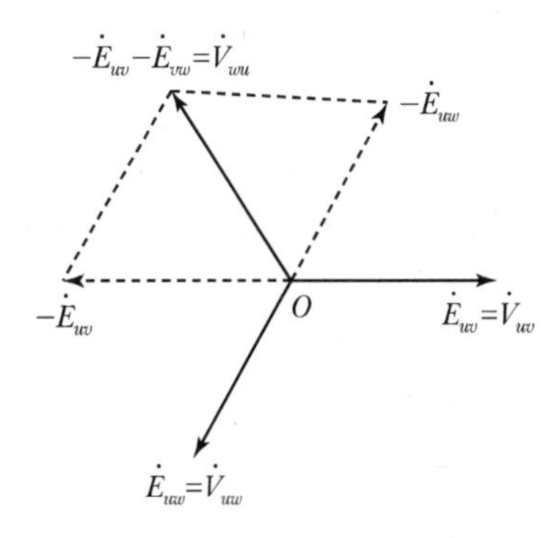

[그림 3-46] V결선의 2차 전압, 전류의 벡터도

3.4.3 각종 3상 결선의 장단점

송배전 선로에서 변압기의 결선 방식을 결정할 때는 각 결선의 장단점을 검토하여 송배전 선로에 맞는 결선 방식을 결정한다.

(1) $\Delta - \Delta$결선

① 단상변압기 3대 중 한 대가 고장일 때에는 이것을 제거하고 나머지 2대를 V결선으로 하여 송전을 계속시킬 수 있다.

② 제3고조파 전압은 각 상이 동상으로 되기 때문에 안에는 순환전류가 흐르지만, 외부에는 흐르지 않으므로 통신장해의 염려가 없다.
③ 중성점을 접지할 수 없다. 따라서 33[kV] 이하의 배전변압기에 주로 사용되며 110[kV] 이상의 계통에는 전혀 사용하지 않는다.
④ 동일한 선간전압에 대하여 Y결선보다도 1상에 가해지는 전압이 높으므로 권수가 많아지고 대부분의 경우에는 절연 때문에 권선의 점적률이 낮아진다.

(2) Y-Y결선

① 중성점을 접지시킬 수 있다.
② 권선전압이 선간전압의 $1/\sqrt{3}$ 이 되기 때문에 절연이 쉽게 되는 등의 이점이 있으나, 기전력에 고조파를 포함하고, 중성점이 접지되어 있을 때에는 선로에 제3고조파를 주로 하는 충전전류가 흐르고 통신장해를 주는 일이 있다. 따라서 이 결선은 거의 사용하지 않으나, 3차 권선을 설치하여 $Y-Y-\Delta$ 의 3권선 변압기로 한 것은 송전용에 널리 사용된다.

(3) Y-Δ 결선, Δ-Y결선

Δ-Y결선은 발전소용 변압기와 같이 낮은 전압을 높은 전압으로 올리는 경우에 주로 사용되고, Y-Δ 결선은 수전단 변전소용 변압기와 같이 높은 전압을 낮은 전압으로 내리는 경우에 주로 사용된다.

① 이 결선에서는 1차 측이든지 2차 측이든지 어느 한 쪽에 Δ 결선이 있고 여자 전류의 제3고조파 통로가 있기 때문에 제3고조파에 의한 장해가 적다.
② Y결선의 중성점을 접지할 수 있다.
③ 1차 선간전압과 2차 선간전압 사이에 $\pi/6$의 위상차가 생긴다.

(4) V결선

① 주상변압기에서는 설치방법이 간단하며 소용량으로 가격도 저렴하므로 3상 부하에 널리 사용된다.
② 부하가 증가하는 경우 $\Delta-\Delta$ 결선으로 할 것을 예정하여 처음에 2개로 V결선해서 사용하는 일이 있다.
③ 변압기 용량의 이용률은 $\sqrt{3}/2=0.866$으로 나쁘고 부하의 상태에 따라서는 2차 단자전압이 불평형으로 된다.

단상변압기 2차 측의 정격전압 및 전류를 각각 V_{2n}, I_{2n}이라 하면, 전부하일 때의 선간전압 V_{l2}, 선로전류 I_{l2} 및 용량은 다음과 같다.

3상 출력=3×단상출력

Y결선에서는 $V_{l2} = \sqrt{3}\,V_{2n},\ I_{l2} = I_{2n}$

용량 $P_Y = \sqrt{3}\,V_{l2}I_{l2} \times 10^{-3} = 3\,V_{2n}I_{2n} \times 10^{-3}$[kVA]

Δ 결선에서는 $V_{l2} = V_{2n},\ I_{l2} = \sqrt{3}\,I_{2n}$

용량 $P_\Delta = \sqrt{3}\,V_{l2}I_{l2} \times 10^{-3} = 3\,V_{2n}I_{2n} \times 10^{-3}$[kVA]

V결선에서는 $V_{l2} = V_{2n},\ I_{l2} = I_{2n}$

용량 $P_v = \sqrt{3}\,V_{l2}I_{l2} \times 10^{-3} = \sqrt{3}\,V_{2n}I_{2n} \times 10^{-3}$[kVA]

따라서 V결선과 Δ 결선의 용량비는 다음과 같다.

$$\frac{P_v}{P_3} = \frac{\sqrt{3}\,V_{2n}\,I_{2n}}{3\,V_{2n}\,I_{2n}} = \frac{1}{\sqrt{3}} \fallingdotseq 0.577$$

동시에 V결선한 변압기 1개당의 이용률은 다음과 같다.

$$\frac{\sqrt{3}\,V_{2n}\,I_{2n}}{2\,V_{2n}\,I_{2n}} = \frac{\sqrt{3}}{2} \fallingdotseq 0.866$$

+예제 3-12 용량 100[kVA]인 동일 정격의 단상 변압기 4대로 낼 수 있는 3상 최대 출력 용량 [kVA]은?

풀이 2대로 V결선으로 했을 경우의 출력 $\sqrt{3}\,P$, 4대일 때는 $2\sqrt{3}\,P$이므로

$2\sqrt{3}\,P = 2\sqrt{3} \times 100 = 200\sqrt{3}$ [kVA]

3.5 상수의 변환

3.5.1 3상-2상 간의 상수변환

단상변압기 2개를 사용하여 3상에서 2상으로 변환하는 방법은 스코트 결선(scott connection)이며, T결선(T connection)이라고도 한다. 이외에 메이어 결선(meyer connection)과 우드브리지 결선(woodbridge connection)이 있으나 복잡하므로 생략한다.

[그림 3-47] (a)와 같이 용량이 동일한 변압기 M, T 2대를 사용하는데 M의 1차 권선 중심점 O와 T의 1차 권선 끝을 연결하고, T변압기에서 1차 전체 권수의 $\sqrt{3}/2 = 0.866$인 점에 구출선을 설치한 것과, M의 양쪽 끝에 각각 3상 전원을 접속한다. 2차 측은 두 변압기가 동일한 극성인 점을 공통의 도선으로 하고 또한, 양쪽 끝에서 도선을 인출하면 2상 3선식의 전원이 된다. 변압기 M을 주좌변압기(主座變壓器 ; main transformer), 변압기 T를 T좌변압기(T座變壓器 : teaser transformer)라고 한다.

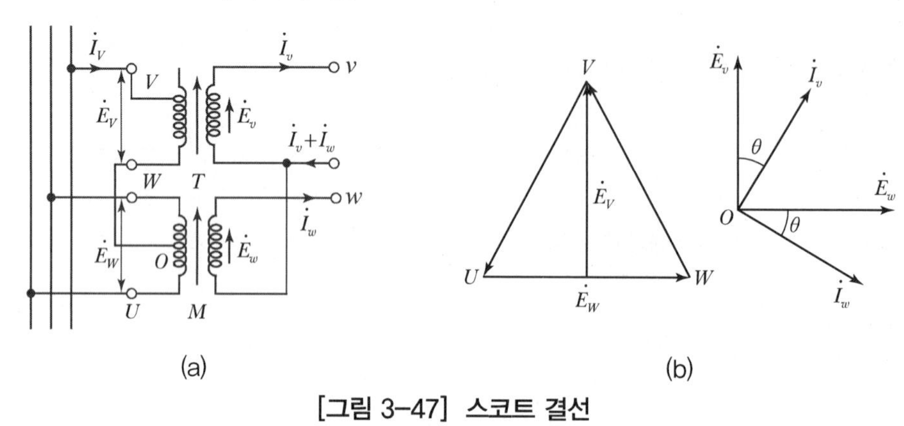

(a) (b)

[그림 3-47] 스코트 결선

(1) 스코트 결선의 이용률

각 변압기의 정격전압을 V, 정격전류를 I라 하면 정격용량의 합은 $2VI$이지만 스코트 결선의 출력은 $\sqrt{3}\,VI$이기 때문에

$$\text{이용률} = \frac{\sqrt{3}\,VI}{2VI} = \frac{\sqrt{3}}{2} = 0.866 \quad \cdots\cdots (3\text{-}48)$$

이 방식은 단상교류 전기철도의 변전소에 사용되며 2상의 각 상 단선구간의 위쪽과 아래쪽 또는, 복선구간의 상하선에 각각 급전하는 데 사용되고 있다.

3.5.2 3상－6상 간의 상수변환

대칭 3상 전압 $\dot{E}_u$, $\dot{E}_v$, $\dot{E}_w$가 있을 때에, 이들을 각각 π만큼씩 이동한 E_u', E_v', E_w'를 만들면, 이들은 대칭 6상식의 전압을 형성한다([그림 3-48] 참조).

따라서 변압기 2차 측의 각 상에 2개씩 동일한 코일을 두고 이들을 적당히 결선해서 3상 전압을 6상 전압으로 변환할 수가 있다. 1차 측의 결선은 Δ결선 또는 Y결선으로 하고, 2차 측에는 여러 가지 결선법이 있다.

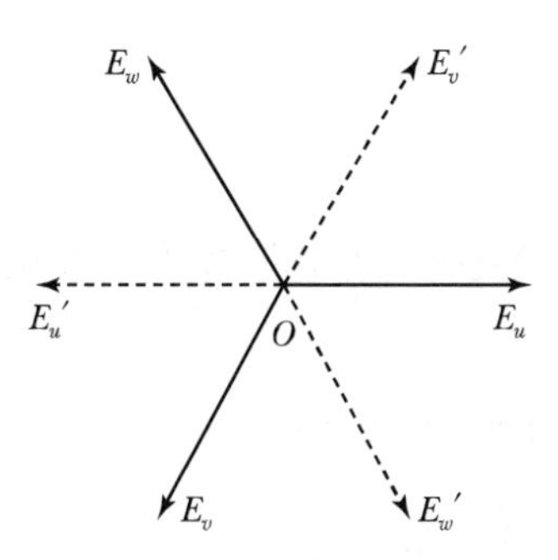

[그림 3-48] 대칭 6상 전압

(1) 환상결선(ring connection)

단상변압기를 1차 권선은 Δ 또는 Y결선한다. 2차 권선을 둘로 나누어서 [그림 3-49] (a)와 같이 E_u', E_v', E_w'의 정방향(+)을 반대로 하면 위상이 π만큼 변한다. 따라서 E_u, E_w', E_v, E_u', E_w, E_v'는 대칭 6상 전압이 된다.

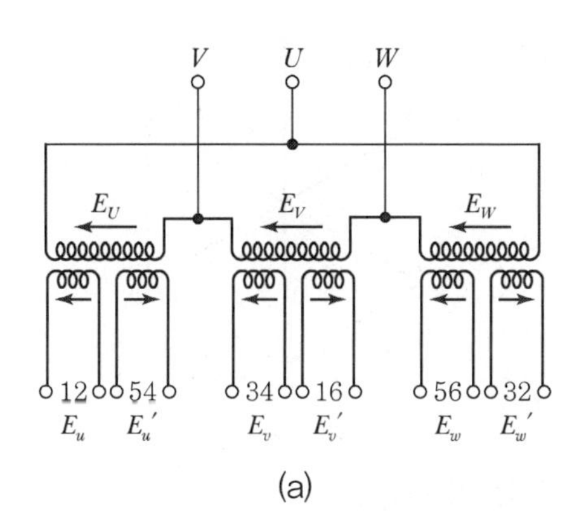

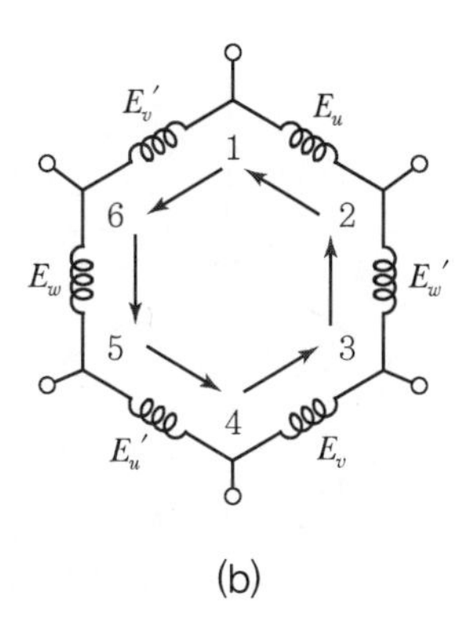

[그림 3-49] 6상 환상결선

이들의 2차 권선을 그림 (b)와 같이 차례로 같은 부호의 단자로 연결하면 환상결선의 6상 회로가 되고 전압의 벡터도는 [그림 3-50]과 같이 된다.

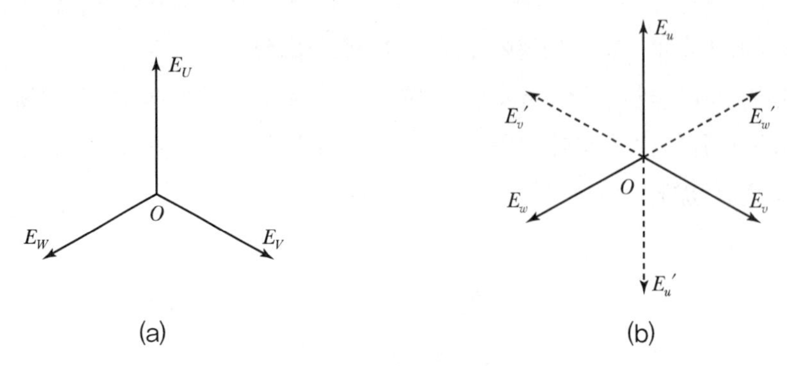

[그림 3-50] 6상 환상결선의 벡터도

(2) 대각결선(diametrical connection)

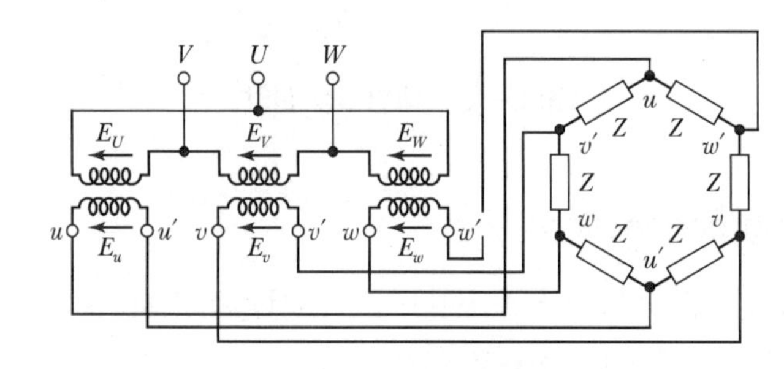

[그림 3-51] 6상 대각결선

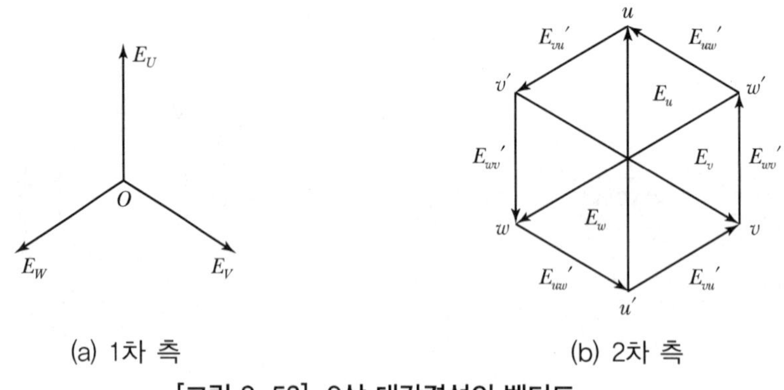

[그림 3-52] 6상 대각결선의 벡터도

이것은 일반적으로 사용되는 결선이며 2차 권선을 두 개로 나누지 않고, [그림 3-51]과 같이 평형 6상 부하가 상대하는 꼭지점(頂點)에 접속하는 방법이다. [그림 3-52]와 같이 단자전압은 대칭 6상 전압이 된다.

(3) 2중 성형결선

[그림 3-53] (a)와 같이 결선하면 2차 기전력은 그림 (b)와 같이 대칭 6상 기전력이 된다.

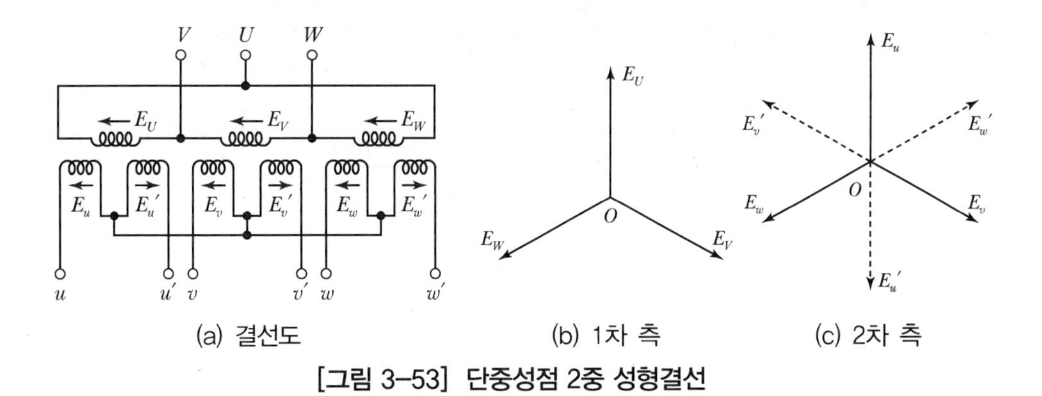

(a) 결선도 (b) 1차 측 (c) 2차 측

[그림 3-53] 단중성점 2중 성형결선

(4) 2중 3각 결선

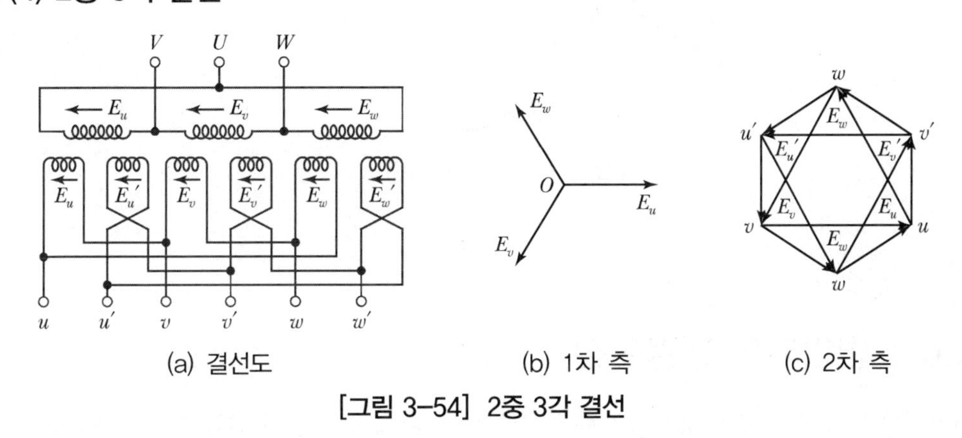

(a) 결선도 (b) 1차 측 (c) 2차 측

[그림 3-54] 2중 3각 결선

2차 측의 각 상에 2개씩 권선이 있으며 이들을 2개의 Δ 결선으로 하고 1조는 반대로 결선한다(그림 3-54 참조). 대각결선의 경우와 같이 평형 6상 부하가 상대하는 3정점에 접속한다. 전압 벡터도는 [그림 3-54] (b)와 같이 되고 각 인접 단자전압은 대칭 6상 전압이 된다.

(5) 포크결선(fork connection)

변압기의 2차 권선을 3조로 하여 [그림 3-55] (a)와 같이 결선하며 그림 (b)는 2차 측 벡터도이며, 이 결선은 고압용의 수은 정류기에 이용된다.

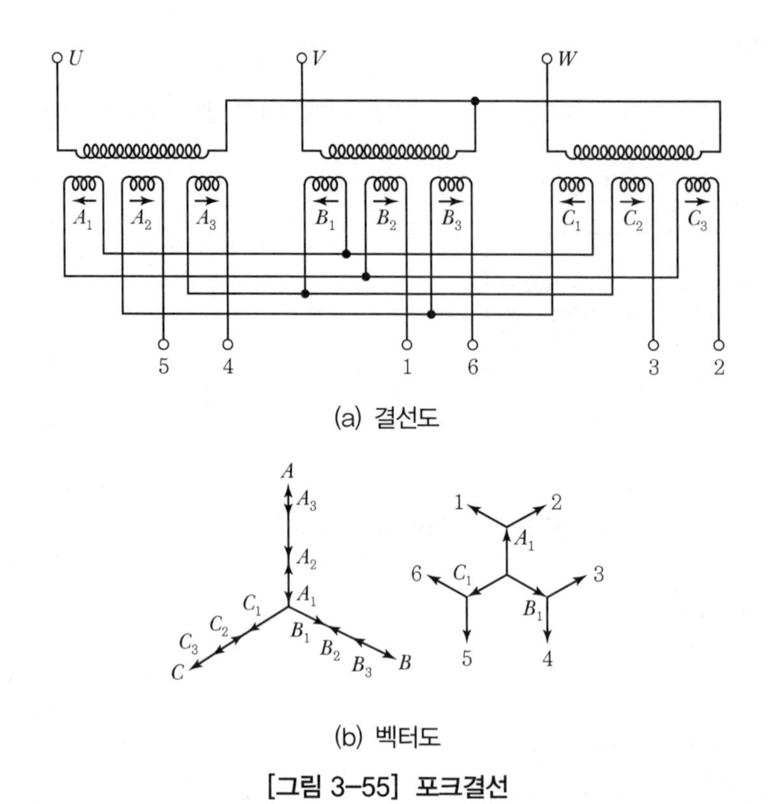

(a) 결선도

(b) 벡터도

[그림 3-55] 포크결선

3.6 변압기의 병렬운전

변압기의 부하 증대 또는 경제적인 운전이라는 점에서 2대 이상이 변압기의 1차 측과 2차 측을 각각 병렬로 운전할 필요가 있을 때가 있다. 이것을 변압기의 병렬운전이라 하고, 병렬운전이 이상적으로 이루어지려면, 각 변압기가 그 용량에 비례해서 전류를 분담하고, 변압기 상호 간에 순환전류가 흐르지 않으며, 각 변압기의 전류의 대수합이 항상 전체의 부하전류와 같아야 한다.

위와 같은 결과를 얻으려면 다음과 같은 조건이 필요하다.

① 각 변압기의 극성이 같을 것

② 각 변압기의 권수비가 같고, 1차와 2차의 정격전압이 같을 것

③ 각 변압기의 %임피던스 강하가 같을 것

④ 3상식에서는 위의 조건 외에 각 변압기의 상회전 방향 및 위상변위가 같을 것

이상의 조건을 만족한 N대의 변압기를 병렬로 운전하면 N배의 용량을 가진 한 대의 변압기와 같은 역할을 한다. 만일 2차 권선의 극성이 반대인 변압기를 연결하면, 2차 권선의 순환회로에 2

차 기전력의 합이 가해지므로, 2차 권선을 소손할 염려가 있다. 또, 권수비가 다르면, 2차 기전력의 크기가 서로 다르게 되므로, 그 차에 의해서 2차 권선의 순환회로에 순환전류(횡류)가 흘러서 권선을 과열하게 된다. ③의 조건을 만족하지 못하면 부하의 분담이 용량의 비로 되지 않게 되어 변압기의 용량합 만큼 부하전력을 공급할 수 없게 되고, ④의 조건을 만족하지 못하면 각 변압기의 전류 간에 위상차가 생기기 때문에 동손이 증가하게 되므로 각 변압기의 전류가 동상으로 되는 것이 바람직하다.

3.6.1 단상변압기의 병렬운전

[그림 3-56] (a)와 같이 병렬로 연결된 변압기의 등가회로를 그리면 그림 (b)와 같이 된다.

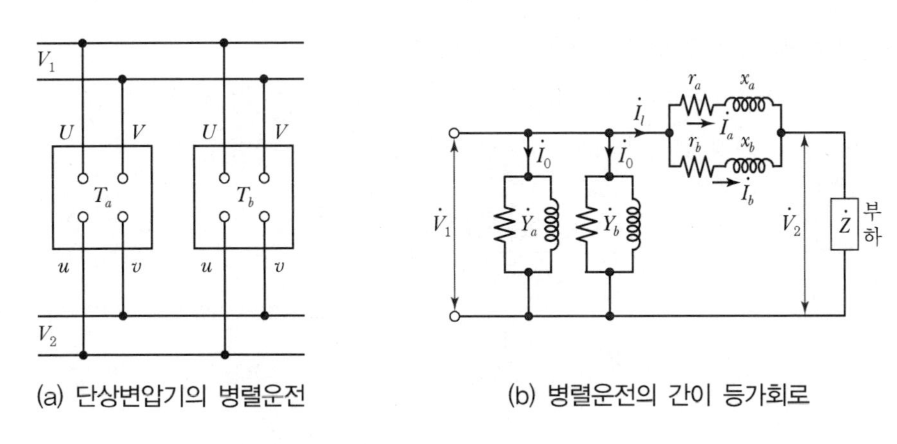

(a) 단상변압기의 병렬운전

(b) 병렬운전의 간이 등가회로

[그림 3-56] 단상변압기의 병렬운전

각 변압기의 1차 측과 2차 측은 각각 동일선로와 동일모선에 연결되어 있으므로, 그 단자전압은 같다. 따라서 그 전압을 각각 $\dot{V}_1$, $\dot{V}_2$라 하고, 또 각 변압기의 부하전류를 각각 $\dot{I}_a$, $\dot{I}_b$라고 하면

$$\left.\begin{aligned}\dot{V}_1 &= \dot{Z}_a\dot{I}_a + \dot{V}_2 \\ \dot{V}_1 &= \dot{Z}_b\dot{I}_b + \dot{V}_2\end{aligned}\right\} \quad \cdots\cdots (3\text{-}49)$$

이고 여자전류를 무시하면, 1차 전류 $\dot{I}_1$은

$$\dot{I}_1 = \dot{I}_a + \dot{I}_b \quad \cdots\cdots (3\text{-}50)$$

또한

$$\dot{Z}_a \dot{I}_a = \dot{Z}_b \dot{I}_b = \dot{Z}_1 \dot{I}_1 \quad \cdots\cdots (3\text{-}51)$$

단, $\dot{Z}_1 = \dfrac{\dot{Z}_a \dot{Z}_b}{\dot{Z}_a + \dot{Z}_b}$

$$\therefore \frac{\dot{I}_a}{\dot{I}_b} = \frac{\dot{Z}_b}{\dot{Z}_a} \quad \cdots\cdots (3\text{-}52)$$

$$\dot{I}_a = \dot{I}_1 \times \frac{\dot{Z}_1}{\dot{Z}_a}, \ \dot{I}_b = \dot{I}_1 \times \frac{\dot{Z}_1}{\dot{Z}_b} \quad \cdots\cdots (3\text{-}53)$$

이상의 관계는 3개 이상의 경우에도 성립한다.

T_a, T_b 두 변압기의 1차 정격전류를 I_{an}[A], I_{bn}[A]로 하고, 1차 정격전압을 V_n[V]라 하면 백분율 임피던스 강하 z_a, z_b는 다음과 같다.

$$\left.\begin{array}{ll} z_a = \dfrac{Z_a I_{an}}{V_n} \times 100 & \therefore Z_a = \dfrac{z_a V_n}{I_{an} \times 100} \\ z_b = \dfrac{Z_b I_{an}}{V_n} \times 100 & \therefore Z_b = \dfrac{z_b V_n}{I_{bn} \times 100} \end{array}\right\} \quad \cdots\cdots (3\text{-}54)$$

위의 식을 식 (3-52)에 대입하면 다음과 같다.

$$\frac{I_a}{I_b} = \frac{z_b V_n I_{an}}{z_a V_n I_{bn}} = \frac{z_b}{z_a} \times \frac{V_n I_{an}}{V_n I_{bn}} = \frac{z_b}{z_a} \times \frac{P_{an}}{P_{bn}} \quad \cdots\cdots (3\text{-}55)$$

여기서, P_{an}[VA] 및 P_{bn}[VA]는 각 변압기의 정격용량이다.

변압기 T_a의 정격용량을 변압기 T_b 용량의 m 배로 하면

$$P_{an} = m P_{bn}$$

$$\therefore \frac{I_a}{I_b} = m \frac{z_b}{z_a} \quad \cdots\cdots (3\text{-}56)$$

따라서 어떠한 부하에 대해서도 각 변압기가 분담하는 전류가 정격용량에 비례하고 $I_a / I_b = m$으로 되기 위해서는, 식 (3-56)에서 두 변압기의 백분율 임피던스강하 z_a와 z_b가 같아야 한다는 것을 알 수 있다.

r/x 비가 같지 않으면 각 변압기의 전류 사이에 위상차가 있기 때문에 변압기의 동손이 증가하게 된다. 이 경우 I_1 에 대하여 I_a 와 I_b 의 위상이 다르면 변압기는 유효하게 이용되지 못한다. 일정한 I_1 에 대하여 I_a, I_b 를 최소로 해서 사용하는 것이 동손을 최소로 하게 된다. 이를 위해서는 I_a 와 I_b 가 동상(同相)이어야 한다.

[그림 3-57] (a), (b)는 이러한 경우의 관계를 나타낸 벡터도이다. 그림 (a)에서는 변압기의 임피던스의 각 β 는 같고, $\dfrac{r_a}{x_a} = \dfrac{r_b}{x_b}$ 이기 때문에 전체의 부하전류 I_1 은 $I_1 = I_a + I_b$ 와 같이 대수합(代數合)이 되고, 그림 (b)에서는 $\dfrac{r_a}{x_a} \neq \dfrac{r_b}{x_b}$ 로 $\beta_a \neq \beta_b$ 가 되고, 전체의 부하전류 I_1 은 $\dot{I_1} = \dot{I_a} + \dot{I_b}$ 의 벡터합이 된다.

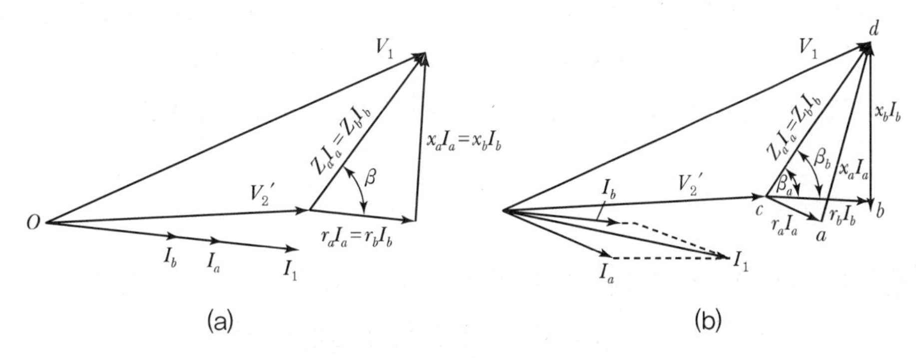

[그림 3-57] 병렬운전의 벡터도

각 변압기의 부하분담량을 구해보면 전체의 부하를 [VA], 두 변압기의 부하분담량을 P_a[VA] 및 P_b[VA]라고 하면

$$\frac{I_a}{I_b} = \frac{V_n I_a}{I_b V_n} = \frac{P_a}{P_b}$$

이므로 식 (3-55)에서

$$\frac{I_a}{I_b} = \frac{P_{an} z_b}{P_{bn} z_a} = \frac{\dfrac{P_{an}}{z_a}}{\dfrac{P_{bn}}{z_b}} = \frac{P_a}{P_b} \quad \cdots\cdots (3\text{-}57)$$

위의 식에서 $\frac{P_{an}}{z_a} = A$, $\frac{P_{bn}}{z_b} = B$로 하면

$$\frac{P_a}{P_b} = \frac{A}{B}$$

만약 두 변압기의 저항과 리액턴스의 비가 같으면, $I_1 = I_a + I_b$이기 때문에

$$P = P_a + P_b$$

$$\therefore P_a = P \times \frac{A}{A+B}, \quad P_b = P \times \frac{B}{A+B} \qquad \cdots\cdots (3\text{-}58)$$

이 관계는 변압기가 3개 이상인 경우에도 성립한다.

저항과 리액턴스의 비가 같지 않을 때에는 식 (3-58)은 올바르지 않으나, 실제로 이 비의 차이는 작기 때문에 실용상 이 식을 사용해도 관계없다. 일반적으로 두 변압기에 정격용량의 비가 3 : 1 이내이고, 백분율 임피던스의 차이가 그 평균값의 10[%] 이내이면 병렬운전을 해도 상관없다.

+ 예제 3-13 3,150/210[V]인 변압기의 용량이 각각 250[kVA], 200[kVA]이고, % 임피던스 강하가 각각 2.5[%]와 3[%]일 때 그 병렬 합성 용량[kVA]은?

풀이

$$m = \frac{P_A}{P_B} = \frac{(\text{kVA})_\text{A}}{(\text{kVA})_\text{B}} = \frac{250}{200} = \frac{5}{4},$$

$$\frac{P_a}{P_b} = \frac{(\text{kVA})_\text{a}}{(\text{kVA})_\text{b}} = m \times \frac{(\%I_B Z_b)}{(\%I_A Z_a)} = \frac{5}{4} \times \frac{3}{2.5} = \frac{3}{2}$$

$$P_b = P_a \cdot \frac{2}{3} = 250 \times \frac{2}{3} = 166.67[\text{kVA}]$$

$$\therefore 250 + 166.67 = 416.67[\text{kVA}] \fallingdotseq 417[\text{kVA}]$$

3.6.2 3상 변압기군의 병렬운전

단상변압기 3대로 3상 결선된 것(뱅크)을 병렬운전하는 경우에는, 단상변압기의 병렬운전 조건 외에 상회전(相回轉 : phase rotation)의 방향 및 1차, 2차 선간 유도 기전력의 위상변위(位相變位 : phase deviation)가 같지 않으면 안 된다. 정격 1차, 2차 전압이 같으면 같은 위상변위일 때 동일한 기호의 단자를 접속하여 병렬운전을 할 수 있다.

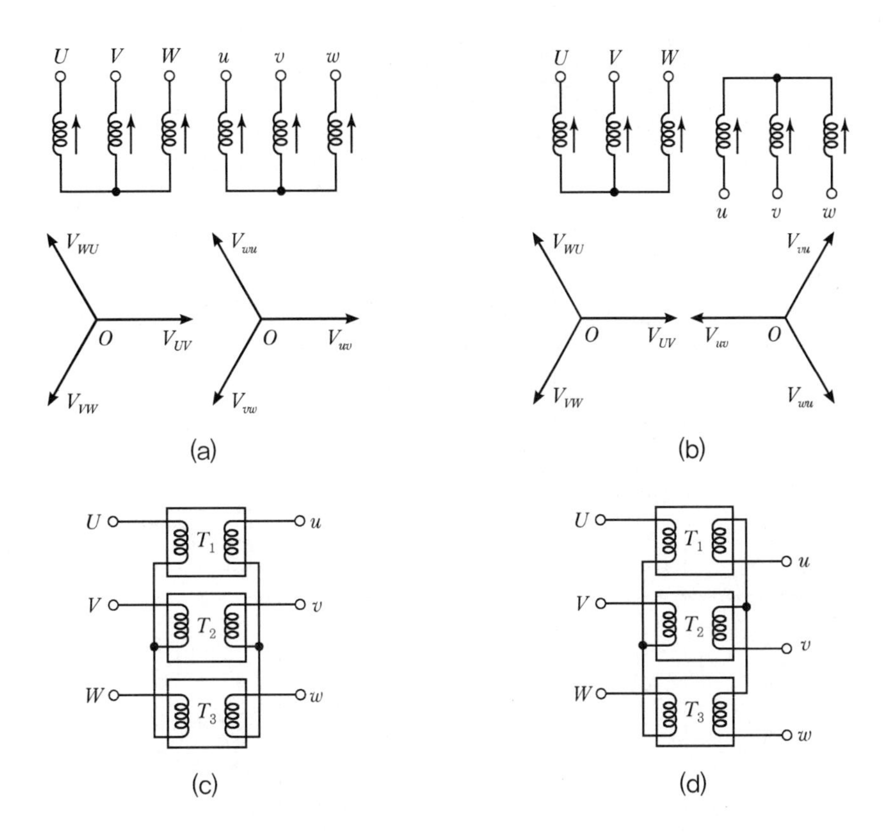

[그림 3-58] 3상 결선과 벡터도 및 실제 결선도

3상 변압을 하는 경우에는 예를 들면 같은 Y-Y결선이라도 [그림 3-58]과 같이 극성을 반대로 하는 두 가지 종류의 결선법이 된다. 따라서 모두 Y결선방식이라도 접속방법에 따라 1차 측과 2차 측의 전압벡터 관계가 그림 (a), (b)와 같이 다르게 되며, 실제 결선도는 (c), (d)와 같은 차이점이 있다. 이 관계는 1차와 2차가 대응하는 유도전압 사이의 위상차로 표시되며 위상변위라고 한다. 즉, 위상변위란 [그림 3-59]의 전압벡터도 중에서 1차 측 중성점에서부터 U와 u의 직선과 2차 측 중심점에서부터 u와의 직선 사이의 각도이며, 시계식으로 측정한 각도를 (+)로 한다. [그림 3-59]는 각종 결선에 대해서 위상변위를 나타낸 것이다.

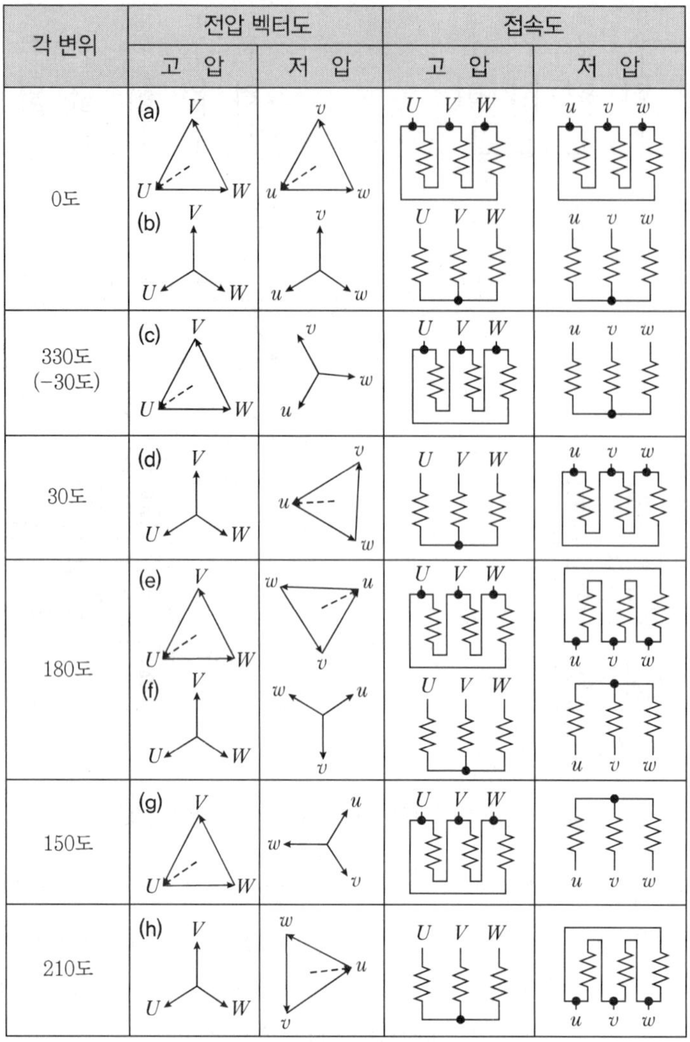

각 변위	전압 벡터도		접속도	
	고 압	저 압	고 압	저 압
0도	(a) V U W (b) V U W	v u w v u w	U V W U V W	u v w u v w
330도 (−30도)	(c) V U W	v w u	U V W	u v w
30도	(d) V U W	v u w	U V W	u v w
180도	(e) V U W (f) V U W	w u v w u v	U V W U V W	u v w u v w
150도	(g) V U W	u w v	U V W	u v w
210도	(h) V U W	w u v	U V W	u v w

[그림 3-59] 3상 결선의 위상 변위

병렬운전이 가능한 결선과 불가능한 조합을 나타내면 [표 3-4]와 같다. V-V는 $\Delta-\Delta$와 같이 취급해도 좋으므로 병렬운전의 가능, 불가능은 $\Delta-\Delta$에 준한다.

[표 3-4] 3상 변압기의 병렬운전 결선 조합

가능	불가능
$\Delta-\Delta$와 $\Delta-\Delta$	$\Delta-\Delta$와 $\Delta-Y$
$Y-Y$와 $Y-Y$	$\Delta-Y$와 $\Delta-Y$
$Y-\Delta$와 $Y-\Delta$	
$\Delta-Y$와 $\Delta-Y$	
$\Delta-\Delta$와 $Y-Y$	
$\Delta-Y$와 $Y-\Delta$	

3.7 손실, 효율 및 정격

3.7.1 손실

변압기의 손실(loss)은 부하전류와 관계가 있는 부하손실(load loss)과 관계 없는 무부하손실(no-load loss), 두 가지로 나눌 수 있다. 무부하손실은 여자전류에 의한 저항손과 절연물의 유전체손(dielectric loss)도 다소 포함되어 있으나 주로 철손을 말한다. 그리고 부하손실은 주로 부하전류에 의한 저항손이지만, 기타 부하전류에 의한 누설자속에 관계되는 권선 내의 손실, 외함, 볼트 등에 생기는 손실로 계산으로도 구하기 어려운 표유부하손(stray load loss)이 있다.

변압기에는 회전부분이 없으므로 기계적 손실이 없고 따라서 효율은 일반 회전기에 비하여 매우 양호하며 5[kVA] 정도의 소형인 것은 96[%] 정도이고 10,000[kVA] 이상의 대형인 것은 99[%] 이상인 것도 있다.

(1) 무부하손

2차 권선을 개방하고, 1차 단자 간의 정격전압을 가했을 때 생기는 손실로서 주로 철손이고 여자전류에 의한 저항손은 작은 전력이고 또 유전체손은 전압이 매우 높은 것 이외는 작으므로 보통의 변압기에서는 모두 무시한다.

철손은 히스테리시스손과 와전류손의 합을 말하는 것으로서 무부하손의 대부분을 차지하고 있으므로 보통 무부하손이라고 하면 철손이라고 생각하여도 된다.

히스테리시스손은 많은 실험결과 다음과 같은 식으로 표시되고 있다.

$$P_h = \sigma_h f B_m^{1.6} \sim \sigma_h f B_m^2 [\text{W/kg}] \quad \cdots\cdots (3\text{-}59)$$

여기서, σ_h 는 재료에 따르는 정수로서 히스테리시스 정수라 하고 f 는 주파수[Hz], B_m 는 자속밀도의 최댓값[Wb/m^2]이다.

철손의 약 80[%]는 히스테리시스손이고 또 변압기에서는 기계손이 없어 철손의 대소가 효율에 미치는 영향이 크므로 철심으로서는 σ_n가 작은 규소강판이 사용된다. 와전류손은 자속의 변화에 의해서 철심내부에 유도되는 와전류에 의한 것으로서 많은 실험결과 다음의 식으로 표시되고 있다.

$$P_e = \sigma_e (t\, f\, k_f\, B_m)^2 [\text{W/kg}] \quad \cdots\cdots (3\text{-}60)$$

여기서, σ_e는 재료에 의한 정수, t는 철판의 두께[m], f는 주파수[Hz], k_f는 파형률이다. 위 식에서 알 수 있는 바와 같이 와전류손을 적게 하기 위해서는 가급적 얇은 철판을 쓰는 것이 바람직하다.

+예제 3-14 3,300[V], 60[Hz]용 변압기의 와류손이 720[W]이다. 이 변압기를 2,750[V], 50[Hz]의 주파수에 사용할 때 와류손[W]은?

풀이 $P_e = \sigma_e (t\, f\, k_f\, B_m)^2 = \sigma_e \left(tfk_f \times \dfrac{E_1}{4.44fN_1} \right)^2 = \sigma_e \left(\dfrac{tk_f}{4.44N_1} \right)^2 E_1^{\,2}$

즉, 와류손은 주파수와는 무관하고 전압의 제곱에 비례하므로

(B_m이 일정하고 f만 변할 경우에는 와류손은 f^2에 비례)

$\therefore P_e' = P_e \times \left(\dfrac{V'}{V} \right)^2 = 720 \times \left(\dfrac{27,50}{3,300} \right)^2 = 500[\text{W}]$

(2) 무부하시험(no load test)

[그림 3-60]과 같이 2차를 개방하고 1차 단자에 정격주파수, 정격전압 V_{1n} 을 가하여 전류 I_0 (여자전류)와 전력 P_0을 측정한다. 이 P_0 에서 1차 동손을 뺀 것이 철손 P_i [W]가 된다.(유전체손을 무시) 이 시험결과에서 여자 어드미턴스 Y_0 [℧]와 위상각 θ_0 를 계산하면 다음과 같다.

$$\left.\begin{aligned} & Y_0 = \frac{I_0}{V_{1n}},\ g_0 = \frac{P_i}{V_{1n}^{\,2}} \\ & b_0 = \sqrt{\left(\frac{I_0}{V_{1n}}\right)^2 - \left(\frac{P_i}{V_{1n}^{\,2}}\right)^2}\ [\mho] \\ & \cos\theta_0 = \frac{P_i}{V_{1n}\, I_0} \end{aligned}\right\} \quad \cdots\cdots (3\text{-}61)$$

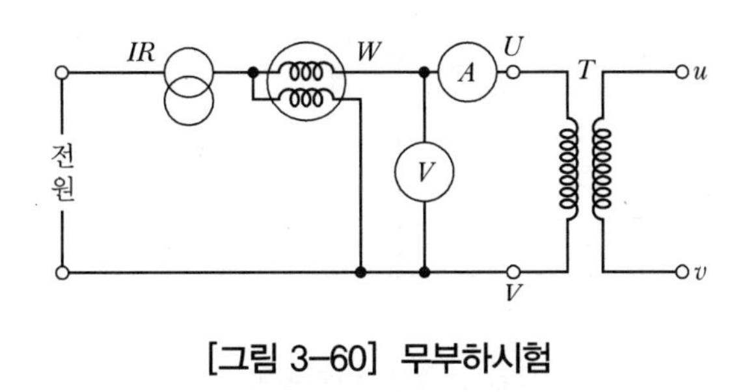

[그림 3-60] 무부하시험

(3) 부하손

변압기의 부하손은 부하전류에 의한 저항손(ohmic loss), 즉 동손과 표유부하손으로 분류되고 이 손실은 보통 매우 작다.

직류로 측정했을 때 1차 저항이 r_1[Ω], 2차 저항이 r_2[Ω]이면 동손은 다음과 같다.

$$P_c = kI_1^2(r_1 + a^2 r_2)\text{[W]} \quad \cdots\cdots (3\text{-}62)$$

$$\text{여기서, } k = \frac{\text{교류저항}}{\text{직류저항}} = 1.1 \sim 1.25 \quad \cdots\cdots (3\text{-}63)$$

이것은 도체에 교류를 통하면 누설자속으로 인하여 도체의 단면에서는 표피작용에 의해서 전류의 밀도가 고르지 못하게 되므로 저항이 증가한 것과 같은 효과가 나타나게 됨을 뜻하는 것이다. 이것을 막기 위해서는 절연한 도체를 병렬로 사용하거나, 도체의 위치를 도중에서 바꾸는 전위(transposition)를 하면 된다.

권선의 저항 r은 다음과 같다.

$$r = \rho_0 \frac{nl}{A}(1 + \alpha_0 t) \quad \cdots\cdots (3\text{-}64)$$

여기서, ρ_0는 0[℃]의 저항률[Ω · m], n은 직렬로 접속된 권수, l은 권선의 평균길이[m], A는 도체의 단면적[m^2], t는 권선의 온도, α는 0[℃]의 저항의 온도계수(동 0.0039, 알루미늄 0.0040)이다.

(4) 단락시험(short circuit test)

[그림 3-61]과 같이 2차 측을 단락하고 1차 측에 정격주파수의 저전압을 가하여 유도 전압조정기 IR로 서서히 상승하면서 1차 전류와 입력을 측정한다. 1차 전류가 정격전류 I_{1n}[A]와 같을 때의 입력 P_S[W]가 부하손(전압이 낮으므로 철손은 무시)이고, 이때의 전압계의 지시 V_S[V]는 임피던스전압이다. 이 시험을 단락시험이라 하고, 권선의 저항, 누설 리액턴스를 구할 수 있다.

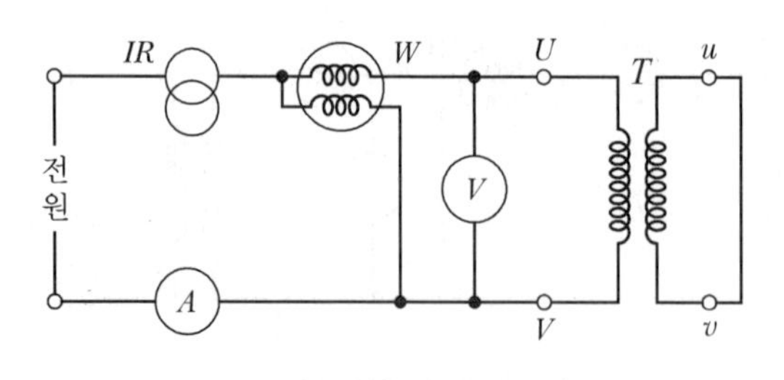

[그림 3-61] 단락시험

3.7.2 효율

전기기계의 효율에는 출력과 입력을 측정해서 구하는 실측효율(actual measured efficiency)과 규약에 따라 손실을 결정하여 계산으로 구하는 규약효율(conventional efficiency)이 있다. 변압기의 효율은 규약효율을 표준으로 한다.

(1) 규약효율

변압기의 효율은 정격 2차 전압 및 정격주파수에 있어서의 출력[kW], 또는 입력과 전손실을 기준으로 해서 다음과 같이 구한다.

$$\text{효율}\ \eta = \frac{\text{출력}}{\text{출력} + \text{손실}} \times 100 = \frac{\text{입력} - \text{손실}}{\text{입력}} \times 100[\%] \quad \cdots\cdots (3\text{-}65)$$

이와 같이 정한 것을 규약효율이라고 한다. 특히 지정하지 않았을 때의 역률은 100[%], 온도는 75[℃]로 가정한다.

$$\eta = \frac{\text{출력}}{\text{출력} + \text{철손} + \text{부하손}} \times 100[\%]$$

$$= \frac{V_2 I_2 \cos\theta_2}{V_2 I_2 \cos\theta_2 + P_i + I_2^2 r} \times 100[\%] \quad \cdots\cdots (3\text{-}66)$$

+ 예제 3-15 5[kVA] 단상변압기의 무유도 전부하에서의 동손은 120[W], 철손은 80[W]이다. 전부하의 $\frac{1}{2}$ 되는 무유도 부하에서의 효율[%]은?

풀이 $\eta = \dfrac{VI\cos\phi}{VI\cos\phi + P_i + P_c} \times 100$

$$\therefore n_{\frac{1}{2}} = \frac{5\times10^3\times\dfrac{1}{2}}{5\times10^3\times\dfrac{1}{2}+80+120\times\left(\dfrac{1}{2}\right)^2}\times100 = \frac{2{,}500}{2{,}500+80+30}\times100 = 95.8[\%]$$

(2) 최대효율

식 (3-66)에 부하율 $\dfrac{1}{m}$일 때 정격전압 V_{2n}, 정격전류 I_{2n}, 역률 $\cos\theta_2$, 철손 P_i, 전부하동손 P_c를 대입하면

$$\eta = \frac{\dfrac{1}{m}V_{2n}\,I_{2n}\cos\theta_2}{\dfrac{1}{m}V_{2n}\,I_{2n}\cos\theta_2 + P_i + \left(\dfrac{1}{m}\right)^2 P_c} = \frac{V_{2n}\,I_{2n}\cos\theta_2}{V_{2n}\,I_{2n}\cos\theta_2 + mP_i + \dfrac{1}{m}P_c} \quad \cdots\cdots\cdots\cdots (3\text{-}67)$$

공급전압과 주파수가 일정하면, $P_l = mP_i + \dfrac{P_c}{m}$가 최소일 때 효율은 최대가 되므로 효율이 최대가 되는 부하율 $\dfrac{1}{m}$은

$$\frac{dP_l}{dm} = P_i - \left(\frac{1}{m}\right)^2 P_c = 0$$

$$P_i = \left(\frac{1}{m}\right)^2 P_c \quad \cdots\cdots\cdots\cdots (3\text{-}68)$$

따라서

$$\frac{1}{m} = \sqrt{\frac{P_i}{P_c}} \quad \cdots\cdots\cdots\cdots (3\text{-}69)$$

즉, 부하율 $\dfrac{1}{m}$일 때 철손과 동손이 같으면 최대효율(maximum efficiency)이 된다. 전력용 변압기는 전부하의 75[%] 정도, 배전용 변압기는 전부하의 60[%] 정도에서, 즉 어느 정도 경부하에서 $P_i = P_c$가 되어 최대 효율이 되도록 만든다.

부하와 효율 및 손실과의 관계를 나타내면 [그림 3-62]와 같다.

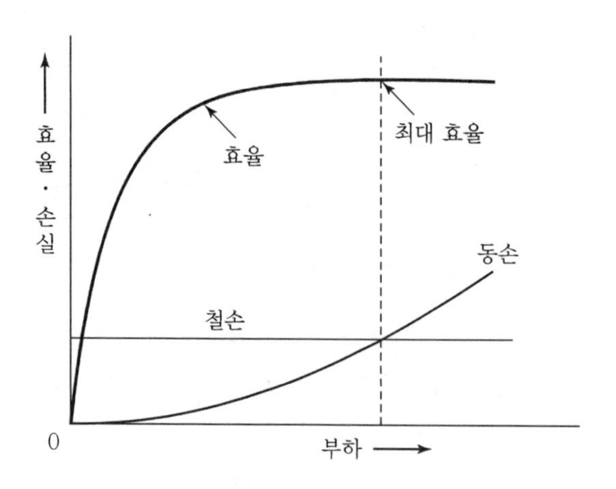

[그림 3-62] 부하의 손실 및 효율

+예제 3-16 150[kVA]의 변압기 철손이 1[kW], 전부하 동손이 2.5[kW]이다. 이 변압기의 최대 효율은 몇 [%] 전부하에서 나타나는가?

풀이 변압기 효율은 $m^2P_c = P_i$일때 최대이므로 $m^2 \times 2.5 = 1 \quad \therefore m = \sqrt{\frac{1}{2.5}} = 0.632$

즉, 63.2[%] 부하에서 최대 효율이 된다.

+예제 3-17 정격 150[kVA], 철손 1[kW], 전부하 동손이 4[kW]인 단상변압기의 최대 효율[%]과 최대 효율 시의 부하[kVA]를 구하면?

풀이 변압기 효율은 $m^2P_c = P_i$일 때 최대이므로

$m^2 \times 4 = 1 \quad \therefore m = \sqrt{\frac{1}{4}} = \frac{1}{2}$

따라서 $150 \times \frac{1}{2} = 75$[kVA]에서 최대 효율이 된다.

$$\therefore \eta_m = \frac{150 \times \frac{1}{2}}{150 \times \frac{1}{2} + 1 \times 2} \times 100 = 97.4[\%]$$

(3) 전일효율

배전용 변압기와 부하는 항상 변화하므로 정격출력에서의 효율보다는 어느 일정기간 동안의 효율을 생각하지 않으면 안 된다. 이를 위해서 하루 중의 출력 전력량과 입력 전력량의 비를 **전일효율**(allday efficiency)로 정하고 다음 식과 같이 계산한다.

$$\eta_d = \frac{\sum h \frac{1}{m} V_{2n} I_{2n} \cos\theta_2}{\sum h \frac{1}{m} V_{2n} I_{2n} \cos\theta_2 + 24P_i + \sum h \left(\frac{1}{m}\right)^2 P_c} \times 100 \quad \cdots\cdots (3\text{-}70)$$

식 (3−70)은 하루 종일 전압이 일정한 전원에 연결한 변압기에 부하 $P_2 = \sum \frac{1}{m} V_{2n} I_{2n} \cos\theta_2$ 가 h 시간 동안 걸렸을 때의 전일효율을 나타낸 것이다.

전일효율을 최대로 하기 위해서는

$$\eta_d = \frac{\sum h V_{2n} I_{2n} \cos\theta_2}{\sum h V_{2n} I_{2n} \cos\theta_2 + 24P_i + \sum h \frac{1}{m} \cdot P_c} \times 100$$

에서

$$24P_i = \sum h \left(\frac{1}{m}\right)^2 P_c \quad \cdots\cdots (3\text{-}71)$$

즉, 무부하손의 합과 부하손의 합을 같게 하면 된다. 이런 경우에는

$$P_i = \sum \left(\frac{1}{m}\right)^2 P_c \cdot h / 24 \quad \cdots\cdots (3\text{-}72)$$

로 되어, 부하 시간이 짧을수록 철손을 적게 하지 않으면 안 된다.

3.7.3 정격

변압기의 정격이란 지정된 조건하에서의 사용한도로서, 이 사용한도는 피상전력으로 표시하고, 이것을 **정격용량**(rated capacity)이라 한다. 지정된 조건이란 정격용량에 대한 전압, 전류, 주파수 및 역률을 말하고, 이것을 각각 정격전압, 정격전류, 정격주파수 및 정격역률이라고 한다. 위에서 말한 사용한도와 지정조건은 명판(name plate)에 표시하여야 한다(KS C 4001).

변압기의 정격출력이란 정격 2차 전압, 정격 2차 전류, 정격주파수 및 정격역률로 2차 단자 사이에서 얻을 수 있는 피상전력을 말하고, 이것을 [VA], [kVA] 또는 [MVA] 등으로 표시한다. 특별히 지정하지 않은 경우에는, 정격역률은 100[%]로 본다(KS C 4302).

정격 2차 전압이란 명판에 기재된 2차 권선의 단자전압으로 이 전압에서 정격출력을 얻을 수 있는 전압을 말한다. 3상 변압기에서는 선간전압으로 표시한다. 정격 1차 전압이란 명판에 기재된 1차 전압으로 정격 2차 전압에 권수비를 곱한 것을 말하고, 전부하에 있어서의 1차 전압을 말하는 것은 아니다.

정격 2차 전류는 이것과 2차 전압으로 정격출력을 얻을 수 있는 전류를 말한다.

다권선변압기에서는 정격출력 대신에 정격전압, 정격주파수, 정격역률에 있어서의 각 권선의 용량을 표시하고, 권선용량 중 가장 큰 것을 대표출력이라고 한다. 단권변압기에서는 정격 2차 전압에 있어서 2차 회로의 단자 간에 나타나는 피상전력을 정격출력이라고 하고, 각 탭의 직렬권선의 전압과 전류로부터 산출된 용량의 최댓값을 자기용량(등가용량)이라고 한다.

3.8 계기용 변성기

고압회로의 전압, 전류 또는 저압회로의 큰 전류를 측정하는 경우와 계전기(relay) 종류 등을 사용하는 경우에는 취급에 대한 안전을 위하여 계기용 변성기(instrument transformer)를 사용한다. **계기용 변성기**에는 계기용 변압기(potential transformer)와 변류기(current transformer)가 있으며, 2차 측 부하는 계기나 계전기이고, 선로의 부하와 구별하기 위하여 이것을 부담(負擔, burden)이라고 한다. 계기용 변압기는 1차 전압이 정격전압의 경우에 2차 전압이 110[V]가 되도록 설계하고, 변류기는 1차 측에 정격전류가 흐를 때 2차 전류가 5[A]가 되도록 하는 것이 표준이다.

3.8.1 계기용 변압기(PT)

이것은 [그림 3-63]과 같이 1차 측을 피측정 회로에, 2차 측을 전압계 또는 전력계의 전압코일 등에 접속한다. 일반적인 전력용 변압기의 원리와 구조를 비교해서 큰 차이가 없으나, 변압비를 특히 정확하게 하기 위해서는 1차 권선과 2차 권선의 임피던스 강하를 적게 하고 또한, 철심에 좋은 철판을 사용해서 여자전류를 적게 하고 있다.

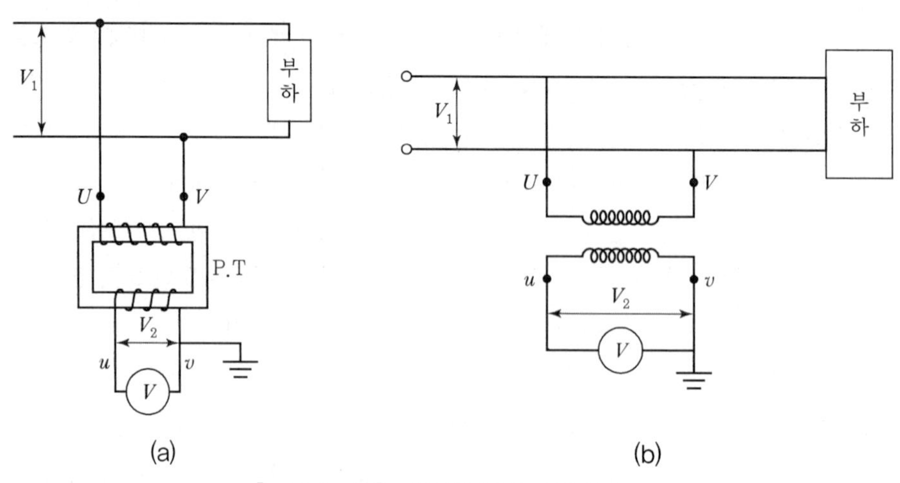

[그림 3-63] 계기용 변압기의 접속

[그림 3-63] (b)는 계기용 변압기를 간단히 그린 것이다.

① **변압비** : 1차, 2차 전압을 V_1, V_2, 권수를 n_1, n_2라 하면

$$V_1 = \frac{n_1}{n_2} V_2 = a V_2 = K_P V_2 \quad \cdots\cdots (3\text{-}68)$$

$a = K_P =$ 변압비

계기용 변압기는 사용 중에 절대로 2차 측을 단락해서는 안 된다. 이것은 전력용 변압기와 마찬가지로 커다란 단락전류가 흘러서 코일을 소손하기 때문이다.

② **구조** : 계기용 변압기는 비교적 저전압에서는 컴파운드(compound) 합침의 건식 또는 합성수지로 싼 몰드형(mold type)을 사용하고, 고전압에서는 오일이 들어 있는 것을 사용하며 냉각방식은 어느 것이나 자냉식이다.

③ **P.T의 3상 결선** : [그림 3-64]는 PT 두 대로 결선하여 3상 전압을 측정하도록 한 결선방식이다.

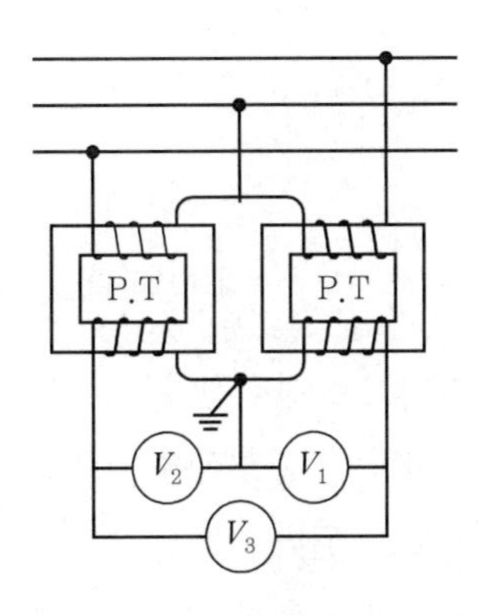

[그림 3-64]

3.8.2 변류기(CT)

변류기는 [그림 3-65]와 같이 1차 권선을 측정하려는 회로에 직렬로 접속하고, 2차 권선에는 전류계 또는 전력계의 전류코일 등을 접속한다.

변류기의 특성은 선류비와 1차 전류 및 2차 전류의 위상차가 일정한 것이 좋다.

[그림 3-65] (b)는 계기용 변류기를 간단히 그린 것이다.

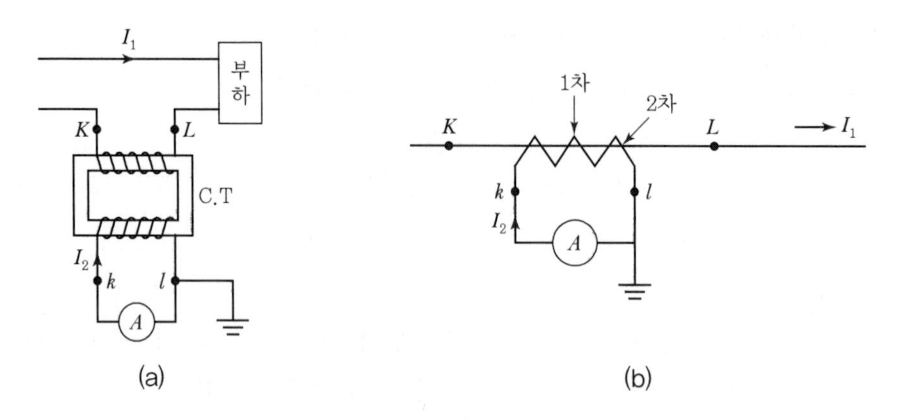

[그림 3-65] 변류기의 접속

① **변류비** : 계기용 변류기의 1차, 2차 전류를 I_1, I_2라 하고 권수를 n_1, n_2라 하면

$$I_1 = \frac{n_2}{n_1} I_2 \fallingdotseq \frac{1}{a} I_2 = K_C I_2 \quad \cdots\cdots (3\text{-}74)$$

$$\frac{n_2}{n_1} = \frac{1}{a} = K_c = \text{변류비}$$

의 관계가 되며 예를 들어 $K_C = \frac{1}{a} = \frac{n_2}{n_1} = 100$일 때 I_2가 1[A]로 측정되어도 I_1은 100[A]인 것을 알 수 있다. 또, 변류기의 2차 정격전류는 1차 전류 여하에 관계없이 5[A]로 정해져 있으므로 2차 측에 1[Ω]의 저항이 접속되어 있으면 정격전류에서 단자전압은 5[V]로 되어 정격 부담은 5×5=25[VA]로 된다.

② **특성개량** : 변압기의 특성을 좋게 하고 측정오차를 적게 하기 위해서는 철심에 비투자율이 크고 철손이 적은 재료를 사용한다. 또한 단면적을 크게 해서 자속밀도를 낮게 하여 여자전류를 작게 한 것과 권선의 저항 및 누설 리액턴스를 작게 하는 것이 필요하다.

③ **변류기의 2차 회로** : 변류기를 사용 중에 2차 회로를 개방해서는 안 된다. 계전기나 전류계가 고장이 나서 2차 회로를 열 필요가 있을 때에는 우선 2차 회로를 단락해 놓은 다음에 전류계를 교체해야 한다. 전류계의 접속 시에는 전류계의 내부저항이 매우 적으므로 단락상태나 다름이 없다. 만약, 2차 회로를 열면 I_2는 흐르지 못하며 $I_1 n_1 = I_2 n_2$에서 2차 기자력은 없어지고 I_1은 계속 흐르고 있는 상태이므로 1차 전류가 전부 여자전류로 되어서 생긴 자속에 의해 철손이 급격히 증가함은 물론 2차 권선에는 매우 높은 전압이 유기되어 절연을 파괴하고 소손될 염려가 있다.

④ **변류기의 3상 결선** : 변류기를 단독으로 사용할 때는 그 극성이 문제되지 않지만 2대 이상 변류기를 조합하여 사용할 때는 각각의 극성을 고려해야 한다. [그림 3-66]은 3대의 CT를 Y형으로 접속한 경우이며 3상에서 각 선의 전류를 측정할 수 있다.

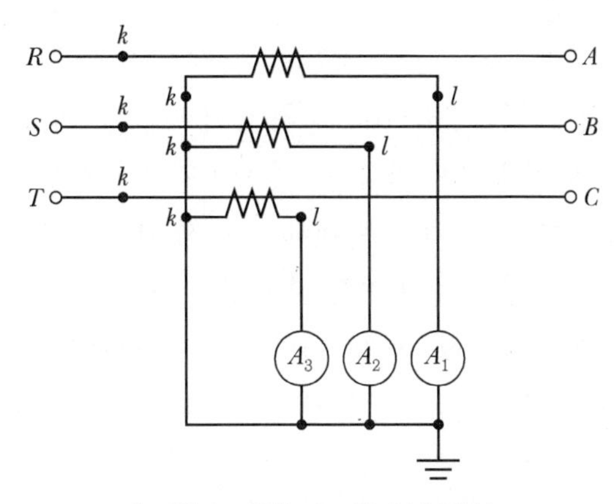

[그림 3-66] CT의 3상 결선

3상 2선식(비접지식)선로의 전류를 측정할 때 CT 2대로 V결선으로 해서 [그림 3-67]과 같이 접속한다.

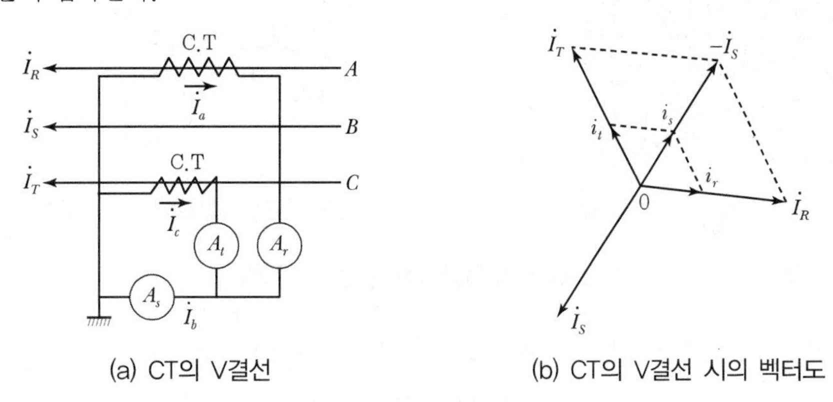

(a) CT의 V결선

(b) CT의 V결선 시의 벡터도

[그림 3-67] CT의 V결선

+ 예제 3-18 평형 3상 전류를 측정하려고 변류비 60/5[A]의 변류기 두 대를 그림과 같이 접속했더니 전류계에 2.5[A]가 흘렀다. 1차 전류는 몇 [A]인가?

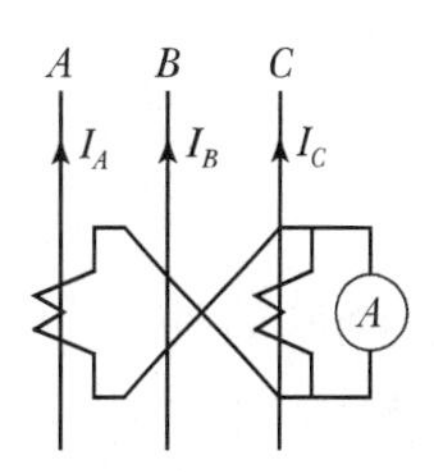

풀이 $I_a - I_c = I_A \times \dfrac{5}{60} - I_c \times \dfrac{5}{60} = \dfrac{I_A - I_C}{12} = \dfrac{\sqrt{3}\,I_B}{12}$

$\dfrac{\sqrt{3}\,I_B}{12} = 2.5$

$\therefore I_B = \dfrac{12 \times 2.5}{\sqrt{3}} = 10\sqrt{3} = 17.3$

3.9 특수변압기

3.9.1 3상 변압기

(1) 구조

단상변압기 3대를 조합시켜서 [그림 3-68] (a)와 같이 1차 권선과 2차 권선을 한쪽 철심에 감고, 3상 교류전원에 연결하면 이 부분의 자속은 $2\pi/3$ 씩 위상차가 있고 크기는 같기 때문에, 공통부분의 철심에서는 자속의 합성 값이 0으로 된다. 따라서 이 공통부분을 그림 (b)와 같이 제거할 수 있으며 재료가 절약되나, 제3고조파 자속 및 영상자속에 대하여 자기회로(磁氣回路)가 없으므로 이에 대한 자기저항이 대단히 높다. 이와 같은 변압기를 **3상 변압기**(three-phase transformer)라고 하며, 단상변압기와 똑같이 내철형과 외철형이 있다.

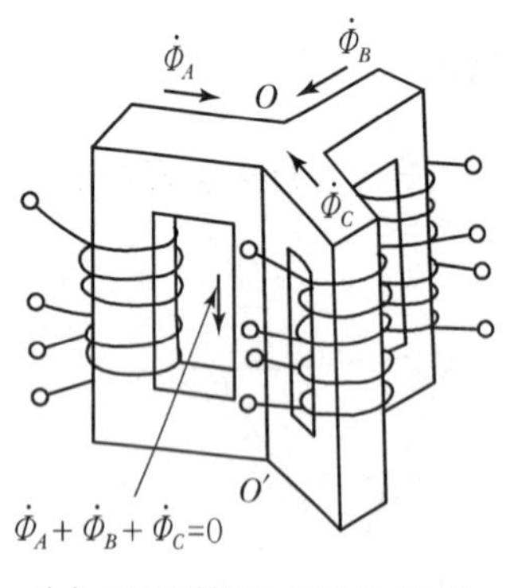

(a) 단상변압기 3개의 조합

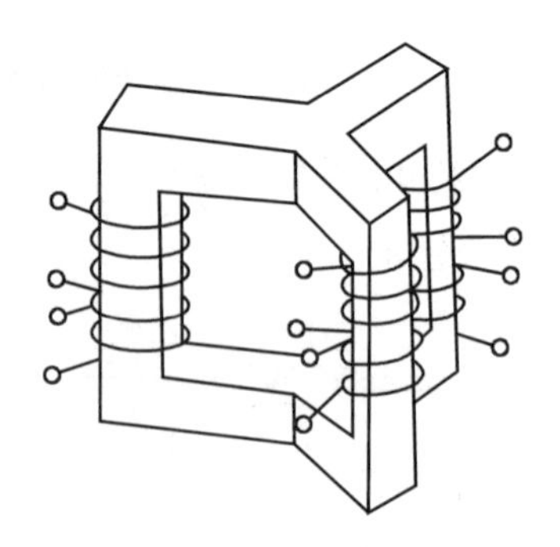

(b) 공통부분의 철심을 제거한 그림

[그림 3-68] 내철형 3상 변압기의 원리

[그림 3-69]는 내철형을, [그림 3-70] (a)는 외철형을 나타낸 것이다.

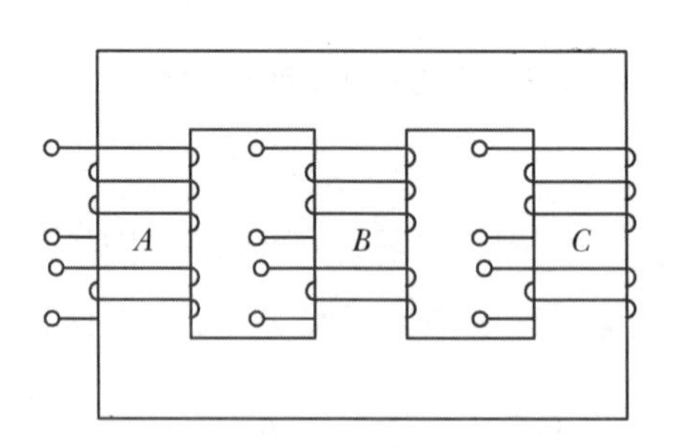

[그림 3-69] 내철형 3상 변압기

내철형의 권선을 감는 방법은 3상 모두가 동일하며 철심과 계철의 단면적은 같게 한다. 외철형은 중앙 레그의 권선을 다른 레그의 권선과 반대로 감는다.

[그림 3-70] (a)에서 각 상의 자속을 $\dot{\Phi}_A$, $\dot{\Phi}_B$, $\dot{\Phi}_C$라 하면 이들은 대칭 3상 자속이기 때문에, [그림 3-70] (b)에서 처럼 d부분의 자속은 $(1/2)\dot{\Phi}_A+(1/2)\dot{\Phi}_B$, e부분의 자속은 $(1/2)\dot{\Phi}_B+(1/2)\dot{\Phi}_C$이며, 크기는 벡터도에서 아는 바와 같이 주 자속의 1/2이다. 따라서 계철부 d 및 e의 단면적은 철심부의 1/2로 된다.

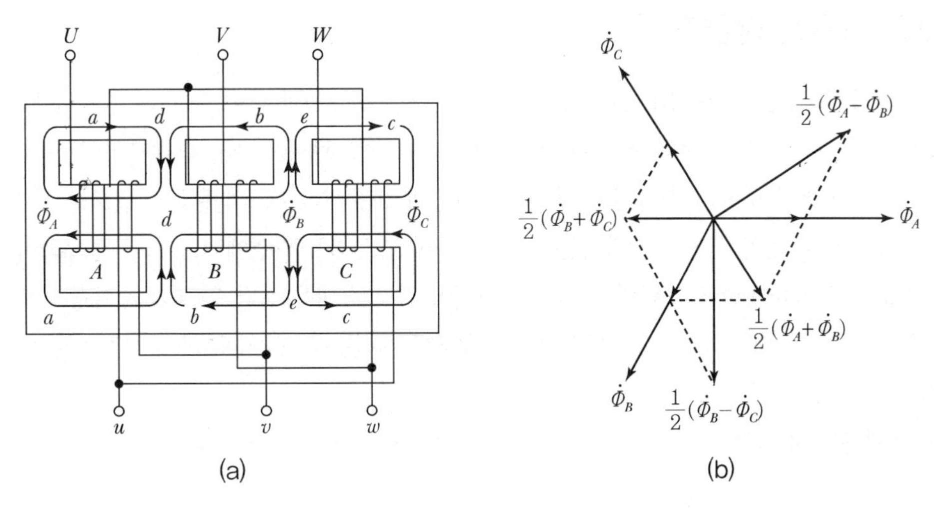

[그림 3-70] 외철형 3상 변압기 및 자속분포도

만약, 중앙권선의 감는 방법을 다른 상과 같게 감으면,

$$\frac{1}{2}\dot{\Phi}_A-\frac{1}{2}\dot{\Phi}_B,\ \ \frac{1}{2}\dot{\Phi}_B-\frac{1}{2}\dot{\Phi}_C$$

이며, 벡터도에서 주 자속의 $\sqrt{3}/2$배가 되는 것을 알 수 있다.

(2) 단상변압기와 3상 변압기의 비교

3상 변압에서 3상 변압기 한 개를 사용하는 것과 단상변압기 3대를 사용하는 것 중에서, 종래에는 3상 1뱅크에 대하여 한 대의 예비변압기를 비치하여 단상 변압기를 많이 사용하였으나 근래에는 거의 3상 변압기를 사용하고 있다.

3상 변압기를 사용하게 된 이유는 철심재료가 적어도 되고, 부싱이나 유량이 모두 3개로 단상 변압기보다 적고 경제적이다. 발전소에서 발전기와 변압기를 조합하여 1단위로 고려하는 방식(단위방식)이 증가하고 있는데 결선이 쉽고 냉각방식, 재료, 구조 등의 개량으로 3상 변압기가 비교적 소형이며, 조립한 상태로 수송이 편리하고, 부하일 때에 탭 절환장치를 사용하는 데 유리한 점 등이다. 그러나 단상 변압기가 3대인 경우에는 $\Delta-\Delta$ 결선으로 급전하고 있을 때에는 1대가 고장 나도 나머지 2대를 V결선으로 하여 그대로 운전을 계속할 수 있으나 3상 변압기에서는 불가능하다.

또, 예비기로서 1뱅크의 변압기를 설치할 필요가 있는 경우에는 3상 변압기쪽이 유리하지만, 단상변압기 1대의 예비도 좋은 때에는 3상식에서 한 대의 단상변압기가 필요하기 때문에 단상식이 유리하다.

3.9.2 3권선 변압기

3권선 변압기(three-winding transformer)는 [그림 3-71]과 같이 한 개의 변압기에 3개의 권선이 있는 것이다. 3차 권선의 목적은 3대의 변압기를 뱅크로 했을 때, 변압기의 결선이 Y-Y이면 제 3고조파 전압이 생겨서 파형이 변형하기 때문에 소용량의 제3의 권선을 별도로 설치하여 이것을 Δ 결선으로 해서 변형을 방지하는 것이 주 목적이고, 3차 권선에 조상기를 접속하여 송전선의 전압조정과 역률개선에 사용되며, 3차 권선에 발전소 소내용 전력 등 별개의 계통으로 전력을 공급한다. 또는 반대로 3권선 중 2권선을 1차로 하고 다른 것을 2차로 하여 각각 다른 계통에서 전력을 받을 수도 있다.

1차와 2차 및 3차 기전력을 각각 E_1, E_2, E_3, 권수를 각각 n_1, n_2, n_3이라 하면

$$E_2 = \frac{n_2}{n_1}E_1,\ E_3 = \frac{n_3}{n_1}E_1 \quad \cdots\cdots (3\text{-}75)$$

2차 권선과 3차 권선에 부하를 건 경우의 전류를 $\dot{I}_2$, $\dot{I}_3$라고 하면, 1차 전류는 이에 대응하여 흐르는 전류와 여자전류 $\dot{I}_0$ 의 벡터합이다.

$$\dot{I}_1 = \frac{n_2}{n_1}\dot{I}_2 + \frac{n_3}{n_1}\dot{I}_3 + \dot{I}_0 \quad \cdots\cdots (3\text{-}76)$$

따라서 2차 권선의 부하가 늦은 전류인 경우에는 3차 권선에 앞선 전류를 취하는 부하를 접속하면 1차 전류의 역률을 개선할 수 있다. 3권선 변압기를 1차로 환산한 간이 등가회로는 [그림 3-72]와 같이 나타낼 수가 있다.

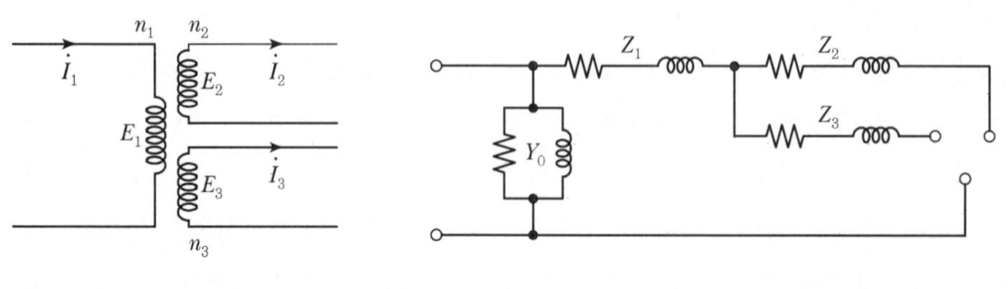

[그림 3-71] 3권선 변압기

[그림 3-72] 3권선 변압기의 등가회로

3.9.3 단권변압기

단권변압기는 권선 하나의 도중에서 탭(tap)을 만들어 사용한 것이고 권수비가 1의 근처에서 극히 경제적이고 특성도 좋다.

(1) 단권변압기의 이론

[그림 3-73]과 같이 1차, 2차 회로가 절연되어 있지 않고 권선의 일부를 공통전로로 하고 있는 변압기를 단권변압기(auto transformer)라 하고 ab 부분의 권선을 직렬권선(series winding), bc 부분의 권선을 분로권선(shunt winding)이라고 한다. 그림에 있어서 $ac = ab + bc$ 사이의 권회수를 n_1, bc 사이의 권회수를 n_2라 하면 보통 변압기와 같이 1차에 전압 $\dot{V}_1$을 공급하였을 때 ab, bc에 유기되는 기전력을 각각 $\dot{E}_1$, $\dot{E}_2$, 2차 단자전압을 $\dot{V}_2$라 하고 권선의 저항, 누설 리액턴스 및 여자전류를 무시하면,

$$\frac{V_1}{V_2} = \frac{E_1 + E_2}{E_2} = \frac{n_1}{n_2} = a \quad \cdots\cdots (3\text{-}77)$$

이 된다.

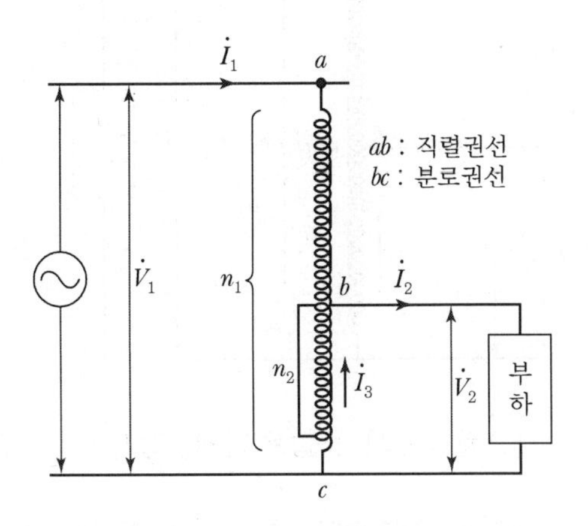

[그림 3-73] 강압용 단권변압기

또, 부하전류를 $\dot{I}_2$라 하면 ab 부분의 전류 $\dot{I}_1$에 의한 기자력과 bc 부분의 전류 $\dot{I}_3 = \dot{I}_2 - \dot{I}_1$에 의한 기자력은 같고 방향이 반대가 된다.

$$n_2(\dot{I}_2 - \dot{I}_1) = (n_1 - n_2)\dot{I}_1 \quad \cdots\cdots (3\text{-}78)$$

$$\therefore I_1 n_1 = I_2 n_2$$

$$\therefore \dot{I}_1 = \frac{n_2}{n_1}\dot{I}_2 = \frac{1}{a}\dot{I}_2 \quad \cdots\cdots (3\text{-}79)$$

이 된다.

식 (3−78)로 부터

$$(V_1 - V_2)I_1 = V_2(I_2 - I_1) = P \quad \cdots\cdots (3\text{-}80)$$

의 관계가 성립한다. 이 식은 ab를 1차 권선, bc를 2차 권선으로 한 2권선 변압기의 경우와 같다. 이 P를 단권변압기의 **등가용량** 또는 **자기용량**이라고 부르며 부하용량인 $V_2 I_2$와 일반적으로 다르다. 따라서

$$\frac{\text{등가용량}}{\text{부하용량}} = \frac{V_2(I_2 - I_1)}{V_2 I_2} = \frac{I_1(V_1 - V_2)}{I_1 V_1} = 1 - \frac{V_2}{V_1} \quad \cdots\cdots (3\text{-}81)$$

가 된다.

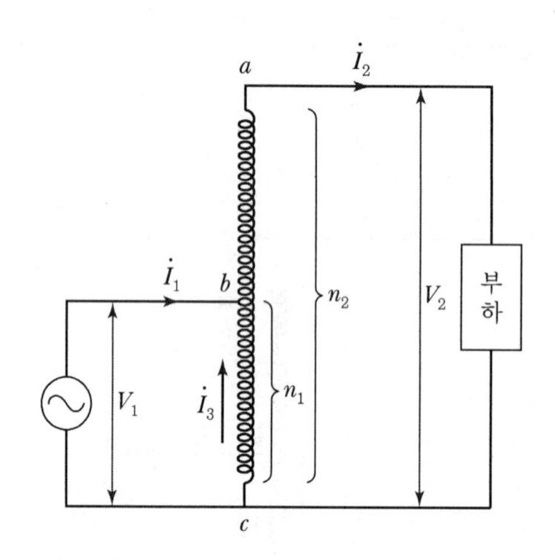

[그림 3−74] 승압용 단권변압기

[그림 3−73]은 **강압용**(step down) 단권변압기를 표시한 것이다. 이 변압기에서는 $a > 1$인데 [그림 3−74]와 같이 $a < 1$되는 변압기를 **승압용**(step up) 단권변압기라 하고 이때에는

$$V_1(I_2 - I_1) = I_2(V_2 - V_1)$$

이 되고

$$\frac{\text{등가용량}}{\text{부하용량}} = \frac{I_2(V_2 - V_1)}{I_2 V_2} = 1 - \frac{V_1}{V_2} \quad \cdots\cdots (3\text{-}82)$$

이 된다. 그러므로 강압용, 승압용을 막론하고 다음과 같다.

$$\frac{\text{등가용량}}{\text{부하용량}} = \frac{\text{직렬권선부분의 전류} \times \text{승압(강압)전압}}{\text{출력}} = 1 - \frac{V_l}{V_h} \cdots\cdots\cdots\cdots\cdots (3\text{-}83)$$

여기서, V_h 는 고전압, V_l 은 저전압

(2) 단권변압기의 용도

단권변압기는 다음과 같은 경우에 사용한다.

① 배전 선로의 승압기

② 동기 전동기나 유도전동기를 기동할 때 공급 전압을 낮추어 기동 전류를 제한하기 위한 기동 보상기

③ 형광등용 승압 변압기

(3) 단권변압기의 3상 결선

단권변압기는 3상 변압을 할 때도 사용한다. 결선에는 [그림 3-75]와 같은 결선 방법이 있으며 각 결선의 부하 용량에 대한 자기 용량의 비는 다음과 같다.

① Y결선 : $\frac{\text{자기용량}}{\text{부하용량}} = \frac{V_H - V_L}{V_H}$

② $\varDelta$결선 : $\frac{\text{자기용량}}{\text{부하용량}} = \frac{V_H^2 - V_L^2}{\sqrt{3}\, V_H V_L}$

③ V결선 : $\frac{\text{자기용량}}{\text{부하용량}} = \frac{2}{\sqrt{3}} \frac{V_H - V_L}{V_H}$

④ 변 연장 $\varDelta$결선 : $\frac{\text{자기용량}}{\text{부하용량}} = \frac{\sqrt{3}}{V_H}\left(-\frac{V_L}{2} + \sqrt{\frac{V_H^2}{3}\ \frac{V_L^2}{12}}\right)$

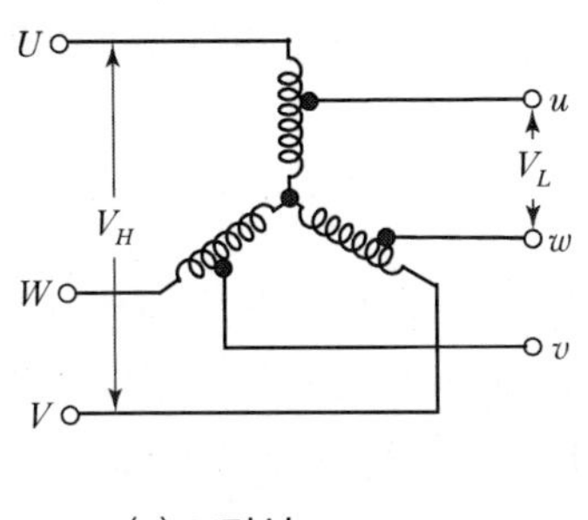

(a) Y결선

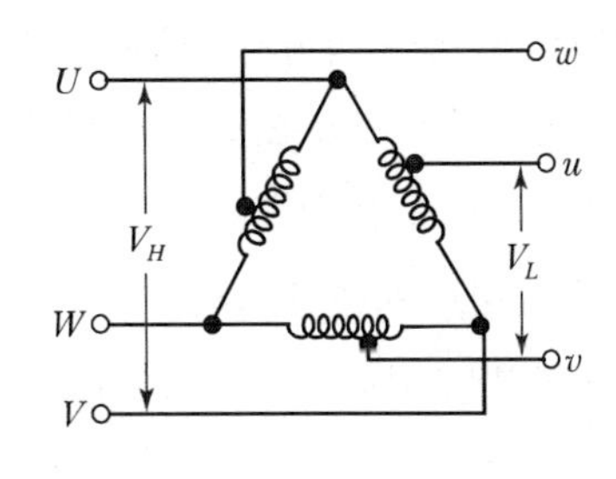

(b) $\varDelta$결선

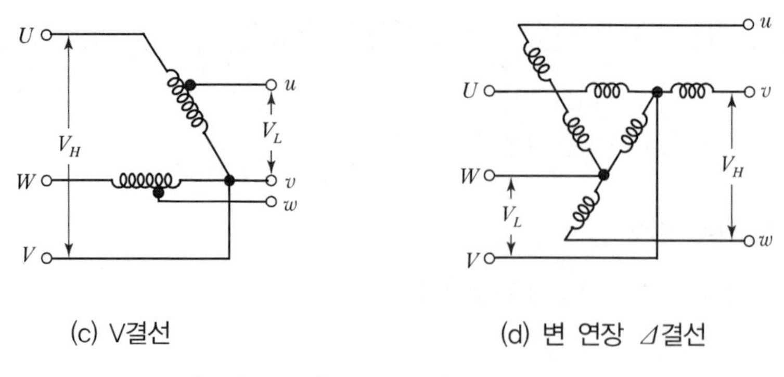

(c) V결선 (d) 변 연장 ⊿결선

[그림 3-75] 단권 변압기의 3상 결선

+ 예제 3-19 정격이 300[kVA], 6,600/2,200[V]인 단권변압기 2대를 V결선으로 해서, 1차에 6,600[V]를 가하고, 전부하를 걸었을 때의 2차 측 출력[kVA]은?(단, 손실은 무시한다.)

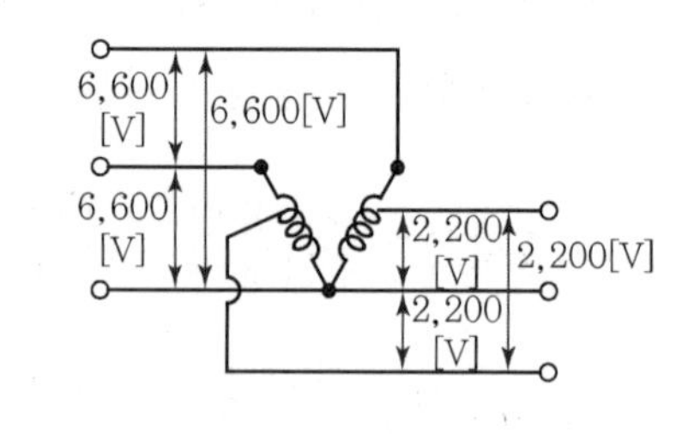

풀이

$$\frac{\text{변압기 용량}}{\text{2차측 출력}} = \frac{2}{\sqrt{3}} \times \frac{V_h - V_l}{V_h} = \frac{1}{0.866}\left(1 - \frac{V_l}{V_h}\right)$$

$$\therefore \text{2차 측 출력} = \text{변압기 용량} \times \frac{\sqrt{3}}{2} \times \frac{V_h}{V_h - V_l}$$

$$= 300 \times \frac{\sqrt{3}}{2} \times \frac{6{,}600}{6{,}600 - 2{,}200}$$

$$= 389.7 \fallingdotseq 390[\text{kVA}]$$

3.9.4 부하 시 탭전환 변압기

전원의 전압이 변동하거나 부하가 변화하면 선로의 전압이 변동한다. 전등이나 전력 등의 부하는 일반적으로 정전압방식이기 때문에, 전압을 일정하게 유지하기 위해서는 변압기의 권수비를 바꾸는 방식이나 유도전압조정기 등을 사용한다.

변압기의 탭전환은 무전압이나 무전류로 하는 것이 보통이나 무정전송전(無停電送電)을 하기 위해서는 부하상태대로 탭을 전환하여 전압을 조정할 필요가 있다. 이를 위하여 사용하는 변압기를 부하 시 **탭전환변압기**(load tap-changing transformer) 또는, 부하 시 **전압조정변압기**(load ratio control transformer)라고 한다. 일반적인 변압기에서 탭을 전환하는 데 중소용량으로 된 것은 본체에 설치하여 유면 아래에 놓인 탭판(tap board)으로 한다. 또, 가스를 봉입한 장치로 된 것은 탭전환기를 설치하고 외함의 외부에서 조작하여 전환을 한다.

[그림 3-76]은 이러한 종류의 변압기 중 병렬회로방식을 나타낸 것이다. 그림과 같이 고압 측 한쪽에 있는 권선의 각 탭에서 구출선을 2개(1과 6, 2와 7등)씩 내고, 탭전환장치 S_1, S_2를 통하여 개폐기 11과 12에 접속시켜서 한류 리액터 cd에 연결한다. 지금 11, 12가 닫히고 탭 1, 6으로 운전되고 있을 때, 탭 2, 7로 전환하는 데는 우선 11을 열며, S_1을 탭 2로 이동한 다음에 11을 닫는다.

이때에 전환장치가 다른 탭 2, 6에 있는 대로 11과 12가 닫히기 때문에, 탭 1, 2 사이의 권선에는 국부적으로 순환전류가 흐르나, 이것은 한류 리액터 cd의 중심점에 0에서 등분되어 양쪽 절반부분에 반대 방향으로 통하기 때문에 리액터에 의한 전압강하는 거의 무시된다. 다음에 12를 열고, S_2를 탭 7로 이동한 다음, 또 12를 닫는다.

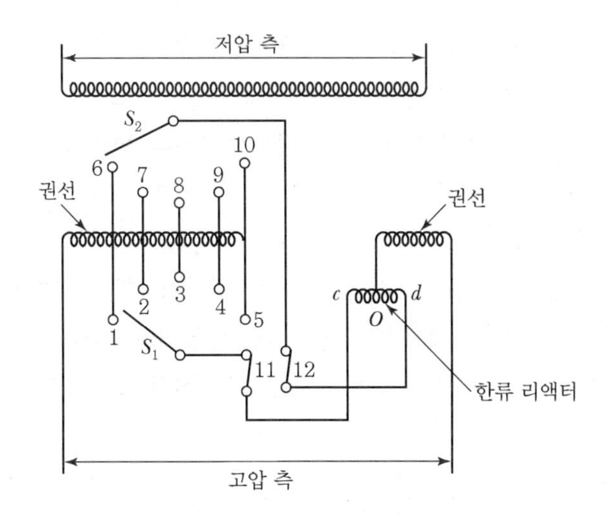

[그림 3-76] 병렬회로방식의 부하 시 탭전환변압기 접속

3.9.5 누설변압기

아크등이나 방전등 또는 아크 용접기(arc welder) 등과 같이 기동 시에는 고압이 필요하나 사용상태에서는 저압이 필요하고, 또한 전압과 전류 특성이 음(−)으로 된 부하를 정전압의 전원에서 안정하게 동작시키기 위해서는 1차 측에 일정한 전압을 가해 두고 2차 측의 부하를 변화해도 2차 전류가 일정해야 한다. 이러한 목적에 사용하는 변압기를 **누설변압기**(leakage transformer) 또는 **정전류변압기**(constant-current transformer)라고 한다.

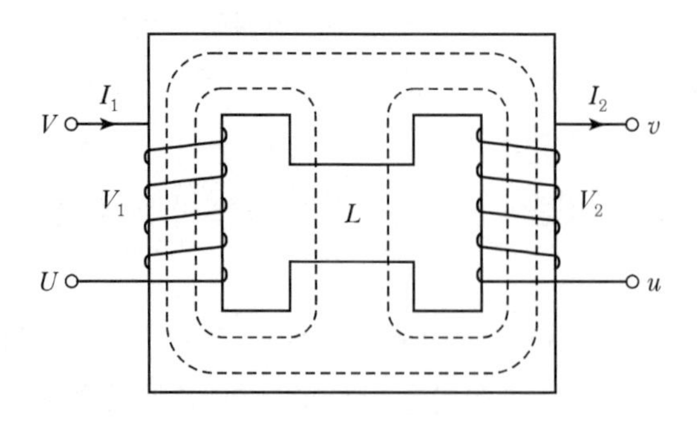

[그림 3-77] 누설변압기

누설변압기는 이와 같은 특성을 주기 위하여 부하 임피던스에 비하여 변압기의 누설 리액턴스를 대단히 크게 하는 구조로 되어 있다. 즉, [그림 3-77]과 같이 누설자속의 통로 L을 설치하고 있다. 따라서 2차 전류가 증가하면, 누설자속이 증가해서 주 자속을 감소시키므로 2차 유도 기전력이 감소하게 되고 동시에 2차 전압 강하가 증가하므로 전류의 변화를 방지해서 일정한 전류값의 범위에서는 일정한 전류를 유지한다.

이 변압기는 리액턴스가 크기 때문에 전압변동률이 대단히 크고 역률도 낮다. [그림 3-78]은 용접용 변압기를 나타내며 그림 (a)는 고정 2차 코일에 대하여 1차 코일을 이동시켜서 조정하도록 되어 있다. 그림 (b)는 누설 자기회로의 가동철심을 출입(또는 작동)시켜서 전류를 조정하는 것이다. 이와 같은 변압기의 2차 전압과 전류특성은 그림 (c)와 같이 된다.

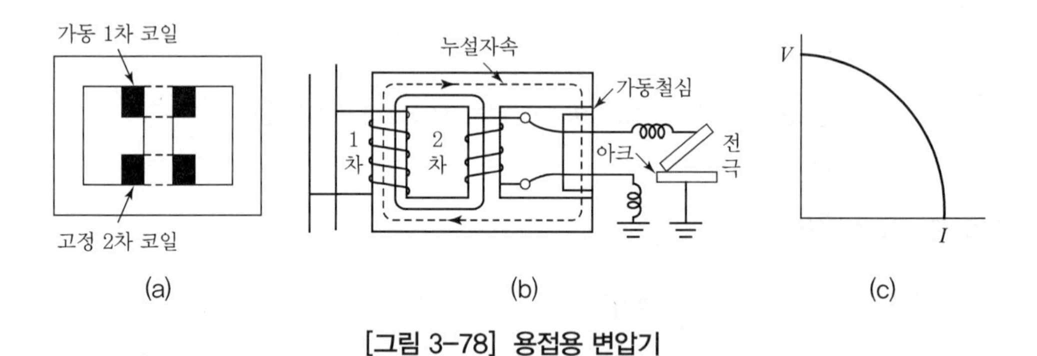

[그림 3-78] 용접용 변압기

익힘문제

1 내철형 변압기와 외철형 변압기를 비교 설명하여라.

2 권철심형 변압기의 특징을 설명하여라.

3 절연유의 구비조건을 설명하여라.

4 고압측 권선과 저압측 권선에 있는 탭을 변경하여 전압을 바꿀 수 있는 방법에 대해 설명하여라.

5 변압기의 1차 권선수 80회, 2차 권선수 320회일 때 2차 측의 전압이 100[V]이면 1차 전압[V]은 얼마인가?

6 1차 전압 6,900[V], 1차 권선 3,000회, 권수비 20의 변압기가 60[Hz]에 사용할 때 철심의 최대 자속[Wb]은?

7 3,300/110[V]인 단상 변압기의 1차에 5[A]의 전류가 흐를 때 2차의 출력[kVA]은?

8 [그림 3-79] (a)처럼 9[Ω]인 스피커가 내부저항 1[Ω]인 10[V] 전원에 연결되어 있다.

(a) 스피커에서 소모되는 전력을 구하여라.

(b) 스피커에 전달되는 전력을 최대로 하기 위해서 [그림 3-79] (b)와 같이 전원과 스피커 사이에서 권선비 1 : 3인 변압기가 사용되었다. 스피커에서 소모되는 소비 전력을 구하여라.

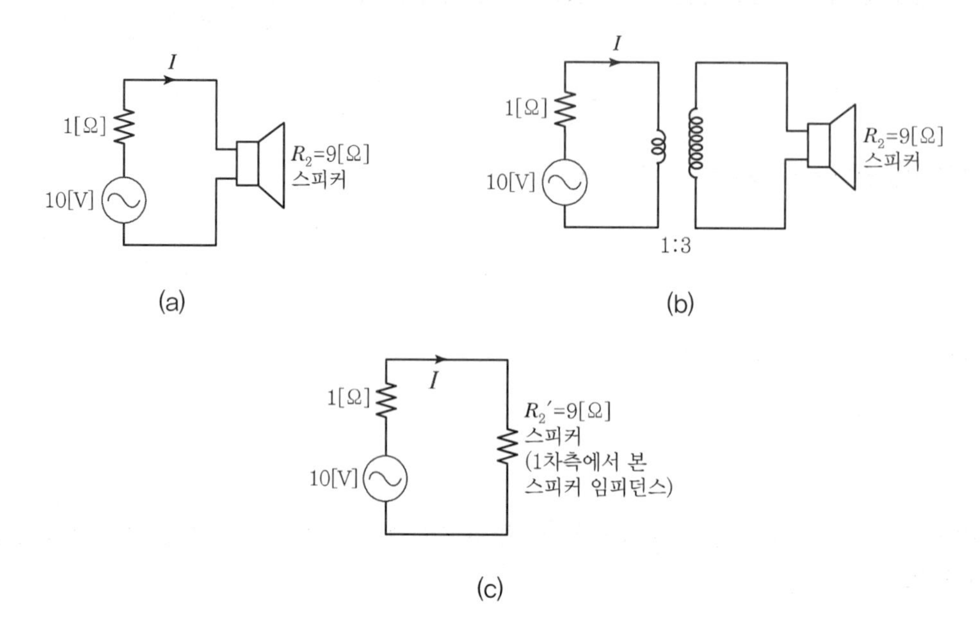

9 50[kVA], 3,000/100[V] 변압기의 무부하 시험에서 무부하 전류 0.5[A], 입력 600[W]이다. 철손 전류[A]는?

10 1차 전압이 2,200[V], 무부하 전류 0.088[A], 철손이 110[W]인 단상 변압기에서 여자 어드미턴스, 철손 전류 및 자화 전류를 구하라.

11 권선비 20의 10[kVA] 변압기가 있다. 1차 저항이 3[Ω]이라면 2차로 환산한 저항은?

12 권수비 10인 변압기에서 2차 전압 2,000[V], 역률 0.8(lag)로 출력 100[kW]을 내는 경우 1차 전류와 1차 전압을 구하라. 변압기의 정수는 다음과 같다.

$$Z_1 = 50 + j\,80[\Omega],\ Z_2 = 0.6 + j\,0.8[\Omega],\ Y_0 = (2 - j6) \times 10^{-6}\,[℧]$$

13 10[kVA], 2,000/100[V] 변압기에서 1차에 환산한 등가 임피던스가 $6.2 + j7[\Omega]$이다. 이 변압기의 % 리액턴스 강하는?

14 3,300/200[V], 20[kVA]인 주상 변압기의 % 임피던스 강하가 2.5[%]이다. 이 변압기의 2차를 단락하고 1차에 정격 전압을 가하였을 때 1차, 2차의 단락 전류를 계산하라.

15 임피던스 강하가 5[%]인 변압기가 운전 중 단락되었을 때 그 단락 전류는 정격 전류의 몇 배인가?

16 5[kVA], 60[Hz], 3,000/200[V] 단상 변압기에서 2차로 환산한 저항이 0.1[Ω], 누설 리액턴스가 0.24[Ω]이다. 부하 역률 80[%](뒤짐)인 전부하일 때의 전압 변동률을 구하라.

17 변압기의 감극성과 가극성을 비교 설명하여라.

18 1차 Y, 2차 Δ로 결선한 권수비 20 : 1로 되는 서로 같은 단상변압기 3대가 있다. 이 변압기군에 2차 단자 전압 200[V], 30[kVA]의 평행 부하를 걸었을 때 각 변압기의 1차 전류[A]는?

19 2[kVA]의 단상 변압기 3대를 써서 Δ 결선으로 하여 급전하고 있는 경우 1대가 소손하였기에 이것을 제거했다. 이 경우 부하가 5.16[kVA]였다면 나머지 2대의 변압기는 몇 [%] 과부하가 되는가?

20 이상적인 병렬 운전을 하기 위해 구비해야 할 조건을 설명하여라.

21 △-△결선의 변압기와 △-Y결선의 변압기가 병렬 운전하는 것이 불가능한 이유를 설명하여라.

22 정격이 같은 2대의 변압기 단상 1,000[kVA]의 임피던스 전압은 각각 8[%]와 7[%]이다. 이것을 병렬로 하면 몇 [kVA]의 부하를 걸 수가 있는가?

23 두 변압기의 특성이 아래와 같은 변압기를 병렬로 하여 22[kVA], 역률 1인 부하에 전력을 공급할 때 각 변압기의 부하 분담[kVA]은 얼마인가?

A : 30,00/100[V], 8[kVA], $0.025 + j0.026[\Omega]$

B : 3,000/100[V], 15[kVA], $0.01 + j0.019[\Omega]$

24 철손이 100[W], 전부하 동손이 180[W]인 단상변압기가 있다. $\frac{1}{3}$부하가 걸린 경우 변압기 전손실은?

25 용량이 200[kVA]인 단상변압기의 철손이 1.6[kW], 전부하손이 2.4[kW]라고 한다. 역률 0.8일 때 전부하 효율 및 최대 효율을 구하여라.

26 평형 3상 전류를 측정하려고 전류비 60/5[A]의 변류기를 [그림 3-80]과 같이 접속했더니 전류계에 5[A]가 흘렀다. 1차 전류는 몇 [A]인가?

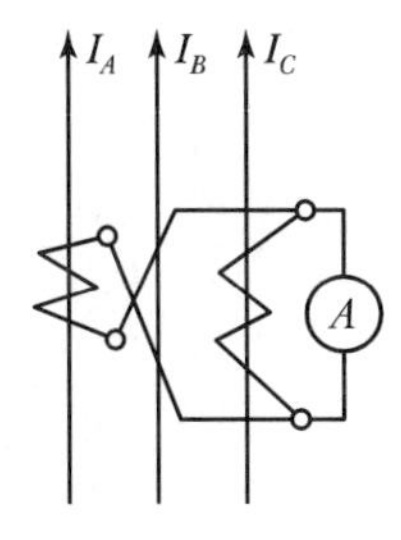

27 평형 3상 전류를 측정하려고 전류비 200/5[A]의 변류기를 [그림 3-81]과 같이 접속했더니 전류계의 지시가 1.5[A]이었다. 1차 전류는 몇 [A]인가?

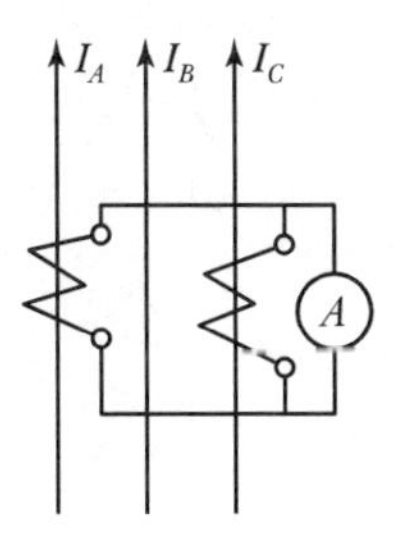

28 3권선 변압기에서 전압이 1차 100[kV], 2차 20[kV], 3차 10[kV]이다. 2차에 역률 80[%]의 유도성 부하 4,000[kVA], 3차에 역률 60[%]의 용량성 부하 3,000[kVA]를 걸었을 때 1차 전류 및 역률을 구하라.

29 1차 전압 100[V], 2차 전압 200[V], 선로 출력 50[kVA]인 단권변압기의 자기 용량은 몇 [kVA]인가?

ELECTRICAL EQUIPMENT

4장 유도기

4.1 3상 유도전동기의 구조 및 원리

4.1.1 유도전동기의 구조

유도전동기는 회전기의 기본 구조인 [그림 4-1]과 같이 고정자 및 회전자의 구조를 바탕으로 아라고 원판의 원리가 구현된 것이라 할 수 있다. 이 중 고정자를 구성함에 있어 아라고 원판의 영구자석의 물리적 회전 대신에 회전자계(rotating magnetic field)의 원리가 적용되어 회전자를 회전시키는 형태로 고려될 수 있다.

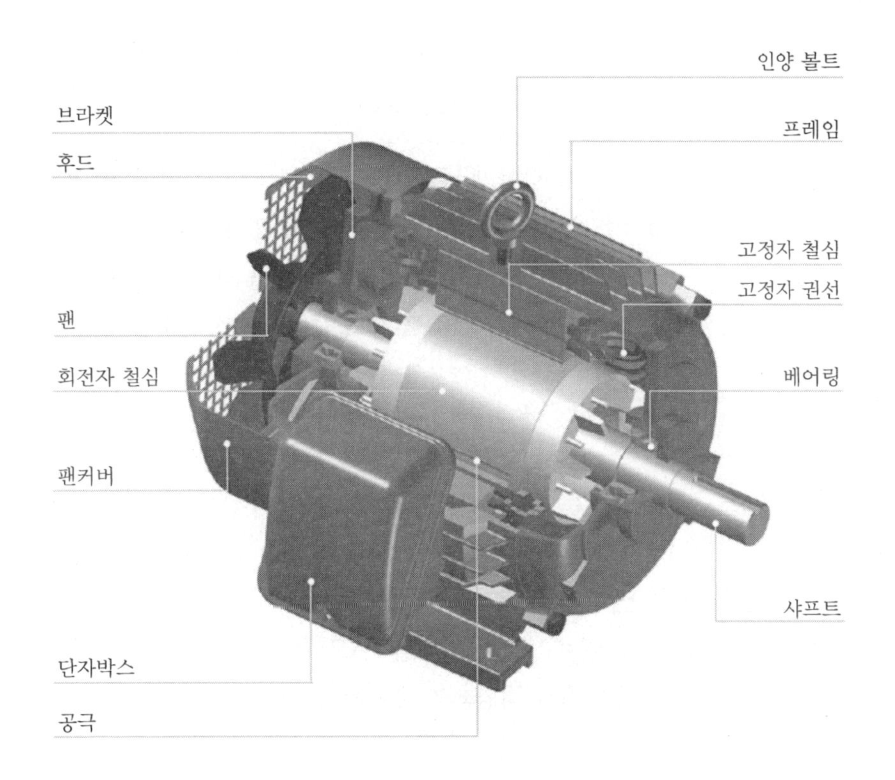

[그림 4-1] 유도전동기의 구조

(1) 고정자

고정자는 3상 권선으로 회전자계를 만드는 부분으로서 고정자 틀과 철심 및 권선으로 구성되어 있다.

(가) 철심의 강판

철심에는 두께 0.35~0.5[mm]의 규소강판(silicon sheet steel) 또는 자성강판을 성층하여 사용하며 대부분 냉간압연 규소강판이 사용되고 가정 전기기기용 전동기 등에는 소형 전동기용 자성강대가 사용되기도 한다.

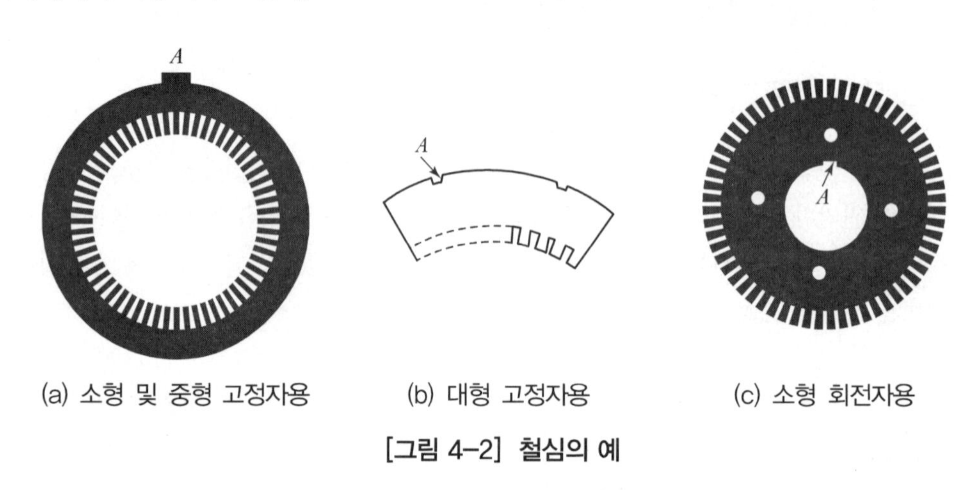

(a) 소형 및 중형 고정자용　　(b) 대형 고정자용　　(c) 소형 회전자용

[그림 4-2] 철심의 예

강판은 [그림 4-2]의 (a), (b)와 같이 원형 또는 부채꼴로 프레스하여 그 안쪽에 홈을 만든다. 홈(slot)의 모양에는 일반적으로 저압전동기에서는 반폐형(semi closed slot)이 사용되고 고압 전동기에서는 개방형(open slot)을 사용한다([그림 4-3]). 개방형을 사용하면 권선의 절연과 권선을 삽입하는 작업이 쉬우나 전동기의 형태가 다소 커지고 철손과 여자전류가 커지므로 그만큼 효율과 역률이 나빠진다.

(나) 고정자 틀

주철제 또는 연강판을 용접하여 만든 고정자 틀(stator frame)의 안쪽에 [그림 4-2] (a)의 A와 같은 키(key) 또는 (b)의 A와 같은 더브테일 슬롯(dovetail slot)을 맞추어서 성층하고 그 양쪽에 죄임쇠를 대고 튼튼하게 조인 후에 고정한다.

성층한 강판의 두께가 큰 경우에는 적당한 간격을 두고 폭 10[mm] 정도의 통풍덕트(air duct)를 만든다. 또 성층한 철심의 양쪽과 죄임쇠의 사이에도 통풍 덕트를 만든다.

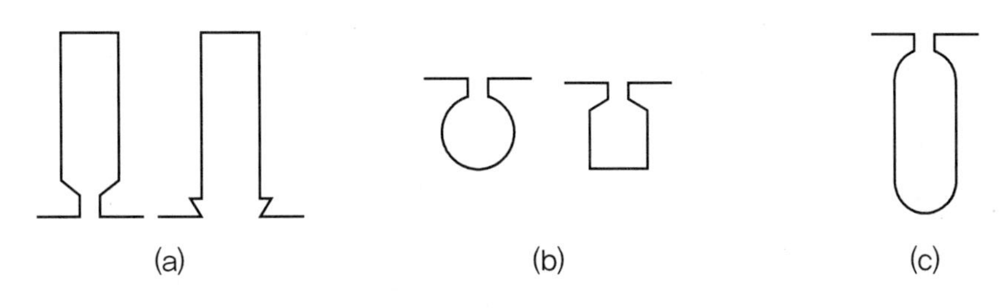

[그림 4-3] 슬롯의 예

(다) 코일의 도체와 절연

A종 절연의 1차 코일에는 폴리비닐포르말 또는 2중 면권 피복의 연동선이 사용되고, 또 E종 절연의 것에는 폴리우레탄선이 사용된다. 소전류의 것에는 둥근 선이, 대전류의 것에는 평각선이 사용된다. 개방 슬롯에는 권형으로, 보통 다이아몬드형으로 하고, 사용전압에 따라 적당히 절연한 것을 슬롯 속에 넣는다. 그리고 슬롯의 상부에 쐐기를 박아 고정한다. 또 반폐 슬롯의 경우에는 [그림 4-4]와 같이 슬롯의 내부에 절연물을 놓고, 슬롯 상부에서 코일변을 구성하는 피복선을 한 가닥씩 넣어 잘 다듬은 후에, 슬롯 내의 절연물을 권선 위에 놓고 그 위에 쐐기를 박는다. 코일단의 부분에는 바니시 클로드 테이프(vanish cloth tape)로 절연을 한다.

유도전동기의 1차 권선의 절연에는 중소형기기에서는 주로 A종 또는 E종 절연이 사용되나, 고압의 것에는 B종 절연이 사용되는 경우가 많다.

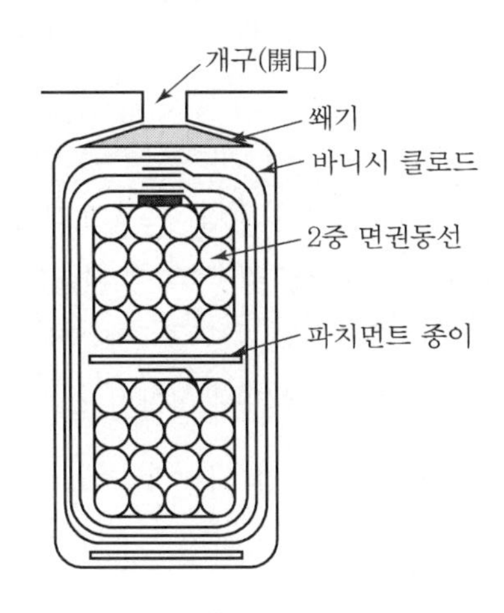

[그림 4-4] 1차 코일의 절연

(라) 권선법

1차 권선은 일반적으로 2층권의 중권으로서 전절권이나 단절권으로 한다. 3상의 경우 상접속 고압용은 보통 Y결선법이 사용되고 저압용에서는 Y결선 또는 Δ 결선이 다 함께 사용된다.

[그림 4-5]는 3상 4극권선의 결선법의 일례를 표시한 것이다(U상의 접속만을 표시했다). 이 권선은 2층으로 감겨져 있으며 매극매상의 슬롯 수는 3, 상간접속은 Y로 되어 있고 코일피치가 8, 극피치 9인 8/9의 단절권선으로 한 것이다.

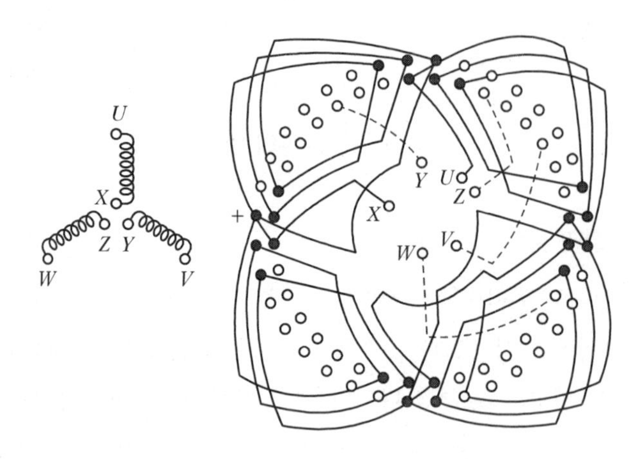

[그림 4-5] 4극, 36슬롯, 2층권, 8/9의 단절

(2) 회전자

회전자는 고정자 내에서 베어링에 지지되어 회전자계에 끌리어 회전하는 부분으로 축과 철심 및 권선으로 이루어져 있다. 또 대형의 것에는 축과 철심 사이에 스파이더가 설치되어 있다.

(가) 철심의 강판

회전자의 철심에는 보통 고정자의 철심과 같은 규소강판을 한 장마다 절연하여 사용한다. 철심의 모양은 소형의 것은 [그림 4-2] (c)와 같은 원형이고, 그 외주에 슬롯을 만든다. 중형의 것에서는 주철제의 스파이더를 축에 끼우고 이 스파이더 위에 환상의 철심을 성층하고 대형의 것은 부채꼴의 철심을 스파이더의 위에 성층한다.

통풍 덕트는 고정자와 같이 철심의 양쪽과 중간에 적당한 간격을 두고 설치한다. 대형의 것에서는 축 방향으로 통풍구멍을 뚫는 경우도 있다.

(나) 농형 회전자

농형 회전자(squirrel-cage rotor) 철심의 슬롯모양은 [그림 4-3] (b)와 같이 반폐 슬롯으로, 그 속에 절연하지 않는 도체(동)를 삽입하고, 철심 밖에서 도체로 된 고리, 즉 단락환(end ring)으로 양단을 용접한다. 소형 전동기에서는 동 대신에 알루미늄 주물로, 슬롯 내의 도체, 단락환 및 통풍날개를 하나로 주조한 다이캐스트(die casting) 방법이 사용된다. [그림 4-6]은 농형 회전자모양을 나타낸 것이다.

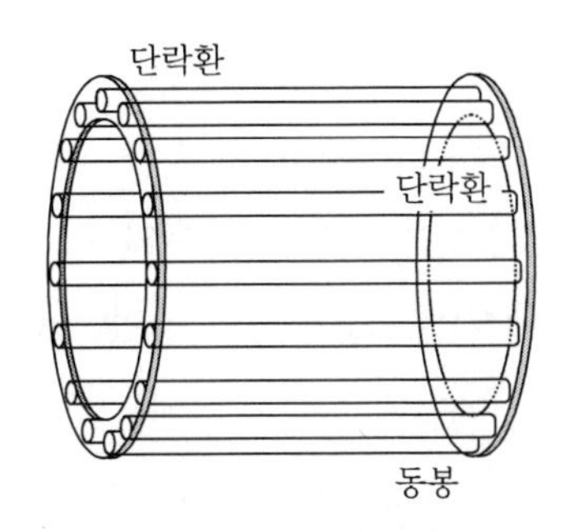

[그림 4-6] 농형 회전자

(다) 권선형 회전자

권선형 회전자(wound rotor) 철심의 구조는 고정자와 거의 같으나 슬롯은 [그림 4-3] (c)와 같은 반폐형으로서, 고정자가 만드는 자극과 같은 수의 자극이 이루어지도록 3상 권선을 한다.

보통 회전자 권선에는 큰 전류가 흐르기 때문에 평각 동선을 바니시 클로드 테이프(vanish cloth tape)와 면 테이프로 절연한 것이 많이 사용된다. 코일단에는 원심력이나 충격에 대한 변형을 막기 위하여 바인드(bind)를 한다. 권선은 주로 2층 파권이고, 3상의 결선은 보통 Y결선이지만 극수가 많고 대형인 것에서는 Δ결선도 사용된다.

권선형 회전자의 3상 권선의 세 단자는 [그림 4-7]과 같이 절연하여 축 위에 설치한 3개의 슬립 링(slip ring)에 접속하고, 여기에 접촉하는 브러시를 통하여 외부에 있는 기동용 가감 저항기에 접속되어 있다. 따라서 권선형 회전자는 슬립 링을 단락하는 경우 외에는 저항기를 통해서 폐회로를 이루고 있다.

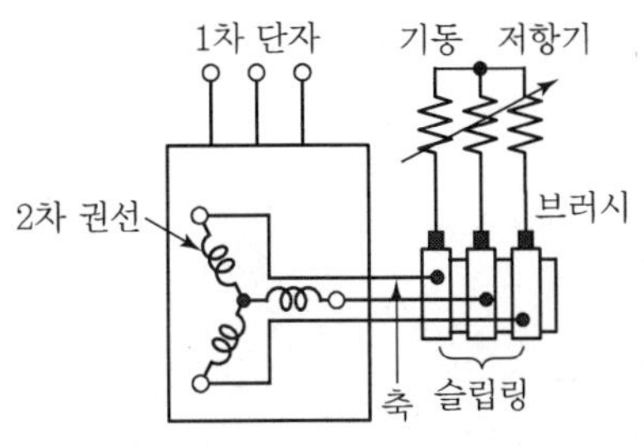

[그림 4-7] 회전자 권선과 슬립링

(라) 공극

유도전동기의 고정자와 회전자와의 사이에는 작은 공극(air gap)이 있다. 1차 권선의 기자력에 의해서 생기는 회전자계의 자로는, 반드시 이 공극을 통하여 폐회로를 이룬다. 보통 공기의 자기저항은 철심에 비하여 매우 크므로 공극을 되도록 작게 하지 않으면 여자전류가 많이 흘러 전동기의 역률이 매우 낮아진다. 따라서 이 공극은 보통 0.3~2.5[mm] 정도로 한다.

(마) 농형 회전자와 권선형 회전자의 비교

농형은 권선형에 비해서 구조가 간단하고, 튼튼하며, 취급이 쉽고, 효율이 좋다. 또 보수도 용이하다는 이점이 있어 소형, 중형의 전동기로 널리 사용된다. 그러나 속도조정이 곤란하고, 대형이 되면, 기동이 곤란해서 중형과 대형에는 권선형이 많이 사용된다.

4.1.2 유도전동기의 원리

유도전동기는 다음과 같은 2가지 기본법칙을 응용한 전동기이다.

첫째는 전자유도의 법칙이다. 즉, 도체가 자속을 끊으면 이것에 기전력이 유도되며, 이 기전력의 방향은 플레밍의 오른손법칙에 따른다. **둘째는 자계와 전류 사이에 기계적인 힘, 즉 전자력이 작용한다는 법칙이다.** 이것을 더 자세히 기술하면 다음과 같다.

전류를 흘리고 있는 도체가 자계 안에 놓여 있을 때, 이것에 전자력이 발생한다. 이 전자력의 방향은 플레밍의 왼손법칙에 따른다. 그러므로 자속밀도를 $B\,[\mathrm{Wb/m^2}]$, 도체의 길이를 $l\,[\mathrm{m}]$, 도체와 자속에 대하여 다같이 직각방향이 되는 속도를 $v\,[\mathrm{m/s}]$, 그 방향의 힘을 $f\,[\mathrm{V}]$, 유도 기전력을 $e\,[\mathrm{V}]$, 전류를 $i\,[\mathrm{A}]$라 하면

$$e = Blv\,[\mathrm{V}] \quad \cdots\cdots (4\text{-}1)$$

$$f = Bli\,[\mathrm{N}] \quad \cdots\cdots (4\text{-}2)$$

의 관계가 있다.

1824년에 Arago의 원판(Arago's rotating disc)이라고 부르는 다음과 같은 현상이 발견되었다.

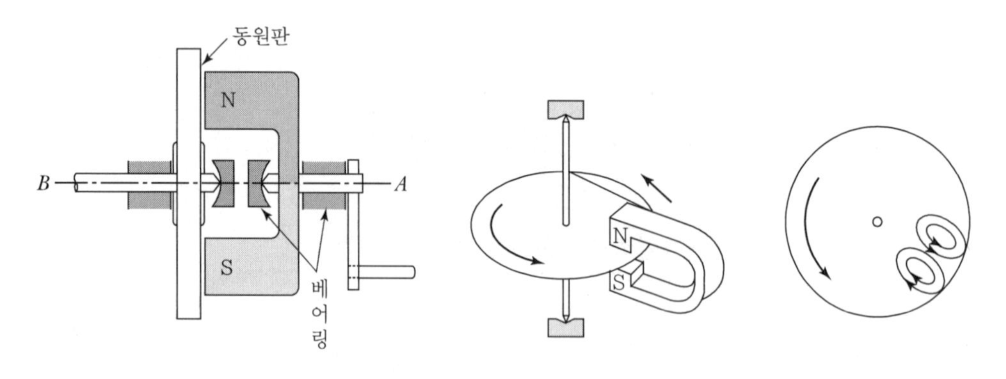

[그림 4-8] 아르고 원판

[그림 4-8]과 같은 동원판을 수평인 축에 붙이고 자유롭게 돌도록 한다. 여기에 이 원판 가까이에 영구자석을 두고 이 자석을 어떤 방향으로 돌리면, 동원판은 자석이 만드는 자계의 자속을

끊으므로 동판 안에 기전력이 유기되고, 전류가 흐른다. 따라서 동원판은 자계 내에 있으므로 이 전류에 의해 플레밍의 왼손법칙에 따르는 방향으로 힘을 받아 회전한다. 여기서 동원판의 회전속도는 자석의 회전속도보다 느려야 한다. 만일, 동원판의 회전속도와 자석의 회전속도가 같으면 동원판은 자속을 끊지 못하므로 기전력을 유기할 수 없고 전류도 흐르지 않아 힘을 발생시킬 수 없다.

유도전동기는 이러한 원리에 따른 것인데, 실제의 3상 유도전동기에서는 자석을 돌리는 대신에 고정된 3상 권선에 3상 교류를 흘렸을 때 생기는 회전자속을 이용한다.

4.1.3 회전자계의 발생

(1) 회전자계

[그림 4-9]의 대칭 3상 권선에 [그림 4-10] (a)와 같은 평행 3상 교류 i_a, i_b, i_c가 흐르면 t_1에서는 $i_a = I_m$, $i_b = i_c = -I_m/2$가 되고, 이것에 의한 각 권선의 기자력 F_a, F_b, F_c는 [그림 4-10] (b)와 같이 a상에서는 권선축(a 방향)의 정방향에 b, c상에서는 권선축의 부방향($-b$, $-c$ 방향)이 된다. 여기서 F_a, F_b, F_c는 정현파 기자력 분포의 최댓값으로 $F_a = F_m$, $F_b = \dfrac{F_m}{2}$, $F_c = \dfrac{F_m}{2}$이다. 이들 3기자력의 공간벡터의 합으로 그림에 나타낸 $F = \dfrac{3}{2}F_m$이 된다. 이와 같은 것을 t_2, t_3, t_4에 대하여 적용하면 [그림 4-10] (b)에 나타낸 것과 같이 F는 시계방향으로 회전한다는 것을 알 수 있다.

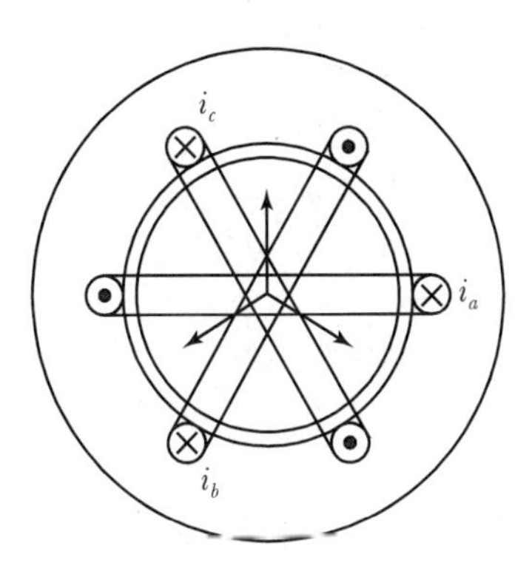

[그림 4-9] 회전자계

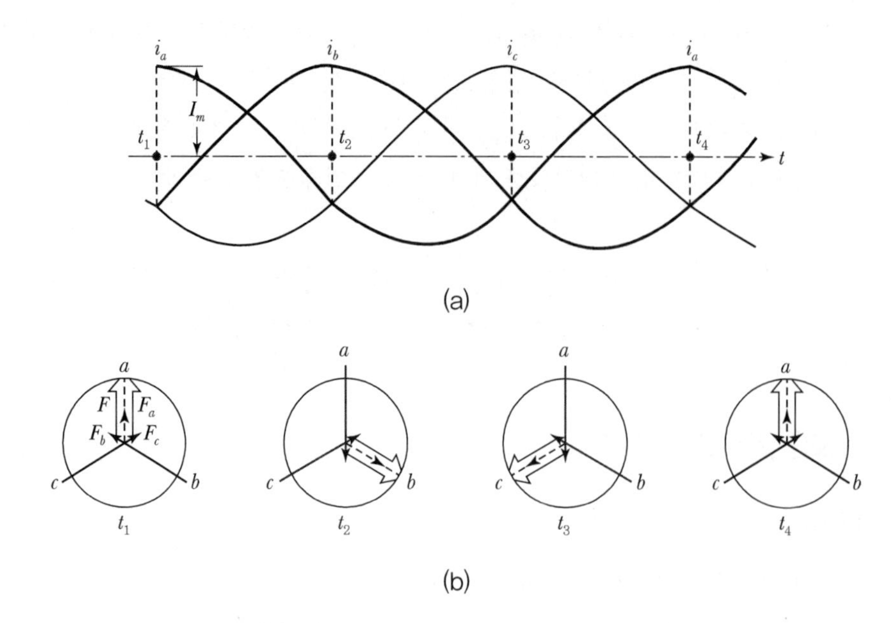

[그림 4-10] 3상에 의한 회전자계의 발생

이상은 권선이 2극인 경우이다. 즉, [그림 4-9]에서 i_a 가 최대인 순간의 자속분포를 나타내면 [그림 4-11]과 같이 되어 명백히 2극이 형성되어 있다. 이것에 대하여 [그림 4-12] (a)와 같이 권선을 하였다고 하자.

이것에 평형 3상 교류가 흘렀을 때의 자속을 i_a 가 최대인 순간에 대하여 그리면 [그림 4-12] (b)와 같이 되어 4극이 형성되어 있다.

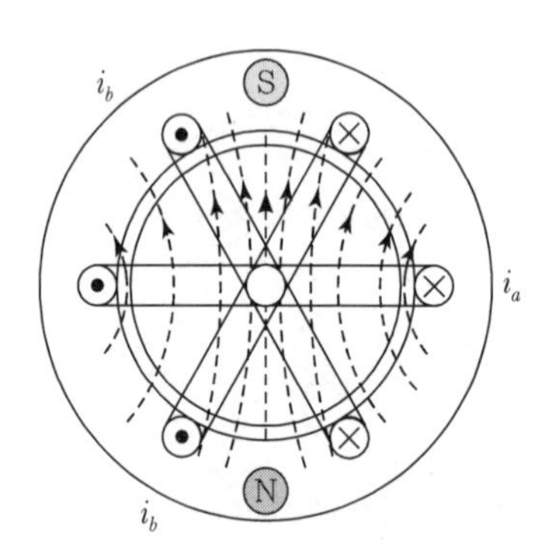

[그림 4-11] 2극의 자속분포

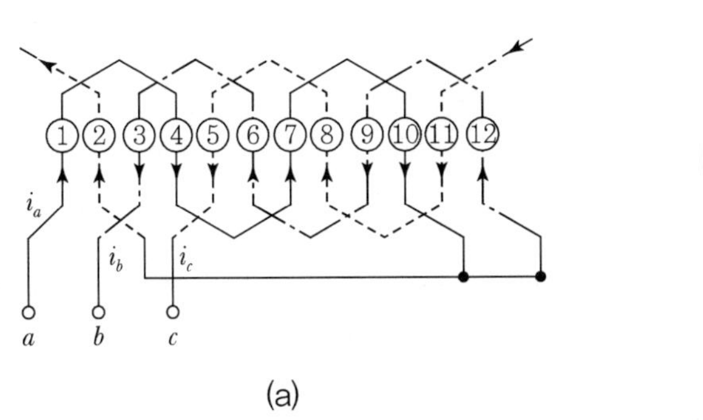

(a)

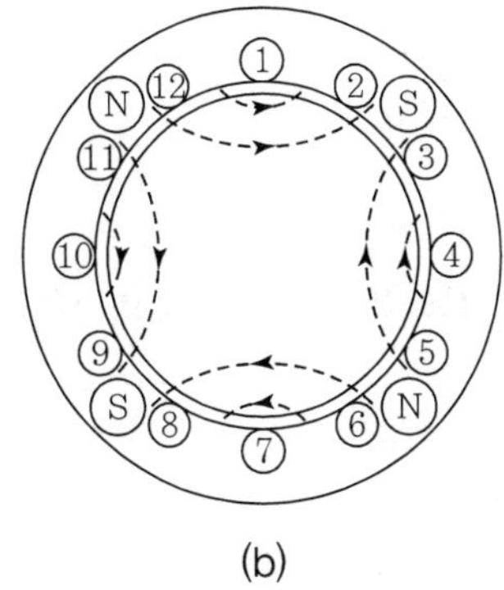

(b)

[그림 4–12] 4극의 자속분포

6극, 8극⋯⋯ 등도 이것에 준하여 생각할 수 있다. 이와 같이 다극기에서는 극수를 p라 하면 회전자계의 회전수(동기속도) n_s는 다음과 같다.

$$\left.\begin{aligned} n_s &= \frac{2f}{P}[\text{rps}](P : \text{극수}) \\ N_s &= \frac{120f}{P}[\text{rpm}](P : \text{극수}) \end{aligned}\right\} \cdots\cdots (4\text{-}3)$$

이와 같이 3상 대칭권에 평형 3상 교류를 가하면 용이하게 회전자계를 발생시킬 수 있으며 이것을 응용한 것이 3상 유도전동기이다.

(2) 슬립(slip)

대칭 3상 권선이 있는 전동기에 주파수 f되는 3상 교류를 흘리면 동기속도 N_s로 회전하는 회전자계가 생긴다.

그런데 전동기의 실제 회전속도는 이 N_s보다 적다. 그것은 앞에서도 설명한 바와 같이 회전자가 N_s보다 느리게 돌아야만 자속을 끊게 되므로 기전력을 유기하고 회전자에 전류가 흘러 이 전류와 자계의 자속 사이에서 회전력이 생기기 때문이다.

그래서 전동기의 속도 N이 N_s보다 어느 정도 느린가를 표시하기 위하여

$$s = \frac{N_s - N}{N_s} \cdots\cdots (4\text{-}4)$$

를 정의한다. 이 s를 슬립이라 하고 이것을 [%]로 표시하면

$$s = \frac{N_s - N}{N_s} \times 100[\%] \quad \cdots\cdots (4\text{-}5)$$

가 된다.

이 경우 회전자와 회전자계의 상대속도는

$$N_s - N = sN_s \quad \cdots\cdots (4\text{-}6)$$

이 된다.

식 (4-4)에서 알 수 있는 바와 같이 $s = 1$이면 $N = 0$이 되어 전동기는 정지하고 있는 상태이며, $s = 0$이면 $N = N_s$가 되어 전동기는 동기속도로 돌고 있는 것이 되는데, 이 경우는 이상적인 무부하상태이다.

보통 전부하에 대한 슬립 s의 값은 3~4[%] 정도이다.

+ 예제 4-1 50[Hz], 슬립 0.2인 경우의 회전자 속도가 600[rpm]일 때에 3상 유도전동기의 극수는?

풀이 $N = (1-s)N_s$에서, $N_s = \dfrac{N}{1-s} = \dfrac{600}{1-0.2} = 750[\text{rpm}]$

$\therefore p = \dfrac{120f}{N_s} = \dfrac{120 \times 50}{750} = 8[\text{극}]$

+ 예제 4-2 50[Hz], 4극의 유도전동기의 슬립이 4[%]인 때의 매분 회전수는?

풀이 $N_s = \dfrac{120f}{p} = \dfrac{120 \times 50}{4} = 1{,}500[\text{rpm}]$

$\therefore N = (1-s)N_s = (1-0.04) \times 1{,}500 = 1{,}440[\text{rpm}]$

4.2 3상 유도전동기의 이론

4.2.1 유도전동기와 변압기와의 비교

변압기에서는 1차 권선에 흐르는 전류에 의해서 생긴 교번 자속이 2차 권선과도 쇄교하기 때문에 전자유도작용에 의해서 2차 권선에 전압이 유기된다. 유도전동기도 이와 같이 1차 권선에 흐르는 전류에 의해서 생긴 회전자속이 2차 권선과 쇄교하고, 이 전자유도작용에 의해서 2차 권선에도 전압이 유기되므로, 이에 의해서 2차 전류가 흐르고 2차 전류와 회전자속과의 사이에 생기는 전자력에 의해서 회전력이 발생한다.

이와 같이 유도전동기에 있어서의 자속, 전압, 전류의 관계는 변압기의 작용과 흡사하다. 따라서 그 이론도 변압기와 비슷한 점이 많아 변압기와 거의 같게 취급할 수가 있다. 때문에 유도전동기의 고정자를 1차 측, 회전자를 2차 측이라고 부르는 경우가 많다. [그림 4-13]은 변압기 모델을 이용한 유도전동기 등가회로이다.

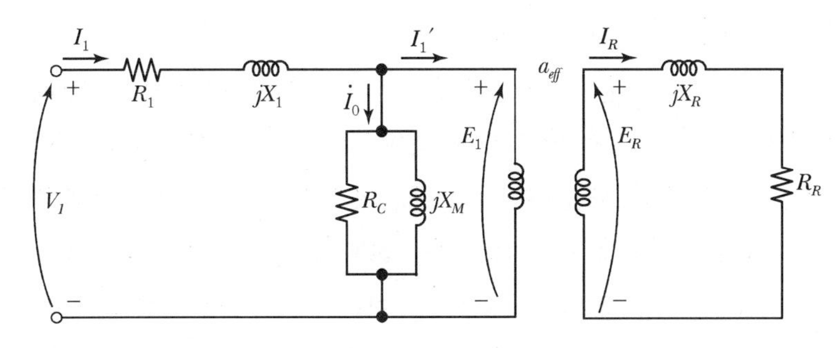

[그림 4-13] 변압기 모델을 이용한 유도전동기 등가회로

(1) 무부하인 경우

1차 권선에 전압을 가하면 변압기의 경우와 같이 여자전류가 흐르고, 그 기자력에 의해서 회전자속이 발생되므로 이 자속에 의해서 1차와 2차의 각 권선에는 기전력이 유기된다.

2차 회로가 개로된 경우, 즉 무부하 상태인 경우에는 2차 전류가 거의 흐르지 않으므로 무부하 때의 변압기와 똑같고, 전압, 전류, 자속의 관계를 나타내는 벡터도는 [그림 4-14]와 같이 표시된다. 이 그림에서 I_0는 1차의 여자전류이고, 자속 Φ보다 α(철손각)만큼 앞서 있다. 또 I_0는 회전자속을 만드는 자화전류 I_ϕ와 철손을 공급하는 철손전류 I_i와의 벡터합이다.

E_1, E_2는 각각 1차와 2차 권선의 유도 기전력이고, 권선 측에서 보면 Φ를 최댓값으로 하는 교번자속에 의해서 유기되므로 자속 Φ보다 위상이 $\pi/2$ 뒤진다. $V_1'=-E_1$은 I_0에 의한 1차 임피던스 강하를 무시하면 1차 공급전압(상전압)이 되며 또 여기서 $\cos\theta_0$는 이때의 역률이다.

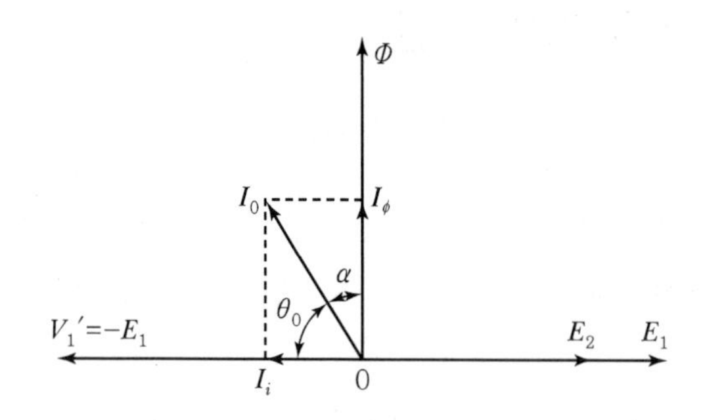

[그림 4-14] 무부하인 경우의 벡터도

(2) 부하가 걸린 경우

① **1차 전류** : 부하상태, 즉 2차 회로를 단락한 경우, 2차 회로에는 그 회로의 임피던스를 통하여 2차 전류 I_2 가 흐르고, 변압기의 경우와 같이 1차 측에는 I_2 에 의한 기자력을 상쇄시켜줄 만한 1차 부하전류 I_1'가 흐른다.

이와 같은 사실은 변압기와 비슷하지만 전동기의 자로에는 공극이 있기 때문에 변압기에 비해서 I_1 에 대한 I_0 의 비율은 매우 크다. 일반적으로 전부하전류의 25~50[%]에 이른다. 또 I_0의 비는 용량이 작은 것일수록 크고 같은 용량의 전동기에서는 극 수가 많을수록 크다. 그리고 이 I_0의 대부분을 차지하고 있는 자화전류 I_ϕ 는 $\pi/2$ 뒤진 전류이기 때문에 유도전동기의 역률은 낮고, 경부하일 경우에는 역률이 더욱 낮아지게 된다.

② **2차 전류와 회전력** : 회전자에 전류가 흐르면 이 전류와 회전자속의 곱에 비례하는 회전력이 발생하여 회전자는 그 회전자속과 같은 방향으로 회전을 시작한다.

회전자계의 속도는 일정하므로 회전자의 속도가 증가함에 따라 회전자계와 회전자 사이의 상대속도가 점점 작아져서, 2차 도체를 끊는 회전자속이 감소하게 된다. 따라서 2차 회로에 유기되는 2차 전압의 크기와 주파수도 감소하고, 이에 따라서 2차 전류도 감소한다. 때문에 회전자가 발생하는 회전력도 감소하여 마침내는 부하 회전력과 평형을 이룰 수 있는 속도에서 회전을 계속하게 된다.

4.2.2 유도 기전력 및 전류

(1) 전동기가 정지하고 있는 경우

① **1차 유도 기전력** : 1차 권선에 여자전류가 흐르면 1차 권선과 2차 권선에 각각 기전력이 유도되는 관계는 변압기의 경우와 같으며 1차 유도 기전력 E_1은

$$E_1 = 4.44\, k_1 n_1 f_1 \Phi [\mathrm{V}] \quad \cdots\cdots (4\text{-}7)$$

여기서, f_1은 공급전압의 주파수(1차 주파수)[Hz], n_1은 1차 1상 권선의 권수, k_1은 1차 권선의 권선계수, Φ는 1극의 평균자속[Wb]이다.

이 전압 E_1은 전동기의 역기전력이기 때문에 단자전압 V_1에서 1차 임피던스에 의한 전압 강하를 벡터적으로 감소시킨 것과 평형을 유지한다.

② **2차 유도 기전력** : 회전자가 정지하고 있을 때는 회전자계가 1차 권선을 자르면 동일한 속도로 2차 권선을 자르기 때문에 2차 유도 기전력 E_2는 다음과 같이 E_1과 같은 형식으로 표시된다.

$$E_2 = 4.44\, k_2 n_2 f_1 \Phi [\mathrm{V}] \quad \cdots\cdots (4\text{-}8)$$

여기서, k_2는 2차 권선의 권선계수, n_2는 2차 1상 권선의 권수이다.

③ **권선비** : 식 (4-7)과 식 (4-8)의 비를 취하면

$$\frac{E_1}{E_2} = \frac{k_1 n_1}{k_2 n_2} = a \quad \cdots\cdots (4\text{-}9)$$

즉, 유도전동기의 1차 권선과 2차 권선에 유도되는 기전력의 비는 권선과 권선계수의 곱에 대한 비와 같으며 이것은 a로 표시되고 **권선비**라고 한다.

(2) 전동기가 회전하고 있는 경우

① **2차 유도 기전력 및 2차 주파수** : 회전자가 슬립 s로 회전하고 있는 경우에 2차 도체와 회전자계의 상대속도는 식 $N_s - N = sN_s$와 같이 회전자가 정지하고 있을 때의 s배이기 때문에, 이런 경우에 대한 2차 유도 기전력 E_{2s} 및 주파수 f_{2s}는 다음과 같이 정지할 때의 s배가 된다.

$$E_{2s} = sE_2,\ f_{2s} = sf_1 \quad \cdots\cdots (4\text{-}10)$$

2차 주파수 f_{2s}는 슬립주파수(slip frequency)라고도 한다.

② **2차 전류와 2차 역률** : 지금 $r_2\,[\Omega]$을 2차 권선 1상의 저항, $x_2\,[\Omega]$을 전동기가 정지하고 있을 때의 2차 권선 1상의 리액턴스라고 하면, 전동기가 슬립 s로 회전하고 있을 때에 2차 권선 1상의 리액턴스 $x_{2s}\,[\Omega]$ 및 2차 권선 1상의 임피던스 $Z_{2s}\,[\Omega]$은 다음과 같다.

$$\left.\begin{aligned} x_{2s} &= s\,x_2\,[\Omega] \\ Z_{2s} &= r_2 + j\,s\,x_2\,[\Omega] \end{aligned}\right\} \quad \cdots\cdots (4\text{-}11)$$

따라서 전동기가 슬립 s로 운전하고 있을 때의 2차 전류 I_2[A]는

$$I_2 = \frac{E_{2s}}{Z_{2s}} = \frac{s\,E_2}{\sqrt{r_2^2 + (s\,x_2)^2}} = \frac{E_2}{\sqrt{\left(\frac{r_2}{s}\right)^2 + x_2^2}}\,[\text{A}] \quad \cdots\cdots (4\text{-}12)$$

$$\left.\begin{aligned} \theta_2 &= \tan^{-1}\frac{s\,x_2}{r_2} \\ \cos\theta_2 &= \frac{r_2}{\sqrt{r_2^2 + (s\,x_2)^2}} \end{aligned}\right\} \quad \cdots\cdots (4\text{-}13)$$

③ **1차 전류** : 2차 전류 I_2[A]가 흐르면, 이에 따른 기자력을 상쇄할 수 있는 1차 부하전류 I_1'[A]가 1차 측에 흐르고, 1차 권선과 2차 권선의 상수를 각각 m_1 및 m_2라 하면 다음 관계가 성립한다.

$$\dot{I}_1'\,m_1\,k_1\,n_1 + \dot{I}_2\,m_2\,k_2\,n_2 = 0$$

$$\therefore\ \dot{I}_1' = -\frac{m_2\,k_2\,n_2}{m_1\,k_1\,n_1}\dot{I}_2 = -\frac{1}{ua}\dot{I}_2 \quad \cdots\cdots (4\text{-}14)$$

단, $u = \dfrac{m_1}{m_2}$ = 상수비

상수비 u는 권선형 회전자의 경우에 일반적으로 $m_1 = m_2$이기 때문에 $u = 1$이 되지만, 농형 회전자의 경우에는 일반적으로 $m_1 < m_2$이기 때문에 $u < 1$이 된다. 또 농형 회전자에서는 한 개 한 개의 도체에 다른 위상의 전류가 흐르나, 같은 종류의 자극에 대하여 대칭적인 관계위치에 있는 도체의 전원은 같기 때문에, 농형 유도전동기의 2차 상수 $m_2 = 2 \times$ (슬롯의 수)/P로 표시된다.

1차 부하전류 I_1'와 여자전류 I_0의 벡터합이 1차 전류 I_1이 된다. 이와 같이 2차 측의 전압, 주파수, 리액턴스 및 역률 등은 슬립 s에 의하여 변화된다.

④ 기동할 때의 전압 및 전류 : 전동기가 정지상태에서 기동하는 경우에 2차 유도전력과 2차 전류 및 2차 회로의 역률은 각각 식 (4-10)과 (4-12) 및 (4-13)에서 $s = 1$로 하면 얻을 수 있다.

+ 예제 4-3 그림에서 고정자가 매초 50회전하고, 회전자가 45회전하고 있을 때 회전자의 도체에 유기되는 기전력의 주파수[Hz]는?

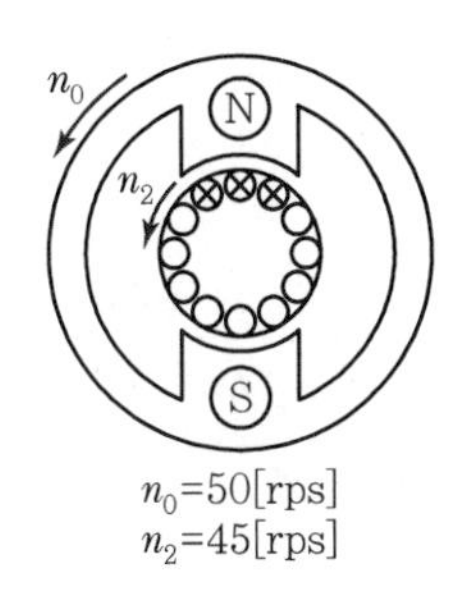

풀이 $s = \dfrac{n_0 - n_2}{n_0} = \dfrac{50 - 45}{50} = 0.1 \quad \therefore f_2 = sf_1 = 0.1 \times 50 = 5[\text{Hz}]$

+ 예제 4-4 6극, 3상 유도전동기가 있다. 회전자도 3상이며 회전자 정지 시의 1상의 전압은 200[V]이다. 전부하 시의 속도가 1,152[rpm]이면 2차 1상의 전압은 몇 [V]인가? (단, 1차 주파수는 60[Hz]이다.)

풀이 $N_s = \dfrac{120 \times 60}{6} = 1{,}200[\text{rpm}],\ s = \dfrac{1{,}200 - 1{,}152}{1{,}200} = 0.04$

$\therefore E_2' = sE_2 = 0.04 \times 200 = 8[\text{V}]$

4.2.3 등가회로

유도전동기의 고정자와 회전자의 전압, 전류 및 자속은 변압기의 1차, 2차의 전압전류 및 자속의 관계와 같음을 앞에서 설명하였다.

다만, 변압기의 주 자속은 교번자속인데, 유도전동기의 주 자속은 회전자속이라는 점이 다를 뿐이다.

일반적으로 어떤 복잡한 전기회로의 단자에 교류전압 V를 가했을 때 흐르는 전류가 I라면

$$\dot{Z} = \frac{\dot{V}}{\dot{I}}$$

를 그 회로의 **등가 임피던스**라 한다. 등가 임피던스를 쓰면 복잡한 전기회로를 보다 더 간단한 회로로 고칠 수 있는데, 이러한 회로를 **등가회로**라 한다.

여기서 3상 유도전동기의 고정자 단자전압 V_1과 고정자전류 I_1에 대한 등가회로(1상에 대한)를 구해보면 [그림 4-18]의 벡터도에서

$$\frac{m_1}{m_2}=u,\ \frac{K_{w1}n_1}{K_{w2}n_2}=a,\ \frac{\dot{E}_1{}'}{\dot{I}_0}=\text{여자 임피던스}=\dot{Z}_0$$

여기서, u : 상수비, a : 권수비

라 놓으면

$$\dot{I}_1=\dot{I}_0+\dot{I}_1{}'=\dot{I}_0+\left(-\frac{\dot{I}_2}{ua}\right)=\dot{I}_0+\left(-\frac{1}{ua}\cdot\frac{s\dot{E}_2}{r_2+jsx_2}\right)$$

$$=\dot{I}_0+\frac{1}{ua^2}\cdot\frac{s\dot{E}_1{}'}{r_2+jsx_2}$$

$$=\dot{E}_1{}'\left[\frac{1}{\dot{Z}_0}+\frac{1}{ua^2\left(\frac{r_2}{s}+jx_2\right)}\right]$$

우선 1차 저항과 리액턴스를 무시하면 $\dot{V}_1=\dot{E}_1{}'$이므로

$$\text{등가 임피던스 }\dot{Z}=\frac{\dot{V}_1}{\dot{I}_1}=\frac{\dot{E}_1{}'}{\dot{I}_1}=\frac{1}{\frac{1}{\dot{Z}_0}+\frac{1}{ua^2\left(\frac{r_2}{s}+jx_2\right)}} \quad \cdots\cdots (4\text{-}15)$$

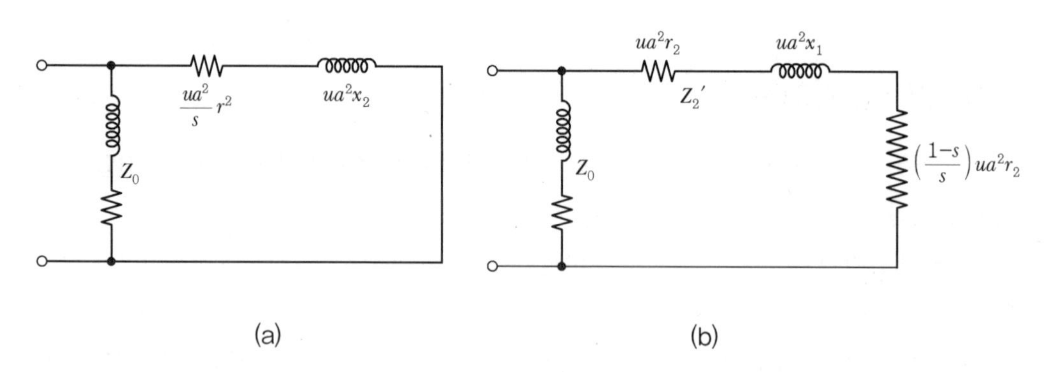

[그림 4-15] 1차 임피던스를 무시한 경우 등가회로

이 식에서 Z는 임피던스 Z_0와 임피던스 $ua^2\left(\frac{r_2}{s}+jx_2\right)$가 병렬로 접속된 회로의 합성 임피던스이다. 따라서 등가회로는 [그림 4-15] (a)와 같이 된다.

또 $\frac{1}{s}=1+\frac{1-s}{s}$이므로 이것을 [그림 4-15] (b)와 같이 고쳐 그려도 된다.

(r_2+jx_2)는 2차가 정지하고 있을 때의 임피던스이므로 이것을 $\dot{Z}_2$라고 표시하면 $ua^2\dot{Z}_2$는 변압기에서 배운 바와 같이 1차 측에 환산한 2차 임피던스이다.

이것을

$$\dot{Z}_2{}' = r_2{}' + jx_2{}'$$

라 놓으면

$$\left.\begin{aligned} &\dot{Z}_2{}' = ua^2\dot{Z}_2 = \frac{m_1}{m_2}a^2\dot{Z}_2 \\ &r_2{}' = \frac{m_1}{m_2}a^2 r_2,\ x_2{}' = \frac{m_1}{m_2}a^2 x_2 \end{aligned}\right\} \quad \cdots\cdots (4\text{-}16)$$

그런데 1차 권선의 임피던스를 고려하면

$$\dot{V}_1 = \dot{E}_1{}' + \dot{I}_1\dot{Z}_1$$

이므로

$$\frac{\dot{V}_1}{\dot{I}_1} = \frac{\dot{E}_1}{\dot{I}_1} + \dot{Z}_1$$

이 되어 [그림 4-16]의 등가회로에 $\dot{Z}_1 = r_1 + jx_1$을 직렬로 접속한 그림 (a)와 같은 등가회로가 된다.

이것이 3상 유도전동기의 정확한 등가회로이지만 이 회로를 그대로 취급하기는 불편하므로 여자전류의 1차 임피던스 전압강하를 무시하고 $\dot{Z}_0$를 $\dot{Z}_1$의 왼쪽으로 옮긴 [그림 4-16] (b)와 같은 간이 등가회로가 일반적으로 많이 쓰인다. 그러나 변압기에서는 $\dot{I}_0$가 극히 적지만 유도전동기에서는 공극이 있으므로 여자전류가 큰 값이 되기 때문에 $\dot{I}_0$에 의한 1차 임피던스 강하를 무시하는 것은 오차가 생기기 쉽다. 간이 등가회로를 사용하는 경우에는 이 점에 주의하여야 한다.

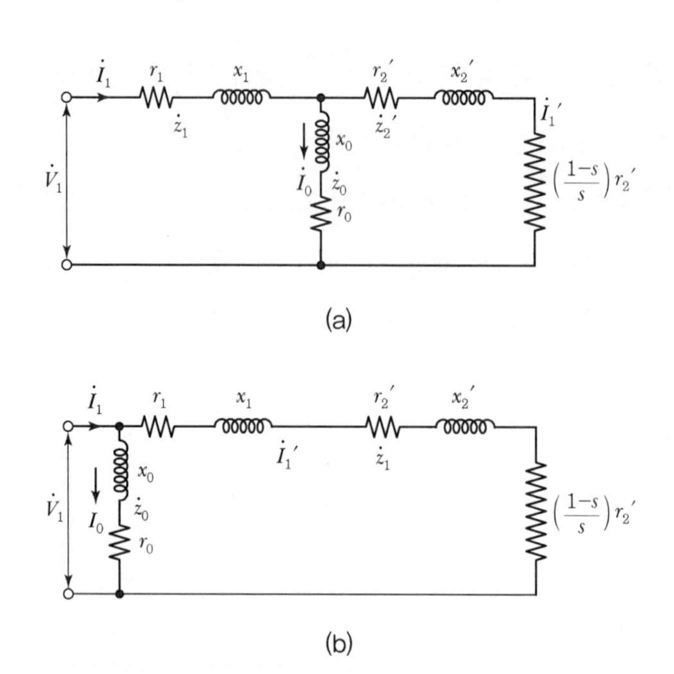

[그림 4-16] 1차 임피던스를 고려한 경우 등가회로

또 여자 임피던스 대신 여자 어드미턴스

$$\dot{Y}_0 = \frac{1}{\dot{Z}_0} = g_0 - j\,b_0 \qquad \cdots\cdots (4\text{-}17)$$

을 써서 등가회로를 표시하는 경우가 많은데, 이것을 [그림 4-17]에 표시하였다.

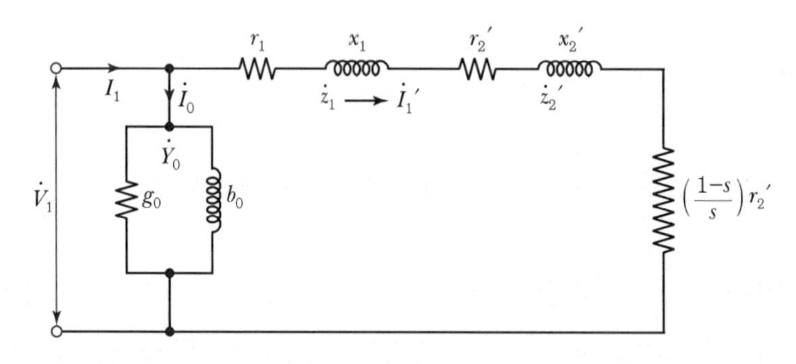

[그림 4-17] 여자 어드미턴스를 이용한 등가회로

4.2.4 벡터도

유도전동기의 운전상태에 대한 전압과 전류 및 자속의 관계를 벡터도로 그리면 [그림 4-18] 처럼 무유도 부하의 변압기 벡터도와 비슷하게 된다.

벡터도를 그리는 방법은 다음과 같다.

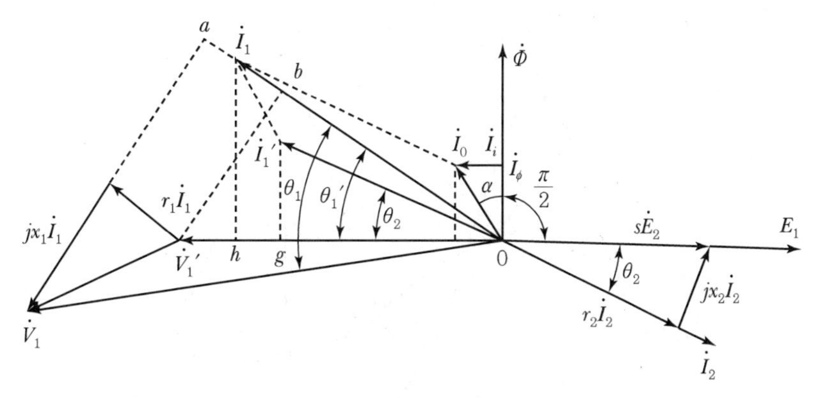

[그림 4-18] 벡터도

① 기준벡터로서 $\dot{E}_1$을 그린다.

② $\dot{E}_1$보다 $\pi/2$ 앞서게 $\dot{\Phi}$를 그린다.

③ $V_1{}'(=-E_1)$를 $\dot{\Phi}$보다 $\pi/2$ 앞서게 그린다.

④ $\dot{I}_0$을 $\dot{\Phi}$보다 철손각 α만큼 앞서게 그린다.

⑤ $s\dot{E}_2$를 $\dot{E}_1$과 같은 방향으로 그린다.

⑥ $s\dot{E}_2$보다 $\theta_2 = \tan^{-1}\dfrac{sx_2}{r_2}$만큼 늦게 $\dot{I}_2$를 그린다.

⑦ $\dot{I}_2$와 반대방향으로 $\dot{I}_1{}'$를 그린다.

⑧ $\dot{I}_0$과 $\dot{I}_1{}'$를 합성해서 $\dot{I}_1$을 만든다.

⑨ $r_1\dot{I}_1$을 $\dot{V}_1{}'$의 앞끝부터 $\dot{I}_1$과 평행되게 $\dot{I}_1$과 같은 방향으로 그린다.

⑩ $x_1\dot{I}_1$을 $\dot{I}_1$에 직각으로 $r_1\dot{I}_1$의 끝에서부터 $\dot{I}_1$보다 $\pi/2$ 앞서게 그린다.

⑪ $\dot{V}_1{}'$, $r_1\dot{I}_1$, $x_1\dot{I}_1$을 합성해서 $\dot{V}_1$을 그린다.

⑫ $r_2\dot{I}_2$를 $\dot{I}_2$와 동일한 방향으로 그린다.

⑬ $r_2\dot{I}_2$의 앞끝부터 $\dot{I}_2$에 직각으로 $\dot{I}_2$보다 $\pi/2$ 앞서게 $sx_2\dot{I}_2$를 그린다.

이 경우에 $sx_2\dot{I}_2$의 앞끝은 $s\dot{E}_2$의 앞끝과 합성하며 이 벡터도에서 $\cos\theta_1$은 정동기의 역률이다.

4.2.5 회전력의 발생

어느 1개의 회전자 도체에 작용하는 힘은 $f = Bil$[N]로 표시된다. 즉, 힘은 도체에 흐르는 전류의 순시치와 이 도체가 있는 장소의 자속밀도와의 곱에 비례한다. 그리고 어떤 순간에 회전자 전체에 작용하는 회전력은 그 순간에서 각각 도체의 회전력(회전력은 힘과 회전자 반경을 곱한 것이다)을 대수적으로 합한 것이 된다.

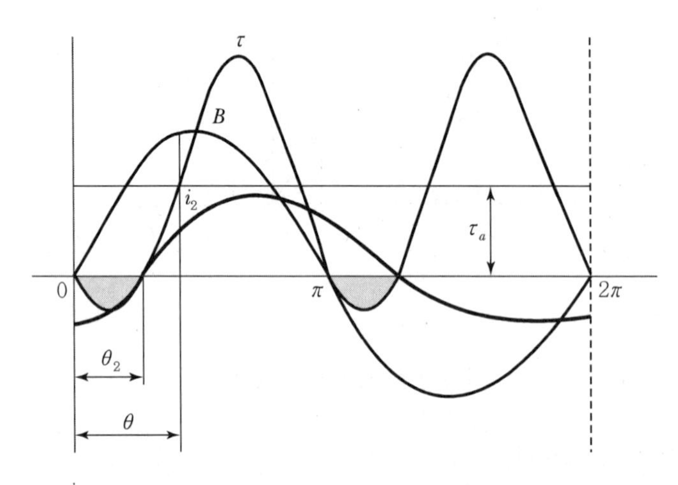

[그림 4-19] 자속밀도, 전류, 회전력의 파형

여기서, 자속밀도의 공간에 따른 분포를 정현파라고 하면 이것에 의해서 유기되는 회전자 전압의 분포도 정현파가 되고 공간적으로 동상이다. 그런데 회전자 리액턴스 때문에 공극에 따른 회전자 전류 I_2는 [그림 4-19]와 같이 된다. 즉, 전류는 전압보다 뒤지고 자속과 전류 사이에 위상차가 생긴다.

이 위상차를 θ_2라고 하면 0점에서 θ만큼 떨어진 위치에 있는 도선의 전류는 $I_{m2}\sin(\theta - \theta_2)$[A]이고, 자속밀도는 $B_m \sin\theta$ [Wb]이므로 도선의 유효길이를 l [m], 회전자 반경을 r [m]라 하면 이 도체에 작용하는 회전력 τ는

$$\tau = B_m \sin\theta \cdot I_{m2}\sin(\theta - \theta_2) \cdot l \cdot r \, [\text{N} \cdot \text{m}]$$

이 되며 θ가 0과 2π 사이에서 τ 곡선은 [그림 4-19]와 같이 되므로 그 평균토크 τ_a는

$$\tau_a = B_m I_{m2} l r \cos\theta_2$$

가 된다. 이것은 1개의 도선에 작용하는 평균토크이므로 각 상의 도체수를 Z라 하면 회전자 상수가 m_2일 때 전체 토크 T는

$$T = \tau_a m_2 Z = m_2 Z B_m I_{m2} l r \cos\theta_2$$

그런데

$$\Phi = \frac{2\pi r l}{P} \times \frac{2}{\pi} B_m = \frac{4B_m}{P} l r$$

$$I_{m2} = \sqrt{2} I_2, \ Z = 2n_2$$

$$\therefore T = \frac{\sqrt{2}}{2} m_2 n_2 P \Phi I_2 \cos\theta_2$$

$$= K_2 \Phi I_2 \cos\theta_2 [\mathrm{N \cdot m}] \cdots\cdots (4\text{-}18)$$

즉, 회전자 전류 I_2의 유효분 $I_2\cos\theta_2$만이 자속 Φ와 더불어 토크를 발생하게 한다고 생각해도 좋다.

4.2.6 전력의 변환

유도전동기에서 공급되는 1차 입력의 대부분은 2차 입력으로 되고, 2차 입력의 일부는 주로 2차 저항손이 되어서 없어지며, 나머지의 대부분은 기계적인 출력으로 된다. 다음은 이들 여러 전력이 슬립 s와 어떤 관계가 있는지 알아보기로 한다.

(1) 고정자 입력, 1차 동손, 철손

[그림 4-18]의 벡터도에서 $\dot{E}_1$의 정방향을 반대로 하면 [그림 4-20]과 같이 된다.

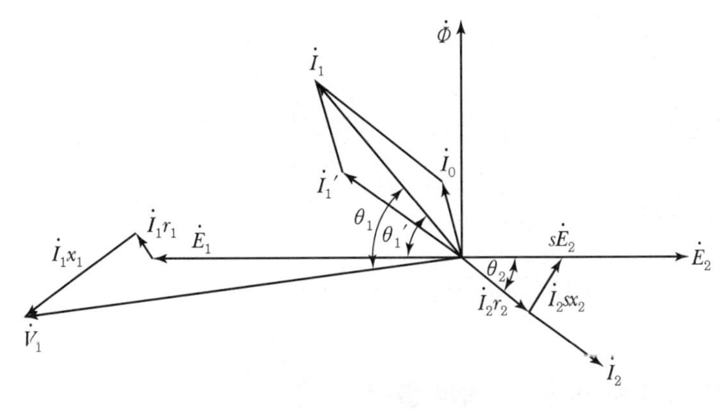

[그림 4-20] 벡터도

1차 피상입력은 $\dot{V}_1 \dot{I}_1$, 1차 역률은 $\cos\theta_1$이므로 1차 입력, 즉 전원에서 유도전동기에 공급되는 전력 P_1'는

$$P_1' = \dot{V}_1 \dot{I}_1 \cos\theta_1 \quad \cdots\cdots (4\text{-}19)$$

그런데 이 전력 중에서

$$P_{c1}' = \dot{I}_1^2 r_1 \quad \cdots\cdots (4\text{-}20)$$

은 1상의 1차 권선 저항손이므로 이것을 뺀 나머지는

$$\dot{E}_1 \dot{I}_1 \cos\theta_1' \quad \cdots\cdots (4\text{-}21)$$

이 된다. 그런데 $\dot{I}_0$의 유효분 $\dot{I}_i$와 $\dot{E}_1$과의 곱

$$P_i' = \dot{E}_1 \dot{I}_i \quad \cdots\cdots (4\text{-}22)$$

는 1상의 철손이므로 이것을 뺀 나머지

$$P_2' = \dot{E}_1 \dot{I}_1' \cos\theta_2 \quad \cdots\cdots (4\text{-}23)$$

이 전자유도작용에 의하여 고정자에서 회전자에 전달되는 1상의 전력이다.
여기서, 고정자 상수를 m_1이라 하면 고정자 입력 P_1은

$$P_1 = m_1 P_1' = m_1 \dot{V}_1 \dot{I}_1 \cos\theta_1 \quad \cdots\cdots (4\text{-}24)$$

가 된다.

$m = 3$의 경우에는 선간공급전압을 $\dot{V}$, 선로전류를 $\dot{I}$라 하면

Y결선에서는 $\dot{V}_1 = \dfrac{\dot{V}}{\sqrt{3}}$, $\dot{I}_1 = \dot{I}$

Δ 결선에서는 $\dot{V}_1 = V$, $\dot{I}_1 = \dfrac{\dot{I}}{\sqrt{3}}$

가 되므로 고정자 입력은 다음과 같다.

$$P_1 = 3\dot{V}_1 \dot{I}_1 \cos\theta_1 = \sqrt{3}\,\dot{V}\dot{I}\cos\theta_1 [\mathrm{W}] \quad \cdots\cdots (4\text{-}25)$$

(2) 회전자 입력, 2차 동손, 기계적 출력

1상의 회전자 입력(rotor input) 또는 2차 입력(secondary input) P_2'는 식 (4- 23)에 의하여

$$P_2' = \dot{E}_1 \dot{I}_1' \cos\theta_2 \quad \cdots\cdots (4\text{-}26)$$

그런데 P_2'는 고정자에 환산한 1상의 회전자입력이므로 고정자와 회전자의 상수를 m_1, m_2, 회전자 전압전류로 표시한 1상의 입력을 P_2''라 하면 식 (4-9), (4-14)에 의하여

$$P_2'' = \frac{m_1}{m_2} P_2' = \frac{m_1}{m_2} \dot{E}_1 \dot{I}_1' \cos\theta_2 = \frac{m_1}{m_2} a \dot{E}_2 \cdot \left(\frac{m_2}{m_1} \cdot \frac{1}{a} \dot{I}_2 \right) \cos\theta_2$$

$$= \dot{E}_2 \dot{I}_2 \cos\theta_2$$

따라서 회전자 입력 P_2는 다음과 같다.

$$P_2 = m_2 P_2'' = m_2 \dot{E}_2 \dot{I}_2 \cos\theta_2 \quad \cdots\cdots (4\text{-}27)$$

다음 1상의 2차 동손 P_{c2}'는

$$P_{c2}' = I_2^2 r_2 = s \dot{E}_2 \dot{I}_2 \cos\theta_2 \quad \cdots\cdots (4\text{-}28)$$

이다. 그러므로 1상의 회전자 출력 P'는

$$P' = P_2'' - P_{c2}' = (1-s) \dot{E}_2 \dot{I}_2 \cos\theta_2$$

$$= (1-s) P_2'' \quad \cdots\cdots (4\text{-}29)$$

따라서 회전자 전체의 출력 P는

$$P = m_2 P' = (1-s) m_2 P_2'' = (1-s) P_2 \quad \cdots\cdots (4\text{-}30)$$

또 2차 전체동손은

$$P_{c2} = m_2 s \dot{E}_2 \dot{I}_2 \cos\theta_2 = s P_2 \quad \cdots\cdots (4\text{-}31)$$

이들 관계식으로부터 다음의 관계가 있음을 알 수 있다.

$$s = \frac{P_{c2}}{P_2} \left(= \frac{\text{2차 동손}}{\text{2차 입력}} \right) \quad \cdots\cdots (4\text{-}32)$$

$$\frac{N}{N_s} = (1-s) = \frac{P}{P_2} \left(= \frac{\text{2차 출력}}{\text{2차 입력}} \right) \quad \cdots\cdots (4\text{-}33)$$

또는

2차 동손 : 2차 출력 : 2차 입력 $= s : (1-s) : 1$ ······ (4-34)

+ 예제 4-5 정격 출력이 7.5[kW]인 3상 유도전동기가 전부하 운전에서 2차 저항손이 300[W]이다. 슬립은 약 몇 [%]인가?

풀이 $P_2 = P + P_{c2} = 7.5 + 0.3 = 7.8$

$$s = \frac{P_{c2} \times 100}{P_2} = \frac{0.3}{7.8} \times 100 = 3.846 = 3.85[\%]$$

+ 예제 4-6 3상 유도전동기의 출력이 10[kW], 슬립이 4.8[%]일 때의 2차 동손[kW]은?

풀이 2차 입력 : P_2, 출력 : P, 2차 동손 : P_{c2}라 하면

$$P_2 = \frac{P}{1-s} = \frac{10}{1-0.048} = 10.5[\text{kW}]$$

$$\therefore P_{c2} = sP_2 = 0.048 \times 10.5 = 0.5[\text{kW}]$$

또는 $\therefore P_{c2} = P_2 - P = 10.5 - 10 = 0.5[\text{kW}]$

+ 예제 4-7 3,000[V], 60[Hz], 8극, 100[kW]의 3상 유도전동기가 있다. 전부하에서 2차 동손이 3.0[kW], 기계손이 2.0[kW]라고 한다. 전부하 회전수[rpm]를 구하면?

풀이 $P_2 = P + P_m + P_{c2} = 100 + 2.0 + 3.0 = 105[\text{kW}]$, $s = \dfrac{P_{c2}}{P_2} = \dfrac{3.0}{105} = \dfrac{1}{35}$

$$\therefore N = (1-s)N_s = \left(1 - \frac{1}{35}\right) \times \frac{120 \times 60}{8} = 874[\text{rpm}]$$

+ 예제 4-8 15[kW] 3상 유도전동기의 기계손이 350[W], 전부하 시의 슬립이 3[%]이다. 전부하 시의 2차 동손[W]은?

풀이 $P_2 : P : P_{c2} = 1 : (1-s) : s$

$$\therefore P_{c2} = sP_2 = \frac{s}{1-s}P = \frac{s}{1-s}(P_k + P_m) = \frac{0.03}{1-0.03}(15{,}000 + 350) = 475[\text{W}]$$

(단, P_k : 전동기 출력, P_m : 기계손)

(3) 2차 입력과 회전력 사이의 관계, 동기와트

1분간의 속도 N에서의 회전자의 출력 P는

$$P = 2\pi \cdot \frac{N}{60} \cdot T[\text{W}] \quad \cdots\cdots (4\text{-}35)$$

따라서

$$T = \frac{60}{2\pi}\frac{P}{N}[\text{N}\cdot\text{m}]$$

$$= \frac{60}{9.8\times 2\pi}\frac{P}{N} = 0.975\frac{P}{N}[\text{kg}\cdot\text{m}] \quad \cdots\cdots (4\text{-}36)$$

그런데 식 (4−35)에 의하여

$$P = \frac{N}{N_s}P_2 \quad \cdots\cdots (4\text{-}37)$$

가 되므로

$$T = \frac{60}{2\pi}\frac{P_2}{N_s}[\text{N}\cdot\text{m}] \quad \cdots\cdots (4\text{-}38)$$

$$= \frac{60}{9.8\times 2\pi}\frac{P_2}{N_s} = 0.975\frac{P_2}{N_s}[\text{kg}\cdot\text{m}] \quad \cdots\cdots (4\text{-}39)$$

즉, 토크는 2차 입력에 정비례하고 동기속도에 반비례한다. 그런데 동기속도는 일정하므로 T와 P_2는 비례한다. 따라서 2차 입력 P_2로 토크 T를 표시할 수도 있다. 이렇게 표시한 토크를 동기와트로 표시한 토크라 하는데, 유도전동기의 토크는 **동기와트**(synchronous watt)로 표시하는 경우가 많다.

즉, 동기와트로 표시한 토크 P_2는

$P_2 = 1.207 \times$동기속도$\times$([kg · m]로 표시한 토크) ······ (4−40)

반대로 [kg · m]로 표시한 토크 T는

$T =$ (0.975 $\times$ 동기와트로 표시한 토크)$\div$(동기속도) ······ (4−41)

+ 예제 4-9 20[HP], 4극 60[Hz]인 3상 유도전동기가 있다. 전부하 슬립이 4[%]이다. 전부하 시의 **토크**[kg · m]는?(단, 1[HP]은 746[W]이다.)

풀이

$$N_s = \frac{120f}{p} = \frac{120\times 60}{4} = 1{,}800[\text{rpm}]$$

$$N = (1-s)N_s = (1-0.04)\times 1{,}800 = 1{,}728[\text{rpm}]$$

$$P = 20\times 746 = 14{,}920[\text{W}]$$

$$\therefore\ T = 0.975\times\frac{P}{N} = 0.975\times\frac{14{,}920}{1{,}728} = 8.41[\text{kg}\cdot\text{m}]$$

+ 예제 4-10 8극 60[Hz]의 유도전동기가 부하를 걸고 864[rpm]으로 회전할 때 54.134[kg · m]의 토크를 내고 있다. 이때의 동기 와트[kW]는?

풀이 $N_s = \dfrac{120f}{p} = \dfrac{120 \times 60}{8} = 900[\mathrm{rpm}]$

$T = 0.975\dfrac{P}{N} = 0.975\dfrac{P_2}{N_2}[\mathrm{kg \cdot m}]$이므로

$\therefore P_2 = 1.026 N_s T = 1.026 \times 900 \times 54.134 \times 10^{-3} = 49.99[\mathrm{kW}]$

4.2.7 손실 및 효율

(1) 손실

① **고정손** : 철손, 베어링 마찰손, 브러시 마찰손, 풍손

② **부하손** : 1차 권선의 저항손, 2차 회로의 저항손, 브러시 전기손

③ **표유부하손** : ①과 ② 외에 부하가 걸리면 측정하기 곤란한 약간의 손실이 도체 속과 철 안에 생긴다. 이것을 표유부하손이라 하며 효율을 계산하는 데 무시하는 것이 보통이다. 브러시 전기손은 브러시 전류와 브러시 전압 강하의 곱으로 산정한다.

㉠ 탄소질 브러시 또는 흑연질 브러시의 경우 : 슬립링 1개에 대하여 1.0[V]

㉡ 금속 흑연질 브러시의 경우 : 슬립링 1개에 대하여 0.3[V]

(2) 효율

효율 η는 다른 기기와 같이 다음 식으로 표시된다.

$$\eta = \frac{\text{출력}}{\text{입력}} \times 100 = \frac{\text{입력} - \text{손실}}{\text{손실}} \times 100[\%]$$

$$= \frac{P_0}{\sqrt{3}\, V_1 I_1 \cos\theta_1} \times 100[\%] \quad \cdots\cdots (4\text{-}42)$$

그런데 유도전동기의 효율은 표시하는 방법에 와트로 표시한 출력 P와 VA로 표시한 피상입력의 비를 가지고 피상효율(apparent efficiency)이라고 하는 경우도 있다. 또 실측효율과 규약효율이 있는 것도 다른 기기와 같으나 유도전동기의 효율은 원선도법에서 구해지는 규약효율을 사용하는 것이 보통이고 출력 P_0와 2차 입력 P_2의 비를 2차 효율(secondary efficiency)이라고도 한다. 2차 효율은 η_2라고 하면

$$\eta_2 = \frac{2\text{차 출력}}{2\text{차 입력}} \times 100 = \frac{P_0}{P_2} \times 100 = \frac{P_2(1-s)}{P_2} \times 100$$

$$= \frac{N}{N_s} \times 100 = (1-s) \times 100[\%] \quad \cdots\cdots (4\text{-}43)$$

(3) 온도상승의 한도

전동기의 내부에 발생하는 손실은 열이 되므로 기계의 각 부분의 온도가 차차 높아져서 기기와 주위의 공기 사이에 온도 차, 즉 온도상승이 생기게 된다. 온도상승이 허용되는 한도는 주로 사용된 절연물의 종류나 온도의 측정방법에 따라서 다르고 그 한도는 별도 규정(KSC 4202)으로 정해져 있다.

4.3 3상 유도전동기의 특성

유도전동기의 특성은 매우 중요하므로 다음과 같은 사항에 대하여 알아보기로 한다.

① 속도의 변화에 대해서 회전력, 전류, 역률 등은 어떻게 변화하는가?
② 부하의 변화에 대한 회전력, 전류, 역률 등의 변화
③ 2차 회로저항의 크기가 특성에 미치는 영향
④ 유도전동기의 특성을 나타내는 원선도의 원리와 그 사용법

4.3.1 속도특성

앞에서 배운 바와 같이, 유도전동기에서 슬립 s는 매우 중요한 것임을 알았다. 즉, 1차 전류, 2차 전류, 회전력, 기계적 출력, 역률, 효율 등을 나타내는 식은 모두 슬립 s의 함수로 표시된다.

1차 전압을 일정하게 유지하고 슬립 또는 속도에 대하여 이들의 변화하는 상태를 나타내는 곡선을 **속도특성곡선**(speed characteristic curve)이라고 하고, [그림 4-21]은 이들의 관계를 나타낸 것이다.

(1) 슬립과 전류의 관계

2차 전류 I_2는 식 (4-12)에서 다음과 같다.

$$I_2 = \frac{s\,E_2}{\sqrt{r_2^2 + (s\,x_2)^2}}$$

이 식에서, r_2는 2차 권선의 저항으로 일반적으로 이 값은 매우 작다. 또 전동기가 기동하는 순간에는 그 속도가 매우 낮기 때문에 슬립은 거의 $s \fallingdotseq 1$이고 또 x_2는 보통 r_2에 비해서 매우 큰 값이기 때문에 $(sx_2)^2 \gg r_2^2$이다. 따라서 $(s\,x_2)^2$에 대해서 r_2^2을 무시하면 $I_2 \fallingdotseq \dfrac{E_2}{x_2}$로 된다. 이와 같은 관계로부터 $s \fallingdotseq 1$ 부근에서는 I_2는 s에 관계없이 거의 일정하다고 생각하여도 무방하다. 다음에 $s \fallingdotseq 0$ 부근에서는 $(s\,x_2)^2$는 매우 작으므로 r_2^2에 대하여 이것을 무시하면, $I_2 \fallingdotseq \dfrac{s\,E_2}{r_2}$로 되어, I_2는 거의 s에 비례하게 된다.

1차 전류와 2차 전류 사이에는 $I_1' = \dfrac{I_2}{ua}$, $I_1 = I_0 + I_1'$라는 일정한 관계가 있으므로 s와 I_1의 관계는 s와 I_2의 관계와 거의 비슷하다. 따라서 s에 대한 1차 전류의 곡선은, [그림 4-21]의 곡선 1과 같이, $s \fallingdotseq 0$ 부근에서는 s에 비례하는 곡선이 되고, $s \fallingdotseq 1$ 부근에서는 s에 거의 관계없는 직선이 된다.

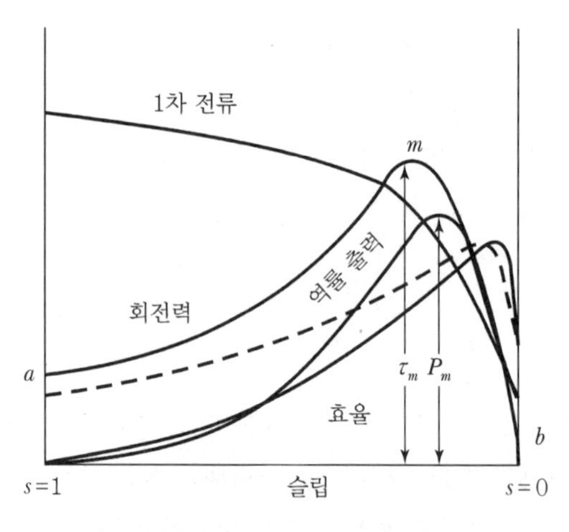

[그림 4-21] 속도특성곡선

4.3.2 출력특성

유도전동기에 기계적 부하를 가하였을 때, 그 출력에 의한 전류, 회전력, 속도, 효율 등의 변화를 나타내는 곡선을 **출력특성곡선**(output characteristic curve)이라고 한다. [그림 4-22]는 한 예를 나타낸 것이다.

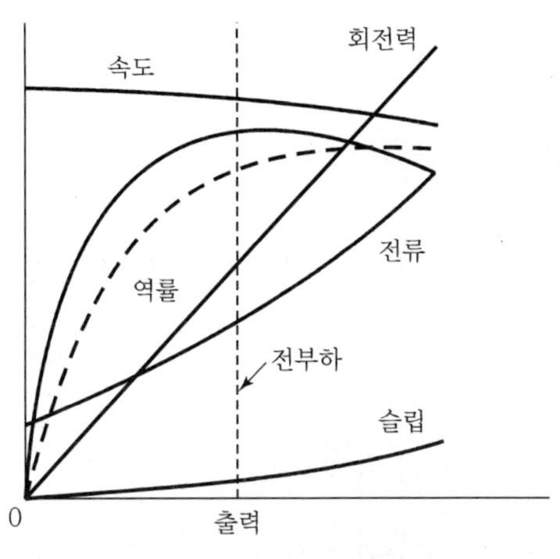

[그림 4-22] 출력특성곡선

[표 4-1]은 일반용 저압 3상 유도전동기의 특성의 예이다. 이 표에서 알 수 있듯이, 유도전동기는 대부분이 무효전류인 무부하전류가 크기 때문에, 그 효율이 낮아 전부하 시의 역률은 약 73~85[%] 정도이지만, 특히 극 수가 많은 것에서는 70[%] 정도, 대형 고속도의 것은 90[%] 정도의 것도 있다.

[표 4-1] 저압 3상 유도전동기의 특성(KS C 4202)

형식	정격출력 [kW]	극 수	동기속도 [rpm]	전부하특성		기동전류 I_{st}(각상의 평균값) [A]	참고값		
				효율 η [%]	역률 [%]		무부하전류 I_0 (각상의 평균값) [A]	전부하전류 I (각상의 평균값) [A]	전부하슬립 s [%]
저압농형	0.75	4	1,800	75.0	73.0	23	2.5	3.8	7.5
	1.5	4		78.0	77.0	42	4.1	6.8	7.0
	3.7	4		82.5	80.0	97	8.1	15	6.0
	11.5	6	1,200	78.0	71.5	44	5.2	7.4	7.5
	3.7	6		82.0	75.5	105	9.9	16	6.0
	3.7	8	900	80.0	74.0	100	10.5	17	6.5
저압권선형	5.5	4	1,800	83.5	79.0	42	12	23	5.5
	7.54	4		84.5	80.0	56	14	31	5.5
	15	4		86.5	82.5	105	25	58	5.0
	30	4		88.0	84.5	200	44	111	5.0
	22	6	1,200	86.5	82.0	153	56	85	5.0
	30	6		87.5	82.5	210	48	114	5.0
	37	6		87.5	83.0	220	56	140	5.0
	30	8	900	87.0	81.0	210	50	117	5.0
	37	8		87.0	81.5	220	59	143	5.0
	37	10	720	86.0	78.5	230	70	151	5.0
	37	12	600	85.5	74.5	290	80	190	5.5

4.3.3 비례추이

(1) 회전력의 비례추이

동기와트로 표시한 토크를 τ라 하면 [그림 4-17]의 등가회로에서 $\tau = P_2 = m_1(I_1')^2 \cdot \frac{r_2'}{s}$ 이므로 τ는 $\frac{r_2'}{s}$에 따라 변화한다. 즉, τ는 $\frac{r_2'}{s}$의 함수이다. 따라서 r_2'가 변화한 경우 이에 비례해서 s 도 변화시키면 $\frac{r_2'}{s}$는 일정하게 유지되므로 τ 는 변하지 않는다. 여기서 각 상의 권선저항 r_2'되는 권선형 회전자의 각 상에 활동환을 거쳐 저항을 접속하고 각상의 저항을 mr_2'로 하였다면 ms_1되는 슬립에 대하여는 $\frac{mr_2'}{ms_1} = \frac{r_2'}{s_1}$가 되므로 토크 τ 의 값은 변하지 않는다.

[그림 4-23]의 곡선 τ''는 이 관계를 표시하는 속도-토크곡선이다. 즉, 곡선 τ'는 회전자 각 상의 저항이 r_2'인 경우의 토크곡선인데, 슬립 s 일 때의 토크를 τ라 하면 회전자 각 상의 저항을 mr_2'로 한 경우에는 ms_1되는 슬립에 대하여 같은 토크 τ를 발생하는 것이 된다. 이 관계는 어떠한 점에서도 같게 되므로 이를 **회전력의 비례추이**(proportional shifting)라 한다.

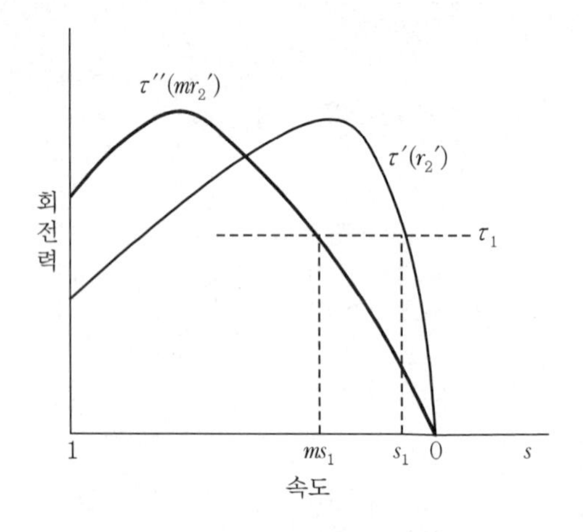

[그림 4-23] 회전력의 비례추이

(2) 회전력의 비례추이 방법

회전력의 비례추이는 농형 유도전동기와 같이 2차 회로의 저항을 바꿀 수 없는 것에는 응용할 수 없으나, 권선형 전동기와 같이 2차 회로의 저항을 가감시켜서 비례추이에 따라 기동회전력을 크게 하거나 속도를 제어할 수 있다.

$$\frac{r_2'}{s_1} = \frac{mr_2'}{ms_1} = \frac{r_2' + R'}{s_2} \text{ 에서}$$

$$\frac{r_2}{s_1} = \frac{r_2 + R}{s_2} \quad \cdots\cdots (4\text{-}44)$$

기동 시($s = 1$일 때) 최대의 회전력을 얻기 위하여 회전자가 권선에 접속한 외부 기동저항을 R_s 라 하고 최대 회전력을 발생시키는 슬립을 s_m이라 하면

$$\frac{r_2'}{s_m} = \frac{r_2' + R_s'}{1} \quad \cdots\cdots (4\text{-}45)$$

$$\therefore \frac{r_2}{s_m} = \frac{r_s + R_s}{1} \quad \cdots\cdots (4\text{-}46)$$

식 (4−45)에 $s_m = \dfrac{r_2'}{\sqrt{r_1^2 + (x_1 + x_2')^2}}$을 대입하면

$$r_2' + R_s' = \sqrt{r_1^2 + (x_1 + x_2')^2}$$

$$\therefore R_s' = \sqrt{r_1^2 + (x_1 + x_2')^2} - r_2' \quad \cdots\cdots (4\text{-}47)$$

그러므로 기동 시에 최대 회전력을 발생시키려면 1차 환산한 기동저항 R_s'를 회전자에 접속하면 된다.

+ 예제 4-11 출력 22[kW], 8극 60[Hz]인 권선형 3상 유도전동기의 전부하 회전자가 855[rpm]이라고 한다. 같은 부하토크로 2차 저항 r_2를 4배로 하면 회전속도[rpm]는?

풀이 $N_s = \dfrac{120 \times 60}{8} = 900[\text{rpm}]$, $s_1 = \dfrac{900 - 855}{900} = 0.05$

부하 토크가 일정하므로 전동기의 발생 토크도 같다. 따라서 r_2를 4배로 하면 비례추이의 원리로 슬립 s_2도 4배로 된다. 즉,

$$\frac{r_2}{0.05} = \frac{4r_2}{s_2} \quad \therefore s_2 = 4s_1 = 4 \times 0.05 = 0.2$$

$$\therefore N_2 = (1 - s_2)N_s = (1 - 0.2) \times 900 = 720[\text{rpm}]$$

4.3.4 이상현상

(1) 크로우링현상

유도전동기에서는 회전자 권선을 감는 방법과 슬롯 수가 적당하지 않으면 [그림 4-24]와 같이 토크 속도곡선의 왼쪽 부분에 요철이 생긴다.

이것은 고조파 회전자계 때문인데, 이러한 전동기에서는 부하토크 곡선의 모양에 따라서 a, b, c, d와 같은 4개의 교점이 생기는 수가 있다. 이 중에서 c와 a는 안정점이고, b와 d는 불안정점이다. 따라서 전동기는 기동 도중에 c와 같은 낮은 속도에서 안정되어 버려 전속도에 이르지 못하는 경우가 일어난다. 이와 같이 정규속도에 이르기 전의 낮은 속도에서 안정되어 버리는 현상을 전동기의 **크로우링**(crawling)**현상** 또는 **차동기운전**이라 하며, 경사홈(skewed slot)을 사용하여 방지할 수 있다.

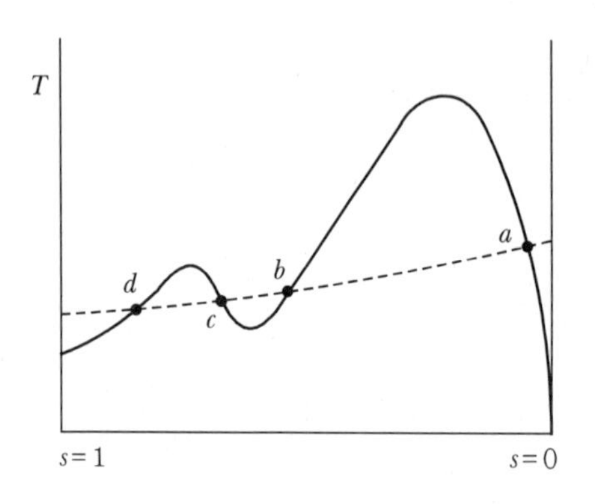

[그림 4-24] 크로우링현상

(2) 게르게스현상

1896년 Görges가 발견한 현상이며, 권선형 회전자에서 3상중 1상이 고장 단선된 경우에 생긴다. 1상이 단선되면 2차는 단상회전자가 되고, 2차 전류는 교번자계를 만들며, 이것은 진폭이 반이고 서로 반대방향으로 회전하는 정상 및 역상의 두 회전자계로 분해된다. 정상 자계는 별 문제가 없으나 역상 자계는 회전자에 대하여는 $-sN_s+(1-s)N_s=(1-2s)N_s$ [rpm]으로 회전한다. 즉, 회전자를 1차로 보고, 전원회로를 통하여 단락된 고정자를 2차로 본 유도전동기의 토크특성을 고려하면, 이 역상토크는 $s=0.5$에서 0, $s>0.5$에서는 전동기 토크, $s<0.5$에서는 발전기 토크가 발생한다.

[그림 4-25]와 같이 T(정상분 T_+와 역상분 T_-의 합이다.)는 $s=0.5$의 점에 함몰이 생겨 회전자는 동기속도의 50[%]까지만 올라가고 그 이상 가속되지 않는다.

이것은 이 시점에서 낮은 부분이 생기기 때문이며 게르게스현상(Gorges Phenomenon)이라고 한다.

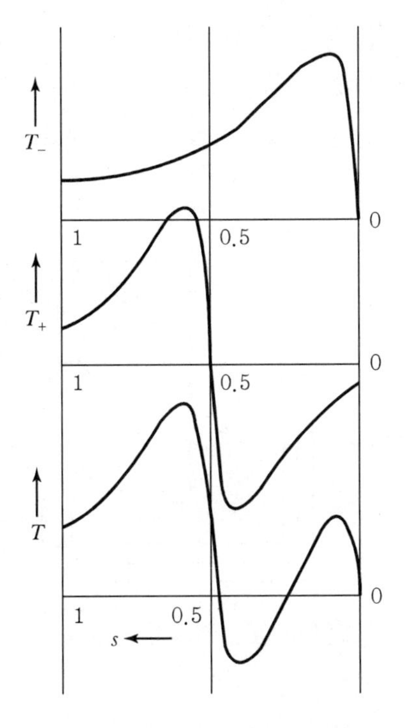

[그림 4-25] 게르게스현상

4.4 3상 유도전동기의 기동 및 운전

4.4.1 기동

(1) 기동전류

기동 시에는 $s=1$, 즉 회전자가 정지하고 있어 고정자에서 발생하는 회전자속은 동기속도로 회전자 권선을 끊게 되어 회전자 권선에는 큰 전류가 유기되므로 회전자에는 전부하 전류의 5배 이상 되는 큰 전류가 흐르는 것이 보통이다.

이렇게 기동 시 전류가 많이 흐르는데도 불구하고 기동시키는 순간에는 2차 리액턴스가 커서 2차 역률이 나빠지므로 기동회전력은 적다.

따라서 기동전류를 제한하고 기동회전력을 크게 하기 위해 다음과 같은 여러 기동법을 쓴다.

(2) 권선형 유도전동기의 기동법

권선형 전동기에서는 위의 두 가지 결점을 비례추이의 현상을 이용하면 한꺼번에 해결할 수가 있다. 즉, [그림 4-26]과 같이 활동환을 거쳐서 회전자에 기동저항(starting rheostat)을 연결한다. 우선 저항을 최대로 하고 개폐기 S를 닫고 전동기가 가속하는 데 따라 핸들을 반시계방향으로 돌려 점차 저항을 줄이고 적당한 속도에 이르면 단락장치로 활동환 사이를 단락함과 동시에 브러시를 올리도록 한다.

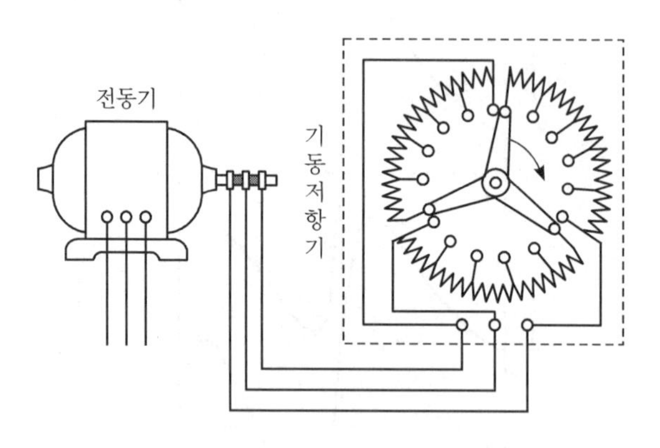

[그림 4-26] 권선형 기동기

(3) 농형 유도전동기의 기동법

농형 전동기는 권선형과 같이 회전자에 저항을 넣을 수가 없으므로 기동전류를 제한하기 위하여 공급전압을 낮추어야 한다. 그런데 회전력은 공급전압의 제곱에 비례하므로 기동 회전력은 작아진다. 이것이 농형 전동기의 단점이며 무부하 또는 경부하가 아니면 기동이 안 된다. 따라서 농형은 일반적으로 소용량의 것이 많다.

① **전전압 기동** : 소용량의 농형 유도전동기에 정격전압을 가하면 정격전류의 4~6배에 이르는 기동전류가 흐르나 용량이 적으므로 전류가 적어 이에 견디도록 설계되어 있어 배전 계통에 미치는 영향도 적다. 이와 같이 전동기에 직접 정격전압을 공급하여 기동하는 방법을 **전전압 기동** 또는 **직입 기동**이라 한다.

5[kW] 이하의 소용량 또는 기동전류가 특히 적게 설계된 특수 농형 유도전동기는 중용량까지 전전압 기동을 한다.

② **Y-Δ 기동** : 고정자 3상 권선을 운전 시에는 Δ로 연결하고 기동 시에만 Y로 연결하면 1상 권선에 가해지는 전압은 기동 시 전전압의 $\dfrac{1}{\sqrt{3}}$, 즉 60[%] 정도가 된다. 이것을 Y-Δ 기동이라 한다. Y, Δ로 고정자 권선의 접속을 바꾸려면 [그림 4-27]과 같이 처음에 개폐기를 기동 측에 닫고 전 속도에 이르렀을 때 운전 측에 닫으면 된다.

이러한 경우 기동토크는 $\left(\frac{1}{\sqrt{3}}\right)^2 = \frac{1}{3}$ 이 되지만 기동전류는 전부하전류의 약 3배가 되어 전전압 기동전류의 $\frac{1}{2}$ 로 감소한다.

보통 10~15[kW] 정도까지 이 방법에 의하여 기동시킨다.

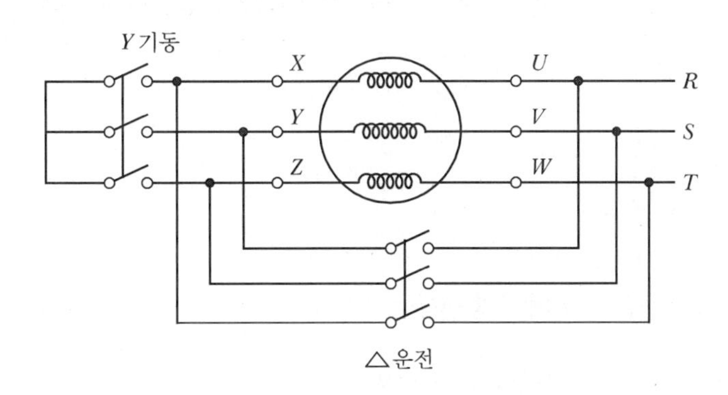

[그림 4-27] Y-Δ 기동회로

③ **기동보상기에 의한 기동** : 기동보상기(starting compensator)라 하는 단권변압기를 써서 공급 전압을 낮추어 기동시키는 방법이다. 보통 10~200[kW] 정도의 전동기를 이 방법으로 기동시킨다.

[그림 4-28]과 같이 고정자에 공급되는 전압을 전원전압의 $\frac{1}{2}$ 또는 $\frac{1}{3}$ 로 감소시킨다. 즉, 기동할 때는 개폐기를 기동 측에 닫고 가속시킨 다음에 운전 측으로 바꾼다.

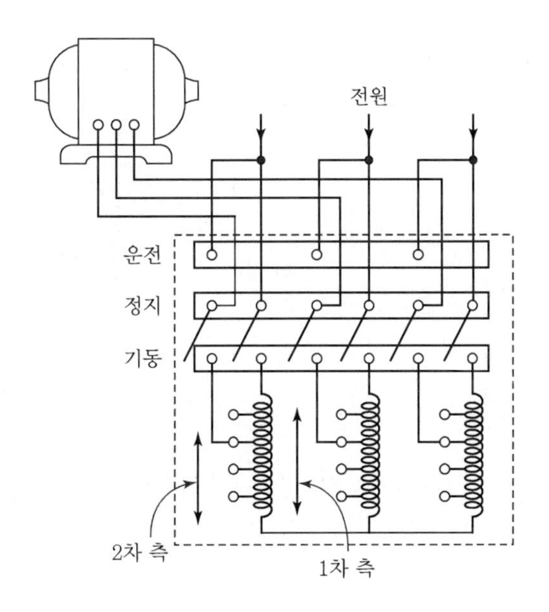

[그림 4-28] 기동보상기 회로

기동보상기로 사용되는 단권변압기는 전전압의 50, 65, 80[%]의 탭을 가지고 있다.

④ **리액터 기동** : 리액터 기동은 전원과 전동기 사이에 직렬리액터(공극이 있는 리액터)를 삽입하여 전동기 단자에 가해지는 전압을 떨어뜨리는 방법이다.

이것의 원리는 [그림 4-29]와 같이 전동기를 등가적으로 리액턴스 X_m[Ω]이라 생각하고, 전동기의 인가전압이 a배($a < 1$)가 되도록 리액터를 선정하여 이 리액턴스를 X[Ω]이라 하면

$$\frac{X}{X_m} = \frac{1-a}{a}$$

가 된다.

전동기를 직입기동한 경우의 기동전류를 I라 하면 $I = \dfrac{V}{X_m}$(V는 전원전압)

리액터 기동의 경우 기동전류를 I'라 하면

$$I' = \frac{V}{X + X_m} = \frac{V}{X_m\left(\dfrac{1-a}{a} + 1\right)} = \frac{V}{X_m \dfrac{1}{a}} = a \cdot \frac{V}{X_m} = aI$$

위 식에서 기동전류는 직입기동의 a배, 토크는 a^2배가 된다. 이 기동방법으로 하면 가속하여 전동기의 임피던스가 증대될 경우 전동기의 분담전압이 증가하므로 부하토크의 증대에 어느 정도 대응할 수 있다. 절환개폐기는 리액터 단락용 1개뿐이므로 기동보상기에 비하여 설비비가 적게 들지만 $\dfrac{\text{기동토크}}{\text{기동전류}}$가 떨어진다.

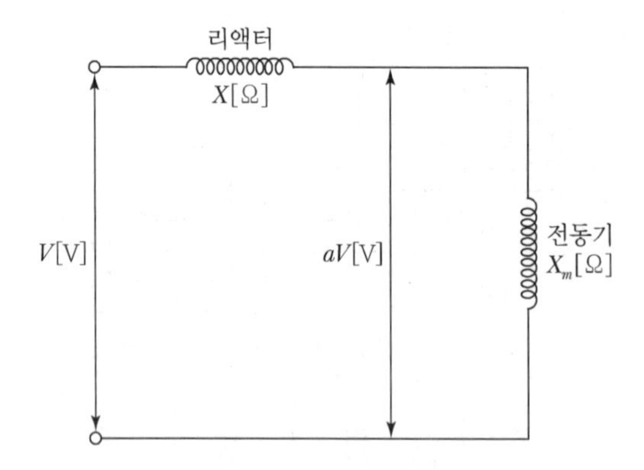

[그림 4-29] 리액터 기동회로

4.4.2 전기제동

운전 중인 유도전동기의 정지 시 시간을 단축시키거나 크레인 등으로 중량물을 내리는 경우 또는 언덕길을 내려가는 전기기관차의 경우에 위험한 고속도가 되는 것을 방지하기 위한 것을 제동이라 하며, 이는 기계적인 제동법과 전기적인 제동법이 있다. 여기서는 전동기 자체를 사용하는 제동법에 대해 설명하기로 한다.

(1) 회생제동

이 제동법은 크레인이나 언덕길에서 운전되는 전기기관차 등에 사용되며, 유도전동기를 전원에 연결시킨 상태로 동기속도 이상의 속도에서 운전시켜 유도발전기로 동작시켜($S<0$) 제동하며 발생전력을 전원에 반환하는 방법이다.

이 방법은 기계적인 마찰로 인한 마모나 발열이 없고 전력을 회수할 수 있어 유리하다.

(2) 발전제동

1차 권선을 전원에서 분리하여 직류전압을 공급하면 1차 권선은 고정된 자극이 됨으로써 회전전기자형 교류발전기가 되어 회전자가 가지고 있는 운동에너지를 전기에너지로 변환시켜 제동하는 방법으로 발생전력은 외부의 저항기에서 열로 방산되게 한다. 농형 유도전동기의 경우에는 발생전력을 외부로 통할 수 없어 주로 회전자 내에서 열로 변하므로 회전자가 과열되어 장시간의 제동에는 견딜 수 없는 단점이 있다.

(3) 역상제동

3상 유도전동기를 운전 중 급히 정지시킬 경우 1차 측 3선 중 2선을 바꾸어 접속해서 회전자의 방향을 반대로 하면 유도전동기는 그 순간에 강력한 유도제동기가 된다. 이것을 **역상제동**이라고 한다. 이 방법은 전동기가 급속히 감속하기 때문에 정지하기 직전에 전원을 차단하여야 한다. 농형 회전자는 2차 회로에서 과열할 염려가 있고, 권선형 회전자는 2차 회로에 큰 저항을 넣어 비례추이의 원리에 따라 제동토크를 크게 할 수 있을 뿐만 아니라 전류를 제한할 수 있는 이점이 있다.

(4) 단상제동

3상 유도전동기의 3상 중 두 상의 선을 합하고 나머지 한 상과 단상교류를 공급하면 유도전동기는 단상전동기가 되어 자계는 공간에 고정된 교번자계로 된다. 이 교번자계는 1/2의 세기를 가지고 반대방향의 동기속도로 회전하는 두 개의 회전자계로 [그림 4-30]과 같이 분리될 수 있다.

만약 회전자 회로의 저항이 작다고 가정할 때, 두 개의 회전자계에 의한 토크 τ_a와 τ_b가 각각 그림에 표기되어 있다. 회전자가 부하의 회전을 위하여 a방향으로 회전하고 있다고 하면 τ_a는 전동기 토크를 발생하는 반면 τ_b는 제동토크를 발생한다. 그림으로부터 전동기 토크는 이에 반대되는 제동토크에 비하여 크기 때문에 결과적으로는 τ_{total}이 양의 값을 갖는 단상전동기로 역할을 하게 된다.

추가적으로 회전자 저항을 적당한 크기로 증가시킨 τ_a'와 τ_b'의 경우에는 제동토크가 전동기 토크보다 커져서, 즉 $\tau_a' < \tau_b'$가 되어 전동기는 τ'_{total}이 음이 되는 제동기로 역할을 하게 된다. 이와 같은 성향을 이용하여 제동을 하는 것을 **단상제동**이라고 한다.

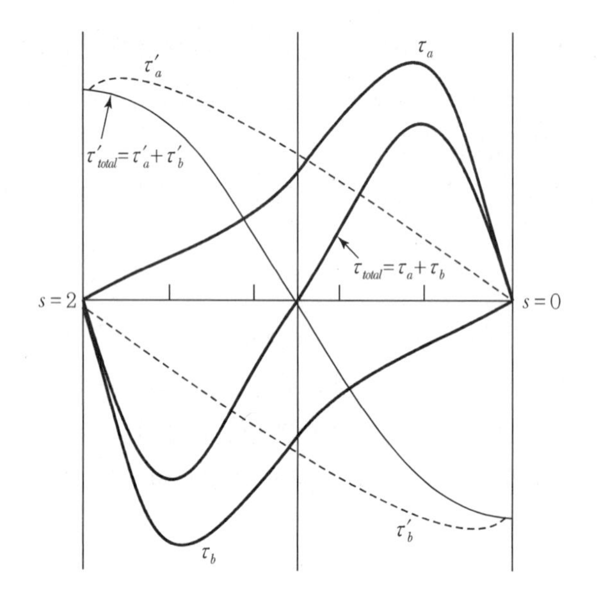

[그림 4-30] 단상제동의 속도-토크특성곡선

4.5 3상 유도전동기의 속도제어

(1) 속도제어의 방법

유도전동기의 속도는

$$N = (1-s)N_s,\ N_s = \frac{120f}{P}$$

라는 식으로 표시된다. 그러므로 속도를 제어하려면 ① 슬립, ② 주파수, ③ 극수, 이 3가지 중에서 어느 하나를 바꾸면 된다.

(2) 2차 저항을 가감하는 방법

이것은 토크의 비례추이를 이용한 것으로 2차 회로에 저항을 넣어서 같은 토크에 대한 슬립 s를 바꾸는 방법이다. 이 방법은 매우 간단하지만 2차 동손이 증가하고 효율이 나빠지는 결점이 있다. 속도를 낮추는 시간이 짧은 경우, 예컨대 기중기, 권상기, 승강기 등에 주로 사용되는데, 속도제어용 저항기를 기동용으로도 겸용할 수 있다.

또 물 저항기를 써서 그 극판을 전동기로 자동적으로 상하시켜 부하 변화에 따라 슬립을 바꾸게 한 것은 압연기용 전동기 등에 사용한다. 이것을 **슬립조정기**(slip regulator)라 한다.

(3) 주파수를 바꾸는 방법

전원주파수를 바꾸는 방법이며 일반적으로 사용할 수는 없다. 예를 들면, 선박추진용에는 독립된 발전기가 붙어 있으므로 이것이 가능하다. 또 인견공장의 포트 모터(pot motor)도 독립된 주파수변환기를 전원으로 가지고 있으므로 이 방법을 쓸 수 있다.

근래에 와서는 3상 교류를 우선 정류기로 정류하여 직류를 얻은 다음 이것을 SCR인버터로 변류하여 임의의 주파수의 교류를 얻어서 이것을 이용하는 방법도 적용되고 있다.

(4) 극 수를 바꾸는 방법

[그림 4-31] (a)와 같이 극 수가 다른 2상의 권선을 같은 슬롯에 넣는 방법과, 그림 (b)와 같이 권선의 접속을 바꾸어서 극 수를 바꾸는 방법 2가지가 있다. 그림 (a), (b) 2가지를 함께 되게 하면 4단으로 속도를 바꿀 수 있다. 권선형의 경우에는 고정자 권선의 접속을 바꾸는 동시에 회전자의 극 수도 바꾸어야 하므로 매우 복잡해진다. 그러나 농형 전동기에서는 회전자의 극 수와 고정자의 극 수를 같게 하지 않아도 되므로 이 방법은 농형 전동기에 국한된다.

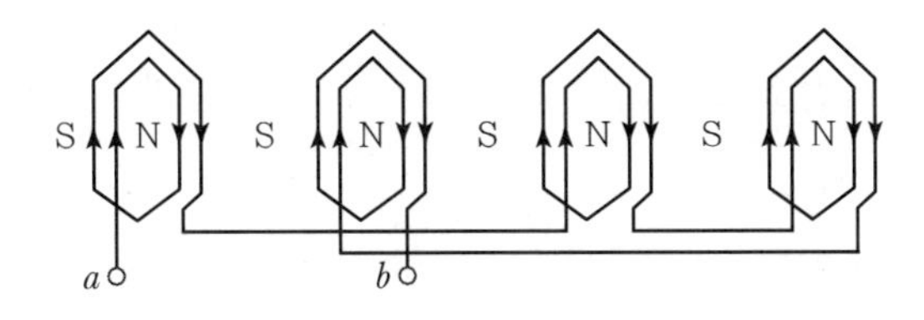

(a) 8극의 경우

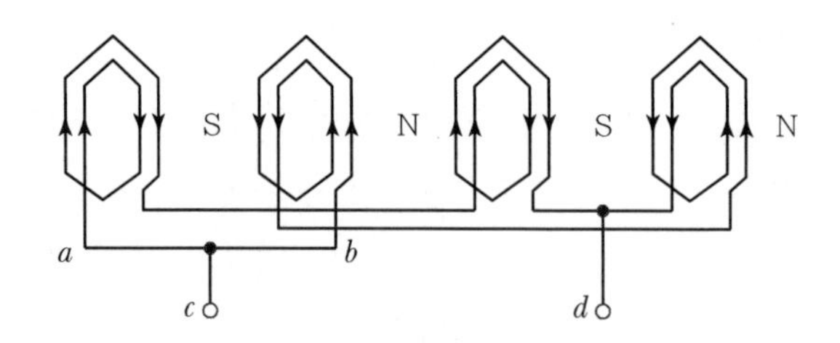

(b) 4극의 경우

[그림 4-31] 극수변환방법

[그림 4-31]과 같이 단자 a, b에서 전류를 흘릴 때 8극이 되며 a와 b를 연결하고 c, d에 전류를 흘릴 때 4극이 된다.

(5) 2차 여자제어법

2차 여자제어법은 2차 저항제어법과 같이 권선형 전동기에 한하여 이용되고 있다. 따라서 2차 저항제어법과 다른 점은 2차 측에 저항을 넣는 대신에 그 2차 저항에 의해서 생기는 전압강하분의 전압($\dot{E}_c$)을 2차 측의 외부회로에서 슬립링을 통하여 공급하는 방법이다.

예를 들면, 회전자 권선에 2차 기전력 $s\dot{E}_2$와 같은 주파수의 전압 $\dot{E}_c$를 2차 기전력과 반대방향으로 가해 주면 2차 전류 $\dot{I}_2$는($s x_2 \fallingdotseq 0$, $\theta_2 = 0$라 하면)

$$\dot{I}_2 \fallingdotseq \frac{s\dot{E}_2 - \dot{E}_c}{r_2} \qquad \cdots\cdots (4\text{-}48)$$

그런데 유도전동기의 토크(동기 와트)는

$$\tau = P_2 = \dot{E}_2 \dot{I}_2 \cos\theta_2 \qquad \cdots\cdots (4\text{-}49)$$

이며 1차 전압 $\dot{V}_1$이 일정하면 $\dot{E}_2$도 일정하게 되고 $\cos\theta_2 = 1$이라 하였으므로 P_2, 즉 토크는 $\dot{I}_2$에 비례한다.

따라서 부하토크가 일정하면 $\dot{I}_2$도 일정하고 위의 식에서 $(s\dot{E}_2 - \dot{E}_c)$도 일정해야 한다. 따라서 $\dot{E}_c$를 크게 하면 $s\dot{E}_2$, 즉 s가 증가하여 속도는 낮아진다.

또 $\dot{E}_c$를 $s\dot{E}_2$와 같은 방향으로 가해주면

$$\dot{I}_2 \fallingdotseq \frac{s\dot{E}_2 + \dot{E}_c}{r_2}$$

가 되어 $\dot{E}_c$를 크게 하면 $s\dot{E}_2$, 즉 s는 부(−)가 되어 전동기는 동기속도 이상으로 된다.

이와 같이 2차 유기전압과 동상 또는 반대위상의 외부전압을 2차 회로에 가해주면 전동기의 속도를 자유자재로 동기속도보다 낮게 하거나 높게 할 수 있다.

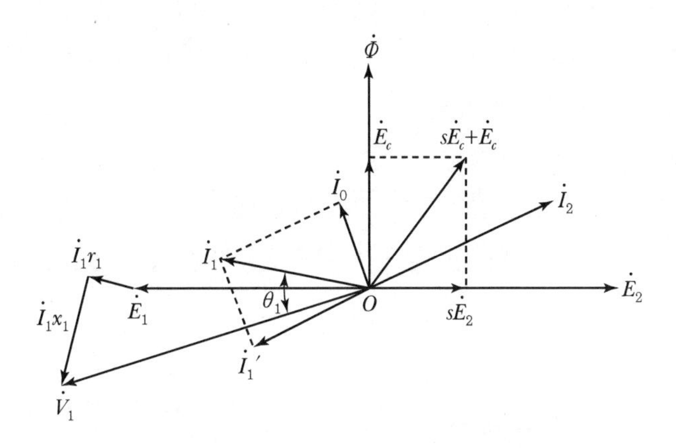

[그림 4-32] 2차 여자제어법(1)

다음에 $\dot{E}_2$ 보다 90° 앞선 위상의 기전력 $\dot{E}_c$ 를 2차 권선에 공급하면 이때의 전압, 전류의 관계는 [그림 4-32]와 같아져 1차 공급전압 $\dot{V}_1$ 과 1차 전류 $\dot{I}_1$ 사이의 위상각 θ_1은 작아지므로 역률이 개선된다. 이렇게 되는 것은 ϕ를 생기게 하는 데 필요한 여자전류 $\dot{I}_0$의 일부를 $\dot{E}_c$가 보충해 주기 때문이며, 1차 무효전류가 감소하므로 역률이 좋아지는 것이다.

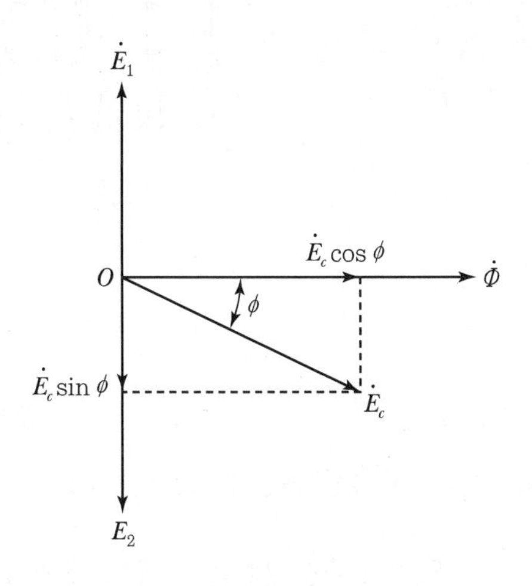

[그림 4-33] 2차 여자제어법(2)

그러므로 [그림 4-33]과 같이 임의의 위상 ϕ 의 전압 $\dot{E}_c$ 를 가하면 $\dot{E}_c \cos\phi$ 는 2차 유기전압과 90°의 상차를 가지는 전압이므로 역률을 개선하고, $\dot{E}_c \sin\phi$ 의 전압은 속도제어에 도움을 준다.

4.6 특수 농형 유도전동기

유도전동기를 기동시키는 경우에는 기동회전력이 크고 기동전류가 작아야 한다. 이렇게 되려면 이미 설명한 바와 같이 회전자의 저항을 크게 하면 되지만 운전 시 효율이 좋고 온도 상승이 적게 되려면 회전자의 저항이 적은 편이 좋다.

그래서 농형 전동기의 구조를 개량해서 기동 시에는 회전자 저항을 크게 하고 운전 시에는 회전자 저항을 적게 하도록 하는 농형 전동기가 고안되었는데, 이것이 2중 농형 유도전동기(double squirrel cage induction motor)와 심구형 농형 유도전동기(deep slot squirrel cage induction motor)이다.

4.6.1 2중 농형 유도전동기

2중 농형 유도전동기의 고정자는 보통 유도전동기와 똑같으나 회전자에는 [그림 4-34]와 같이 회전자 철심의 표면 가까이에 1군의 슬롯을 파고 철심표면에서 조금 안쪽에 다른 1군의 슬롯을 판다. 이 2개의 슬롯 사이를 좁은 공극을 판 것 등이 있고 슬롯의 모양에도 여러 가지가 있다. [그림 4-34] (a)는 2중 농형 전동기의 회전자에 쓰는 슬롯의 몇 가지 예를 표시한 것이다.

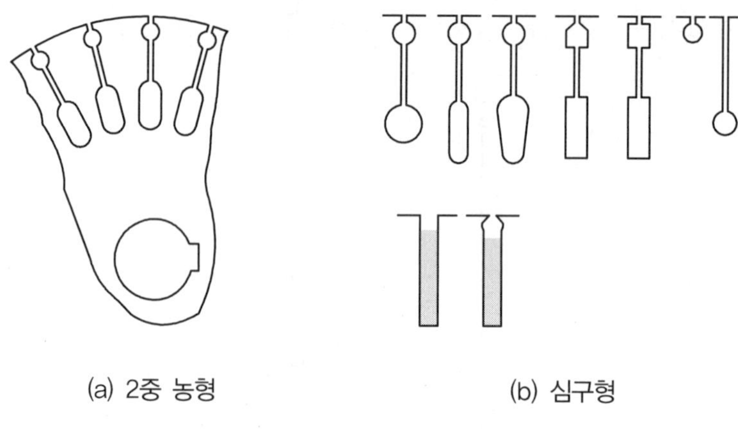

(a) 2중 농형 (b) 심구형

[그림 4-34] 2중 농형 및 심구형의 슬롯

이와 같은 내외 2군의 슬롯 중 외측의 슬롯군에는 저항이 큰 농형 권선(단면적이 작은 동봉, 양은 등을 저항이 큰 단락환으로 단락한 것)을 감고, 내측에 있는 슬롯군에는 단면적이 큰 동봉을 써서 저항이 작은 농형권선을 감는다. 이러한 2조의 회전자 권선 중에서 외측권선은 누설자속의 통로가 좁으므로 누설 인덕턴스가 작고 저항이 큰 권선이 되며, 내측권선은 누설자속의 통로가 넓으므로 누설 인덕턴스가 크고 저항이 작은 권선이 된다.

기동 시에는 $s=1$이므로 내측권선의 임피던스 $\dot{Z}_2 = r_2 + j2\pi f L_2$는 매우 크게 되어 대부분의 회전자 전류는 임피던스가 작고 고저항의 외측권선에 흐르므로 권선형 회전자에 저항을 넣은 것과 같게 되어 기동전류를 제한함과 동시에 큰 기동 회전력을 발생시킨다. 그러나 기동해서 운전상태로 하면 s는 수 [%] 정도가 되어 내측권선의 임피던스 $\dot{Z}_2 = r_2 + j2\pi s f L_2$는 감소하므로 대부분의 회전자 전류는 저항이 작은 내측권선에 흐른다. 따라서 보통의 저저항 농형 회전자전동기와 같은 작용을 하여 운전효율이 좋아진다.

[그림 4-35]는 2중 농형 전동기와 보통 농형 전동기의 속도-전류, 속도-회전력의 관계를 비교한 것인데, 실선이 2중 농형, 점선이 보통 농형이다.

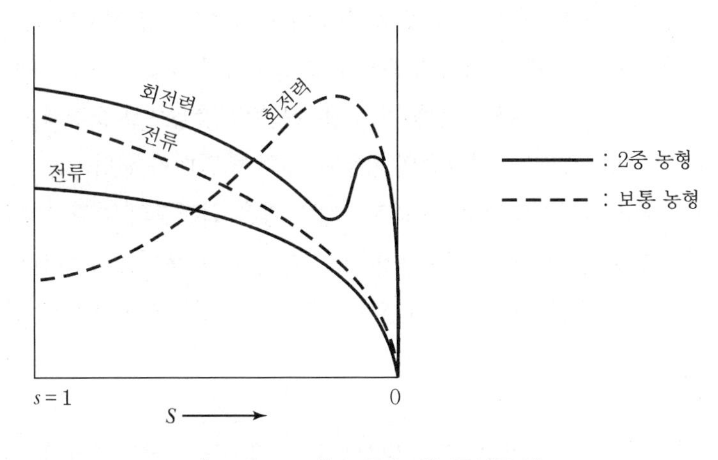

[그림 4-35] 2중 농형 특성곡선

4.6.2 심구형 농형 유도전동기

[그림 4-34] (b)와 같이 슬롯을 깊게 하고 여기에 도체를 넣으면 슬롯 상부도체 부분은 인덕턴스가 작고 슬롯 밑바닥으로 들어감에 따라 인덕턴스가 커진다.

이와 같이 회전자 권선을 단면의 폭이 좁고 길이가 긴 도체를 써서 농형 권선으로 하면 전동기를 기동시킬 때에는 회전자 전압의 주파수가 크므로 표피작용으로 말미암아 상부 도체부분에 대부분의 전류가 흐르고 도체 전체의 실효저항이 크게 되어 기동특성이 좋아진다. 그러나 속도가 높아짐에 따라서 회전자 주파수가 작게 되므로 전류는 도체 전체에 거의 균일하게 흐르게 되고 실효저항이 감소하여 효율이 좋아진다. 그러나 2중 농형 전동기나 심구형 전동기에서는 역률이 나빠지고 최대 회전력이 작게 되는 결점이 있다.

4.7 특수 유도기

4.7.1 유도발전기

직류전동기에 외력을 가해서 회전시키면 그대로 직류발전기가 되는 것처럼, 유도전동기도 외력을 가해서 회전시키면 어떤 조건하에서는 유도발전기(induction generator)로 사용할 수 있다.

(1) 부의 슬립

유도전동기의 슬립 s는 언제나 $0 < s < 1$의 범위이며 항상 양(+)의 값이다. 지금 3상 유도전동기의 고정자를 전원에 접속한 대로, 다른 원동기에 의해 회전자를 고정자가 만드는 회전자계의 회전방향과 같은 방향으로 동기속도 이상의 속도로 회전시키면 슬립 s는 음(−)의 값이 된다.

슬립 s가 음(−)이면, 회전자 권선은 전동기의 경우와 반대방향으로 회전자속을 자르고, 이때의 유도 기전력 및 전류의 방향은 회전자속의 방향에 대하여 반대가 된다.

따라서 회전자 전류와 회전자속에 의한 회전력의 방향은 회전자의 회전방향과 반대가 되고, 고정자 부하전류의 방향도 전동기의 경우와 반대이기 때문에, 원동기에서 회전자로 가는 기계적인 입력은 전기적인 출력이 되어서 고정자에서부터 전원으로 돌려보내게 되어 발전기가 된다.

(2) 유도발전기

유도기를 전동기로서의 회전방향과 같은 방향으로 동기속도 이상의 속도로 회전시켜서 발전기로 한 경우에 이것을 **유도발전기** 또는 **비동기발전기**(asynchronous generator)라고 한다. 현재 대체에너지로서 풍력발전에 사용되고 있는 발전기의 대부분이 이 유도발전기이며 발전비용의 감소와 에너지 효율증대를 위해 단일기로는 수 [MW]급까지 대형화되고 있는 추세이다.

일반적인 풍력발전의 전기기계 시스템은 터빈, 기어 및 발전기로 구성된다.

(3) 특성

발전기의 경우에도 전동기의 경우와 같이 회전자속을 만들기 위한 여자전류는 발전기가 연결되어 있는 전원에서 공급을 받아야 한다. 따라서 유도발전기는 단독으로 발전할 수는 없으므로 반드시 동기발전기가 있는 전원에 접속해서 운전하여야 한다. 이 발전기의 주파수는 전원의 주파수로 정하고 회전속도에는 관계가 없다.

또 출력은 거의 상대속도($n - n_s$)와 비례하기 때문에 출력을 증가하려면 속도를 증가시켜야 한다.

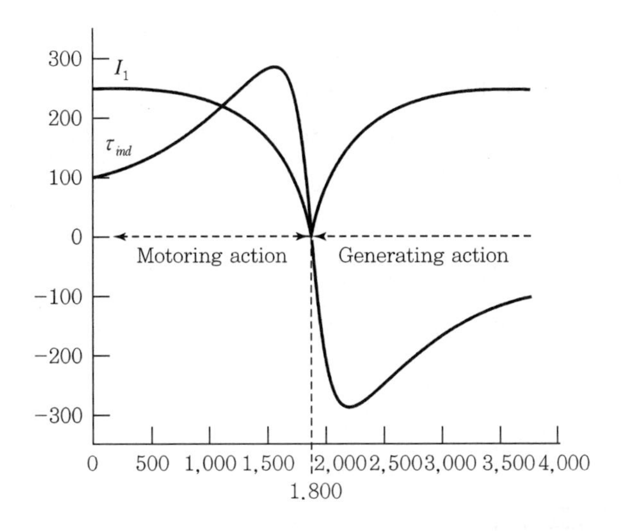

[그림 4-36] 유도발전기 속도-토크곡선 및 선전류

(4) 속도-토크

[그림 4-36]은 유도전동기에서 유도발전기 영역으로 천이하는 과정에서의 발생토크 및 고정자 전류의 그림을 보여 주고 있다. 만약 3상 계통에 접속된 유도전동기의 축에 증기터빈과 기계적 결합이 되어 있다고 하자. 더불어 터빈 밸브가 차단되어 있고 유도전동기에 전전압이 투여되어 기동되면 유도전동기는 터빈을 동기속도보다 약간 낮은 정격 슬립에서 운전하게 될 것이다. 이후 터빈 밸브 개방에 의하여 유도전동기에 추가 토크가 더해져 회전자 속도의 증가가 이루어져 동기속도에 도달하면 이때의 슬립은 0, 회전자 저항 R_s/s는 무한대가 되어 회전자 전류가 0이 되어 발생토크 τ_{ind}는 그림과 같이 0이 된다. 이런 동작점에서도 유도전동기에는 3상 전원으로부터 자화전류를 공급받고 있다. 이후 터빈에서 입력에너지를 증가시켜 회전자 속도를 동기속도 이상으로 증가시키면 슬립은 음의 값이 되고 발생토크도 음의 값이 된다. 이는 공극전력 P_{AG}가 음이 됨을 의미하며 전동기 대신 발전기로 동작하여 회전자로부터의 기계에너지가 공극전력으로 역변환되어 고정자에서 전기에너지로 변환되며 이 에너지가 배전계통으로 전달됨을 의미한다. 이러한 그림은 고정자 전류 I_1 대비 토크곡선이 반전된 경우로도 판단할 수 있다.

(5) 장점

① 동기발전기와 달리 가격이 싸다.

② 기동과 취급이 간단하며 고장이 적다.

③ 동기발전기와 같이 동기화할 필요가 없으며 난조 등의 이상 현상도 생기지 않는다.

(6) 단점

① 병렬로 접속되는 동기기에서 여자전류를 취해야 한다.

② 공극의 치수가 작기 때문에 운전 시 주의해야 한다.

③ 효율과 역률이 낮다.

(7) 용도

유도발전기는 소출력의 자동 수력발전소 및 풍력발전과 같은 특수한 경우에 사용한다.

4.7.2 유도전압조정기

(1) 단상 유도전압조정기

① **구조** : 단상 유도전압조정기(single phase induction voltage regulator)는 직렬권선에 대한 분로권선의 위치를 연속적으로 바꾸는 단상 단권변압기의 일종이다. 그러나 구조는 [그림 4-37] (a)와 같이 유도전동기와 비슷하며 고정자와 회전자로 구성되어 있다. 회전자 철심의 슬롯 안에는 보통 2극이 되도록 분로권선 P가 있고 고정자 철심의 슬롯 안에는 직렬권선 S가 있다. 이 두 권선은 (b)와 같이 단권변압기와 동일하며 분로권선은 가는 동선으로 꼬은 피그테일(pig tail)로 입력 측에 연결하고, 직렬권선은 출력 측에 연결한다.

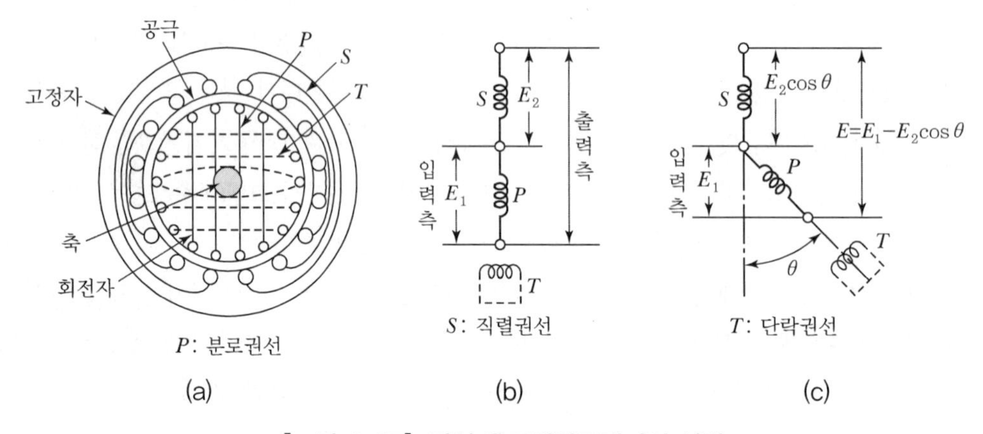

[그림 4-37] 단상 유도전압조정기의 설명

② **정격출력** : 단상 유도전압조정기의 정격출력은 직렬권선에 흐르는 전류의 정격값을 I_2[A], 조정전압의 정격값을 E_2[V]라 하면 피상전력으로 표시된다.

$$\text{정격출력} = E_2 I_2 \times 10^{-3}[\text{kVA}] \quad \cdots\cdots (4\text{-}50)$$

+ 예제 4-12 단상 유도 전압 조정기의 1차 전압 100[V], 2차 100±30[V], 2차 전류는 50[A]이다. 이 조정 정격은 몇 [kVA]인가?

풀이 단상 유도 전압 조정기의 용량은

$$P = \text{부하용량} \times \frac{\text{승압 전압}}{\text{고압 측 전압}} = 130 \times 50 \times \frac{30}{130} \times 10^{-3} = 1.5[\text{kVA}]$$

(2) 3상 유도전압조정기

① **구조** : 3상 유도전압조정기는 권선형 3상 유도전동기의 1차 권선 P와 2차 권선 S를 [그림 4-38] (a)와 같은 3상 성형 단권변압기처럼 접속해서 회전자를 구속상태로 두고 사용하는 것과 같은 것이다.

단상 유도전압조정기와 같이 보통 1차 권선(분로권선)은 회전자에 감고 2차 권선(직렬권선)은 고정자에 감으며, 두 권선은 2극 또는 4극으로 감는다.

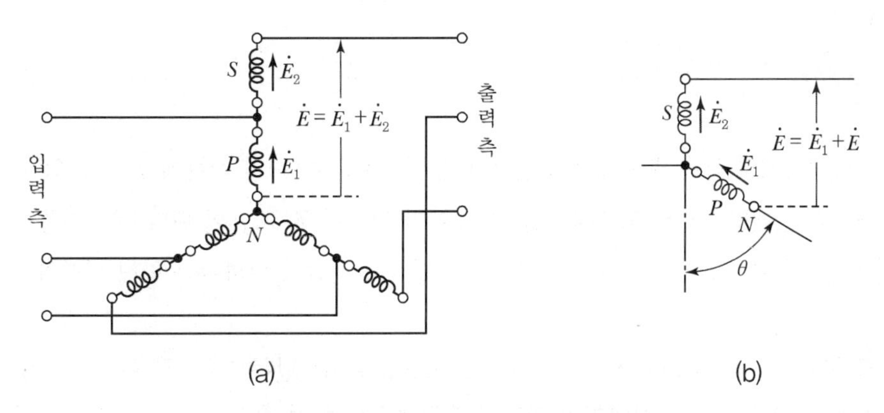

[그림 4-38] 3상 유도전압조정기의 회로

② **정격출력** : 3상 유도전압조정기의 정격출력은 직렬권선에 흐르는 정격 2차 전류를 I_2[A], 조정전압을 E_2[V]라 하고 E_2는 1상의 전압이므로

$$\text{정격용량} = 3E_2 I_2 \times 10^{-3}[\text{kVA}] \quad \cdots\cdots (4\text{-}51)$$

+ 예제 4-13 선로 용량 6,600[kVA]의 회로에 사용하는 6,600±660[V]의 3상 유도 전압 조정기의 정격 용량[kVA]은 얼마인가?

풀이 정격 용량을 P라 하면 $P=\sqrt{3}E_2I_2\times 10^{-3}$[kVA]이므로

$$\therefore P=\sqrt{3}\times 660\times\frac{6{,}600\times 10^3}{\sqrt{3}(6{,}600+660)}\times 10^{-3}$$

$$=6{,}600\times\frac{660}{6{,}600+660}=6{,}600\times\frac{660}{7{,}260}=600[\text{kVA}]$$

4.7.3 유도주파수 변환기

3상 유도전동기의 2차 주파수와 2차 전압은 슬립 s와 비례하기 때문에, 권선형 전동기를 주파수 f_1의 전원에 연결하여 동기속도 n_s의 회전자속을 만들고 회전자에 외력을 가해서 임의의 속도 n으로 회전시키면 슬립링에 나타나는 2차 주파수 f_2는 다음과 같다.

$$f_2=sf_1=\frac{n_s-n}{n_s}f_1 \quad\cdots\cdots (4\text{-}52)$$

따라서 회전자계와 같은 방향으로 회전시킨 경우에는 $s<1$이기 때문에 $f_2<f_1$의 교류가 되고, 회전자계와 반대방향으로 회전시키면 $s>1$이기 때문에 $f_2>f_1$이 된다. 즉, 일종의 주파수 변환기가 되는 것이다. 그러나 1차 전압이 일정하면 2차 전압이 주파수와 함께 변화하는 결점이 있다.

이 유도주파수 변환기(induction frequency changer)는 단독으로 2차 주파수를 얻을 수도 있지만, 보통 회전자는 다른 회전기와 연결하고 외력을 가하여 운전한다. 유도전동기와 연결한 것을 **유도비동기주파수 변환기**, 동기전동기와 연결한 것을 **유도동기주파수 변환기**라고 한다.

4.8 단상 유도전동기

4.8.1 단상 유도전동기의 원리 및 특성

(1) 2전동기설

단상 유도전동기의 고정자 권선에는 단상교류가 흐르므로 교번자계가 생긴다. 이와 같은 교번자계는 이것을 서로 반대방향에 동기속도로 회전하는 2개의 같은 회전자계로 분해할 수 있다. 그리고 이들 회전자계의 크기는 일정하고 어느 것이나 정지 교번자계의 최대치의 $\frac{1}{2}$과 같다.

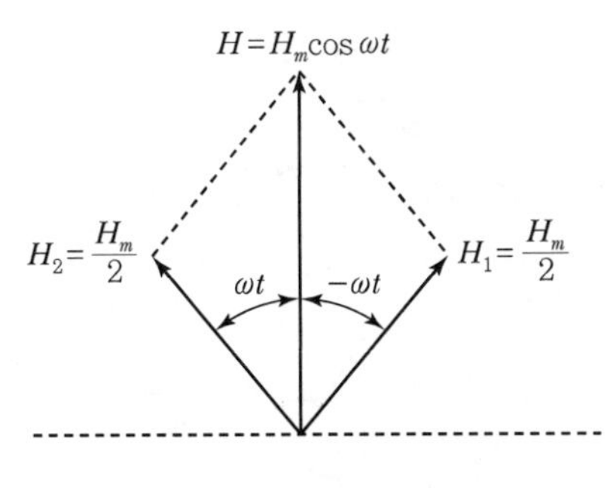

[그림 4-39] 2전동기설

[그림 4-39]와 같이 교번자계 $H=H_m\cos\omega t$ 에서 각각 $-\omega t$ 및 ωt 만큼 회전한 회전자계 $H_1=\frac{H_m}{2}$ 및 $H_2=\frac{H_m}{2}$ 을 생각해 보자.

H_1 및 H_2의 합성자계의 H에 대한 직각분력 H_x 는

$$
\begin{aligned}
H_x &= H_1\sin(-\omega t)+H_2\sin\omega t \\
&= -\frac{H_m}{2}\sin\omega t+\frac{H_m}{2}\sin\omega t=0
\end{aligned}
$$

이 되어 없어지고 y 방향의 분력 H_y 는

$$
\begin{aligned}
H_y &= H_1\cos(-\omega t)+H_2\cos\omega t=\frac{H_m}{2}\cos\omega t+\frac{H_m}{2}\cos\omega t \\
&= H_m\cos\omega t=H
\end{aligned}
$$

가 된다.

그러므로 교번자계 $H=H_m\cos\omega t$ 는 각속도 ω 로 왼쪽과 오른쪽으로 회전하는 회전자계 H_1 과 H_2로 바꾸어 생각할 수 있다. 따라서 교번자계의 자속도 서로 반대방향으로 동기속도로 회전

하는 2개의 회전자속으로 나누어 생각할 수 있다. 이렇게 생각하면 마치 같은 회전자에 대하여 오른쪽으로 도는 회전자계와 왼쪽으로 도는 회전자계가 동시에 작용하는 것이 되므로, 같은 축에 회전방향이 서로 반대되는 2개의 전동기가 작용하고 있는 것이라고 생각해도 좋다. 이와 같은 방법으로 단상 유도전동기를 고찰할 수 있는데, 이것을 **2전동기설**이라 한다.

(2) 회전력

3상 유도전동기를 경부하로 운전하고 있을 때 3선 중 1선이 단선되면 단상 유도전동기가 되어 운전을 계속할 수 있다. 그러나 정지시키고 다시 기동시키려고 하면 1선이 단선된 상태로는 기동이 되지 않는다.

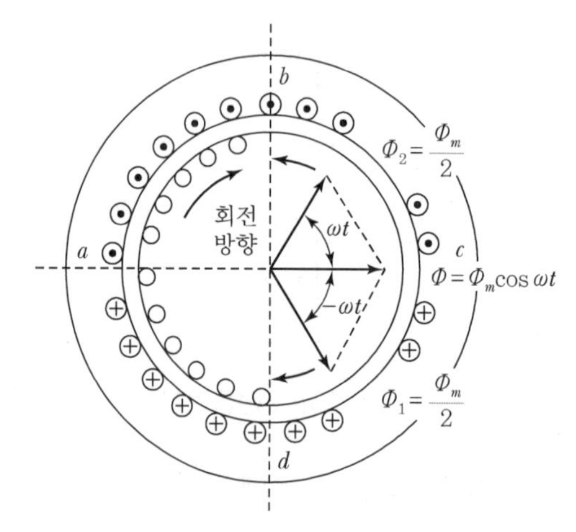

[그림 4-40] 유도전동기 회전 슬립

이와 같이 단상 유도전동기에는 기동회전력이 없지만 어떠한 방법으로 회전시키면 회전력이 생겨서 가속되고 동기속도 부근에 이르면 부하를 걸고 충분히 운전할 수 있게 된다.

[그림 4-40]은 단상 유도전동기가 슬립 s로 회전하고 있는 경우를 표시한다.

이때 고정자에 흐르는 단상여자전류에 의해서 ac축에

$$\Phi = \Phi_m \cos \omega t$$

인 교번자속이 생긴다. 이것을

$$\Phi_1 = \frac{\Phi_m}{2}, \ \Phi_2 = \frac{\Phi_m}{2}$$

되는 회전자속으로 분해하고 Φ_1은 전동기의 회전과 같은 방향에, Φ_2는 회전과는 반대 방향에 같은 각속도 ω로 돌고 있다고 하자. 그러면 회전자는 슬립 s, 즉 $N = (1-s)N_s$의 속도로 돌고 있으므로 Φ_1에 대한 회전자 권선의 관계 속도는 $N_s - N = sN_s$가 되지만 Φ_2에 대한 관계 속도는

$N_s + N = (2-s)N_s$가 된다. 따라서 회전자 권선은 sf와 $(2-s)f$되는 주파수의 기전력을 유기한다.

다음에 Φ_1 및 Φ_2와 회전자 사이에 발생하는 토크를 생각해 보자.

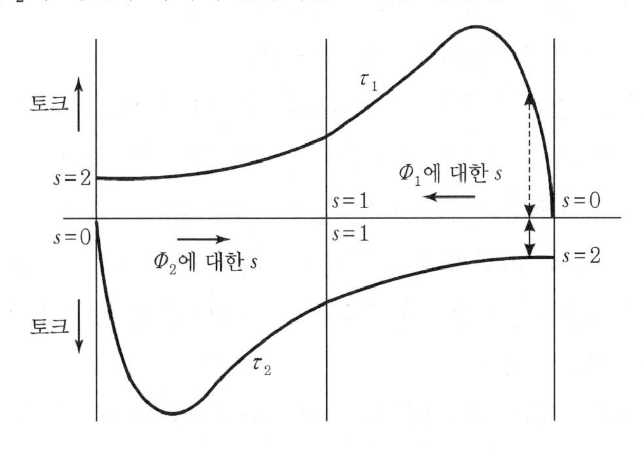

[그림 4-41] 유도전동기의 토크

Φ_1과 회전자와의 관계는 3상 유도전동기의 경우와 똑같으므로 그 토크곡선은 [그림 4-41]의 τ_1(시계방향의 토크)과 같이 되지만 Φ_2와 회전자 사이에 발생하는 토크는 τ_2(반시계방향의 토크)와 같이 된다. 따라서 $s=1$에서의 토크는 (+) (−) 상쇄되므로 0이다. 즉, 기동토크는 0이다. 그러나 예컨대 시계방향으로 외력을 가해서 s가 보다 작게 되면, 시계방향의 토크 τ_1에서 반시계방향의 토크 τ_2를 뺀 나머지가 시계방향의 합성토크가 되어 이것이 부하토크 보다 크면 점차 가속되어 간다.

이 관계는 [그림 4-42]를 보면 잘 알 수 있다. [그림 4-42]의 음영 처리된 부분은 토크가 합성토크이며 이것은 $s=0$보다 조금 앞서서 0이 됨을 알 수 있다.

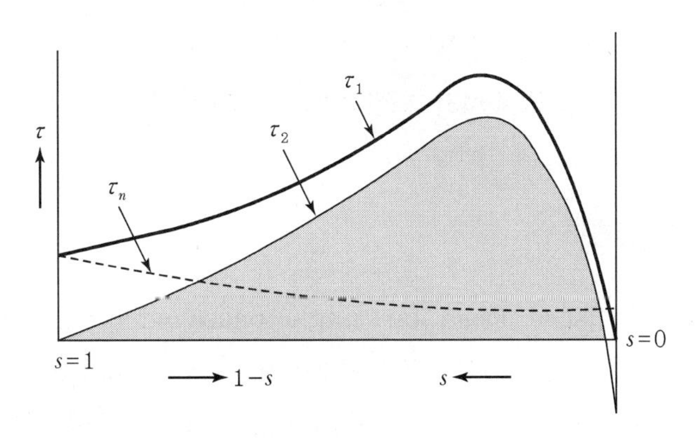

[그림 4-42] 합성토크

(3) 회전력에 대한 2차 저항의 영향

3상 유도전동기에서는 2차 저항의 크기가 변화해도 최대 회전력의 값은 변하지 않고, 그 회전력을 발생시키는 슬립이 비례추이할 뿐이지만, 단상 유도전동기의 경우는 최대 회전력을 발생시키는 슬립뿐만 아니라, 최대 회전력의 크기도 변화한다.

[그림 4-43]은 단상 유도전동기에서 x_2/r_2의 값을 여러 가지로 변화했을 때 회전력 변화를 나타낸 것이다. 이 그림에서 알 수 있는 바와 같이 x_2를 일정하다고 하면, r_2를 크게 할수록 최대 회전력의 값은 작아지고 이 회전력이 발생하는 슬립은 증가한다.

그리하여 r_2를 어느 정도 이상으로 크게 하면 D곡선과 같이 회전력이 부(−)로 되어, 전동기의 회전방향과 반대로 작용하는 회전력이 발생한다. 앞에서 말한 3상 유도전동기의 단상제동은 이 역회전력을 제동에 이용한 것이다.

단상 유도전동기의 기동회전력은 0이므로, 자체 기동을 하려면 기동장치가 필요하게 된다. 기동방법으로는 분상기동형(저항분상, 리액터분상, 콘덴서분상), 반발 기동형, 반발 유도형, 셰이딩 코일형, 모노사이클릭 기동형 등 여러 방법이 있다.

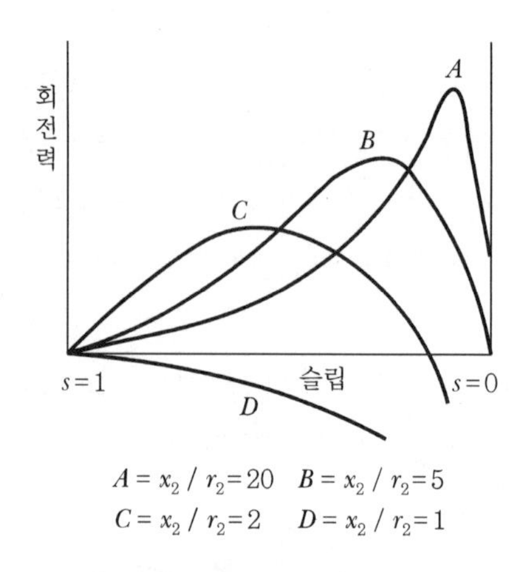

[그림 4-43] 회전력과 x_2/r_2의 관계

4.8.2 분상 기동형

분상 기동형 단상 유도기(sprit phase start single-phase induction motor)는 [그림 4-44] (a)와 같이, 고정자 철심에 감은 주권선(운전권선 ; running winding) M과 전기적으로 $\pi/2$ 위상차가 있는 위치에 감은 보조권선(기동권선 ; starting winding) A로 이루어진다. A는 M과 병렬로 전원에 접속되고, M보다 가는 선을 써서 권수는 적으나 권선의 저항은 크게 한다.

이와 같은 권선에 단상전압 V_1을 가하면 리액턴스가 큰 M에는 단자전압 V_1 보다 위상이 상당히 뒤진 전류 I_M이 흐르지만, 권선 A의 회로에는 리액턴스가 작고 저항이 크기 때문에 전류 I_A의 V_1에 대한 위상차는 I_M보다 작다. 따라서 그림 (b)와 같이 I_M과 I_A 사이에는 α 만큼의 위상차가 생겨서, 타원형의 회전자계가 발생하므로 기동회전력이 생기게 된다.

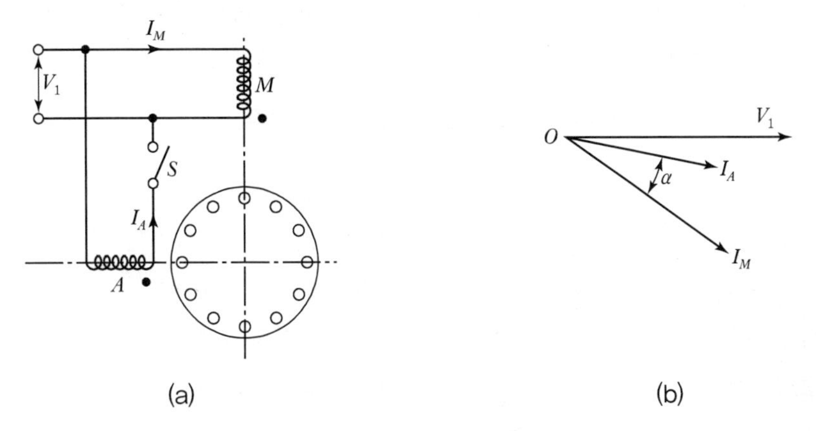

[그림 4-44] 분상 기동형의 원리

그리하여 동기속도 60~80[%] 정도에 이르면 원심개폐기(centrifugal switch) S를 사용해서 권선 A의 회로를 자동적으로 개방하여 손실을 적게 한다.

① **역회전** : 회전방향을 반대로 하기 위해서는 주권선과 보조권선 중 어느 한 권선을 전원에 대하여 반대로 접속하면 된다.

② **특징과 용도** : 단상 유도전동기의 대표격이었으나, 기동전류가 크고, 기동회전력이 작으며, 기동권선을 개방하는 원심개폐기가 기계적 약점이 되기 쉬워 콘덴서전동기의 발달에 따라 그 이용도가 감소되어 가고 있다. 그러나 구조가 간단하고 비교적 값이 싸므로, 기동회전력이 크지 않아도 되는 소출력에 널리 사용된다.

4.8.3 콘덴서 기동형

콘덴서 전동기(condenser motor, capacitor motor)는 리액턴스 분상의 한 종류로서 보조권선 A와 직렬로 콘덴서를 접속하여 단상 전원으로 기동 또는 운전을 하는 유도전동기를 말한다. 콘덴서의 사용방법에 따라 [그림 4-45]와 같이 3종류로 분류된다.

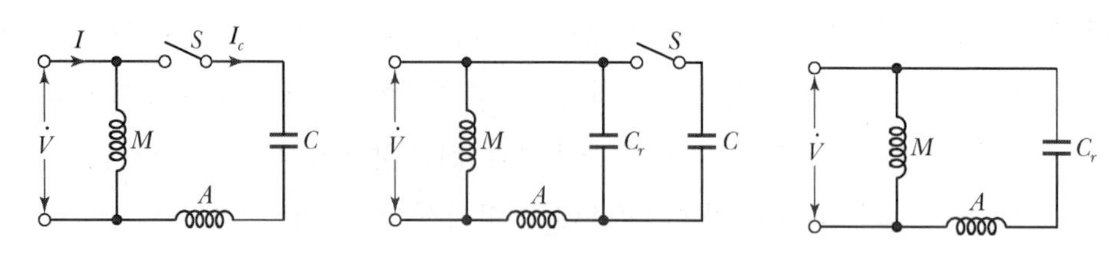

M : 주권선, A : 보조권선, C : 기동용 콘덴서, C_r : 운전용 콘덴서, S : 원심력 개폐기

(a) 콘덴서 기동형 (b) 2치 콘덴서 모터 (c) 영구 콘덴서 모터

[그림 4-45] 콘덴서 전동기의 종류

① **콘덴서 기동형 단상 유도전동기**(condenser start type single phase induction motor) : 분상기동형의 일종으로 [그림 4-45] (a)와 같이, 보조권선 A에 콘덴서를 접속해서 기동하며 기동이 끝나면 원심 개폐기 S로 보조권선을 분리한다.
콘덴서를 분상에 사용하면 보조권선 A의 전류 I_A는 단자전압 V_1보다 위상이 앞서고, 주권선 M의 전류 I_M은 V_1보다 위상이 뒤지므로 I_A와 I_M 사이에는 위상차 α가 생기게 된다. 이 α는 C의 선택에 따라 저항과 리액턴스에 의한 분상기동형보다 월등히 크고 거의 $\pi/2$에 가깝게 할 수 있다. 따라서 회전자계는 더욱 원형에 가깝게 되고 기동특성이 개선되어 200~300[%]의 기동회전력을 얻을 수 있다. 이에 필요한 콘덴서의 용량은 [표 4-2]와 같다. 일반적으로 보조권선의 권수는 주권선의 1.2~1.8배 정도로 한다.
콘덴서 기동형 단상 유도전동기는 기동전류가 비교적 작고 기동회전력이 크므로 소형펌프, 송풍기, 소형 공작기계, 공기 압축기 등에 널리 사용된다.

[표 4-2] 기동용 콘덴서의 용량

전동기 출력[W]	100	200	400	750
콘덴서 용량[μF]	80	150	250	400

② **2치 콘덴서 전동기** : [그림 4-45] (b)와 같이 기동용 콘덴서 C 외에 운전 중에도 사용하는 콘덴서 C_r을 접속한 것으로 기동이 끝나면 C만을 개방하고, 보조권선 A와 C_r은 전동기의 역률개선에 도움을 준다. 기동 시에 가장 적당한 콘덴서의 용량은 운전 시에 가장 적당한 콘덴서 용량의 5~6배 정도가 된다. 기동회전력이 크고, 운전 시의 역률도 좋다.

③ **영구 콘덴서 전동기** : [그림 4-45] (c)와 같이 일정한 값의 콘덴서를 항상 접속해 놓은 것으로 기동회전력이 작고, 또 운전 시의 특성이 뛰어나다고는 할 수 없으나 기계적인 약점이라고 할 수 있는 원심력 개폐기가 필요하지 않고 가격도 싸므로 그다지 큰 기동회전력이 요구되지 않는 선풍기, 전기냉장고, 전기세탁기 등에 널리 사용된다. 기동회전력은 20~100[%]

정도이다.

④ **콘덴서 전동기의 특징 :** 콘덴서 전동기는 역률이 매우 좋고, 효율도 다른 단상전동기보다 좋다. 일반적으로 단상 유도전동기는 회전력의 순시값이 맥동하기 때문에 진동소음이 발생하기 쉬우나, 콘덴서 전동기는 주권선과 보조권선에 의해서 원형에 가까운 회전자계가 발생하므로 회전력의 맥동이 적고 소음도 적으며 운전상태가 좋다.

현재는 교류용 전해 콘덴서가 발달하여 소형으로도 정전용량이 큰 것을 쉽게 얻을 수 있기 때문에 기동회전력이 큰 콘덴서 전동기가 널리 사용된다.

4.8.4 반발 기동형

이 전동기의 회전자는 [그림 4-46]과 같이 직류전동기의 전기자와 같은 권선 및 정류자로 되어 있다. 그리고 전기각이 180° 떨어져서 정류자와 접촉하고 있는 2개의 브러시를 굵은 도선으로 단락하고 고정자 권선에 단상전압을 공급하면 반발전동기가 되므로 기동할 수 있다.

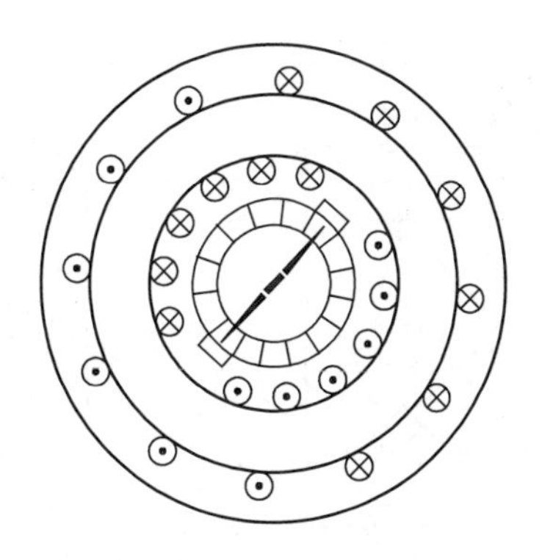

[그림 4-46] 반발 기동형 전동기

동기속도의 70< 80[%] 정도의 속도가 되면 원심력에 의하여 자동적으로 단락편이 이동하여 모든 정류자편을 단락하도록 한다.

정류자편이 단락되면 농형 회전자가 되어 단상 유도전동기로 운전하게 된다.

[그림 4-47]의 R과 I는 각각 반발전동기와 유도기의 회전력-속도곡선으로 동기속도의 약 3/4인 속도에서, 곡선 R로부터 I로 특성이 옮겨지는 것을 나타내고 있다. 그림에서 곡선 C는 콘덴서 기동인 경우의 회전력-속도곡선이다.

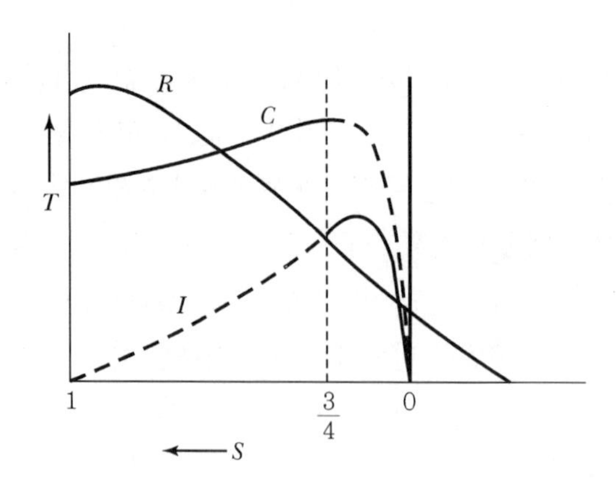

[그림 4-47] 반발전동기와 단상전동기의 회전력 – 속도곡선

이 전동기의 결점으로는 기동 시, 정류자의 불꽃(spark)으로 라디오에 장해를 주며, 단락장치에 고장이 일어나기 쉬운 점이 있다.

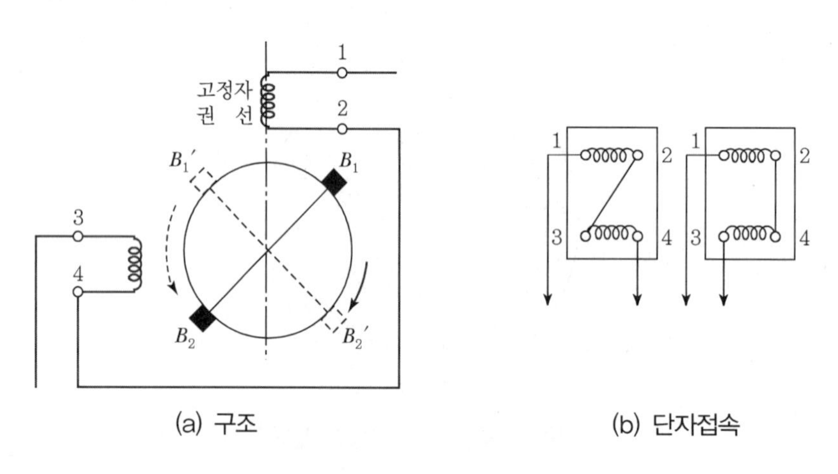

(a) 구조 (b) 단자접속

[그림 4-48] 역전방법

① **역회전** : 회전방향을 반대로 하기 위해서는 [그림 4-48] (a)와 같이 고정자 권선축에 대한 브러시의 위치를 반대로 하면 된다. 즉, B_1, B_2를 B_1', B_2' 위치로 옮기면 된다. 이 브러시의 이동장치는 보통 전동기의 베어링 브래킷에 설치되어 있다.
또 브러시는 일정한 위치에 고정하고, 고정자 권선의 4개 단자의 접속을 그림 (b)와 같이 바꾸어서, 회전방향을 반대로 하는 것도 있다.

② **특징과 용도** : 반발기동형은 다른 모든 단상 유도전동기에 비하여, 기동회전력을 가장 크게 할 수 있고 부하를 걸어둔 채로 기동할 수 있는 것이 특징이다. 같은 정격의 분상기동형에 비하여 치수, 중량 등이 약간 크고 값도 비싸다. 또 정류자의 불꽃으로 라디오에 장해를 주며 단락장치에 고장이 생기기 쉬운 결점이 있고, 보수에 난점이 있으므로 최근에는 콘덴서

기동형으로 차차 대치되고 있다. 자동개폐문, 우물펌프용, 공기압축기 등과 같은 큰 기동 회전력이 필요한 경우에 널리 사용된다.

반발전동기의 기동토크는 전부하 토크의 300~500[%]이고 기동전류는 전부하 전류의 350[%] 정도이다.

4.8.5 반발 유도전동기

반발 유도전동기(repulsion induction motor)는 [그림 4-49]와 같이 회전자에 상하 2층으로 권선이 설치되어 있다. 상부권선은 정류자에 접속된 반발전동기의 회전자 권선이 되고, 두 개의 브러시는 외부에서 단락된다. 하부권선은 농형 권선의 구조로 되어 있어서 두 권선은 2중 농형전동기와 같이 동작한다. 즉, 기동 시에는 상부의 정류자 권선에 주로 작용하기 때문에 반발전동기로서 큰 기동회전력을 발생시킬 수 있다.

[그림 4-50]은 회전력-속도특성을 나타내며 R은 반발전동기, I는 유도전동기의 회전력으로서, 합성회전력은 RI와 같이 된다.

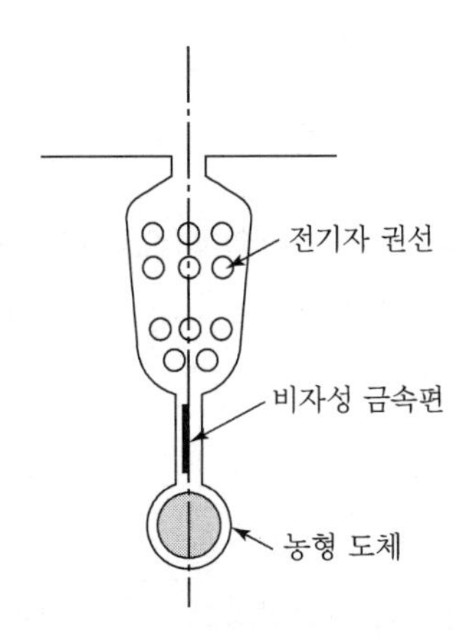

[그림 4-49] 반발 유도전동기의 회전자 슬롯 단면

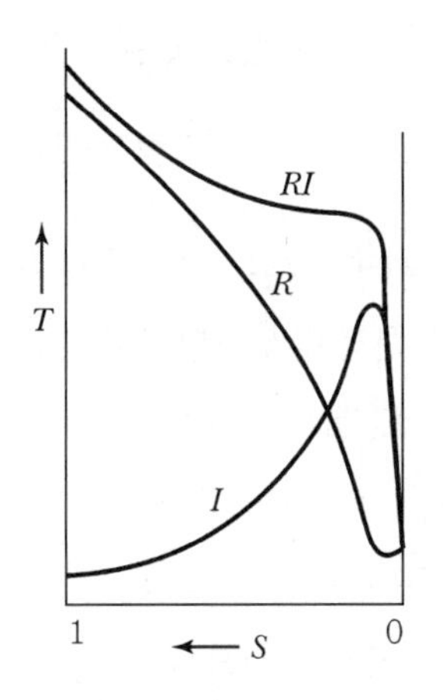

[그림 4-50] 반발 유도전동기의 회전력-속도특성곡선

두 권선 사이에는 비자성 금속편이 삽입되어 있다. 이것은 상부권선에 대해서는 단락된 2차 권선의 작용을 하기 때문에 정류자로 단락되는 코일의 실효 자기 인덕턴스를 감소시켜 정류를 개선한다. 또한 각 코일에 대해서도 단락된 2차 회로로 되어, 각 코일의 누설 리액턴스를 감소시키므로, 기동 및 특성을 양호하게 한다.

반발 기동형과 비교하면 기동회전력은 반발 유도형이 적지만, 최대 회전력은 크고 부하에 의한 속도의 변화는 반발 기동형보다 크다. 운전 시에도 두 권선이 동작하고 있으므로 효율은 좋지 않지만, 역률은 좋다. 농형 권선이 제동작용을 하기 때문에 전류가 많고, 슬립이 적은 무부하 상태에도 전부하전류에 가까운 전류가 흐른다.

4.8.6 셰이딩 코일형

셰이딩 코일형 단상 유도전동기(shading coil type single phase induction motor)는 [그림 4-51]과 같이 돌극형 자극의 고정자와 농형 회전자로 구성된 전동기이다. 자극에 홈을 파고, 고저항의 단락된 셰이딩 코일(shading coil) SC를 끼워 넣는다.

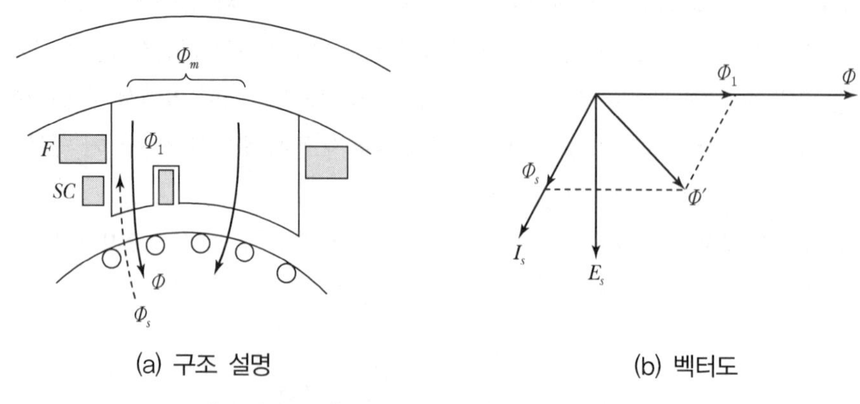

(a) 구조 설명

(b) 벡터도

[그림 4-51] 셰이딩 코일형 단상 유도전동기

계자권선 F에 흐르는 전류로 생긴 자속 Φ_m은 자극면적에 따라 Φ와 Φ_1으로 나누어지며 자속 Φ는 그대로 회전자에 도달하나, 자속 Φ_1은 셰이딩 코일과 쇄교하므로, SC에 Φ_1보다 90° 위상이 늦은 전압 E_s를 유기한다.

따라서 이 전압에 의하여 SC 내에 단락전류 I_s가 흐르고 I_s에 의하여 자속 Φ_s가 발생하므로 SC를 통하는 자속은 Φ_1과 Φ_s를 합성한 Φ'로 되어 Φ와 위상을 달리 한다. Φ', Φ는 이동자계(shifting field)를 형성하여, 회전자에 전류를 흘리고 자계의 이동방향으로 회전력이 발생한다.

이 전동기는 구조가 간단하나 기동회전력이 매우 작고 또 운전 중에도 셰이딩 코일에 전류가 흐르기 때문에 효율과 역률이 떨어지며 이 형에서는 회전방향을 바꿀 수 없는 큰 결점이 있다.

용도로서는 천정 선풍기(ceiling fan)와 같이 회전수가 적은, 즉 극수가 많은 것에 유리하다. 셰이딩 코일의 동손은 크고, 같은 출력의 콘덴서 전동기에 비하여 입력은 2배 정도가 된다.

4.9 원선도

유도전동기가 무부하로 운전하고 있을 때에는, 1차 측에 여자전류 I_0 만이 흐르지만, 부하가 걸리면 슬립 s를 발생하며 2차 전류가 흐르고, 이에 대응해서 1차 측의 전류도 증가하게 된다. 이 때 [그림 4-20]의 $\dot{I}_1$의 벡터는 그 크기와 방향이 모두 변화하나 벡터 $\dot{I}_1$의 선단은 항상 하나의 반원주상에 있게 된다. 따라서 주어진 유도전동기에 대해서 간단한 시험을 하여 그 결과에 따라 이 반원을 그려 놓으면, 그 전동기의 특성은 부하시험을 하지 않아도, 이 선도에 의하여 곧 구할 수 있으므로 매우 편리하다. 이와 같은 선도를 유도전동기의 **원선도**(circle diagram)라 하고, 이에 의해서 특성을 구하는 방법을 **원선도법**이라고 한다.

특성을 산정하는 방법에는 스타인 메츠법(steinmetz's method)과 기타의 방법이 있으나, 가장 널리 사용되고 비교적 계산이 간단한 L형 원선도법(또는 Hey -land's circle diagram)에 대해 알아보기로 한다.

4.9.1 L형 원선도의 이론

L형 원선도는 간이 등가회로에 따르는 것으로, 그 결과가 근사적이기 때문에 사실과 다소 다른 점도 있으나, 대부분의 경우 별다른 지장이 없고 도법이 간단하여 가장 널리 사용되고 있다. [그림 4-52]와 같은 간이 등가회로에서, 1차 부하전류 I_1'은

$$I_1' = \frac{V_1}{\sqrt{(r_1 + r_2' + r')^2 + (x_1 + x_2')^2}} = \frac{V_1}{\sqrt{\left(r_1 + \frac{r_2'}{s}\right)^2 + (x_1 + x_2')^2}} \quad \cdots\cdots\cdots\cdots (4\text{-}53)$$

또, V_1과 I_1'의 위상차 θ_1''은

$$\sin\theta_1'' = \frac{x_1 + x_2'}{\sqrt{(r_1 + r_2' + r')^2 + (x_1 + x_2')^2}} = \frac{x_1 + x_2'}{\sqrt{\left(r_1 + \frac{r_2'}{s}\right)^2 + (x_1 + x_2')^2}} \quad \cdots\cdots (4\text{-}54)$$

따라서 식 (4-53)과 (4-54)에서 I_1'은

$$I_1' = \frac{V_1}{x_1 + x_2'} sin\theta_1'' \quad \cdots\cdots\cdots\cdots (4\text{-}55)$$

위 식에서 V_1, x_1, x_2'는 모두 일정하므로, 벡터 I_1'의 선단은 $\frac{V_1}{x_1 + x_2'}$을 직경으로 하는 원

주상에 있다. [그림 4-55]에서 $NPSK$는 이 식이 나타내는 반원으로서, $NK = \dfrac{V_1}{x_1 + x_2{}'}$은 그 직경이다. 즉, 전동기의 부하가 변화하면 1차 부하전류 $I_1{}'$의 궤적은 $\dfrac{V_1}{x_1 + x_2{}'}$을 직경으로 하는 원주가 된다.

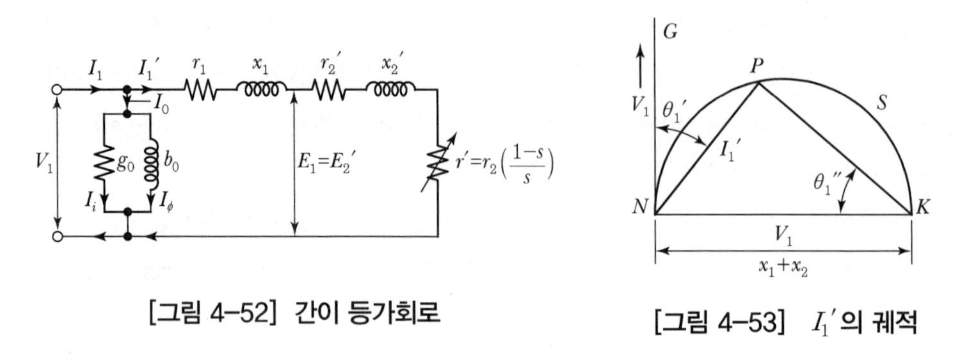

[그림 4-52] 간이 등가회로

[그림 4-53] $I_1{}'$의 궤적

직선 NG와 NK를 직각으로 긋고 벡터 V_1을 NG 방향으로 잡으면,

$$\angle GNP = \angle NKP = \theta_1{}''$$

그리고 점 N은 $I_1{}' = 0$인 점이므로 전동기가 무부하로 운전되고 있는 경우이다. 간이 등가회로에서는 $Z_1 I_0$, 즉 I_0에 의한 1차 누설 임피던스 강하는 무시하므로, V_1을 종축방향으로 잡고, 무부하시의 벡터도를 그리면 [그림 4-54]와 같다. 또, $I_1 = I_0{}' + I_1{}'$이므로 [그림 4-53], [그림 4-54]의 점 N을 맞추어 합하고, NG선상의 V_1을 OA 선상으로 옮기면, [그림 4-55]와 같은 원선도가 된다. 즉, 1차 전류 I_1의 궤적도 같은 원호 $NPSK$가 됨을 알 수 있다.

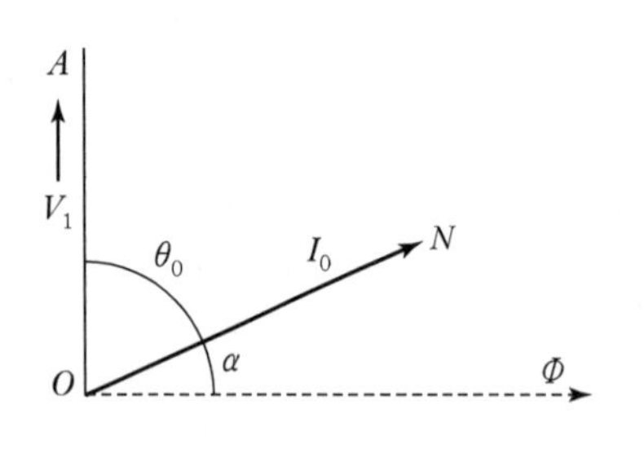

[그림 4-54] 무부하 시의 벡터도

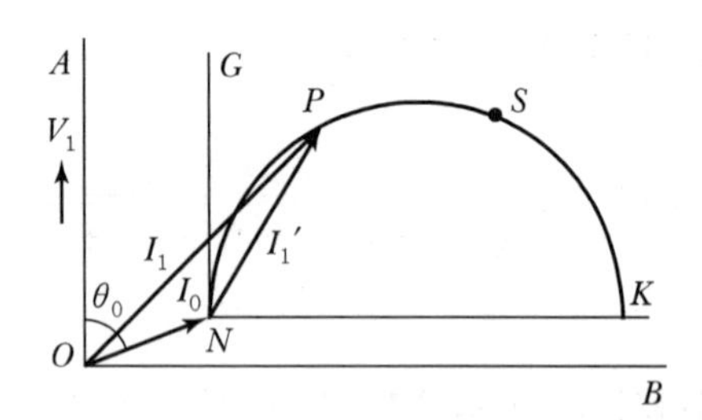

[그림 4-55] 하이랜드 원선도의 기초

4.9.2 전동기의 정수 측정

전동기의 특성은 r_1, x_1, $r_2{}'$, $x_2{}'$, g_0, b_0의 6개의 정수에 의해서 결정되므로 계산에 의해서 특성을 구하려면, 처음 제작된 기계에서는 다음과 같은 3가지의 시험을 하여 그 결과에 의해서 산출된 기본량을 사용하여야 한다.

① **저항측정시험** : 임의의 주위온도에서 1차 단자 간의 권선저항을 직류로 측정하여, 3단자 간의 평균값 R_1을 취한다. 측정온도를 t [℃]라고 하면 이것을 기준온도 T[℃]로 환산해서 1상분의 저항으로 하여 그 1/2을 취한다(KSC4201 참조).

$$r_1 = \frac{R_1}{2} \times \frac{234.5 + T}{234.5 + t}\,[\Omega] \quad \cdots\cdots (4\text{-}56)$$

T의 값은 A, B, E종 절연은 75[℃], F, H종 절연은 115[℃]로 한다.

② **무부하시험(no-load test)** : 임의의 주위온도에서 전동기에 정격전압을 가하여 무부하로 운전하면서, 각상의 전압 V_0, 전류 I_0, 전력 P_0를 측정한다. 무부하에서는 $s \fallingdotseq 0$의 상태로 회전하므로 간이 등가회로의 2차 단자를 개방한 상태가 된다.

입력 P_0 중에는 철손 P_i 외에 기계손 P_m과 1차 권선의 동손 $I_0^2 r_1$이 포함되어 있으나, $I_0^2 r_1$은 매우 작으므로 무시할 수 있다. P_i 및 I_0는 전동기에 공급한 전압에 따라 변하지만, P_m은 회전속도의 함수로서 V_1에 의해서 변화하지는 않는다. 따라서 전동기의 단자전압을 정격값 부근에서 동기속도를 유지하는 최저값까지 변화시켜, V_1과 P_0의 관계를 [그림 4-56]과 같이 그려서 이 곡선을 $V_i = 0$점까지 연장하여 P_m을 구한다.

$$Y_0 = \frac{I_0}{V_0}$$

$$g_0 = \frac{P_i}{V_0^2} = \frac{P_0 - P_m}{V_0^2}\,[\Omega]$$

$$b_0 = \sqrt{Y_0^2 - g_0^2}\,[\Omega] \quad \cdots\cdots (4\text{-}57)$$

$$I_0 = I_i - j\,I_\phi,\ I_i = \frac{P_0}{\sqrt{3}\,V_0},\ I_\phi = \sqrt{I_0^2 - I_i^2} \quad \cdots\cdots (4\text{-}58)$$

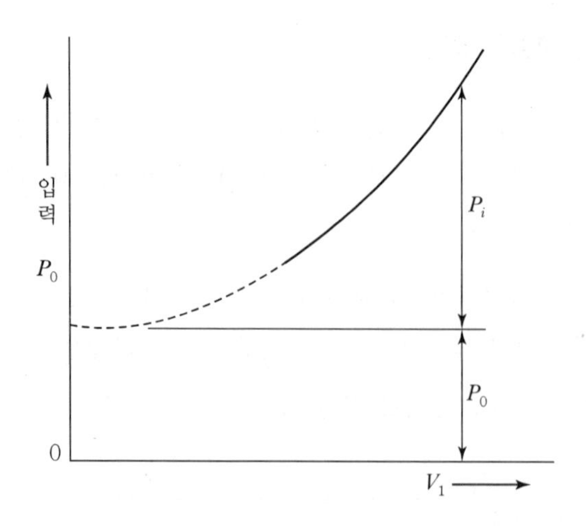

[그림 4-56] 철손과 기계손의 분리

③ 구속시험(locked test) : 유도전동기의 회전자를 구속한 후에, 1차 측에 정격 주파수의 낮은 V_s를 가하여, 1차 전류 I_s'와 1차 입력 P_s'[W]를 측정한다.
이로부터 정격전압 V_n[V]를 가했을 때의 구속전류 I_s[A], 1차 입력(임피던스 와트) P_s[W] 및 1차, 2차의 저항과 리액턴스를 산출한다.

$$\frac{\frac{V_s}{\sqrt{3}}}{I_s} = \sqrt{(r_1 + r_2')^2 + (x_1 + x_2')^2}\ [\Omega] \quad \cdots\cdots (4\text{-}59)$$

$$r_1 + r_2' = \frac{P_s}{3I_s^2},\ r_1 = r_2' = \frac{r_1 + r_2'}{2}$$

$$x_1 + x_2' = \sqrt{\left(\frac{V_s}{\sqrt{3}\,I_s}\right)^2 - \left(\frac{P_s}{3I_s^2}\right)^2},\ x_1 = x_2' = \frac{x_1 + x_2'}{2} \quad \cdots\cdots (4\text{-}60)$$

$$I_s = I_s'\frac{V_n}{V_s'},\ P_s = P_s'\left(\frac{V_n}{V_s'}\right)^2 \quad \cdots\cdots (4\text{-}61)$$

I_s를 유효분 I_{s_1}과 무효분 I_{s_2}로 나눈다.

$$\left.\begin{aligned} & I_s = I_{s_1} - jI_{s_2},\ I_{s_1} = \frac{P_s}{\sqrt{3}\,V_n} = \frac{P_s'}{\sqrt{3}} \times \frac{V_n}{(V_s')^2} \\ & I_{s_2} = \sqrt{I_s^2 - {I_{s_1}}^2} \end{aligned}\right\} \quad \cdots\cdots (4\text{-}62)$$

4.9.3 특성의 산정

유도전동기의 정격출력을 P_n [kW], 정격전압을 V_n [V]라고 하면, P_n 에 있어서의 특성은 다음과 같이 산정한다.

① P_n [kW]에 있어서 1차 전류의 유효분 $I_{n\,i}$ [A]는

$$I_{n\,i} = \frac{1,000P_n}{\sqrt{3}\,V_n}[\text{A}]$$

② $\overline{DF}$ 위에 $\overline{DH} = I_{n\,i}$ 되는 H점을 정하고, H를 지나고 $\overline{NS}$에 평행한 선을 그어, 원호와 제일 먼저 만나는 점을 P_n이라고 한다.

③ P_n 에서 수평선을 그어, $\overline{NT}$와 만나는 점을 Q_n 이라고 한다.

④ P_n 에서 수평선을 그어, $\overline{OS'}$ 와 만나는 점을 P_n'이라고 한다.

⑤ P_n 을 O, D, N과 잇고, $\overline{DP_n}$ 의 연장선과 $\overline{SS'}$ 와의 교점을 Y라 하고, $\overline{NP_n}$ 의 연장선과 $\overline{GS}$와의 교점을 R이라 한다.

이상과 같은 작도에서 정격 출력 P_n [kW]에 대한 전부하전류, 역률, 슬립, 최대출력 및 최대 회전력은 다음과 같이 구한다.

$$\text{전부하전류} = \overline{OP_n}[\text{A}]$$

$$\text{역률} = \frac{\overline{OP_n'}}{\overline{OP_n}} \times 100[\%]$$

$$\text{효율} = \frac{\overline{SY}}{\overline{SF}} \times 100[\%]$$

$$\text{슬립} = \frac{\overline{GR}}{\overline{GS}} \times 100[\%]$$

$$\frac{\text{최대출력}}{\text{정격출력}} = \frac{\overline{P_m Q_m}}{\overline{DH}} \times 100[\%]$$

$$\frac{\text{최대 회전력}}{\text{전부하 회전력}} = \frac{\overline{P_t Q_t}}{\overline{P_n Q_n}} \times 100[\%]$$

익힘문제

1 여러 전동기 중에서 유도전동기가 가장 많이 쓰이는 이유를 설명하여라.

2 고정자 및 철심을 성층으로 하는 이유는 무엇인가?

3 3상 유도전동기를 회전자에 의해 분류하고, 그 특징을 설명하여라.

4 유도전동기의 동기속도란 무엇인지 설명하여라.

5 60[Hz] 8극인 3상 유도전동기의 전부하에서 회전수가 885[rpm]이다. 이때 슬립은?

6 유도전동기의 슬립 주파수란 무엇인지 설명하여라.

7 380[V], 30마력, 4극, 60[Hz], Y결선 유도전동기의 전부하 슬립이 5[%]일 때, 다음 각 항을 구하시오.

(a) 이 전동기의 동기속도는 얼마인가?

(b) 정격부하에서의 전동기 속도는 얼마인가?

(c) 정격부하에서의 회전자 주파수는 얼마인가?

(d) 정격부하에서의 축의 토크는 얼마인가?

8 60[Hz], 6극인 권선형 유도전동기의 2차 유도 전압이 정지 시에 1,000[V]라 한다. 슬립 3[%]일 때의 2차 전압은 몇 [V]인가?

9 220[V], 6극, 60[Hz], 10[kW]인 3상 유도전동기의 회전자 1상의 저항은 0.1[Ω], 리액턴스는 0.5[Ω]이다. 정격 전압을 가했을 때 슬립이 4[%]이었다. 회전자 전류[A]는 얼마인가? (단, 고정자와 회전자는 3각 결선으로서 각각 권수는 300회와 150회이며 각 권선 계수는 같다.)

10 200[V], 50[Hz], 8극 15[kW]의 3상 유도전동기의 전류 회전수가 720[rpm]이면 이 전동기의 2차 동손[W]은?

11 200[V], 60[Hz], 4극 20[kW]의 3상 유도전동기가 있다. 전부하일 때의 회전수가 1,728[rpm]이라 하면 2차 효율[%]은?

12 60[Hz], 4극 유도전동기의 슬립이 5[%]이고 2차 손실이 100[W]이다. 이때의 토크[N · m]는?

13 4극, 60[Hz]인 3상 유도전동기를 입력 100[kW], 효율 90[%]로 정격운전할 때의 토크[kg · m]는?

14 4극 60[Hz], 200[V]의 3상 농형 유도전동기가 있다. 운전 시의 입력 전류 9[A], 역률 85[%](지상), 효율 80[%], 슬립 5[%]이다. 회전속도[rpm]와 출력[kW]은 얼마인가?

15 3상 유도전동기에 직결된 직류발전기가 있다. 이 발전기에 100[kW]의 부하를 걸었을 때 발전기 효율은 80[%], 전동기의 효율과 역률은 95[%]와 90[%]라고 하면, 전동기의 입력[kVA]은?

16 권선형 유도전동기에서는 임의로 비례 추이를 시킬 수 있다. 그러나 농형 유도전동기에서는 비례추이가 불가능하다. 그 이유는 무엇인가?

17 전부하 시 슬립 5[%], 회전자 1상의 저항 0.05[Ω]인 3상 권선형 유도전동기를 전부하 토크로 기동시키려면 회전자에 몇 [Ω]의 저항을 넣으면 되는가?

18 60[Hz], 4극, 정격 속도 1,720[rpm]인 권선형 3상 유도전동기가 있다. 전부하 운전 중에 2차 회로의 저항을 4배로 하면 속도[rpm]는?

19 큰 기동 전류는 전동기에 어떠한 영향이 미치는지 설명하여라.

20 농형 유도전동기의 각종 기동법을 설명하여라.

21 교류 유도전동기의 속도 제어법을 설명하여라.

22 각종 단상 유도전동기의 용도를 설명하여라.

23 영구 콘덴서형 단상 유도전동기와 콘덴서 기동형 단상 유도전동기의 차이점은 무엇인가?

5장 전력변환기기

5.1 정류회로

5.1.1 다이오드

반도체는 도체와 절연체의 중간 성질을 갖는 원자로서 각종 재료별 고유 저항값 크기를 순서대로 배열하면 [그림 5-1]과 같다. 반도체는 $10^{-4} \sim 10^{4}$[Ω · m]의 범위를 가지고 있다. 대표적인 것으로는 실리콘(Si), 게르마늄(Ge), 셀렌(Se), 산화동(Cu_2O) 등이 있다.

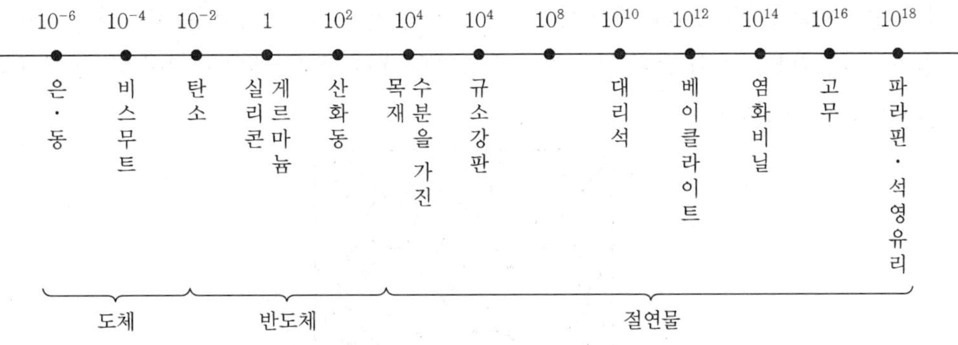

[그림 5-1] 각종 재료의 고유 저항값

실리콘과 게르마늄 원자의 특징은 파울리의 배타 원리에 의해서 중심에서 n번째 궤도에는 $2n^2$개 이상의 전가가 들어갈 수 없기 때문에 [그림 5-2]의 (a) 실리콘은 2-8-4의 전자 배열이고 (b) 게르마늄은 2-8-18-4 배열이 되어 외각에 4개의 가전자를 가진다.

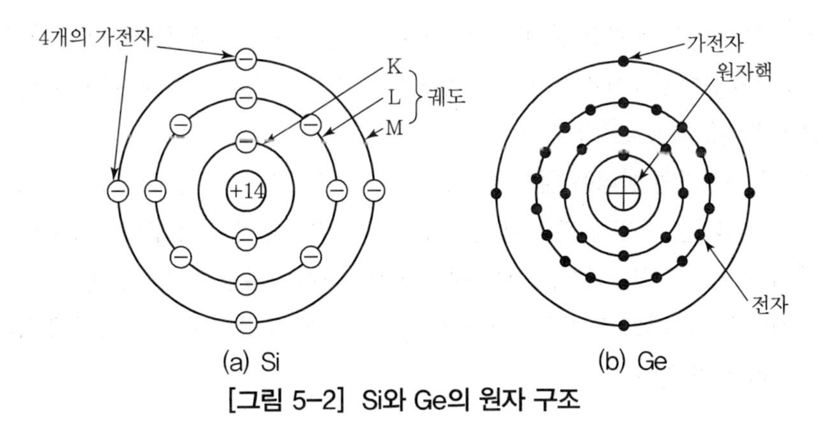

[그림 5-2] Si와 Ge의 원자 구조

이때에 이들 4가의 원자들은 [그림 5-3]과 같이 각 원자는 최외각의 전자개를 서로 이웃하는 원자들이 공유 결합을 하고 있어 마치 외각 전자가 8개인 것처럼 안정하게 존재하고 있다. 이러한 4가의 순수 반도체를 진성 반도체라 한다.

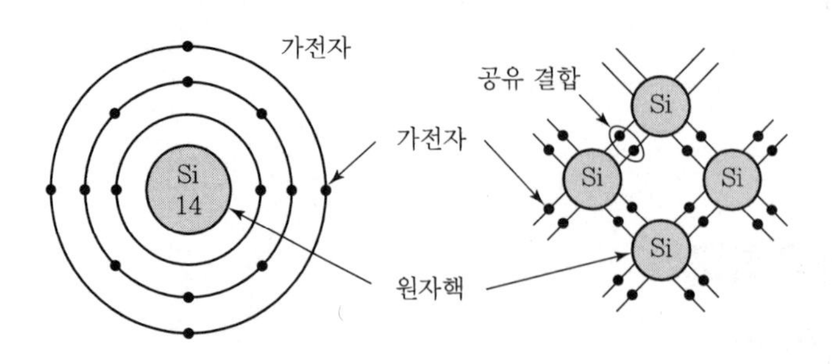

[그림 5-3] 공유 결합의 전자 배열

진성 반도체에 3가 또는 5가의 원자를 약간 섞어 만든 것을 불순물 반도체라 하며, P형 반도체와 N형 반도체가 있다.

P형 반도체는 4가의 실리콘 원자에 3가의 원자인 인듐(In), 알루미늄(Al), 갈륨(Ga) 등을 약간 첨가하면 [그림 5-4]와 같이 원자 간 공유결합을 해서 전자 1개의 공석이 되며, 이 공석을 정공(positive)이라 한다.

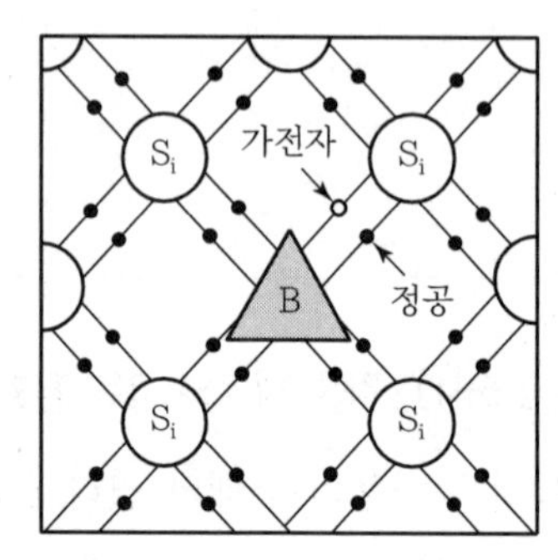

[그림 5-4] P형 반도체의 전자 배열

결정 중에서 공석이 생기면 옆에 있는 전자가 이곳을 채워 정공이 이동하는 현상이 일어난다. 이러한 반도체를 P형 반도체라 하고 진성 반도체보다 도전성을 더 띠게 된다. 그리고 첨가된 3가의 원자를 억셉터(accepter)라 한다.

N형 반도체는 4가의 실리콘 원자에 5가의 원자인 인(P), 안티몬(Sb), 금(Au) 등을 약간 첨가하면 [그림 5-5]와 같이 원자 간 공유결합을 해서 전자 1개의 전자가 남게 된다.

이렇게 남게 되는 1개의 전자는 다른 궤도의 전자보다 불순물 원자에 가볍게 구속되어 있으므로 낮은 전계(−)를 가해도 전하가 되어 쉽게 이동하게 되는 반도체이다. 여기에 첨가된 5가의 원자를 도너(donor)라 한다.

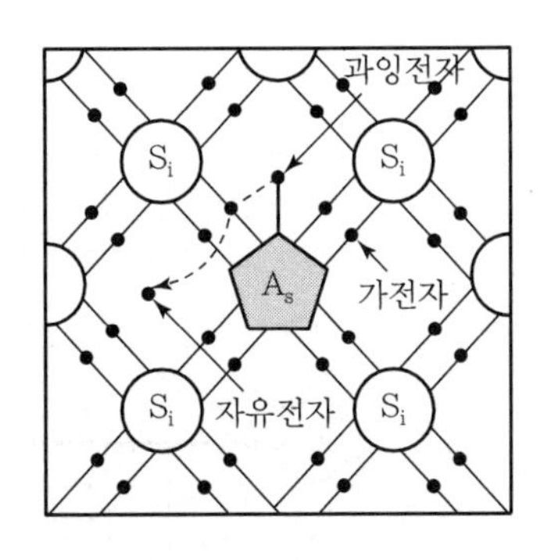

[그림 5-5] N형 반도체의 전자 배열

P형과 N형 반도체를 접합시키고 P형에 (+), N형에 (−)의 순방향 전압을 가하면 P형의 정공은 (+)전극에 반발되고, (−)전극에 흡인되어 N형 쪽으로 이동하고, N형 전자는 (−)전극에 반발하고 (+)전극에 흡인되어 P형 쪽으로 이동한다. 이때 전자와 정공의 이동으로 P형에서 N형 방향으로 전류가 흐르게 된다. 역방향 전압을 가하면 전류는 거의 흐르지 않게 된다.

이와 같이, PN접합에서 순방향일 때에만 전류를 흐르게 하는 현상을 정류작용이라고 하며, 이 성질을 이용한 반도체소자가 다이오드이다.

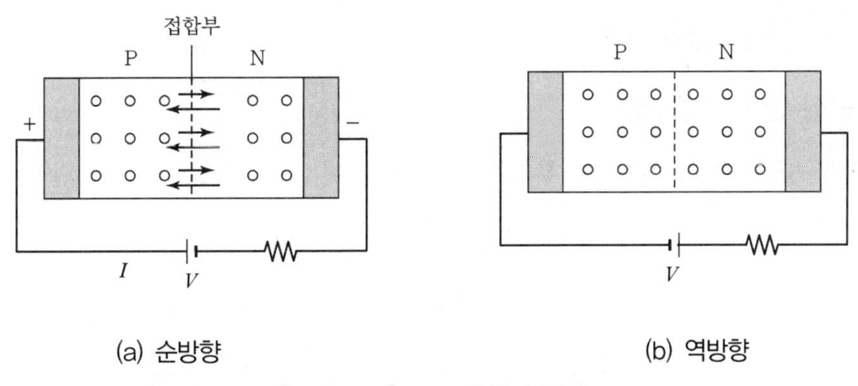

[그림 5-6] P-N접합과 정류

다이오드는 [그림 5-7] (a)와 같이 PN접합 반도체로 기호로는 [그림 5-7] (b)와 같이 표시한다. 다이오드의 전압 전류 특성은 [그림 5-7] (c)와 같으며 순방향 전압에서는 전류가 잘 통하지만 역방향 전압에서는 전류가 거의 흐르지 않는다.

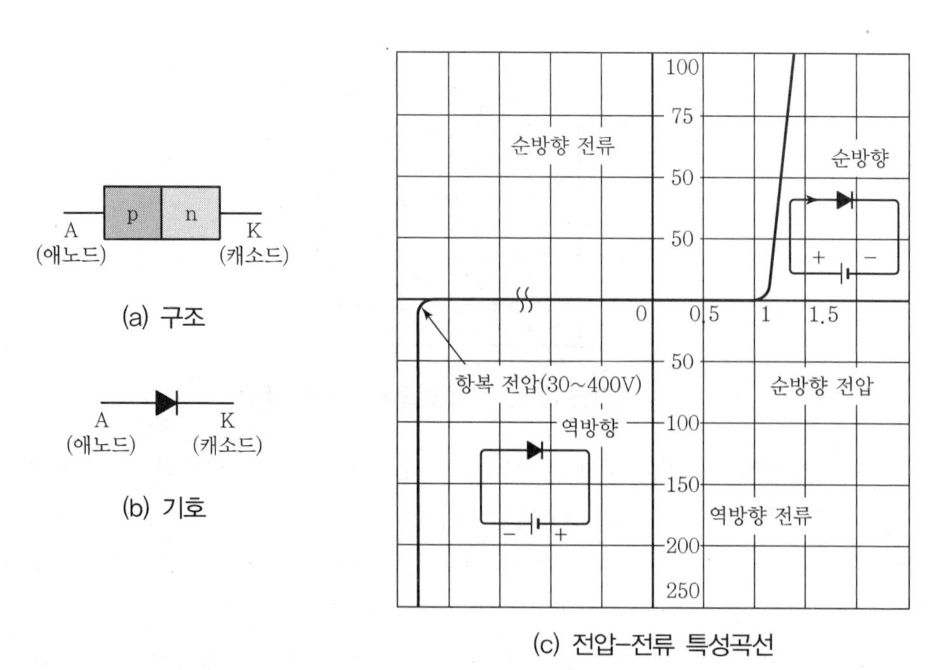

(a) 구조

(b) 기호

(c) 전압-전류 특성곡선

[그림 5-7] 다이오드

5.1.2 단상 정류회로

(1) 단상 반파 정류회로

[그림 5-8]과 같이 교류전원과 부하저항 사이에 다이오드를 접속한 회로를 단상반파 정류회로라고 한다.

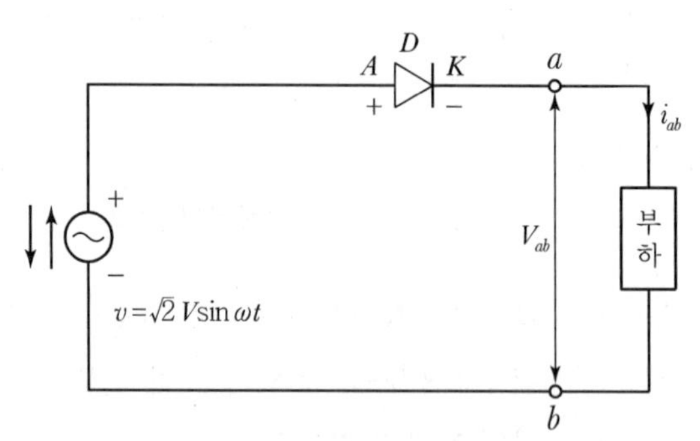

[그림 5-8] 단상반파 정류회로

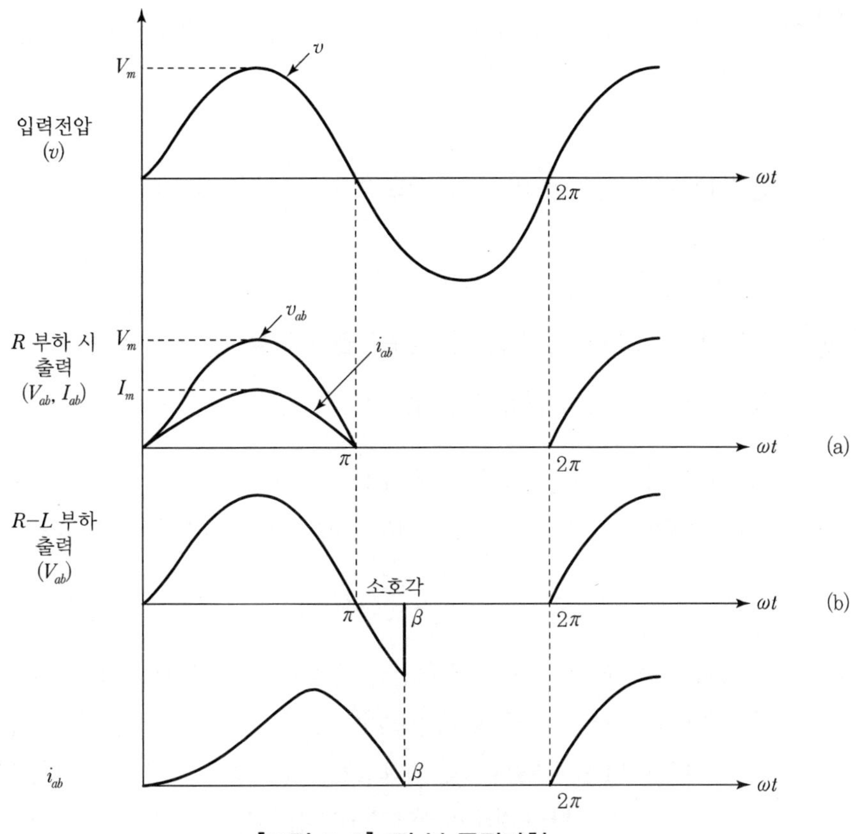

[그림 5-9] 각 부 동작파형

먼저 저항(R)부하를 사용하였을 경우 동작파형은 [그림 5-9] (a)와 같이 되며 전원전압 V가 정(+)으로 하면 이때에 다이오드는 전류가 흐를 수 없고 전원과 분리되므로 전원전압의 정(+) 방향 그 자체가 부하전압 V_{ab}로 나타낸다. 이때의 평균전압 V_{ab}를 계산하면

$$V_{ab} = \frac{1}{2\pi}\int_{0}^{\pi} \sqrt{2}\, V\sin\theta\, d\theta = \frac{\sqrt{2}\, V}{2\pi}\left[-\cos\theta\right]_{0}^{\pi}$$

$$= \frac{\sqrt{2}\, V}{2\pi} \cdot V = 0.45\, V[\mathrm{V}] \quad \cdots\cdots (5\text{-}1)$$

으로 된다. 이때 부하에 흐르는 직류전류 i_{ab}의 파형은 저항부하이기 때문에 V_{ab}의 파형과 같고, 이것의 평균전류 I_{ab}는 다음과 같이 표시된다.

$$I_{ab} = \frac{V_{ab}}{R} = \frac{\sqrt{2}\, V}{\pi R} = \frac{V_m}{\pi R} = \frac{I_m}{\pi} \quad \cdots\cdots (5\text{-}2)$$

여기서, V_m, I_m은 교류전압 · 전류의 최댓값이다.

+ 예제 5-1 교류 220[V] 정류기 전압강하가 10[V]인 단상반파 정류회로의 저항부하 직류전압은?

㉮ 89　　㉯ 155　　㉰ 200　　㉱ 210

풀이 단상반파 출력전압식이 $V_o = 0.45V$이므로 $V_o = 0.45 \times 220 - 10 = 89$[V]이다.

[답] ㉮

+ 예제 5-2 단상정류로 직류전압 100[V]를 얻으려면 반파정류의 경우에 변압기의 2차권선상전압 V_s를 얼마로 하여야 하는가?

㉮ 약 122[V]　　㉯ 약 200[V]　　㉰ 약 80[V]　　㉱ 약 222[V]

풀이 단상반파 출력전압식이 $V_o = 0.45V$이므로 $100 = 0.45 \times V$이므로 $V = 222.22$[V]가 된다.

[답] ㉱

다음 R-L 직렬부하를 사용하는 경우 전원전압이 정(+)으로 다이오드 D가 전류를 흘리는 점은 앞과 동일하나 인덕턴스 자기유도작용 때문에 순저항 시 전류 정도로 급격하게 증가하지 않는다. [그림 5-9] (b)에 나타낸 바와 같이 약간 찌그러진 모양으로 흐르기 시작한다. 그리고 후반에서는 역시 자기유도작용으로 인하여 감소비율이 완만하게 되므로 결과로서 전류 $\theta = \beta$까지 흐르게 된다. $\theta = \beta$에 전류가 도중에 끊어지면 다음에 전원전압이 정(+)이 될 때까지 부하전류는 흐르지 않는다. 이 β를 소호각이라 부른다. 부하전압 V_{ab}는 다이오드가 전류를 흐르고 있는 한에는 전원전압과 같으므로 [그림 5-9] (b)에 나타내는 바와 같이 정(+)의 부분과 부(-)의 부분이 나타난다. 여기서 평균부하전압 V_{ab}를 계산하면

$$\begin{aligned} V_{ab} &= \frac{1}{2\pi}\int_0^{\beta} \sqrt{2}\,V\sin\theta\, d\theta = \frac{\sqrt{2}\,V}{2\pi}[-\cos\theta]_0^{\beta} \\ &= \frac{\sqrt{2}\,V}{2\pi}[-\cos\beta + \cos 0°] \\ &= \frac{\sqrt{2}\,V}{\pi} \cdot \frac{1-\cos\beta}{2} \\ &= 0.45\,V \cdot \frac{1-\cos\beta}{2}\,[\mathrm{V}] \quad \cdots\cdots (5\text{-}3) \end{aligned}$$

이 얻어진다. 즉, 평균부하전압은 일정하지 않고 소호각 β의 함수가 되며, β는 인덕턴스의 크기를 일정하게 하고 저항(r)을 감소시키면 증가하게 된다.

(2) 환류 다이오드(free wheeling diode)의 작용

[그림 5-10]과 같이 부하에 병렬로 다이오드를 연결한 것을 환류 다이오드라 한다.

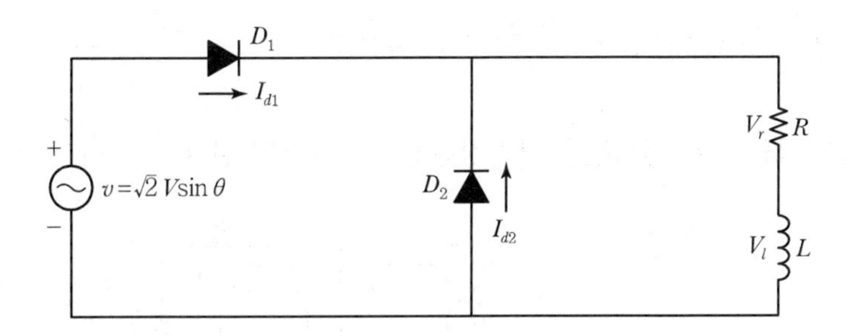

[그림 5-10] 환류 다이오드회로

이 회로에서는 v의 정(+)의 반주기 동안은 D_1 =ON되고 이로써 D_2의 캐소우드 측 전압이 애노우드 측 전압보다 높으므로 D_2 =OFF된다. 부(−)의 반주기 동안은 D_1 =OFF되어 D_2의 애노우드 측 전압이 높으므로 D_2 =ON된다. 이때의 평균전압은 다음과 같다.

$$E_D = 0.45\,V\,[\mathrm{V}] \quad \cdots\cdots (5\text{-}4)$$

일반적으로 단상 반파 정류회로에서 L을 크게 하면 평균전압이 감소하고 전류도 감소한다. 유도부하에서 환류 다이오드를 사용하는데, 이를 잘 이용하면 다음과 같은 효과를 얻을 수 있다.

① 부하전류의 평활화

② 다이오드의 역방향 전압이 부하에 관계없이 일정하다.

③ 저항 R에서 소비하는 전력이 약간 증가한다(역률의 개선).

(3) 단상 전파 정류회로

[그림 5-11]은 브리지형 단상전파 정류회로이다. 이 회로에서는 예를 들면 P점에서 D_1을 보면 전류가 흐르는 방향으로 보이지만(이것을 순방향이라 한다.) D_4를 보면 전류가 흐르지 않는(역방향) 것과 같이 보인다. Q점에서 D_3, D_2를 보는 경우에도 동일하다. 이와 같이 하면 전원전압이 정(+)인 경우는 실선의 화살표 방향으로 전류가 흐르고 전원전압이 부(−)인 경우는 파선의 화살표 방향으로 전류가 흐르게 된다. 결과로서 전원전압의 정, 부(+, −)에 관계없이 부하에는 항상 a점에서 b점으로 전류가 흐르게 되어 항상 직류전압이 얻어진다. 예를 들면, [그림 5-11]의 a, b점에서 전원 측을 보면 브리지형 정류회로에 의해 전원전압이 정(+)일 때는 P점이 a점과, Q점이 b점과 연결되어 있지만 전원전압이 부(−)가 되면 Q점이 a점이고, P점이 b점과 연결된다. 즉, 전원전압의 극성이 반전하면 전원과 부하의 연결방법도 반대로 되어 있는 것을 알 수 있다. 이와 같이 회로접속의 변경이 가능하게 되어 직류 전압파형을 [그림 5-12]와 같이 나타낼

수 있다.

여기서, 부하전압의 평균값 V_{ab}를 구하면

$$V_{ab} = \frac{1}{\pi}\int_0^{\pi} \sqrt{2}\, V\sin\theta d\theta = \frac{2\sqrt{2}}{\pi} V \fallingdotseq 0.9\,V[\mathrm{V}] \quad \cdots\cdots (5\text{-}5)$$

가 얻어지고, 평균 직류 전압값은 반파정류일 때의 2배가 된다.

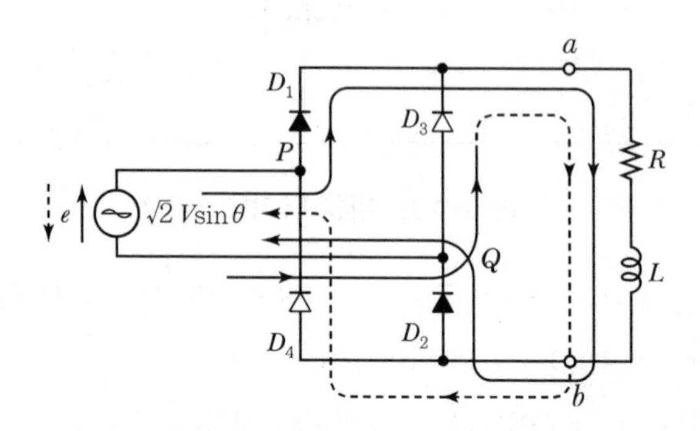

[그림 5-11] 브리지형 단상 전파 정류회로

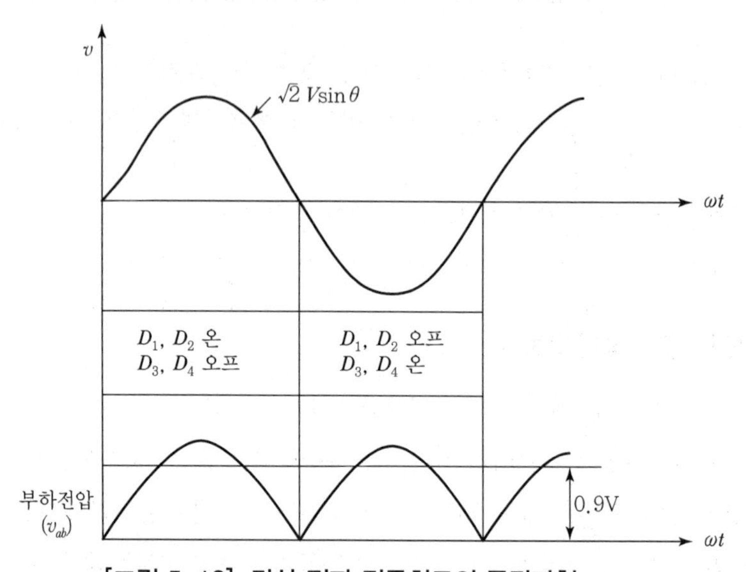

[그림 5-12] 단상 전파 정류회로의 동작파형

전원전압의 정(+)의 반주기는 D_1, D_2를 통하여 부하에 전류가 흐르고, D_3, D_4는 환류 다이오드로 접속되어 있으며 부(−)의 반주기는 이와 반대로 D_3, D_4는 정류경로를 형성하고 D_1, D_2는 환류경로를 형성한다. 이와 같이 전원의 반주기마다 기능분담을 하고 있는 모양을 [그림 5-13]에서 나타낸다. 또한 D_1, D_2, D_3, D_4가 모두 동시에 도통하는 경우는 없다.

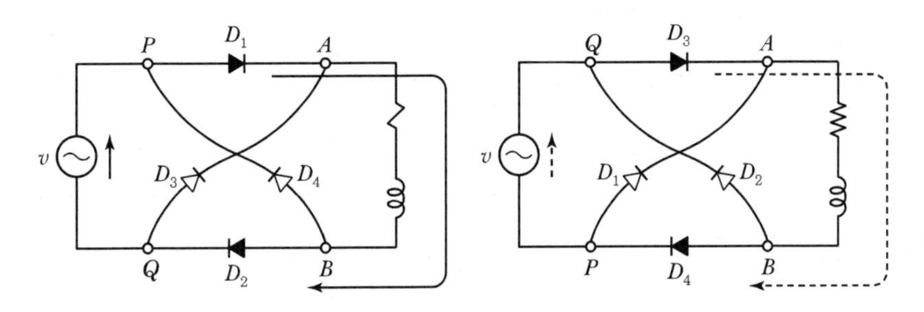

[그림 5-13] 다이오드의 기능분담

+ 예제 5-3 전압 강하 5[V]인 단상 전파 정류기로 교류 100[V]를 정류하여 저항 부하에 직류를 공급하고자 하면 직류 전압은?

풀이 단상 전파정류의 출력전압 $V_o = 0.9$[V]이고 전압강하가 있으므로

$V_o = 0.9 \times 100 - 5 = 85$[V]가 된다.

+ 예제 5-4 그림과 같은 단상 전파 정류회로에서 순저항 부하에 직류 전압 100[V]를 얻고자 할 때 변압기 2차 1상의 전압을 구하면?

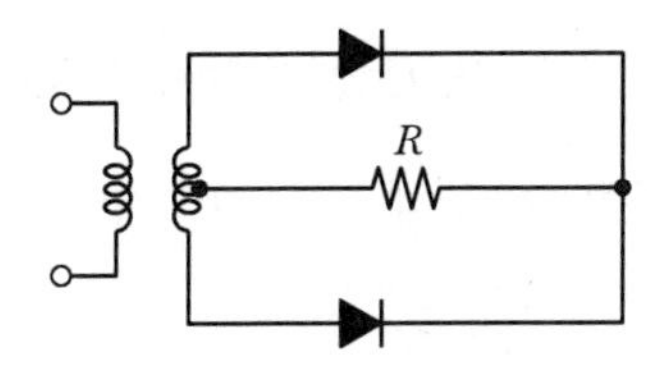

풀이 단상전파 출력전압식이 $V_o = 0.9\,V$이므로 $100 = 0.9 \times V$에서 $V = 111.11$[V]이다.

5.1.3 3상 정류회로

(1) 3상 반파 정류회로

[그림 5-14]의 (a)와 같이 △-Y 변압기의 2차 측에 다이오드 3개를 접속하면, 그림 (b)와 같이 3상 파형 중 (+) 반파만 나타난다. 교류 e_1의 최대가 되는 점의 θ를 0으로 하면 e_1이 e_2, e_3와 만나는 θ의 값은 $\frac{\pi}{3}$, $-\frac{\pi}{3}$가 되므로 입력전압 $e_1 = \sqrt{2}\,E\cos\theta$[V]로 놓을 수 있다. 이때에 부하 저항 R에 걸리는 평균 전압은 다음과 같다.

$$E_{d0} = \frac{1}{\frac{2}{3}\pi}\int_{-\frac{\pi}{3}}^{+\frac{\pi}{3}} \sqrt{2}\,E\cos\theta\,d\theta = \frac{3\sqrt{2}}{2\pi}E[\sin\theta]_{-\frac{\pi}{3}}^{+\frac{\pi}{3}}$$

$$= 0.17E[\mathrm{V}] \quad \cdots\cdots (5\text{-}6)$$

또, 부하 R에 흐르는 직류 전류 i_d의 평균 전류는 다음과 같다.

$$I_d = \frac{E_{d0}}{R} = 1.17\frac{E}{R}[\mathrm{A}] \quad \cdots\cdots (5\text{-}7)$$

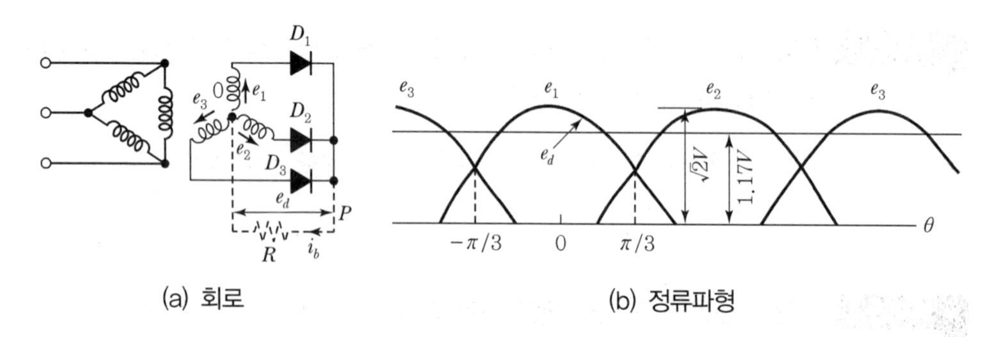

(a) 회로 (b) 정류파형

[그림 5–14] 3상 반파 정류회로

+ 예제 5-5 상전압 300[V]의 3상 반파 정류회로의 직류전압은?

풀이 3상 반파 정류회로의 출력전압 $V_o = 1.17[\mathrm{V}]$이므로 $V_o = 1.17 \times 100 = 350[\mathrm{V}]$가 된다.

(2) 3상 전파 정류회로

[그림 5-15]의 (a)와 같이 다이오드 6개를 접속하면, 그림 (b)와 같이 3상 전파 정류를 할 수 있다. 전파 정류는 반파와 달리 교류 e_2의 최대가 되는 점의 θ를 0으로 했을 경우 e_1과 e_3와 만나는 θ의 값은 $+\frac{\pi}{6}$, $-\frac{\pi}{6}$이 되므로 입력전압 $e_1 = \sqrt{2}\,E\cos\theta[\mathrm{V}]$로 놓을 수 있다. 이때에 부하저항 R에 걸리는 평균 전압은 다음과 같다.

$$E_{d0} = \frac{1}{\frac{2}{6}\pi}\int_{-\frac{\pi}{6}}^{+\frac{\pi}{6}} \sqrt{2}\,E\cos\theta\,d\theta = \frac{6\sqrt{2}}{2\pi}E\,[\sin\theta]_{-\frac{\pi}{6}}^{+\frac{\pi}{6}}$$

$$= 0.35\,E[\mathrm{V}] \quad \cdots\cdots (5\text{-}8)$$

부하 R에 흐르는 직류 전류 i_d의 평균 전류는 다음과 같다.

$$I_d = \frac{E_{d0}}{R} = 1.35\frac{E}{R}[\text{A}] \cdots\cdots (5\text{-}9)$$

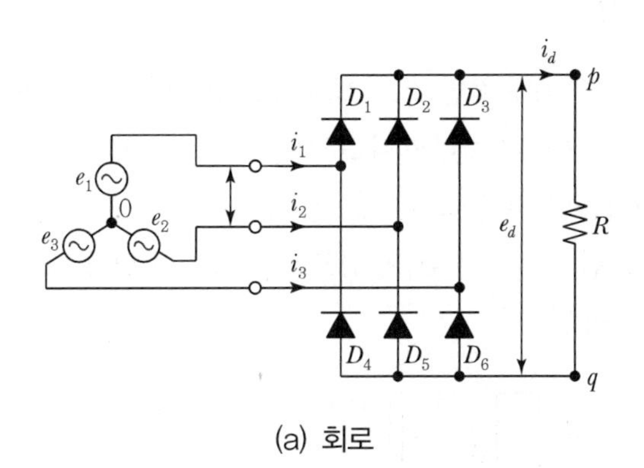

(a) 회로

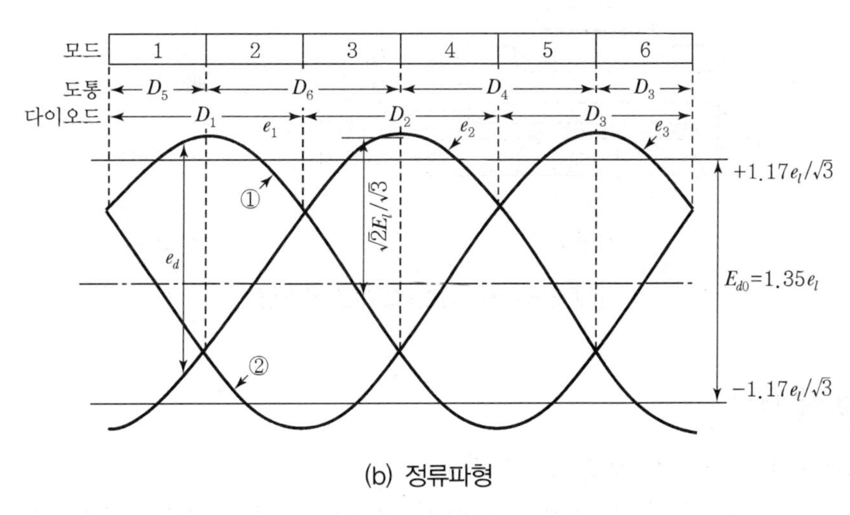

(b) 정류파형

[그림 5-15] 3상 전파 정류회로

+ 예제 5-6 3상 교류 100[V]를 전파 정류시킬 때의 평균값은?

풀이 3상 전파 정류회로의 출력전압 $V_o = 1.35[\text{V}]$이므로 $V_o = 1.35 \times 100 = 135[\text{V}]$가 된다.

5.2 사이리스터의 제어 정류작용

5.2.1 사이리스터

(1) 사이리스터 구조

사이리스터(thyristor)의 대표적인 것으로 SCR(Silicon Controlled Rectifier)이 있다. SCR은 PNPN의 4층 구조로 된 사이리스터의 대표적인 소자로서 양극(anode), 음극(cathode) 및 게이트(gate)의 3개의 단자를 가지고 있다. 게이트에 흐르는 작은 전류로 큰 전력을 제어할 수 있다. 그 구조와 기호는 [그림 5-16]과 같다. 용도로는 교류의 위상 제어를 필요로 하는 조광장치, 전동기의 속도 제어에 사용된다.

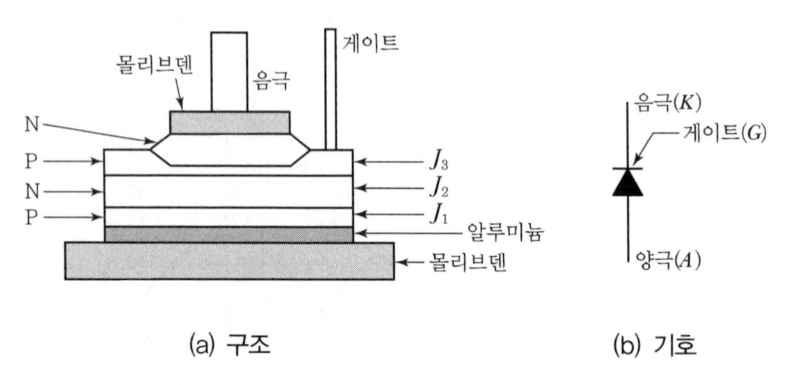

(a) 구조 (b) 기호

[그림 5-16] SCR의 구조와 기호

(2) 동작 원리

SCR의 동작 원리를 살펴보면 다음과 같다.

① [그림 5-17]에서 애노드 A에 (+), 캐소드 K에 (−)전위를 주면 중앙의 PN 접합부는 역바이어스가 되고 공핍층이 생겨서 SCR은 OFF(차단) 상태가 된다.

② 게이트 G에 I_G를 흘리면 공핍층이 얇아지고 I_G를 더욱 증가시키거나 V_G전압을 증가시키면 공핍층은 소멸되고 SCR은 ON 상태가 되어 전류(I)가 흐르게 된다.

③ SCR은 한 번 ON되면 I_G를 줄여도 OFF되지 않는다. 따라서 turn off시키기 위해서는 애노드에 흐르는 전류를 유지 전류 이하로 떨어뜨리거나, 역방향의 전압을 가해 주어야 한다.

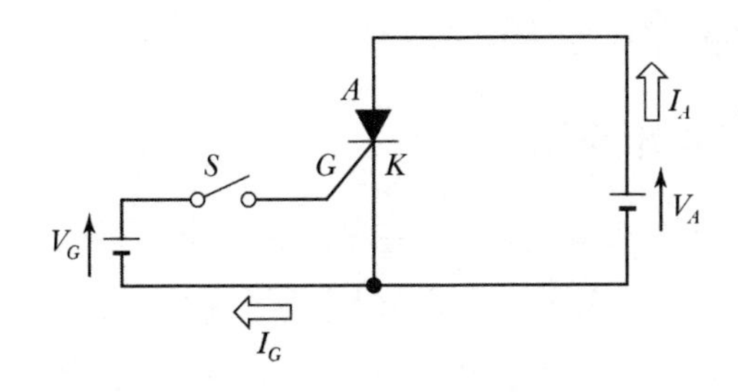

[그림 5-17] SCR 동작 원리

(3) 특성

[그림 5-18]에서 전압 V_F[V]를 증가시키면, [그림 5-19]와 같이 V_{B0}[V]에서 큰 전류 I_F[A]가 흐르고 통전 상태가 된다. 이 현상을 브레이크 오버(break over), V_{B0}를 브레이크 오버 전압이라고 하며 통전 상태가 되는 것을 턴온(turn on) 또는 점호라 하고 J_2 접합부의 절연성이 소멸된 상태이다.

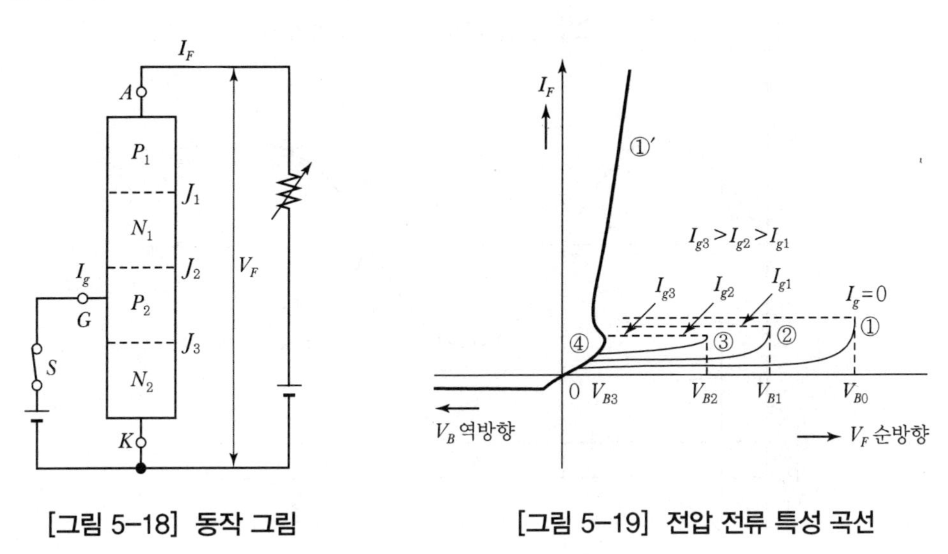

[그림 5-18] 동작 그림

[그림 5-19] 전압 전류 특성 곡선

사이리스터가 턴온하면 양극과 음극 간의 전압은 급격히 줄어들어 그림의 ①′로 이동하여 실리콘 다이오드의 순방향 전압 전류 특성과 같이 된다.

스위치를 닫고 일정한 게이트 전류를 흘려주어 크기를 증가시키면 곡선 ②, ③과 같이 브레이크 오버 전압이 저하된다.

사이리스터의 순방향 전류가 유지 전류 이하로 떨어지면 사이리스터는 더 이상 통전 상태를 유지할 수 없게 되어 순방향 저지 상태가 된다. 이것을 턴오프(turn off) 또는 소호라고 한다.

5.2.2 단상 위상제어 정류기

(1) 단상 반파 위상제어 정류기

정류회로에서는 DC부하를 교류전원으로 운전할 수 있지만 가변시킬 수는 없다. 그러므로 DC 모터와 속도제어나 가변전압을 요구하는 경우에는 교류에서 직류전압을 가변 할 수 있는 SCR을 이용하여 정류를 한다. 단상 반파 위상제어 정류기를 [그림 5-20]에 표시하고 동작파형을 [그림 5-21]에 나타낸다.

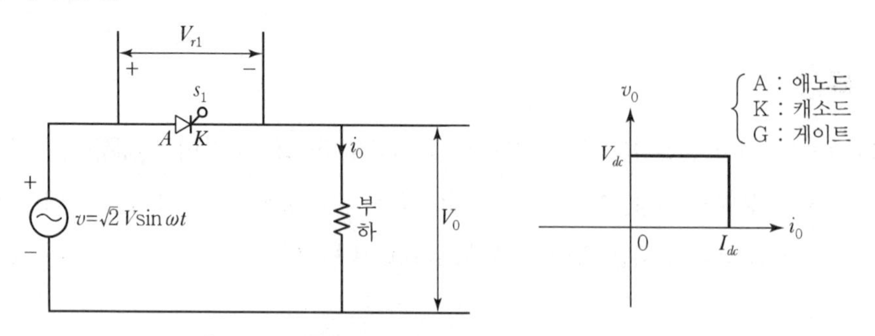

[그림 5-20] 단상 반파 위상제어 정류기

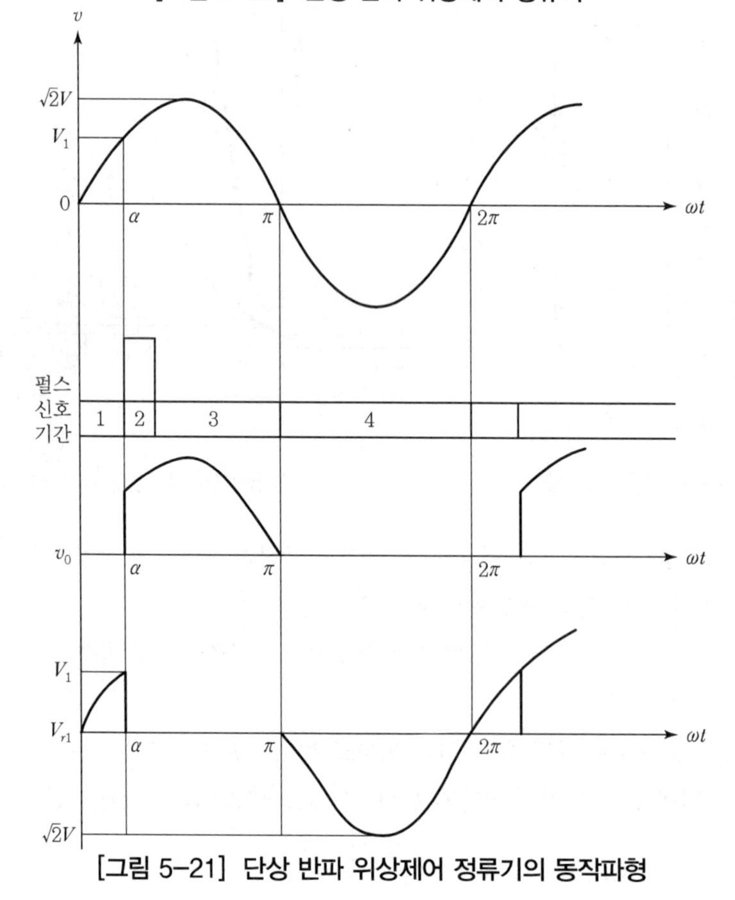

[그림 5-21] 단상 반파 위상제어 정류기의 동작파형

[그림 5-20] 회로는 정류회로의 다이오드를 SCR로 치환한 형태로서, SCR의 게이트에 게이트 신호를 흐르게 하기 위한 전자회로를 [그림 5-22]에 표시하며 게이트 회로의 회부 각부 파형은 [그림 5-23]에 나타낸다.

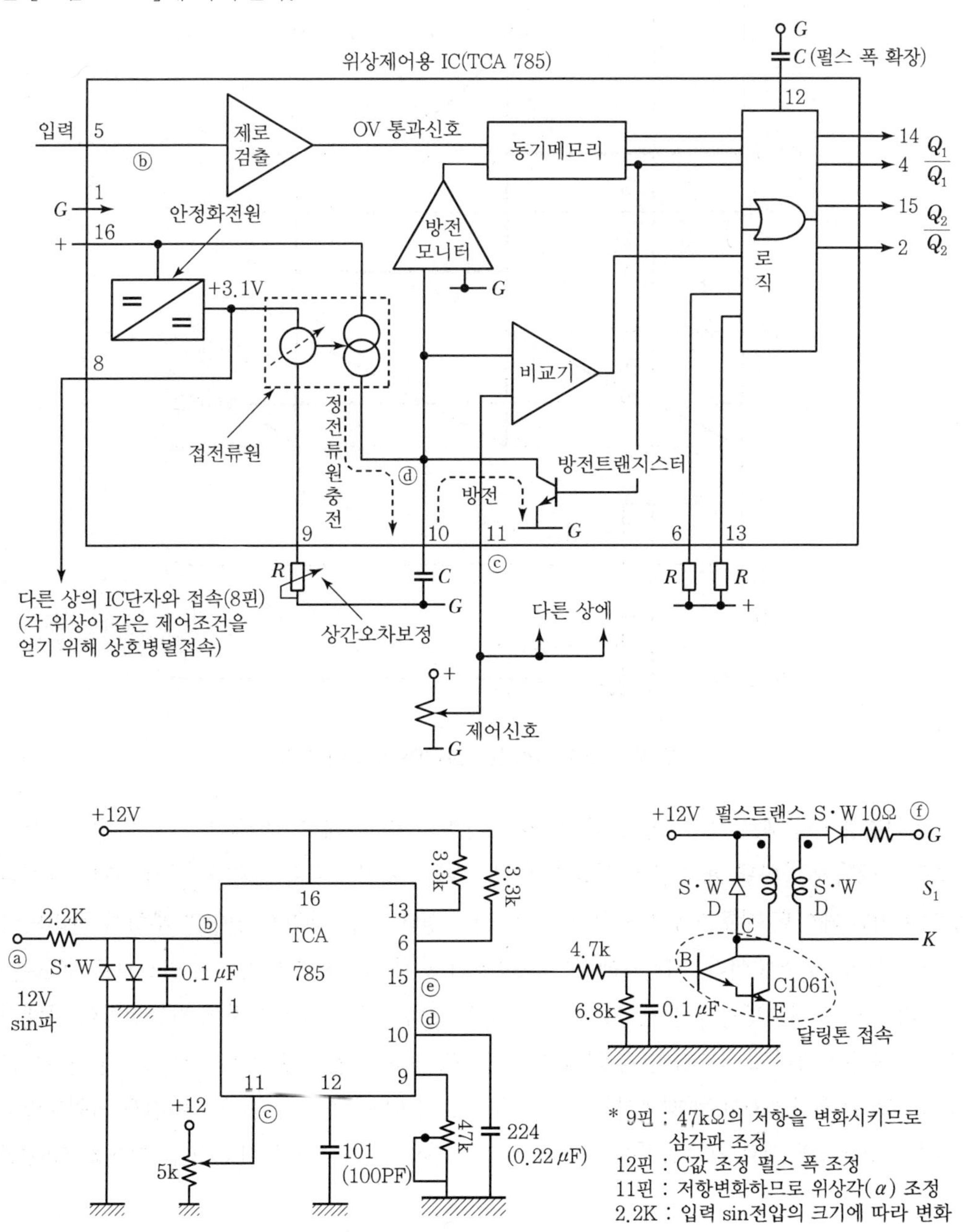

[그림 5-22] 게이트 회로

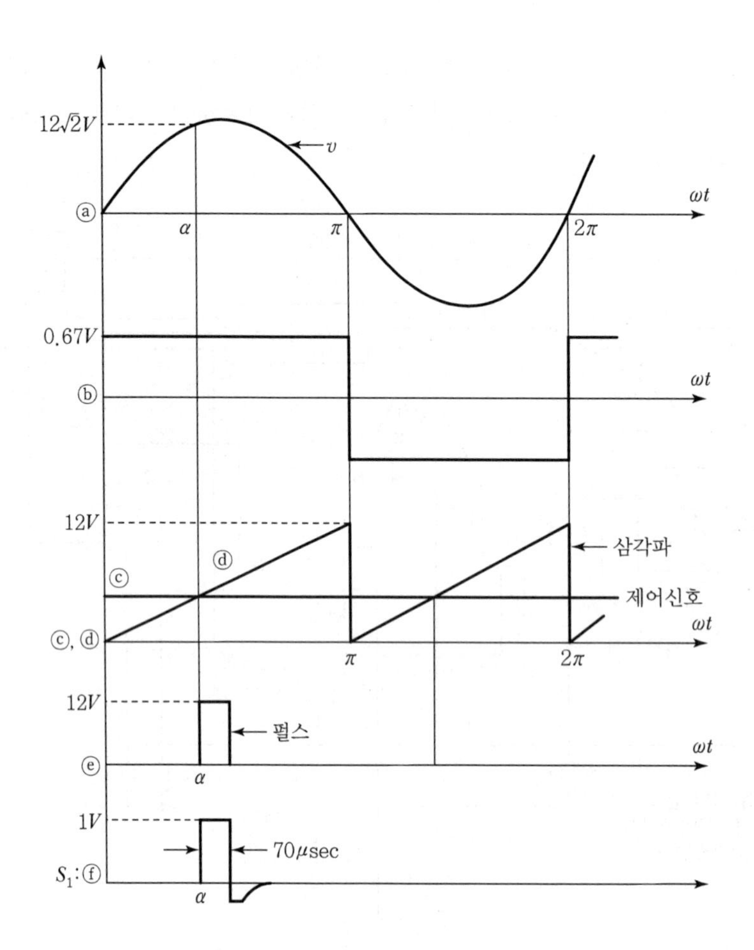

[그림 5-23] 게이트 신호와 각부의 파형

전원전압 v의 제로 크로즈점(교류전압이 0이 되는 시점)에서 α만큼 뒤져서 가해진다고 하면 [그림 5-21]에 나타낸 바와 같이 전원 1주기는 4개의 기간으로 구분된다. 먼저 기간 1에서는 순방향이지만 게이트 신호가 없으므로 SCR은 OFF 상태이다. 따라서 전원과 부하가 분리되어 있으므로 부하전압은 0이다. 기간 2에서는 순방향이고 게이트 신호가 가해져 있으므로 SCR은 ON 상태가 되어 다이오드와 동일 작용을 하여 전원과 부하가 연결되어 부하에 전원전압이 가해진다. 기간 3에서는 게이트 신호가 없게 되지만 일단 ON 상태로 된 SCR은 다이오드와 동일하므로 그곳을 흐르는 전류가 0이 될 때까지는 ON 상태를 유지한다. 따라서 부하는 여전히 전원전압이 인가된다. $\theta = \pi$의 제로 크로즈점에서 전류가 0이 되어 ON하고 있었던 SCR은 자연히 OFF된다.

기간 4는 전압이 역방향이므로 게이트 신호의 유무에 관계없이 전원과 분리된다. 이 결과 부하에 가해지는 전압파형은 정현파의 일부를 삭제한 모양의 파형이 된다. [그림 5-21]의 제로 크로즈점에서 게이트 신호가 나올 때까지의 각도 α를 점호각이라고 한다.

점호각 α와 부하평균전압 V_0의 관계를 구하면

$$V_0 = \frac{1}{2\pi}\int_{\alpha}^{\pi}\sqrt{2}\,V\sin\theta d\theta = \frac{\sqrt{2}\,V}{\pi}\cdot\frac{1+\cos\alpha}{2}$$

$$= 0.45\,V\cdot\frac{1+\cos\alpha}{2}[\mathrm{V}] \quad \cdots\cdots (5\text{-}10)$$

로 얻어진다. 이것을 도시한 것이 [그림 5-23]이다. 최대 전압 0.45[V]에서 0까지 범위의 전압제어가 될 수 있을 것과 연속적인 전압제어가 된다는 것을 알 수 있다. 이와 같이 출력전압의 일부를 삭제하여 전압의 제어를 행하는 방식을 위상 제어라 한다.

(2) 단상 전파 위상제어 정류기

단상 브리지 정류회로에는 혼합 브리지(hybrid bridge 또는 half bridge)와 대칭 브리지(symmetrical bridge 또는 full bridge)의 2종류가 있다. [그림 5-24], [그림 5-25]와 같이 2개의 다이오드와 2개의 SCR로 된 회로를 말한다. 대칭 브리지는 [그림 5-26]과 같이 4개 모두 SCR로 된 브리지를 말한다.

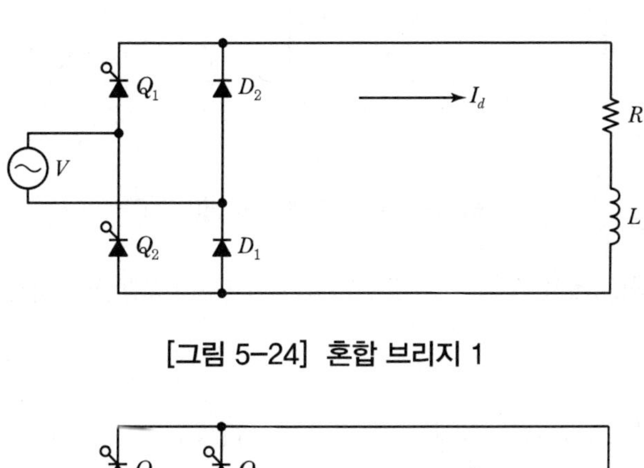

[그림 5-24] 혼합 브리지 1

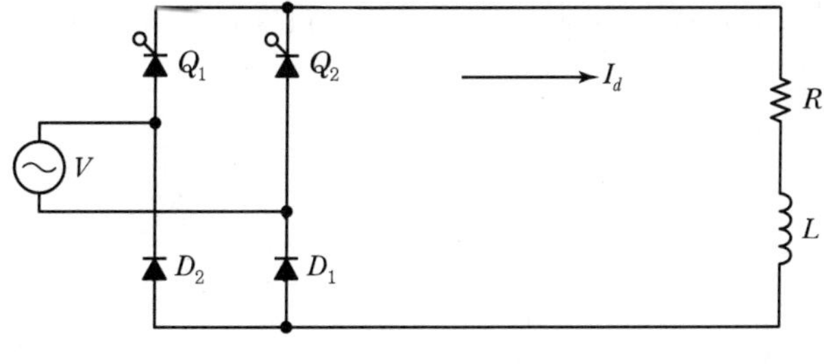

[그림 5-25] 혼합 브리지 2

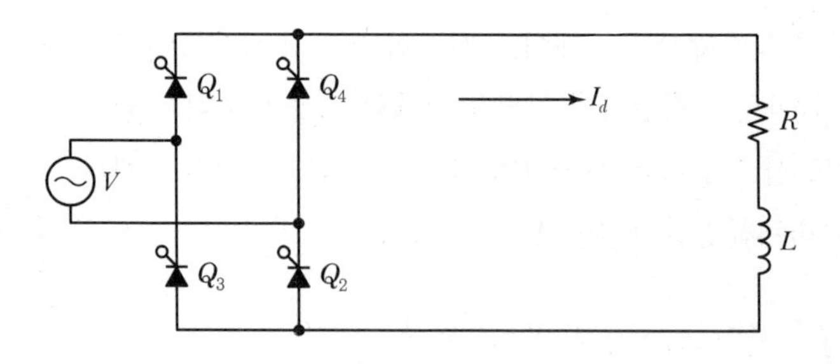

[그림 5-26] 대칭 브리지

[그림 5-26]과 같은 회로에서 $L=0$일 때 직류전압 V_D의 파형은 [그림 5-27]과 같고, θ가 $0<\theta<\alpha$인 기간 또 $\pi<\theta<\pi+\alpha$기간에서는 $I_d=0$이 되고 그때의 전압의 평균치는 다음과 같다.

$$V_D=\frac{1}{2\pi}\cdot\int_0^{2\pi}V\cdot d\theta=\frac{1}{\pi}\int_0^{\pi}V\cdot d\theta=\frac{2\sqrt{2}\,V}{\pi}\cdot\frac{1+\cos\alpha}{2}$$

$$=0.9\,V\cdot\frac{1+\cos\alpha}{2}[\mathrm{V}] \quad \cdots\cdots (5\text{-}11)$$

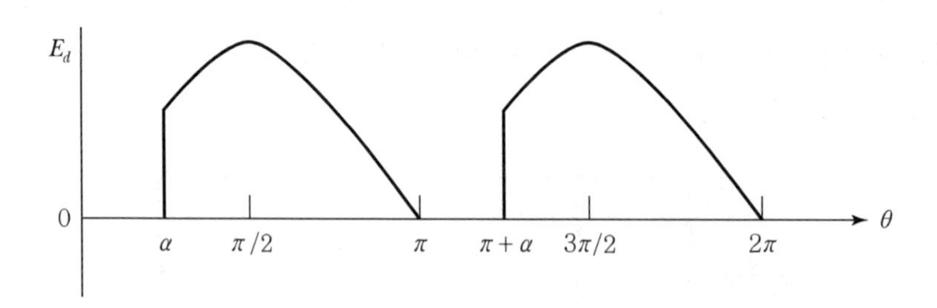

[그림 5-27] R 부하의 파형(L = 0)

[그림 5-26]의 회로에서 $L=\infty$일 경우 V_D의 파형은 [그림 5-28]과 같다. 이때의 직류 평균값 V_D는

$$V_D=\frac{1}{2\pi}\cdot\int_0^{2\pi}V\cdot d\theta=\frac{1}{\pi}\int_0^{\pi\alpha}V\cdot d\theta=0.9\,V\cdot\cos\alpha \quad \cdots\cdots (5\text{-}12)$$

L에 걸리는 전압의 평균치는 '0'이 되므로 V_D는 저항 R에 걸리는 전압의 평균값이 된다. 그리고 $L = \infty$ 일 때 전류는 완전 평활된 직류가 된다.

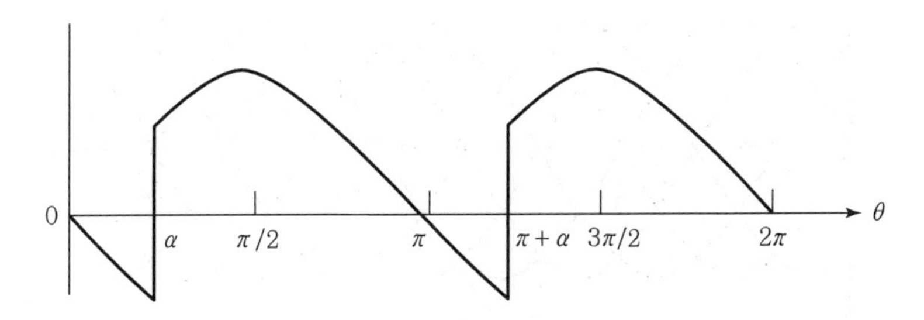

[그림 5-28] R + L 부하의 파형 (L = ∞)

5.2.3 3상 전파 위상제어 정류기

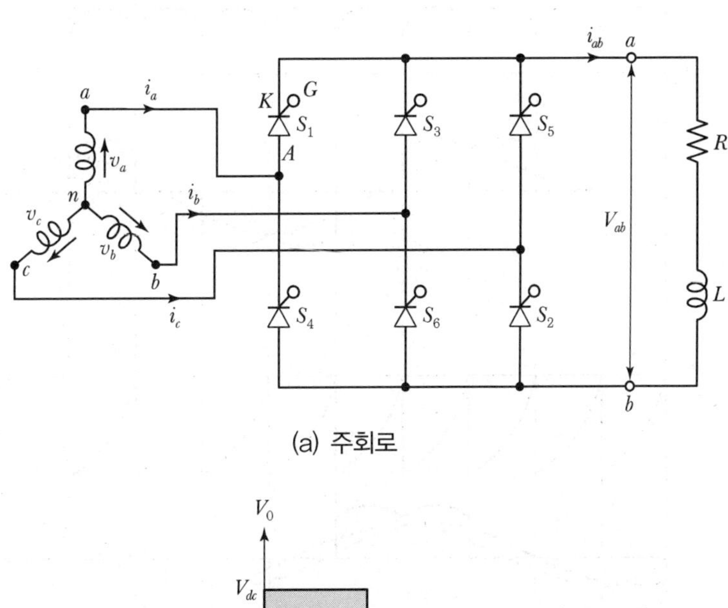

(a) 주회로

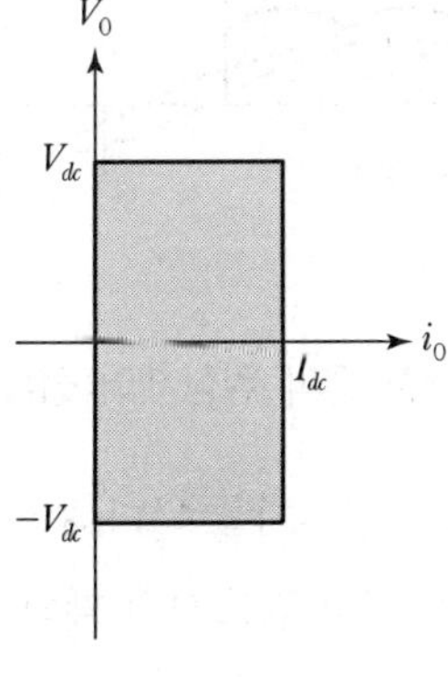

(b) 동작영역

[그림 5-29] 3상 전파 위상제어 정류기

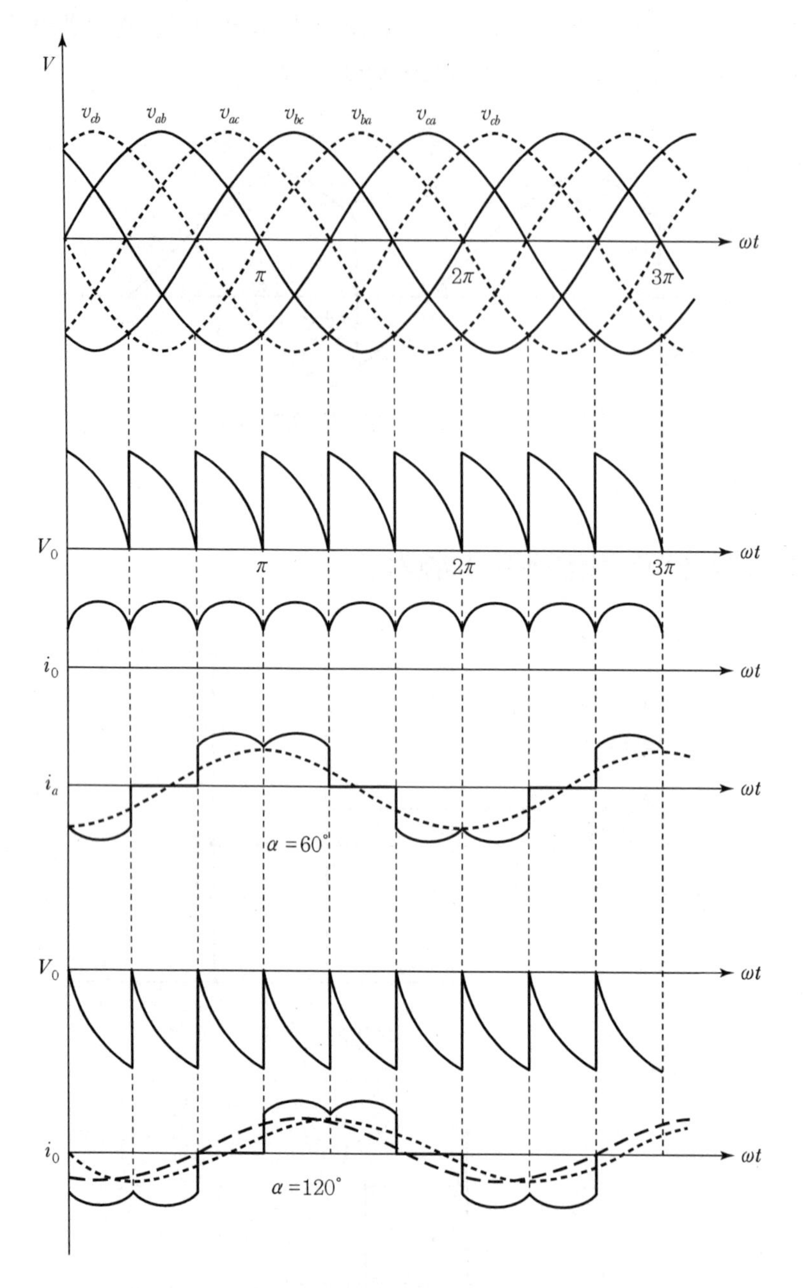

[그림 5-30] 3상 전파 위상제어 정류기의 동작파형

[그림 5-29]는 3상 전파 위상제어 정류기를 나타내며 그에 따른 동작파형을 [그림 5-30]에 나타낸다. 즉, SCR의 점호각 $\alpha=60°$에서 점호시킬 때와 $\alpha=90°$, $\alpha=120°$에서 점호시킬 때의 각각 전압 · 전류파형을 나타내었다.

출력단자전압의 리플(ripple)은 6개의 SCR 각각의 게이트 신호에 의하여 부하전류의 펄스가 만들어짐으로써 주기당 6펄스이다. 여기서 3상 컨버터의 동작을 살펴보면 SCR의 번호는 동작순서대로 정한 것이다.

$wt = \frac{\pi}{6} + \alpha$에서 S_6은 이미 도통이 되어 있고, S_1이 도통하면 $(\frac{\pi}{6} + \alpha) < wt < (\frac{\pi}{6} + \alpha + \frac{\pi}{3})$인 구간 동안에 S_1과 S_6이 도통되고, 선간전압 $V_{ab}(= V_a - V_b)$은 a상과 b상이 연결되어 출력전압 V_{ab}가 된다.

$\omega t = \frac{\pi}{2} + \alpha$에서는 S_2가 점호되며, 즉시 S_6가 역바이어스되어 자연 전류에 의해 턴 OFF된다. 다음 $[\frac{\pi}{2} + \alpha \le \omega t \le (\frac{5\pi}{6} + \alpha)]$ 기간 동안은 S_1, S_2가 도통하고 출력전압은 $V_0 = v_{AC}$로 나타난다. SCR의 순서가 [그림 5-29]와 같이 연결되어 있으면 점호순서는 S_1S_2, S_2S_3, S_3S_4, S_4S_5, S_5S_6 그리고 S_6S_1으로 도통된다. 이 과정이 매 60°마다 SCR의 점호를 반복한다.

출력전압 V_{ab}는 [그림 5-30]에 나타낸 바와 같이 점호각 $\alpha = 120°$일 때는 부(-)로 이것은 컨버터의 인버터의 동작모드이다. 만약 전동기 부하를 사용하였을 경우 전동기 전압을 역접속이나, 여자전류의 역접속에 의하여 역으로 한다면, 전력은 전동기로부터 AC 전원이 역으로 공급시킬 수 있다. 이것을 보통 회생(regeneration)이라 한다. 전동기 속도는 전력귀환 때문에 서서히 감소하기 때문에 컨버터의 점호각은 전류가 증가하도록, 전력회생할 수 있도록 조절되어야만 한다.

이때 점호가 α에 따른 출력전압의 평균값 V_{ab}를 구하면

$$V_{ab} = V_d = \frac{\pi}{3} \int_{\frac{\pi}{6}+\alpha}^{\frac{\pi}{2}+\alpha} v_{ab} d(\omega t)$$

$$= \frac{\pi}{3} \int_{\frac{\pi}{6}+\alpha}^{\frac{\pi}{2}+\alpha} [\sqrt{2}\, V \sin\omega t - \sqrt{2}\, V \sin(\omega t - \frac{2}{3}\pi)] d(\omega t)$$

$$= \frac{3\sqrt{2}\, V}{\pi} \cos\alpha [\mathrm{V}] \quad \cdots\cdots (5\text{-}13)$$

5.3 교류전력 제어회로

5.3.1 단상 교류전력 제어회로

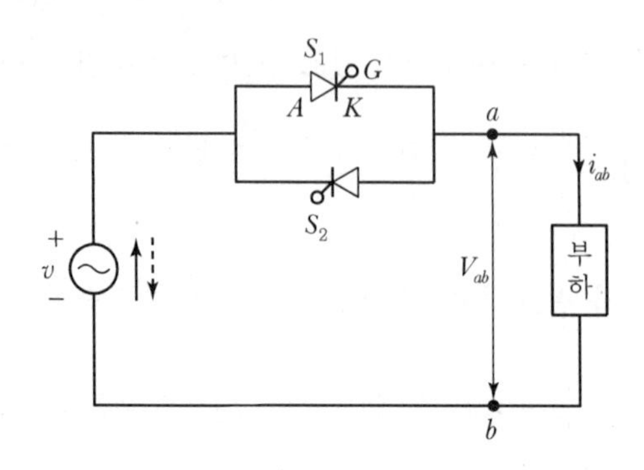

[그림 5-31] 단상 SCR 교류 스위치

[그림 5-31]은 저항부하 시 SCR을 사용한 교류전압 제어회로이다. 그림에서 보는 바와 같이 역병렬로 SCR을 접속하였으며 게이트 신호회로는 전원전압 v의 제로 크로스점에서 α만큼 뒤진 시점에서 S_1을 그보다 반주기 늦게 S_2를 동시에 신호를 준다. 이 회로 동작은 단상반파 위상정류기를 참고로 하면 좋다. [그림 5-31]에서 전원의 극성이 실선면 S_1은 순바이어스이므로 ON하여 다이오드로 전환하며 S_2는 역바이어스이므로 OFF한 그대로이다. 이와 같은 $\theta=\alpha$에서 $\theta=\pi$까지는 S_1에 의해 전원과 부하가 접속된다. $\theta=\pi$에서 SCR의 전류가 0이 되므로 그때까지 ON이었던 S_1이 OFF하고 전원과 부하는 재차 분리된다. 다음에 계속하여 $\theta=\pi+\alpha$에서 게이트 신호가 가해지면 이때에는 전원의 극성이 [그림 5-31]의 점선방향이므로 S_2가 ON하고 $\theta=2\pi$에서 OFF한다.

이와 같은 조작을 반복하여 출력파형은 [그림 5-32] (a)와 같다. 입력 측 전압을 가변하는 경우에는 (b)와 같이 전압을 내리는 데에 따라서 파형의 크기는 변함이 없고 결손부가 크게 되어 전압을 내리는 작용을 하는 것을 알 수가 있다. 이와 같은 전압의 제어법을 위상제어라 부른다. 그러나 실제로 모터는 철심에 코일을 감아 만들었기 때문에 코일은 전기회로적으로는 [그림 5-33]과 같이 저항 R, 인덕턴스 L의 직렬회로라고 생각할 수 있으므로 [그림 5-31]에 R-L 부하를 사용하는 경우 [그림 5-33]과 같이 된다. [그림 5-34]에서 $\theta=\alpha$인 경우 S_1, S_2의 양 SCR에 게이트 신호를 가하면 S_1이 ON이 되어 다이오드로 전환된다.

전류 i_L이 전원에서 부하로 흐르면 저항부하와는 달리 인덕턴스 부하이므로 전류의 입상이 억제되어 입하가 연장된다. 이러한 현상은 정류회로에서 설명한 바와 같이 모두 동일하다. 그리고 그 결과는 $\theta=\pi$에서 전류 i_L이 0이 되지 않고(순저항 부하라면 $\theta=\pi$에서 전압이 0, 전류도 0이 된다) 부하전류가 0이 되려면 $\theta=\pi$보다 뒤진 $\theta=\beta$ 시점이다(이 β를 소호각이라 한다).

즉, S_1은 $\theta=\alpha$에서 $\theta=\beta$까지 ON이므로 이 사이의 부하전압은 전원전압과 동일하다. 계속하여 $\theta=\pi+\alpha$에서 양 SCR에 게이트 신호가 들어오면 이번에는 S_2가 ON으로 전환하여 다이오드가 되고 전과 동일한 동작을 반복한다. 그러면 전류가 0이 되는 시점이 π에서 β로 뒤지는 것은 인덕턴스에 의한 것이며 동일한 전원에서 점호각 α나 저항 R도 동일한 값이 그대로이고 인덕턴스를 크게 하면 그 작용이 현저하게 되어 전류의 소호각 β가 크게 된다.

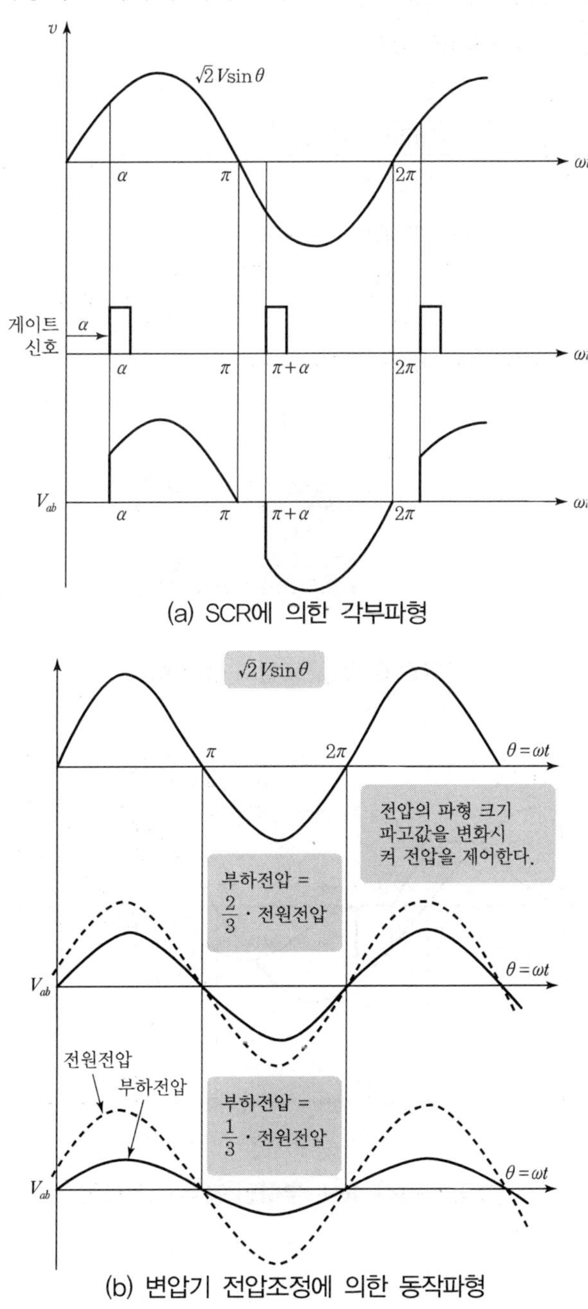

[그림 5-32] 단상 SCR 교류 스위치의 각부 파형

동일 점호각이라도 부하전압의 크기가 다르게 된다. 교류전압의 크기는 실횻값으로 나타내며 계산식은 아래와 같다.

$$V_{rms} = \sqrt{\frac{1}{2\pi}\int_{0}^{2\pi} V_i^2 \, d(\omega t)} = \sqrt{\frac{1}{\pi}\int_{\alpha}^{\beta} V_i^2 \, d(\omega t)}$$

$$= \sqrt{\frac{1}{\pi}\int_{\alpha}^{\beta} (\sqrt{2}\, V\sin\theta)^2 \, d\theta}$$

$$= V\sqrt{\frac{1}{\pi}\left\{(\beta-\alpha) + \frac{\sin 2\alpha - \sin 2\beta}{2}\right\}} [\mathrm{V}] \quad \cdots\cdots (5\text{-}14)$$

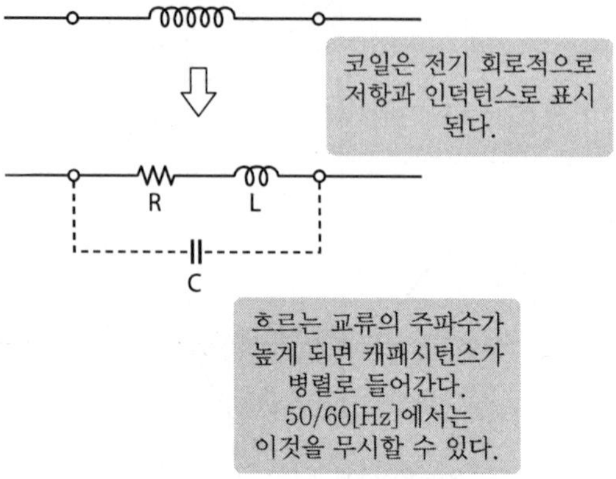

코일은 전기 회로적으로 저항과 인덕턴스로 표시 된다.
R
L
C
흐르는 교류의 주파수가 높게 되면 캐패시턴스가 병렬로 들어간다. 50/60[Hz]에서는 이것을 무시할 수 있다.

[그림 5-33] 코일의 등가회로

꼬리가 나온다.
인덕턴스의 자기 유도 작용으로 인하여 전류 파형이 찌그러진다.
v_s
v_{ab}
i_{ab}
β
$\pi+\alpha$
2π
$\theta=\omega t$
i_L
α
i_G

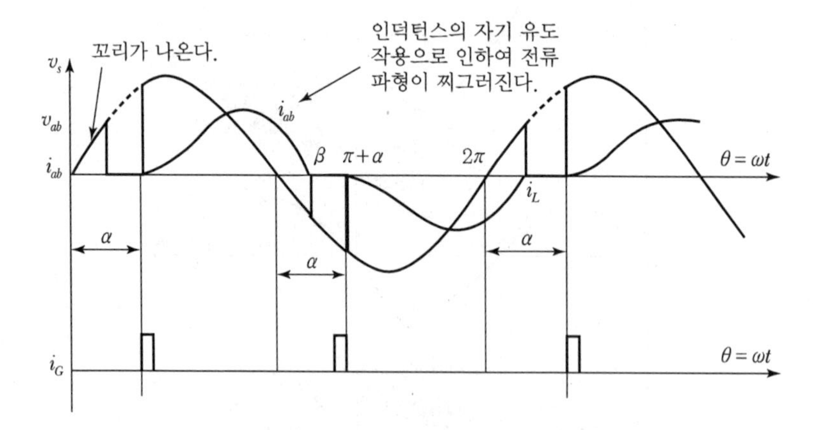

[그림 5-34] R-L 부하인 경우 동작파형

게이트 회로는 [그림 5-35]에 나타내고 게이트 회로 파형을 [그림 5-36]에 나타내었다.

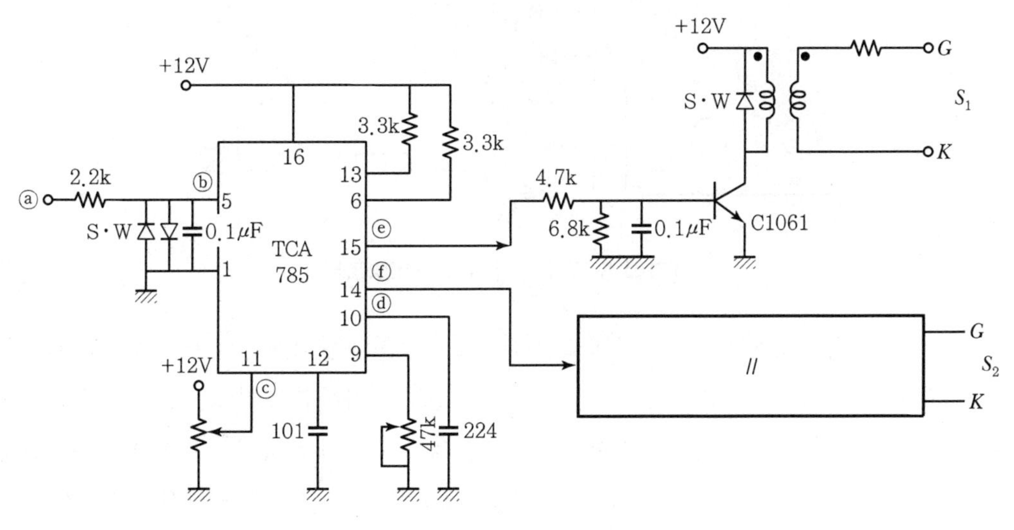

[그림 5-35] 게이트 회로

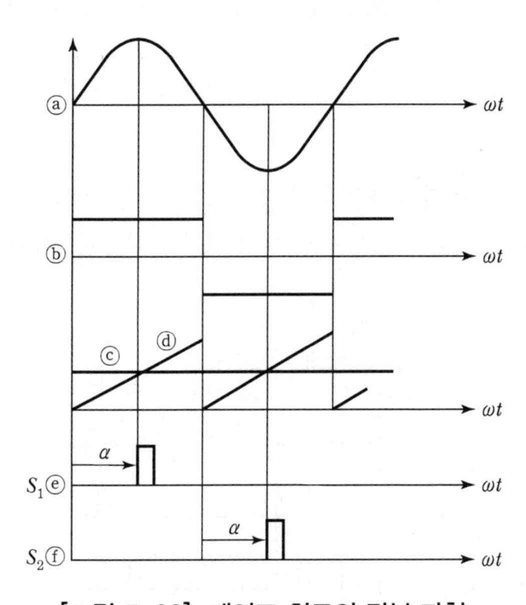

[그림 5-36] 게이트 회로의 각부 파형

5.3.2 3상 교류 전력 제어회로

(1) 저항부하

[그림 5-37]은 3상 교류 전압제어 주 회로이고 [그림 5-38]은 각 SCR의 게이트 펄스의 위상 관계, 즉 점호순서를 표시한 것이다.

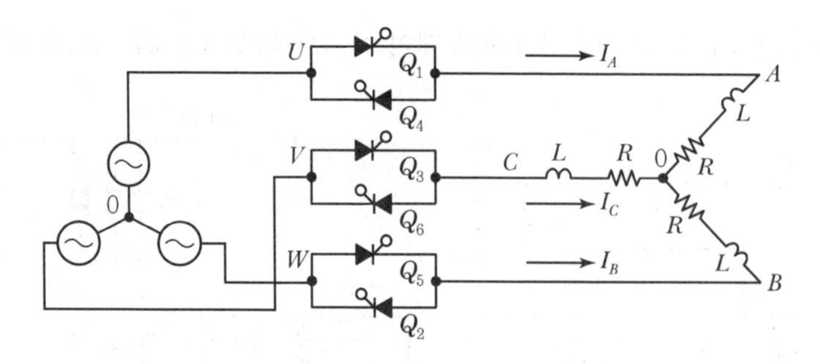

[그림 5-37] 3상 교류 전력제어

먼저 Q_1과 Q_4에 동시에 게이트 신호를 가하면 3상 부하에는 A상에서 B상으로 전류가 흐르고, 그 다음 60° 늦는 위상에서 Q_1과 Q_6에 게이트 신호를 가하면 부하에는 A상에서 C상으로 전류가 흐른다. 이보다 60° 늦은 위상에서 Q_3와 Q_6를 점호하면 B상에서 C상으로, 또 그 다음은 B상에서 A상으로, C상에서 A상으로, C상에서 B상으로, 그리고 또 A상에서 B상으로 전류가 흐른다.

이상과 같이 3상 교류 전압을 SCR로 제어할 수 있다. 제어되는 부하전압은 평형 대칭이고 가변범위는 0～100[%]이다.

(2) 게이트 펄스

[그림 5-38]은 3상 교류를 제어하기 위한 게이트 신호로, 각 사이리스터에 대해 60° 간격으로 게이트 펄스를 표시하였으나 60°+ t의 넓은 폭의 게이트 신호를 가하면 매주기 1개의 게이트 신호로도 제어가 가능하다.

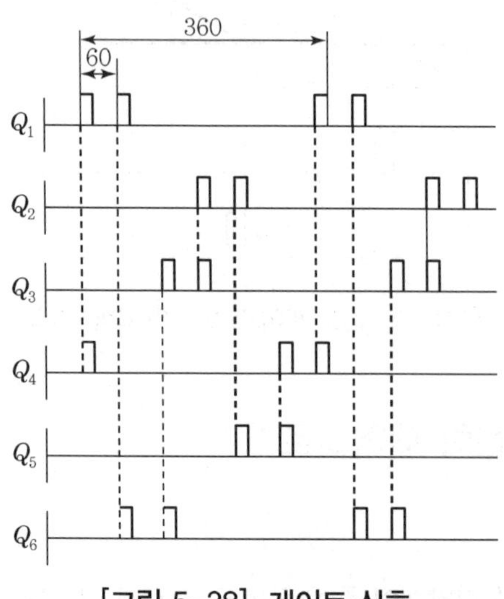

[그림 5-38] 게이트 신호

이밖에 SCR의 역병렬 접속회로 외에 TRAIC을 사용하여 3상 교류 전력제어를 구성할 수도 있다. 또 [그림 5-37]에서 SCR Q_2, Q_4, Q_6 대신 정류 다이오드를 사용하여 반 사이클 동안만 위상제어를 할 수도 있다. 이때는 출력전압이 비대칭이므로 전동기, 변압기 등의 자기회로를 가지는 부하회로에는 사용할 수 없고 조명, 전열 등의 저항부하에만 사용할 수 있다. 이때의 게이트 펄스는 매주기에 1개로 되고 120° 간격이 된다.

5.4 초퍼회로

5.4.1 체강 초퍼회로

초퍼 회로란 CHOP의 어원으로 자르다라는 개념이다. 즉, 일정한 입력전압을 초퍼하므로 부하전압을 가변하는 DC-DC변환을 의미한다. 통상 초퍼 방식은 구동용인 체강 초퍼방식과 체승 초퍼방식의 2가지로 나눌 수 있다.

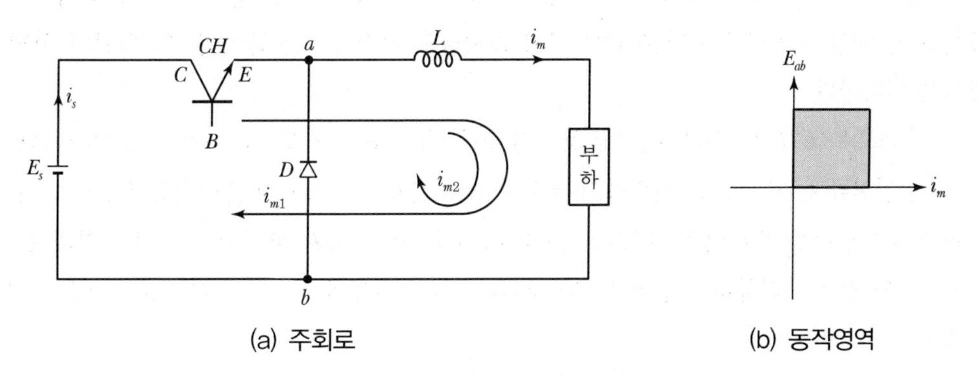

(a) 주회로 (b) 동작영역

[그림 5-39] 체강 초퍼회로

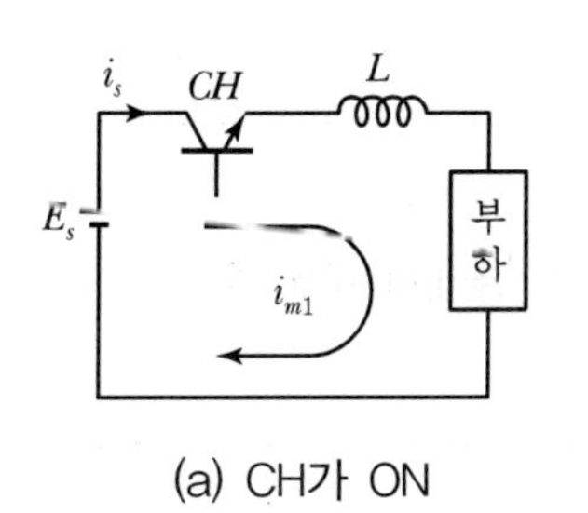

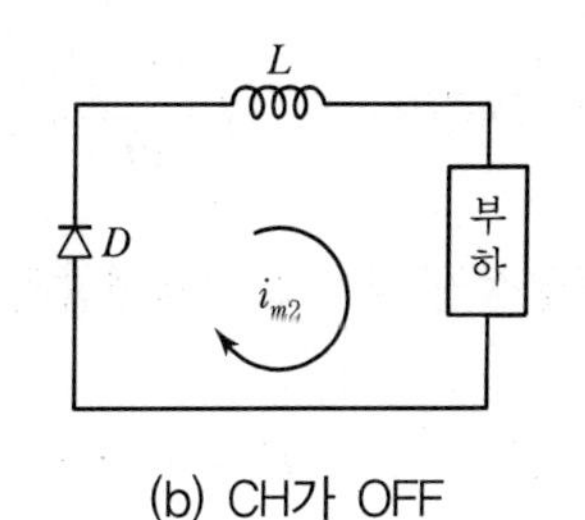

(a) CH가 ON (b) CH가 OFF

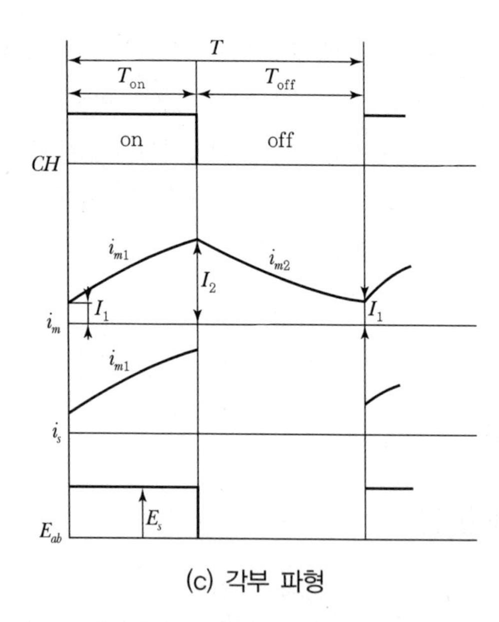

(c) 각부 파형

[그림 5-40] 체강 초퍼회로의 등가회로 및 각부 파형

[그림 5-39]는 체강 초퍼회로의 주 회로를 나타내고 [그림 5-40]은 등가회로 및 각부 파형을 표시한다. 체강 초퍼회로는 다른 말로 강압 초퍼라고 하며 출력전압이 입력전압보다 적게 하는 방식을 의미한다.

먼저 초프부 CH가 ON하면 [그림 5-40] (a)와 같이 $E_s - CH - L -$부하$- E_s$의 경로로 전류 i_{m1}(+전원전류 i_s)가 흐르고 전원에서 부하 측으로 전압이 인가되어 출력전압 $E_{ab} = E_s$가 된다. 다음에 초프부 CH가 OFF하면 [그림 5-40] (b)와 같이 LDP 축적된 에너지에 의해 $L-$부하$- D - L$의 경로로 환류하여 전류 i_{m2}가 흐른다. 이 회로에서 초프부 CH ON · OFF 시의 전압 방정식을 세우면

$$CH\text{가 ON일 때}: L\frac{d_{im1}}{dt} + R_{im1} = E_s - E_m \quad \cdots\cdots (5\text{-}15)$$

$$CH\text{가 OFF일 때}: L\frac{D_{im2}}{dt} + R_{im2} = - E_n \quad \cdots\cdots (5\text{-}16)$$

이 되면 이상적인 경우로 입력전압과 출력전압의 관계를 구하면

$$E_m = E_s \cdot \frac{t_{on}}{T} = E_s \cdot \alpha \quad \cdots\cdots (5\text{-}17)$$

이 된다.

여기서, E_m : 출력전압, E_s : 입력전압

$T = t_{on} + t_{off}$: 초퍼 주기

t_{on} : ON 시간

t_{off} : OFF 시간

$\alpha = \dfrac{t_{on}}{T}$: 시비율

따라서 시비율 α를 0~1까지 변환할 수 있으며 초프부를 동작시키기 위한 트랜지스터의 식 (5-17)에서 알 수 있듯이 시비율 α를 변화시키므로 출력전압 E_m이 0에서 E_s까지 변화됨을 알 수 있다.

다음에 R을 고려하여 식 (5-15), (5-16)과 [그림 5-40] (c)로부터 전동기 전류의 맥동분과 평균값 전류의 관계를 알아보면 다음과 같다.

$$I_1 = \frac{E_s}{R}\left(\frac{e^{-\rho(1-\alpha)} - e^{-\rho}}{1 - e^{-\rho}} - \xi\right) \quad \text{(5-18)}$$

$$I_2 = \frac{E_s}{R}\left(\frac{1 - e^{-\rho\alpha}}{1 - e^{-\rho}} - \xi\right) \quad \text{(5-19)}$$

여기서, $\tau = \dfrac{L}{R}$(시정수), $\rho = \dfrac{T}{\tau}$(평활계수), $\xi = \dfrac{E_m}{E_s}$(전압비)이다.

먼저 [그림 5-40] (c)를 참고로 해서 전류가 연속하는 범위를 알아보면 $I_1 \geq 0$이므로

$$\xi \leq \frac{e^{-\rho(1-\alpha)} - e^{-\rho}}{1 - e^{-\rho}} \quad \text{(5-20)}$$

가 된다. 이때 전동기전류 i_m가 연속일 때 맥동분 $\Delta I = I_2 - I_1$은 식 (5-18), (5-19)에서

$$\Delta I = \frac{E_s}{R}\left\{\frac{(1 - \rho^{-\rho\alpha})(1 - e^{-\rho(1-\alpha)})}{1 - e^{-\rho}}\right\} \quad \text{(5-21)}$$

또한 전동기전류 i_m의 평균치 I_m은

$$I_m = \frac{E_s}{R}(\alpha - \xi) \quad \text{(5-22)}$$

을 구할 수 있다.

5.4.2 체승 초퍼회로

체승 초퍼회로는 다른 말로 승압 초퍼라고 하며 높은 출력전압을 요구하는 경우에 사용된다.

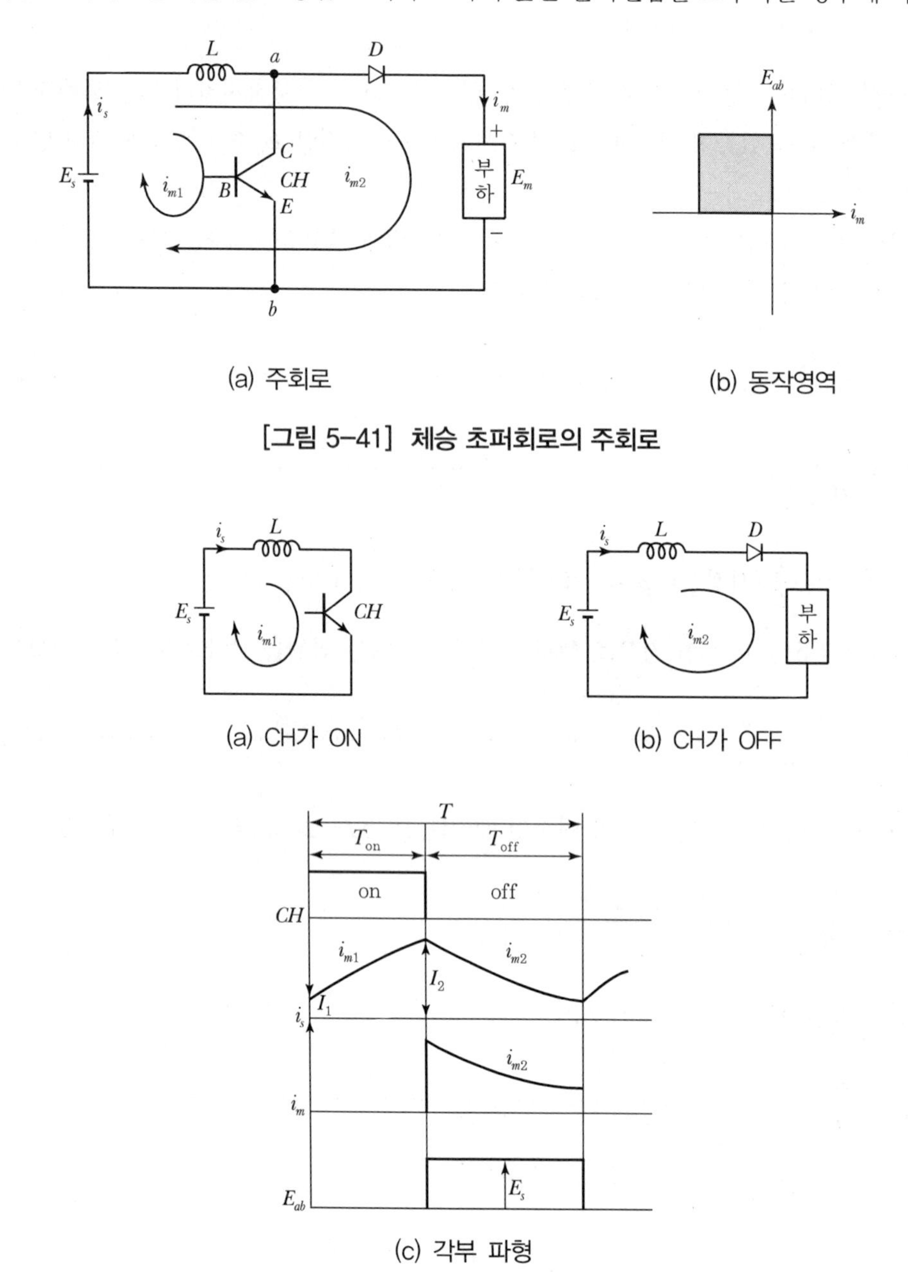

[그림 5-41] 체승 초퍼회로의 주회로

[그림 5-42] 체승 초퍼회로의 등가회로 및 각부 파형

[그림 5-41]은 체승 초퍼 회로의 주회로를 나타내고 [그림 5-42]는 등가회로 및 동작파형을 표시한다. 먼저 초프부 CH를 ON하면 $E_s - L - CH - E_s$의 경로를 전류 i_{m1}이 흘러 L에너지가

축적된다. 다음에 초프부 CH가 OFF하면 L에 축적된 에너지와 E_s가 직렬 연결되어 부하 측으로 전류 i_{m2}가 흐른다.

이 회로에서 초프부의 ON · OFF 시의 전압방식은

$$CH\text{가 ON하는 경우 : } L\frac{di_{m1}}{dt}+Ri_{m1}=E_s \quad \cdots\cdots (5\text{-}23)$$

$$CH\text{가 OFF하는 경우 : } L\frac{di_{m2}}{dt}+Ri_{m2}=E_s-E_m \quad \cdots\cdots (5\text{-}24)$$

이 되며, $R=0$인 경우 입력전압 E_s와 출력전압 E_m과의 관계를 구하면

$$E_m=\frac{E_s}{1-\alpha} \quad \cdots\cdots (5\text{-}25)$$

이 된다.

따라서 시비율 α가 $0<\alpha<1$의 범위로 변화함에 따라 입력전압보다 큰 출력전압을 얻을 수 있다. 따라서 $0 \leqq E_m \leqq E_s$의 영역에서 회생제어가 가능하다. 다음에 인덕턴스에 포함되어 있는 R을 고려하면 식 (5-23), (5-24)와 [그림 5-42] (c)로 발전기 전류의 맥동분과 평균값의 관계를 알아보면 다음과 같다.

$$I_1=\frac{E_s}{R}\left(\xi-\frac{1-e^{-\rho(1-\rho)}}{1-e^{-\rho}}\right) \quad \cdots\cdots (5\text{-}26)$$

$$I_2=\frac{E_s}{R}\left(\xi-\frac{e^{-\rho\alpha}-e^{-\rho}}{1-e^{-\rho}}\right) \quad \cdots\cdots (5\text{-}27)$$

[그림 5-42] (c)를 참고로 해서 전류가 연속하는 범위를 알아보면 $I_1 \geqq 0$이므로

$$\xi \geqq \frac{1-e^{-\rho(1-\alpha)}}{1-e^{-\rho}} \quad \cdots\cdots (5\text{-}28)$$

가 된다. 이때 발전기 전류 i_m이 연속일 때, 맥동분 $\triangle I=I_2-I_1$은 식 (5-26), (5-27)에서

$$\triangle I=\frac{E_s}{R}\frac{(1-e^{\rho\alpha})(1 \quad e^{-\rho(1-\alpha)})}{1-e^{-\rho}} \quad \cdots\cdots (5\text{-}29)$$

또한 발전기 전류 i_m의 평균값 I_m은

$$I_m=\frac{E_s}{R}(\xi+\alpha-1) \quad \cdots\cdots (5\text{-}30)$$

으로 구해진다.

5.5 인버터

5.5.1 인버터 원리

교류를 직류로 변환시키는 장치를 정류기 또는 순변환장치라 하고, 직류를 교류로 변환하는 장치를 인버터(inverter) 또는 역변환장치라 한다.

[그림 5-43]은 인버터의 원리를 나타낸 것이다. $t=t_0$에서 스위치 SW_1과 SW_2'를 동시에 ON하면 a점의 전위가 +로 되어 a점에서 b점으로 전류가 흐르고, $t=\frac{T}{2}$에서 SW_1, SW_2'를 OFF하고 SW_2, SW_1'를 ON하면 b점의 전위가 +로 되어 b점에서 a점으로 전류가 흐르게 된다. 이러한 동작을 주기 T마다 반복하면 부하 저항에 걸리는 전압은 그림 (b)와 같은 직사각형파 교류를 얻을 수 있다.

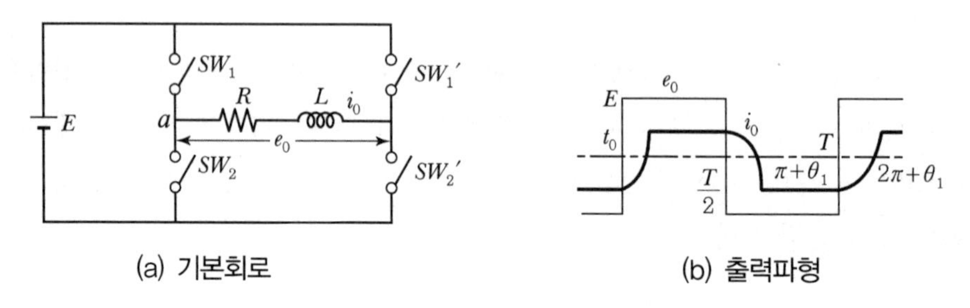

(a) 기본회로 (b) 출력파형

[그림 5-43] 인버터의 원리

5.5.2 단상 인버터

[그림 5-44]의 (a)는 단상 인버터회로로서 T_1, T_4와 T_2, T_4를 주기적으로 ON시켜 주면 부하에는 방형파(직사각형파)의 교류 전압이 걸리게 된다.

부하가 R, L 부하일 때 전류는 그림 (b)의 i_0와 같이 된다. T_1, T_4가 ON되는 시각 t_0부터 부하 전류는 인덕턴스 L로 인하여 음(−)에서 상승하게 된다.

시간이 t_1에 이르러서 부하 전류가 양(+)이 되는데, 이때까지의 음(−)의 전류는 T_1으로 흐를 수 없고, T_1과 역병렬로 연결된 다이오드 D_1을 통하여 흐르게 된다.

즉, T_1은 t_1까지는 외부에서 ON시켜 놓아도 ON 상태로 들어가지 못하고, t_1에서 비로소 ON 상태에 들어간다. 이때, 다이오드 D_1은 OFF 상태로 된다.

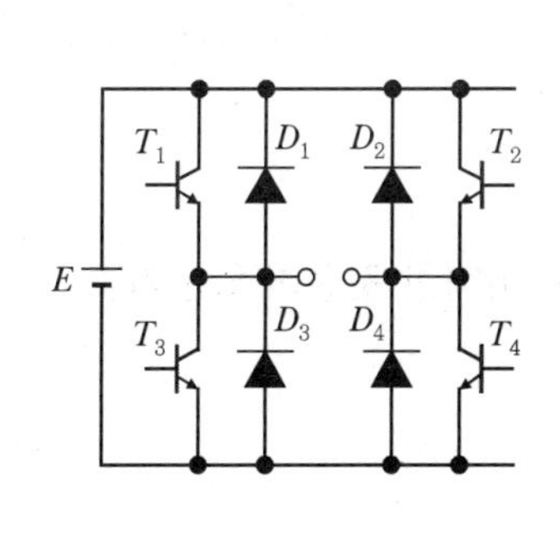

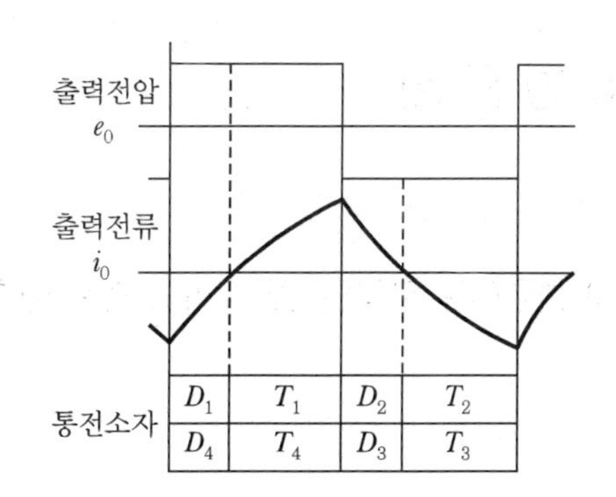

(a) 단상 인버터회로　　　(b) 출력전압, 전류 및 통전 소자

[그림 5-44] 단상 인버터

5.5.3 3상 인버터

3상 교류에서 직류를 얻을 수 있듯이, 이를 역으로 전력 변환하면 직류에서도 3상 교류를 얻을 수 있다. 3상 인버터에는 전압형과 전류형이 있다.

전압형 인버터는 직류를 전압원으로 하는 인버터이며, 직류 측에 용량이 큰 인덕터를 연결함으로써 직류 측에 흐르는 전류를 일정하게 만들어 교류 측에서 본 직류 측이 마치 전류원처럼 보이도록 설계한 것이 전류형 인버터이다.

[그림 5-45] 회로에서 트랜지스터를 T_1, T_2, T_3, T_4, T_5, T_6 순으로 점호를 해 주면 출력으로 교류를 얻을 수 있다.

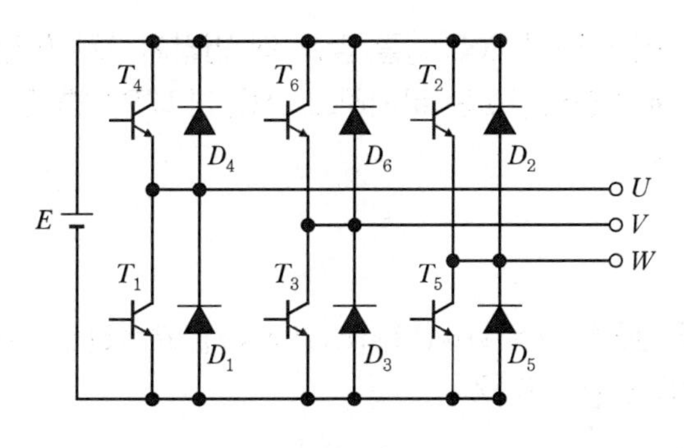

[그림 5-45] 3상 인버터

익힘문제

1 전력 변환이란 무엇인가? 그리고 전력 변환장치로는 어떠한 것들이 있는가?

2 전력용 반도체 소자라 하는 것은 어떠한 성질의 것이며, 어떠한 것들이 있는가?

3 정류기를 사용하는 곳에 대해 설명하여라.

4 단상 반파 정류회로로 직류 전압 100[V]를 얻으려면 최대 역전압(PIV)은 몇 [V] 이상의 다이오드를 사용하여야 하는가?

5 반파 정류회로에서 직류 전압 200[V]를 얻는 데 변압기 2차 상전압을 구하여라.(단, 부하는 순저항, 변압기 내의 전압강하는 무시하고, 정류기 내의 전압강하는 50[V]로 한다.)

6 그림의 회로에서 전원전압 $v = 110\sqrt{2}\sin 120\pi t$[V], $R = 5$[Ω], $L = 30$[mH]일 때, 부하전류 i_0의 평균치는 약 몇 [A]인가?

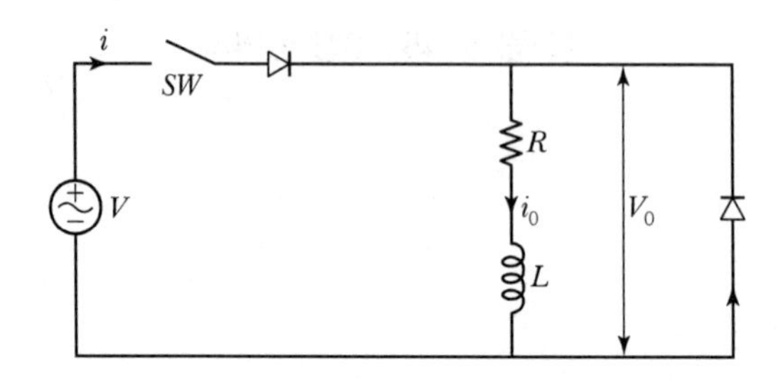

7 단상 전파 정류회로에서 직류 전압 100[V]를 얻는 데 변압기 2차 상전압을 구하여라.(단, 부하는 순저항, 변압기 내의 전압강하는 무시하고, 정류기 내의 전압강하는 20[V]로 한다.)

8 그림에서 가동코일형 밀리암페어계의 지시는?(단, 정류기의 저항은 무시한다.)

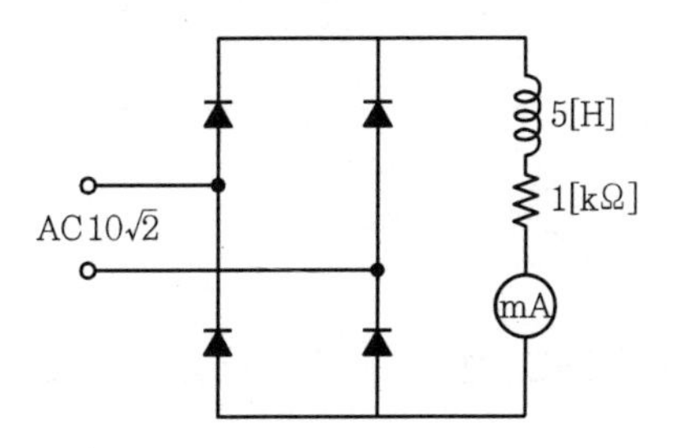

9 그림의 정류회로에서 상전압이 220[V], 주파수 60[Hz], 부하저항 R은 10[Ω]이다. 다이오드에 흐르는 전류의 최댓값은 약 몇 [A]인가?

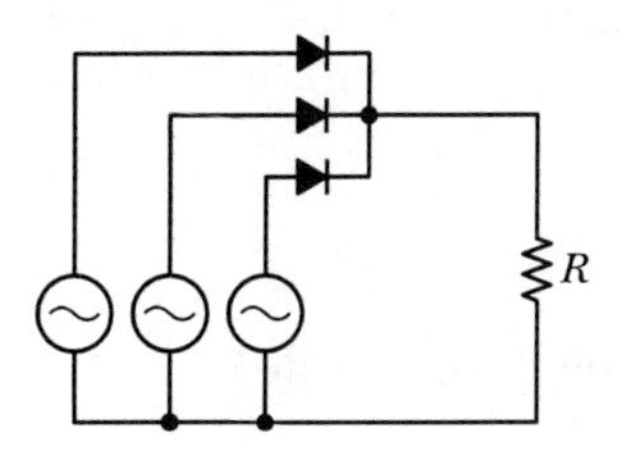

10 다이오드 전압 · 전류 특성과 SCR의 전압 · 전류특성을 비교하여라.

11 단상 전파 제어회로인 그림에서 전원전압이 2,300[V]이고 부하의 저항은 1.15[Ω]에서 2.3[Ω]사이를 변동하지만 항상 출력부하는 2,300[kW]가 되어야 한다. 이 경우에 사이리스터의 최대 전압[V]은?

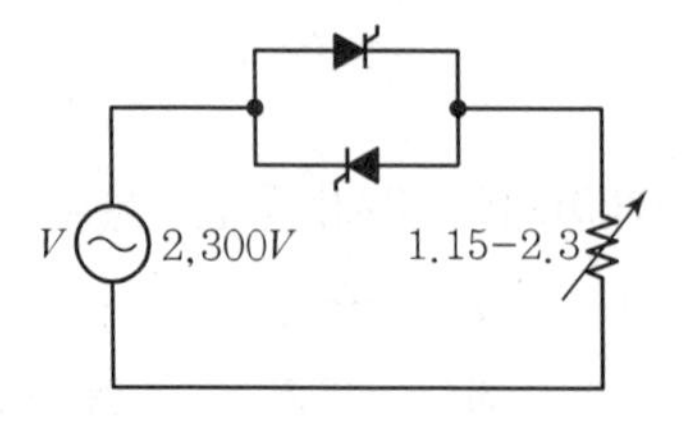

12 초퍼가 사용되고 있는 예를 들고, 초퍼가 하는 역할이 무엇인지 설명하여라.

13 초퍼에 의해 구동되는 전기기기에서 입력전원은 직류 1,000[V]이고, 스위칭 소자의 유효 온(ON)시간은 20[μs]이다. 기동 시와 저속 운전 시 초퍼의 출력전압이 직류 10[V]라면 이 때 초퍼의 주파수는 몇 [Hz]인가?

14 전압형 인버터와 전류형 인버터를 비교하여라.

15 위상제어에 의한 교류 전력제어의 목적으로 사용되는 소자의 종류를 들고, 어떤 곳에 사용되고 있는지 설명하여라.

16 사이클로 컨버터는 어떤 목적으로 사용되고 있는지 설명하여라.

익힘문제 해답

1장 직류기

1 ① 계자 : 전기자와 쇄교하는 자속을 만들어 주는 부분

② 전기자 : 자속을 끊어서 기전력을 유기하는 부분

③ 정류자 : 전지가 권선에서 생긴 교류를 직류로 바꾸어 주는 부분

2 식 (1-3)의 Blv 법칙에 의해서 B는 0.9[Wb/m^2], l은 0.5[m], v는 25[m/s]이므로

$e = Blv$ [V]에서

$= 25 \times 0.9 \times 0.5 = 11.25$[V]

3 유도 기전력 $E = V + I_a R_a = 500 + 200 \times 0.06 = 512$[V]

총 도체수 $Z = 192 \times 4 = 768$, 단중 중권에서 $a = P$로

$512 = \frac{4}{4} \times 768 \times \phi \times \frac{250}{60}$으로 $\phi = 0.16$[Wb]이다.

4 ① 자기 중성축을 회전 방향으로 이동시킨다.

② 감자 작용으로 주자속을 감소시킨다. 따라서, 발전기의 기전력은 감소되어 부하 시 전압 강하의 원인이 된다.

③ 정류자편 간의 전압이 불균일하게 되어 국부적으로 전압이 높아져서 섬락을 일으킬 수 있다.

5 ① 저항 정류 : 접촉저항이 큰 브러시를 사용하여 저항으로 단락 전류를 억제

② 전압 정류 : 리액턴스 전압과 반대 방향으로 정류 전압을 유기시켜 단락전류를 억제

6 $E = V + I_a R_a + e_a + e_b$에서 $e_a = 2$[V], $e_b = 1$[V]

타여자에서 $I_a = I = 10$[A], $R_a = 0.2$[Ω], $V = 100$[V]

$\therefore E = 100 + 10 \times 0.2 + 2 + 1 = 105$[V]

7 $I_a = I + I_f \fallingdotseq I = 50$[A], $R_a = 0.2$[Ω], $V = 220$[V]

$\therefore E = V + I_a R_a = 220 + 50 \times 0.2 = 230$[V]

8 정격전류 $I = \frac{10,000}{100} = 100[A]$

유도 기전력 $E = 100 + 0.05 \times 100 = 105[V]$

기전력은 회전수에 비례하므로 $E \propto N$에서 회전수가 1,200[rpm]일 때의 유기 기전력 E'는

$E' = \frac{N'}{N} \times E = \frac{1,200}{1,500} \times 105 = 84$로

단자 전압 $V' = E' - I_a R_a = 84 - 100 \times 0.05 = 79[V]$이다.

9 $R_a = 0.08[\Omega]$, $R_s = 0.07[\Omega]$, $R_f = 100[\Omega]$, $I = 18[A]$, $V = 200[V]$

$I_f = \frac{V}{R_f} = \frac{200}{100} = 2[A]$, $I_a = I + I_f = 18 + 2 = 20$

$\therefore E = V + I_a(R_a + R_s) = 200 + 20(0.08 + 0.07) = 203[V]$

10 가동 복권 발전기에서는 전기자와 직렬로 접속되어 있는 직권 계자 권선에 의한 기자력이 분권 계자의 기자력에 가해져서 유도 기전력을 증가시켜 전기자 반작용에 의한 자속의 감소와 전기자 저항에 의한 전압 강하를 보상하도록 되어 있어 단자 전압의 변화가 작다.

11 $V = E_1 - I_1 R_1 = E_2 - I_2 R_2$, $E_1 = E_2$이므로

$I_1 R_1 = I_2 R_2 \rightarrow 0.1 I_1 = 0.2 I_2$, $I_1 = 2 I_2$ ············ ①

$I_1 + I_2 = 135$ ············ ②

위의 ①, ② 두 식으로 부터

$\therefore I_2 = 45[A]$, $I_1 = 90[A]$

12 전압변동률 $\epsilon = \frac{V_{20} - V_n}{V_n} \times 100[\%]$에서 $V_0 = 119$, $\epsilon = 6[\%]$이므로

$6 = \frac{119 - V_n}{V_n} \times 100$에서 $V_n + 0.06 V_n = 119$

$\therefore V_n = \frac{119}{1.06} \fallingdotseq 112.3[V]$

13 자기장 내에서 도체를 움직여 자속을 끊으면 도체에 기전력이 유도된다. 즉, 기계적 에너지를 전기에너지로 얻는 장치가 직류 발전기이다. 또한, 자기장 내의 도체에 전류를 흘리면 도체에 전자력이 생겨 토크가 발생함으로써 기계적 동력을 얻는 장치를 직류 전동기라고 한다.

14 $E = V - R_a I_a = 220 - 50 \times 0.2 = 210[V]$

15 발전기의 경우 $E_G = V + I_a R_a = 200 + 100 \times 0.04 = 204[\text{V}]$

전동기의 경우 $E_M = V - I_a R_a = 200 - 100 \times 0.04 = 196[\text{V}]$

$E = K\phi N$에서 $E \propto N$이므로 $E_G : N = E_M : N'$

$$N' = \frac{E_M}{E_G} N = \frac{196}{204} \times 1{,}000 = 960.7[\text{rpm}]$$

16

$$T = \frac{P}{w} = \frac{7.5 \times 10^3}{2\pi \frac{1{,}200}{60}} = 59.7\,[\text{N} \cdot \text{m}] ≒ 6.1\,[\text{kg} \cdot \text{m}]$$

17 $E_c = V - R_a I_a = 215 - 0.1 \times 50 = 210[\text{V}]$

$P = E_c I_a = 2\pi n T$

$$T = \frac{E_c I_a}{2\pi n} = \frac{210 \times 50}{2 \times 3.14 \times \frac{1{,}500}{60}} ≒ 66.9[\text{N} \cdot \text{m}]$$

18 $P = \omega T$에서

$$P = 2\pi \frac{N}{60} T = 2\pi \frac{3{,}600}{60} \times 10 = 3{,}768[\text{W}]$$

19 ① 동손 : 전기자 권선의 저항에 의한 손실, 계자회로의 저항에 의한 손실, 브러시 접촉저항에 의한 손실

② 철손 : 히스테리시스 손실, 맴돌이 전류손 (와류손)

③ 기계손 : 마찰손(브러시, 축과 축받이), 풍손

④ 표유부하손 : 측정이나 계산에 의하여 구할 수 없는 손실

20 출력 $P = 100 \times 50 = 5{,}000[\text{W}]$

계자 전류 $I_f = \frac{100}{40} = 2.5[\text{A}]$

전기자 동손 $P_a = (50 + 2.5)^2 \times 0.2 ≒ 551[\text{W}]$

계자 동손은 무부하손에 포함되므로

$$\eta = \frac{5{,}000}{5{,}000 + 551 + 600} \times 100 ≒ 81.3[\%]$$

21 온도 상승 등의 제한 범위 내에서 낼 수 있는 최대 출력에 적당한 여유와 효율을 고려해서 정한 출력으로 전압, 전류, 속도 등을 말하며, 연속 정격과 단시간 정격 등이 있다.

2장 동기기

1 ① 회전 계자법 : 회전자에 계자 권선을 감고 브러시와 링을 통하여 직류로 여자하여 자극을 만들고, 고정자에 권선을 감아 전기자를 만든다. 회전자가 회전할 때, 회전 자극의 자속을 고정자에 설치된 전기자 권선이 잘라 유도 기전력을 발생시키는 방법이다.

② 회전 전기자법 : 회전자에 전기자 권선을 감고 고정자에 계자 권선을 감아 계자극을 만들어 회전 전기자가 회전할 때, 고정자 극에서 생긴 자속을 회전 전기자 권선이 잘라 기전력을 발생시키는 방법이다.

2 $N_s = \frac{120}{P} f$ 에서 $f = \frac{P}{120} N_s = \frac{8}{120} \times 900 = 60[\text{Hz}]$

$\therefore N_s = \frac{120}{P} f = \frac{120}{6} \times 60 = 120[\text{rpm}]$

3 극수 $p = \frac{120f}{N_s} = 120 \frac{120 \times 60}{300} = 24$극

상수 $m = 3$

매극 매상의 슬롯수 $q = \frac{\text{슬롯수}}{\text{극수} \times \text{상수}} = \frac{216}{24 \times 3} = 3$

$\therefore$ 분포 계수 $k_d = \dfrac{\sin\frac{\pi}{2m}}{q\sin\frac{\pi}{2mq}} = \dfrac{\sin\frac{\pi}{2\times 3}}{3\sin\frac{\pi}{2\times 3\times 3}} \fallingdotseq 0.96$

4 극 간격은 $\frac{54}{6} = 9$, 슬롯으로 표시된 코일 피치는 7이므로 극 간격으로 표시한 코일 피치 $\beta = \frac{7}{9}$ 이다.

단절권 계수 $K_{pn} = \sin\frac{n\beta\pi}{2}$ (n : 고조파의 차수)

$\therefore K_{p1} = \sin\frac{7\pi}{2\times 9} = \sin\frac{1,260}{18} = \sin 70 = 0.9397$

5 1상의 권수 $n = \frac{180 \times 10}{2 \times 3 \times 2} = 150$

매극 매상의 홈 $q = \frac{180}{(3 \times 20)} = 3$

분포계수 $k_d = \dfrac{\sin\frac{\pi}{2m}}{q\sin\frac{\pi}{2mq}} = \dfrac{\sin\frac{\pi}{2\times 3}}{3\sin\frac{\pi}{2\times 3\times 3}} \fallingdotseq 0.96$

극절은 $\frac{180}{20}=9$이고 권선절은 7이므로 $\beta=\frac{7}{9}$ 인 단절권이다.

단절계수 $k_p=\sin\frac{\beta\pi}{2}=\sin\frac{7\pi}{18} \fallingdotseq 0.94$

상전압 $E=\frac{3{,}300}{\sqrt{3}}$ 을 발생하는 데 필요한 자속 Φ 은 다음과 같다.

$$\Phi=\frac{E}{4.44 f n k_d k_p}=\frac{\frac{3{,}300}{\sqrt{3}}}{4.44\times60\times150\times0.94\times0.96}=0.053[\mathrm{Wb}]$$

6 $N_s=\frac{120f}{p}[\mathrm{rpm}]$

$f=\frac{N_s p}{120}=\frac{1{,}000\times6}{120}=50[\mathrm{Hz}]$

1상의 기전력 E는

$E=4.44K_w f n\Phi=4.44\times0.96\times50\times186\times0.16=6{,}342[\mathrm{V}]$

단자전압(선간전압)$=\sqrt{3}E=10{,}985[\mathrm{V}] \fallingdotseq 11{,}000[\mathrm{V}]$

7 전기자 권선에 전류가 흘러 생긴 전기자 반작용 리액턴스 $x_a[\Omega]$과 전기자 누설 리액턴스 $x_l[\Omega]$의 합을 동기발전기의 동기 리액턴스라고 한다.

$x_s=x_a+x_l[\Omega]$

8 동기발전기가 정격속도에서 무부하 유도 기전력 E[V]를 발생시키는 데 필요한 계자전류 I_f'[A]와 정격전류 I_n[A]와 같은 영구단락전류를 흘리는 데 필요한 계자전류 I_f''[A]의 비를 단락비라고 하며 $K_s=\frac{I_f'}{I_f''}=\frac{\overline{Od}}{\overline{Oe}}=\frac{\text{단락전류}}{\text{정격전류}}$이다. K_s 값은, 수차와 엔진 발전기는 0.9~1.2 정도이고 터빈 발전기는 0.6~1.0 정도이다.

9 $$Z_s=\frac{Z_s'E_n}{100I_n}=\frac{80\times\frac{6{,}000}{\sqrt{3}}}{100\times\frac{8{,}000\times10^3}{\sqrt{3}\times6{,}000}}=3.6[\Omega]$$

10 $K_s=\frac{I_s}{I_n}$에서 $I_s=500[\mathrm{A}]$, $I_n=\frac{4{,}000\times10^3}{\sqrt{3}\times6{,}000}=358[\mathrm{A}]$

$K_s=\frac{I_s}{I_n}=\frac{500}{385}=1.3$

11 $\epsilon = \dfrac{V_0 - V_n}{V_n} \times 100[\%]$

$V_0 = (1+\epsilon)V_n$

$= (1+0.15) \times 3{,}300 = 3{,}795\,[\mathrm{V}]$

12 정격 상전압 $V_{pn} = \dfrac{6{,}600}{\sqrt{3}} \fallingdotseq 3{,}810[\mathrm{V}]$

전부하 전류 $I = 480[\mathrm{A}]$

전기자 저항 강하 $Ir_a = 480 \times 0.03 = 14.4[\mathrm{V}]$

동기 리액턴스 강하 $Ix_s = 480 \times 0.4 = 192[\mathrm{V}]$

전압변동률 $\epsilon = \dfrac{V_{p0} - V_{pn}}{V_{pn}} \times 100 = \dfrac{Ir_a\cos\theta + Ix_s\sin\theta}{V_{pn}} \times 100$

$= \dfrac{14.4 \times 0.8 + 192 \times 0.6}{3{,}810} \times 100 \fallingdotseq 3.326\,[\%]$

13 모두 단위법을 사용하면 이 발전기의 출력 $P = \dfrac{e_0 v}{x_d}\sin\delta$ 이고, e_0는 벡터도에 의해 구해지며, 여자가 일정하므로 출력에 관계없이 일정하다.

$e_0 = \sqrt{(0.8)^2 + (0.6+0.9)^2} = 1.7$

$P_m = \dfrac{1.7 \times 1}{0.9}\sin 90° = 1.889$

$\therefore\ P_m = 1.889 P_n = 1.889 \times 10{,}000 = 18{,}890[\mathrm{kW}]$

14 ① 발생 전압의 크기가 같을 것

② 발생 전압의 위상이 같을 것

③ 발생 전압의 주파수가 같을 것

15 $E_s = 2E_0 \sin\dfrac{\delta_s}{2} = 2 \times 6{,}000/\sqrt{3} \times \sin 10° \fallingdotseq 1{,}205[\mathrm{V}]$

$I_s = \dfrac{E_s}{2Z_s} = \dfrac{1{,}205}{2 \times 10} = 60.25[\mathrm{A}]$

16 부하 전류의 유효분 : $800\cos\theta = 800 \times 0.8 = 640[\mathrm{A}]$

부하 전류의 무효분 : $800\sin\theta = 800 \times 0.6 = 480[\mathrm{A}]$

각 발전기의 유효 전류 : $640/2 = 320[\mathrm{A}]$

A 발전기의 무효 전류 : $\sqrt{500^2 - 320^2} \fallingdotseq 384$[A]

B 발전기의 무효 전류 : $480 - 384 = 96$[A]

B 발전기의 전류 : $\sqrt{320^2 + 96^2} \fallingdotseq 334$[A]

17 2대의 출력 $P = EI\cos\phi = E \times 350 \times 0.8$이고, 각 발전기의 유효 분담 전력은 같다. 각 발전기의 전류와 역률을 각각 I_A, I_B 및 $\cos\phi_A$, $\cos\phi_B$라고 하면

$I_A\cos\phi_A = I_B\cos\phi_B = \frac{1}{2}I\cos\phi$

$I_A \times 0.7 = \frac{1}{2} \times 350 \times 0.8 = 140$[A]

$\therefore\ I_A = \frac{140}{0.7} = 200$[A]

두 발전기에서 공급되는 무효 전류 $I\sin\phi$와 A, B 발전기의 무효 전류를 구하면

$I\sin\phi = 350 \times \sqrt{1 - 0.8^2} = 210$[A]

$I_A\sin\phi_A = 200 \times \sqrt{1 - 0.7^2} = 142.8$[A]

$I_B\sin\phi_B = I\sin\phi - I_A\sin\phi_A = 210 - 142.8672$[A]

$\therefore\ I_B = \sqrt{(I_B\cos\phi_B)^2 + (I_B\sin\phi_B)^2} = \sqrt{140^2 + 67.2^2} = 155.29$[A]

18 동기발전기의 전기자 반작용과 다른 점은 없지만, 전동기와 발전기는 회전 방향이 같으면 전류 방향이 반대이고, 전류 방향이 같으면 회전 방향이 반대이므로 동기 전동기의 전기자 반작용은 동기발전기와 반대로 나타난다.

① 동상 전류는 주 자극을 교차 자화한다.

② 90°만큼 위상이 뒤진 전류는 주 자극을 자화(증자)한다.

③ 90°만큼 위상이 앞선 전류는 주 자극을 감자한다.

19 ① 자기동법 : 회전 자극면에 설치한 제동(기동) 권선에 의하여 유도전동기로 작용하여 기동하는 방법으로, 전전압 기동, Y-△ 기동, 리액터 기동, 기동 보상기에 의한 기동 방법 등이 있다.

② 기동 전동기법 : 기동용의 유도전동기 또는 유도 동기 전동기를 특별히 직결하여 기동하는 방법이다. 고속기 또는 대형기에서 기동진류를 제한할 필요가 있을 때 사용한다.

20 동기 조상기는 동기 전동기와 같은 구조이며, 전동기의 V곡선에서 알 수 있는 바와 같이 무부하로 운전하고 여자전류를 가감하여주면, 전기자 전류에 흐르는 전류를 위상이 앞선 전류, 또는 뒤진 전류로 만들 수 있다. 이와 같은 특성을 이용하여 송전선의 전압 조정 및 역률 개선에 사용한다.
동기 조상기를 유도 부하와 병렬로 접속하고, 이것을 과여자로 하여 운전하면 동기 조상기는 선로에서 위상이 앞선 전류를 취하여 일종의 콘덴서 역할을 함으로써 역률을 개선하고 전압 강하를 감소시킨다.

21 선로의 무효 전력 : $5{,}000 \times 0.6 = 3{,}000$[kVAR]
조상기의 용량 : $\sqrt{500^2 + 3{,}000^2} \fallingdotseq 3{,}041$[kVA]

22 전류의 유효분
$I\cos\theta = 1{,}000 \times 0.8 = 800$[A]
전류의 무효분
$I\sin\theta = 1{,}000 \times 0.6 = 600$[A]
보상하여야 할 전류는 0역률(무효분)의 진상 전류이므로
동기 조상기의 용량 $P = \sqrt{3} \times 3{,}300 \times 600$[VA]
$= 3{,}429{,}360 \fallingdotseq 3{,}429$[kVA]

23 $Q = P(\tan\theta_r - \tan\theta)$

$$= P\left(\frac{\sin\theta_r}{\cos\theta_r} - \frac{\sin\theta}{\cos\theta}\right) = P\left(\frac{\sqrt{1-\cos^2\theta_r}}{\cos\theta_r} - \frac{\sqrt{1-\cos^2}}{\cos\theta}\right)$$

$= 10{,}000 \times (0.75 - 0.4034) = 3{,}466$[kVA]

3장 변압기

1 (1) 내철형 변압기 : 철심이 안쪽에 있고, 권선은 양쪽 철심각에 감겨져 있다. 냉각, 절연 및 고장 발견이 쉽고, 고전압 소전류에 적합하다.

(2) 외철형 변압기 : 권선이 철심의 안쪽에 감겨져 있고, 권선은 철심이 둘러싸고 있다. 자기회로가 짧아서 여자 전류가 작지만 고장 발견이 어렵다. 저전압 대전류용에 적합하다.

2 변압기의 특성을 좋게 하기 위하여 냉간 압연의 방향성 규소 강대를 나선형으로 감아서 권철심을 만든 다음, 2개로 잘라서 권선을 끼우고 단면을 접착시킨 커트 코어형이며, 철손, 여자 전류, 자기 저항이 작고, 단면적, 중량이 작아서 주상변압기에 많이 사용된다.

3 변압기의 절연유는 공기보다 수 배의 절연 내력이 좋고, 냉각 작용이 탁월한 절연유인 광유와 불활성 합성 절연 기름을 사용하며, 절연유의 구비조건은 다음과 같다.

(1) 변압기유의 절연 내력이 클 것
(2) 인화점이 높고, 응고점이 낮을 것
(3) 비열과 열전도율이 좋아서 냉각 효과가 크며, 기름의 유동성이 좋도록 점도가 낮아야 한다.
(4) 화학적으로 안정하여 고온에서 산화되거나 석출물이 발생하지 않도록 한다.

4 변압기의 전압비는 권수비에 비례하므로 $\frac{E_1}{E_2}=\frac{N_1}{N_2}=a$가 된다.

따라서, 탭(tap)을 변경하여 권수를 바꾸면 2차 전압을 바꿀 수 있다.

5 $V_1=\frac{N_1}{N_2}\times V_2=\frac{80}{320}\times 100=25[\text{V}]$

6 $\phi_m=\frac{E_1}{4.44fN_1}=\frac{6,900}{4.44\times 60\times 3,000}$

$=0.00863=8.63\times 10^{-3}[\text{Wb}]$

7 $I_2=aI_1=\frac{V_1}{V_2}I_1=\frac{3,300}{110}\times 5=150[\text{A}]$

$P_2=V_2I_2=110\times 150=16,500=16.5[\text{kVA}]$

8 (a) [그림 3-79] (a)에서

$$I=\frac{10}{1+9}=1[\text{A}]$$

$$P=1^2\times 9=9[\text{W}]$$

(b) 스피커 저항은 1차 측에서 본 저항으로 변환하면 그 저항값은

$$R_2'=a^2R_2=\left(\frac{1}{3}\right)^2\times 9=1[\Omega]$$

등가 회로는 [그림 3-79] (c)와 같다.

$$I=\frac{10}{1+1}=5[\text{A}]$$

$$P=5^2\times 1=25[\text{W}]$$

9 $P_i=V_1I_i$

$$I_i=\frac{P_i}{V_1}=\frac{600}{3{,}000}=0.2[\text{A}]$$

10 $Y_0=\dfrac{I_0}{V_1'}=\dfrac{0.088}{2{,}200}=4\times 10^{-5}[℧]$

$$g_0=\frac{P_i}{V_1'^2}=\frac{110}{2{,}200^2}\fallingdotseq 2.27\times 10^{-5}[℧]$$

$$b_0=\sqrt{Y_0^2-g_0^2}=\sqrt{4^2-2.27^2}\times 10^{-5}\fallingdotseq 3.29\times 10^{-5}[℧]$$

$$\dot{Y_0}=g_0-jb_0=(2.27-j3.29)\times 10^{-5}[℧]$$

$$\dot{I_0}=\dot{V_1}'\dot{Y_0}=2{,}200\times(2.27-j\,3.29)\times 10^{-5}\fallingdotseq 0.05-j\,0.072[\text{A}]$$

11 $r_2=\dfrac{r_1}{a^2}=\dfrac{3}{20^2}=0.0075[\Omega]$

12 출력 $p_2=V_2I_2\cos\theta_2$ 이므로 2차 전류는 $I_2=\dfrac{100\times 1{,}000}{2{,}000\times 0.8}=62.5$로 2차 전류를 기준 벡터로 한다.

$$\dot{I_2}=62.5$$

$$\dot{V_2}=2{,}000(\cos\theta_2+j\sin\theta_2)=2{,}000(0.8+j\,0.6)=1{,}600+j\,1{,}200$$

$$\dot{I_2}\dot{Z_2}=62.5(0.6+j\,0.8)=37.5+j\,50$$

$$\dot{E_2}=V_2+I_2Z_2=1{,}600+j1{,}200+(37.5+j\,50)=1{,}637.5+j\,1{,}250$$

$$\dot{E_1}=a\dot{E_2}=10\times(1{,}637.5+j\,1{,}250)=16{,}375+j\,12{,}500$$

$$\dot{I}_0 = -\dot{E}_1 \dot{Y}_0 = -(16{,}375 + j\,12{,}500)(2 - j\,6) \times 10^{-6} \fallingdotseq -0.11 + j\,0.07$$

$$\dot{I}_1' = -\dot{I}_2 / a = -62.5/10 = -6.25$$

$$\dot{I}_1 = \dot{I}_1' + \dot{I}_0 = -6.25 + (-0.11 + j\,0.07) = -6.36 + j\,0.07$$

$$\dot{I}_1 \dot{Z}_1 = (-6.36 + j\,0.07) \times (50 + j\,80) \fallingdotseq -324 + j\,505$$

$$\dot{V}_1 = -\dot{E}_1 + \dot{I}_1 \dot{Z}_1 = -(16{,}375 + j\,12{,}500) + (-324 - j\,505)$$

$$= -16{,}99 - j\,13{,}005$$

$$I_1 = \sqrt{(-6.36)^2 + (0.07)^2} \fallingdotseq 6.36[\text{A}]$$

$$V_1 = \sqrt{(-16{,}699)^2 + (-13{,}005)^2} \fallingdotseq 21{,}165[\text{V}]$$

13

$$I_{1n} = \frac{10 \times 10^3}{2{,}000} = 5[\text{A}]$$

$$q = \frac{I_{1n}\,x}{V_{1n}} \times 100 = \frac{5 \times 7}{2{,}000} \times 100 = 1.75[\%]$$

14

$$I_{2n} = \frac{20 \times 10^3}{200} = 100[\text{A}]$$

$\dfrac{I_{2s}}{I_{2n}} = \dfrac{100}{z}$ 에서 $I_{2s} = \dfrac{100}{z} \times I_{2n} = \dfrac{100}{2.5} \times 100 = 4{,}000\,[\text{A}]$

$$I_{1s} = I_{2s} \times \frac{1}{a} = 4{,}000 \times \frac{200}{3{,}300} \fallingdotseq 242.4\,[\text{A}]$$

15 단락전류 I_{1s} 는

$$I_{1s} = I_{1n} \frac{100}{\%z} = I_{1n} \times \frac{100}{5} = 20 I_{1n}$$

16

$$I_{2n} = \frac{5{,}000}{200} = 25[\text{A}]$$

$$p = \frac{I_{2n}(r_1' + r_2)}{V_{2n}} \times 100 = \frac{25 \times 0.1}{200} \times 100 = 1.25[\%]$$

$$q = \frac{I_{2n}(r_1' + r_2)}{V_{2n}} \times 100 = \frac{25 \times 0.24}{200} \times 100 = 3[\%]$$

$$\varepsilon = p\cos\theta + q\sin\theta = 1.25 \times 0.8 + 3 \times 0.6 = 2.8\,[\%]$$

17 변압기의 극성이란 어떤 순간에 1차 측 단자와 2차 측 단자에 나타나는 유도기전력의 상대적인 방향을 표시한다.

(1) 감극성 : $V = V_1 - V_2$[V], 고압과 저압의 단자가 동일 극성이다.

(2) 가극성 : $V = V_1 + V_2$[V], 고압과 저압의 단자가 다른 극성이다.

18 각 변압기에는 10[kVA]의 부하가 걸리므로 2차 상전류 I_{2p}는

$$I_{2p} = \frac{10 \times 10^3}{200} = 50[\mathrm{A}]$$

1차 상전류는 변압비가 20이므로

$$I_{1p} = \frac{I_{2p}}{a} = \frac{50}{20} = 2.5[\mathrm{A}]$$

또한 1차 상전압 V_{1p}는

$$V_{1p} = a V_{2p} = 20 \times 200 = 4{,}000[\mathrm{V}]$$

1차 선간전압은

$$V_1 = \sqrt{3}\, V_{1p} = \sqrt{3} \times 4{,}000 = 6{,}928.2[\mathrm{A}]$$

19 V결선의 뱅크 용량은 $P = \sqrt{3} \times 2 = 3.46$ [kVA]이므로
$5.16 / 3.46 = 1.49$으로 49[%]의 과부하가 된다.

20 2대 이상의 변압기를 병렬 운전하려면 다음 조건을 만족해야 한다.

(1) 각 변압기의 극성이 같을 것

(2) 각 변압기의 권수비가 같고, 1차 및 2차의 정격 전압이 같을 것

(3) 각 변압기의 % 임피던스 강하가 같을 것

(4) 각 변압기의 저항과 리액턴스의 비가 같을 것

21 양쪽 결선은 각 변위가 서로 각각 다르기 때문에 상차에 의한 순환전류가 흘러 병렬 운전이 되지 않는다.

22 $\frac{P_a}{z_b} = \frac{P_b}{z_a} = \frac{P_a + P_b}{z_a + z_b}$이므로 전부하를 [kVA]라고 하면

$$\frac{[\mathrm{kVA}]\mathrm{a}}{7} = \frac{[\mathrm{kVA}]\mathrm{b}}{8} = \frac{[\mathrm{kVA}]}{15}$$

임피던스가 작은 변압기, 즉 [kVA]가 큰 부하를 분담하므로 이것이 1,000[kVA]가 될 때까지 부하를 걸 수 있다.

$$\therefore [\mathrm{kVA}] = [\mathrm{kVA}]\mathrm{b} \times \frac{15}{8} = 1{,}000 \times \frac{15}{8} = 1{,}875[\mathrm{kVA}]$$

23 부하 전류 $I = \frac{22{,}000}{100} = 220[\text{A}]$

$$I_a = I\frac{Z_b}{Z_a + Z_b} = 220 \times \frac{0.01 + j0.019}{0.035 + j\,0.045} = 81.57 + j\,14.55$$

$I_a = 82.86[\text{A}]$

$$\dot{I}_b = \dot{I}\frac{\dot{Z}_a}{\dot{Z}_a + \dot{Z}_b} = 220 \times \frac{0.025 + j\,0.026}{0.035 + j\,0.045} = 138.43 - j\,14.55$$

$I_b = 139.2[\text{A}]$

A 변압기의 분담 $P_a = 100 \times 82.86 = 8{,}286[\text{VA}]$

B 변압기의 분담 $P_b = 100 \times 139.2 = 13{,}920[\text{VA}]$

$P_a + P_b = 8{,}286 + 13{,}920 = 22{,}206\,[\text{VA}]$로 부하보다 큰 것은 저항과 리액턴스비가 같지 않기 때문이다.

24 $\frac{1}{3}$부하가 걸릴 때 동손$= \left(\frac{1}{m}\right)^2 P_c = \left(\frac{1}{3}\right)^2 \times 180 = 20[\text{W}]$

전손실$= 100 + 20 = 120[\text{W}]$, 철손은 부하의 변화에 불변이나 동손은 변한다.

25 효율 $\eta = \frac{200 \times 0.8}{200 \times 0.8 + 1.6 + 2.4} \times 100 \fallingdotseq 97.56[\%]$

최대 효율이 되는 부하율 $\frac{1}{m}$은

$$\frac{1}{m} = \sqrt{\frac{P_i}{P_c}} = \sqrt{\frac{1.6}{2.4}} \fallingdotseq 0.816$$

최대 효율 $\eta_m = \frac{0.816 \times 200 \times 0.8}{0.816 \times 200 \times 0.8 + 1.6 \times 2} \times 100 \fallingdotseq 97.6[\%]$

26 전류계의 전류를 $\dot{I}$라 하면 $\dot{I} = (\dot{I}_a - \dot{I}_c)$으로 I는 I_a의 $\sqrt{3}$ 배이므로

$I_a = \frac{I}{\sqrt{3}}$ 이고, $I_A = \frac{I}{\sqrt{3}} \cdot \frac{1}{a} = \frac{5}{\sqrt{3}} \times \frac{60}{5} = 34.6\,[\text{A}]$이다.

27 전류계의 전류를 $\dot{I}$라 하면 $\dot{I}=(\dot{I}_a+\dot{I}_c)$으로 I는 I_a와 같으므로

$I_a=I$이고 $I_A=I\cdot\dfrac{1}{a}=1.5\times\dfrac{200}{5}=60\,[\text{A}]$이다.

28 2차의 피상 전력

$P_2=P_2(\cos\theta_2+j\sin\theta_2)=4{,}000(0.8+j\,0.6)=3{,}200+j2{,}400$

3차의 피상 전력

$\dot{P}_3=P_3(\cos\theta_3+\sin\theta_3)=3{,}000(0.6-j\,0.8)=1{,}800-j2{,}400$

1차의 피상 전력 $\dot{P}_1=\dot{P}_2+\dot{P}_3=5{,}000[\text{kVA}]$

1차 전류 $I_1=\dfrac{P_1}{V_1}=5{,}000\div100=50[\text{A}]$

역률 $\cos\theta=1$

29 $\dfrac{\text{자기용량}}{\text{부하용량}}=\dfrac{V_h-V_l}{V_h}$

$\therefore$ 자기용량 $=\dfrac{V_h-V_l}{V_h}\cdot\ V_1I_1=\dfrac{200-100}{200}\times50=25[\text{kVA}]$

4장 유도기

1 (1) 교류 전원을 쉽게 얻을 수 있다.

(2) 구조가 간단하고 튼튼하다.

(3) 고장이 적고 다루기가 간편하다.

(4) 전기 지식이 없는 사람도 쉽게 운전할 수 있다.

(5) 속도 변동이 적고 거의 정속도 운전을 할 수 있다.

(6) 가격이 싸다.

(7) 운전 중의 성능이 우수하다.

2 전동기 철심의 손실인 철손은 히스테리시스손과 맴돌이손(와류손)의 합이다. 맴돌이손은 강판두께의 제곱에 비례하므로 얇은 강판으로 하고, 각각의 강판의 표면을 절연하여 저항률을 증가시켜 맴돌이손을 적게 하기 위하여 성층 철심으로 한다.

3 (1) 농형 회전자 : 철심의 홈을 원형 또는 사각형의 반폐 홈으로 하고, 그 속에 형이 같은 단면의 구리 막대를 넣어 양 끝을 구리로 만든 단락 고리에 붙여 전기적으로 접속한다.

[특징]

① 구조가 간단하고, 튼튼하며, 운전 중의 성능이 좋다.

② 동손이 적고 효율이 좋다.

③ 기동할 때 기동 전류가 매우 크다.

④ 기동 특성이 나쁘고 속도 제어가 어렵다.

(2) 권선형 회전자 : 철심의 홈 속에 구리 도체를 넣으며, 소형은 2층권으로 감고, 대형은 막대모양의 평각 구리선을 끼워 그 양끝을 구부려 3상 접속을 하고 납땜을 한다. 3상 권선의 3단자는 각각의 3개의 슬립링을 접속하고, 슬립링에 접속되어 있는 브러시를 통해 외부의 기동 저항기와 연결한다.

[특징]

① 회전자에 접속된 기동 저항기를 이용하여 기동 전류를 감소시킬 수 있고, 속도 조정도 자유로이 할 수 있다.

② 구조가 복잡하고 운전이 어렵다.

4 회전 자기장의 회전수는 전원의 주파수와 극 수에 의하여 정해지는데, 이와 같은 회전 자기장의 회전수 N_s를 동기 속도라고 하며, 자극수 p일 때 1[Hz]마다 $\frac{2}{p}$회전하므로 f[Hz]일 때 1분간의 동기속도는

$N_s = \frac{2f}{p} \times 60 \times \frac{120f}{p}$[rpm]이다.

5 $N_s = \dfrac{120}{P}f = \dfrac{120}{8} \times 60 = 90[\text{rpm}]$

$$s = \frac{N_s - N}{N_s} \times 100 = \frac{900-885}{900} \times 100 = 1.6[\%]$$

6 동기속도와 회전자의 상대속도의 차는 $N_s - N = sN_s$가 되고, 이 상대속도는 회전자가 정지하고 있을 때의 상대속도 N_s에 비하면 s배가 되므로, 2차 권선에 유도되는 기전력의 주파수는 회전자가 정지하고 있을 때에 비해 s배가 되어 sf_1이 된다.

7 (a) 전동기의 동기속도는

$$n_{sync} = \frac{120 f_e}{P} = \frac{120 \cdot 60}{4} = 1{,}800[\text{rpm}]$$

(b) 전동기 회전속도는

$$n_m = (1-s)n_{sync} = (1-0.05) \cdot 1{,}800 = 1{,}710[\text{rpm}]$$

(c) 전동기의 회전자 주파수는

$$f_r = sf_e = 0.05 \cdot 60 = 3[\text{Hz}]$$

(d) 축의 토크를 구하기 위하여 $P_{out} = \omega_m \tau_{load}$ 관계식이 적용된다.

$$\tau_{load} = \frac{P_{out}}{\omega_m}$$

$$= \frac{30[\text{hp}] \cdot 746[\text{W/hp}]}{1{,}710[\text{rpm}] \cdot 2\pi[\text{rad/rev}] \cdot 1[\text{min}]/60[\text{sec}]} = 124.98[\text{N} \cdot \text{m}]$$

8 $E_2 = 1{,}000[\text{V}],\ s = 0.03$

$$\therefore E_{2s} = s E_2 = 0.03 \times 1{,}000 = 30[\text{V}]$$

9 권수비 : $a = \dfrac{k_{w1} \cdot N_1}{k_{w2} \cdot N_2} = \dfrac{300}{150} = 2$

2차 유기전압 : $E_2 = \dfrac{E_1}{a} = \dfrac{220}{2} = 110[\text{V}]$

∴ 회전자 전류 : $I_2 = \dfrac{s E_2}{\sqrt{r_s^2 + (s x_2)^2}} = \dfrac{0.04 \times 110}{\sqrt{0.01^2 + (0.04 \times 0.5)^2}} = 43[\text{A}]$

10 $N_s = \dfrac{120f}{p} = \dfrac{120 \cdot 50}{8} = 750$

$s = \dfrac{N_s - N}{N_s} = \dfrac{750 - 720}{750} = 0.04$

$P_0 = (1-s)P_2 = \dfrac{1-s}{s}P_{c2}$

$\therefore\ P_{c2} = \dfrac{s}{1-s}P_0 = \dfrac{0.04}{1-0.04} \times 15 \times 10^3 = 625[\text{W}]$

11 $N_s = \dfrac{120}{P}f = \dfrac{120}{4} \times 60 = 1{,}800[\text{rpm}]$

$\therefore\ \eta_2 = (1-s)\dfrac{N}{N_s} = \dfrac{1{,}728}{1{,}800} = 0.96$

12 $N_s = \dfrac{120f}{p} = \dfrac{120 \times 60}{4} = 1{,}800[\text{rpm}]$

$\therefore\ T = \dfrac{P_2}{\omega_s} = \dfrac{P_{c2}/S}{2\pi\dfrac{N_s}{60}} = \dfrac{100/0.05}{2\pi\ \dfrac{1{,}800}{60}} \fallingdotseq 10.615[\text{N} \cdot \text{m}]$

13 $N_s = \dfrac{120f}{p} = \dfrac{120 \times 60}{4} = 1{,}800[\text{rpm}]$

출력=효율×입력, $P = 0.9 \times 100 = 90[\text{kW}]$

$\therefore\ T = 0.975 \times \dfrac{P}{N} = 0.975 \times \dfrac{90 \times 10^3}{1{,}800} = 48.75[\text{kg} \cdot \text{m}]$

14 $N_s = \dfrac{120f}{p} = \dfrac{120 \times 60}{4} = 1{,}800[\text{rpm}]$

$\therefore\ N = (1-s)N_s = (1-0.05) \times 1{,}800 = 1{,}710[\text{rpm}]$

$\therefore\ P = \sqrt{3}\ VI\cos\varphi \cdot\ \eta = \sqrt{3} \times 220 \times 9 \times 0.85 \times 0.8 = 2{,}332[\text{W}] \fallingdotseq 2.33[\text{kW}]$

15 발전기의 입력 P는

$P = \dfrac{100}{\eta_g} = \dfrac{100}{0.8} = 125[\text{kW}]$

전동기의 피상전력 P_1은

$\therefore\ P_1 = \dfrac{P}{\eta_m \cos\theta} = \dfrac{125}{0.95 \times 0.9} = 146.2[\text{kVA}]$

16 권선형 유도전동기는 2차 권선이 슬립링과 브러시를 통해서 외부에 있는 기동 저항기를 접속하고 비례 추이를 시키지만, 농형 유도전동기는 2차가 단락되어 있어서 외부 저항을 연결할 수 없으므로 비례 추이를 할 수 없다.

17 전부하 토크와 기동토크가 같게 기동하려면 $s'=1$이므로

$$\frac{r_2}{s_1}=\frac{r_2+R}{s_2}$$

$$\frac{0.05}{0.05}=\frac{0.05+R}{1}$$

$$\therefore R=1-0.05=0.95[\Omega]$$

18 $N_s=\frac{120}{P}f=\frac{120}{4}\times 60=1{,}800[\text{rpm}]$

$$s=\frac{N_s-N}{N_s}=\frac{1{,}800-1{,}720}{1{,}800}=0.044$$

2차 저항을 4배하면 슬립도 4배가 되므로

$$s'=4s=4\times 0.044=0.176$$

$$\therefore N'=(1-s')N_s=(1-0.176)\times 1{,}800=1{,}483[\text{rpm}]$$

19 기동 전류가 크면 전동기의 권선이 타 버릴 염려가 있고, 절연이 곤란하며, 배전계통의 전압 변동이 심하고, 피상 전력[kVA]이 증가한다.

20 (1) 전전압 기동법 : 보통 5[kW] 이하의 소형 전동기에는 특별한 기동장치를 사용하지 않고 정격 전압을 직접 전동기에 가해 준다.

(2) 리액터 기동법 : 소용량 자동 운전, 원격 제어 등에는 리액터 기동을 사용한다.
리액터 기동은 1차 쪽에 철심형 리액터를 접속하여 기동 시 그 전압강하를 이용하여 저전압 기동을 하고 기동한 다음 단락시킨다.

(3) Y-△기동방법 : 5~15[kW] 이하의 전동기에 사용하며, 기동할 때 Y결선으로 하고, 운전할 때에는 △결선으로 하여 권선 전압을 $\frac{1}{\sqrt{3}}$로 줄여 기동 전류를 $\frac{1}{3}$로 줄인다. 기동 전류는 전부하 전류의 2~2.5배 정도이고, 기동 토크가 $\frac{1}{3}$로 줄어든다.

(4) 기동 보상기법 : 15[kW] 이상의 농형에서 사용하며, 3상 단권 변압기의 탭의 전압을 조정하여 정격 전류의 1~1.5배 정도로 제한한다.

21 유도전동기의 속도 $N=(1-s)\frac{120f}{p}$[rpm]이다. 여기서 s, f, p를 각각 변화시키면 속도 N을 변화시킬 수 있다.

p를 변화시키는 극수 변환법, f를 변화시키는 주파수 변환법, 전원 전압을 변화시키는 전압 제어법, 권선형 유도전동기에서는 2차 저항을 변화시키는 저항 제어법이 있다.

22 (1) 분상 기동형 : 전기냉장고, 세탁기, 소형 공작 기계, 펌프 등

(2) 콘덴서 기동형 : 200[W] 이상의 가정용 펌프, 송풍기, 소형의 공작기계 등

(3) 영구 콘덴서형 : 큰 기동 토크를 요구하지 않는 선풍기나 세탁기 등

(4) 셰이딩 코일형 : 전축용 전동기, 소형 선풍기 등 수십[W] 이하의 소형 전동기에 사용

23 영구 콘덴서형은 기동 후에도 계속 콘덴서를 사용하며, 콘덴서 기동형보다 콘덴서 용량이 작아서 기동 토크가 작으므로 큰 기동 토크를 요구하지 않는 선풍기, 전축 플레이어, 세탁기 등에 사용된다.

콘덴서 기동형은 기동할 때에는 콘덴서를 사용하고, 운전할 때에는 보조 권선과 콘덴서는 개방된다. 기동 토크가 크므로 가정용 펌프, 송풍기 또는 소형 공작기계에 사용된다.

5장 전력변환기기

1 어떤 형태의 전기로부터 다른 형태의 전기(예 : 전압을 수[V]에서 수백[kV]로, 주파수를 상용 전원에서 항공기용의 400[Hz]로, 유도가열장치에서의 수십[kHz]에서 수백[kHz]로)로 바꾸어 주는 장치를 전력 변환 장치라 한다.

전력 변환장치로는 변압기, 전동 발전기, 정류기, 인버터 등이 있다.

2 실리콘(Si), 게르마늄도체 소자라(Ge) 등의 반도체 재료를 이용한 스위칭 소자를 말하는데, 변환 능력이 다양하고 장치를 소형, 경량화할 수 있으며, 운전 유지비가 적게 들고, 효율도 좋다.

전력 제어용 반도체 소자는 많으나, 대표적인 것으로는 다이오드, SCR, GTO, 파워트랜지스터, TRIAC 등이 있다.

3 가전 기기(오디오, 비디오 등), 사무용 기기(컴퓨터, 워드프로세서 등) 등의 소형 전원용이나 산업용(전기분해, 전기 도금, 전동차 등) 등의 대용량 전원용이 있다.

4 직류 전압을 E_d, 교류 전압의 실효치를 E라 하면

$$E_d = 0.45E[\text{V}],\ \ E = \frac{E_d}{0.45} = 222[\text{V}]$$

단상 반파 정류회로에서 PIV는 교류 전압의 최댓값과 같으므로

$\text{PIV} = \sqrt{2}\,E = \sqrt{2} \times 222 = 314[\text{V}]$

$\therefore$ 314[V] 이상 되는 다이오드를 사용해야 한다.

5 $E_d + e = 0.45E$

여기서, e : 전압강하, E_d : 직류전압

$$E = \frac{E_d + e}{0.45} = \frac{200+50}{0.45} = 555.6[\text{V}]$$

6 환류 정류회로의 출력전압 v_0은 L값에 무관하게 저항부하를 갖는 단상 반파 정류회로에서의 출력전압과 동일하다. 부하전류 i_0의 평균값은

$$I_{dc} = \frac{V_{dc}}{R} = \frac{0.45\,V}{R} = \frac{0.45 \times 110}{10} = 9.9[\text{A}]\text{이다.}$$

7 $E_d + e = 0.9E$

여기서, e : 전압강하, E_d : 직류전압

$$E=\frac{E_d+e}{0.9}=\frac{100+20}{0.9}=133[\mathrm{V}]$$

8 저항부하만을 갖는 전파정류회로에서와 동일하다.

$$E_d=\frac{2E_m}{\pi}=\frac{2\sqrt{2}}{\pi}E=0.9E,\ I_d=\frac{E_d}{R}=\frac{0.9E}{R}=\frac{0.9\times10\sqrt{2}}{1\times10^3}=2.7[\mathrm{mA}]$$

9 $$E_d=1.17E,\ I_d=1.17\frac{E}{R}=\frac{1.17\times220}{10}=25.7[\mathrm{A}]$$

10 다이오드와 SCR은 정류작용을 하는 것이 같으며, 다른 점은 다음과 같다.

(1) 다이오드 : PN 접합 소자이고, 순방향 전압에 대해서는 통전하고, 역방향 전압에 대해서는 저지하는 정류특성뿐이며, 정류제어는 할 수 없다.

(2) 사이리스터(SCR) ; PNPN 접합 소자이며, 순방향 전압의 경우에도 게이트에 신호를 가하지 않는 한 통전을 저지하고, 신호가 가해져야만 통전한다. 따라서 원하는 시간에 통전을 시키는 것이 가능하다. 즉, 정류전압, 전류의 평균값을 조절할 수 있는 제어 정류 소자이다.

11 최대 전류 $I_m=\sqrt{\frac{P}{R}}=\sqrt{\frac{2{,}300\times10^3}{1.15}}=1{,}414.2[\mathrm{A}]$, 최대저항 $R_m=2.3[\Omega]$

최대 전압 $V_m=I_m\times R_m=1{,}414.2\times2.3=3{,}252[\mathrm{V}]$

12 자동차용의 전자장치는 대개 12[V]로 동작하도록 만들어져 있다. 이와 같은 전자장치는 6[V]나 24[V]의 자동차에서 사용하는 경우에는 이들의 전압을 12[V]로 일단 변환(6[V] →12[V] : 승압, 24[V] → 12[V] : 강압)하지 않으면 안 된다. 여기에 쓰이는 것이 초퍼이다.

초퍼는 게이트 펄스를 가하는 시간을 조절함으로써 직류를 임의의 주파수로 단속시킬 수 있으며, 그 평균값을 조절할 수 있다. 즉, 초퍼의 역할은 직류를 단속하여 적당한 주파수의 교류를 만드는 것이다. 이것을 다시 정류하여 직류로 한다.

13 $$E_2=\frac{T_{on}}{T_{on}+T_{off}}E_1=\frac{T_{on}}{T}E_1$$

$$T=\frac{E_1}{E_2}T_{on}=\frac{1{,}000}{10}\times20\times10^{-6}=2[\mu\mathrm{s}]$$

$$f=\frac{1}{T}=\frac{1}{2\times10^{-3}}=500[\mathrm{Hz}]$$

14 (1) 전압형 인버터 : 직류 쪽이 전압원이며, 출력도 각 상의 전압으로 나타난다.

(2) 전류형 인버터 : 직류 쪽에 큰 L을 넣음으로써 직류 쪽에 흐르는 전류를 일정하게 만들기 때문에 교류 쪽에서 본 직류 쪽이 마치 전류원인 것처럼 보이며, 출력도 각 상의 전류가 등가적으로 인버터 3상 전류원으로서 역할을 한다.

15 SCR, TRIAC, GTO 등의 소자를 이용하여, 백열전등의 조도 조절용으로 쓰이는 디머(dimmer), 전기담요, 전기밥솥 등의 온도조절장치 등에 많이 사용된다.

16 (1) 교류기가 항공기 엔진과 같은 가변속 모터로 구동되고, 또한 요구되는 출력은 400[Hz]로 고정된 정밀도가 높은 주파수가 아니면 안 되는 가변속, 정주파에 사용된다.

(2) 전원의 주파수와 진폭을 모두 가변하여 유도기 또는 동기기를 구동하는 경우에 사용된다.

탄탄한 기초를 위한

전기기기

발행일 | 2020. 3. 20 초판 발행
2021. 9. 20 개정 1판 1쇄

저 자 | 이현옥 · 고재홍

발행인 | 정 용 수
발행처 | 예문사

주 소 | 경기도 파주시 직지길 460(출판도시) 도서출판 예문사
TEL | 031) 955 – 0550
FAX | 031) 955 – 0660
등록번호 | 11 – 76호

정가 : 20,000원

ISBN 978-89-274-4114-4 13560